Vom Referat bis zur Abschlussarbeit

Bruno P. Kremer

Vom Referat bis zur Abschlussarbeit

Wissenschaftliche Texte perfekt produzieren, präsentieren und publizieren

6., überarbeitete und erweiterte Auflage

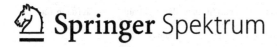 Springer Spektrum

Bruno P. Kremer
Wachtberg, Nordrhein-Westfalen, Deutschland

ISBN 978-3-662-65971-7   ISBN 978-3-662-65972-4   (eBook)
https://doi.org/10.1007/978-3-662-65972-4

Planung/Lektorat: Stefanie Wolf
Springer Spektrum ist ein Imprint der eingetragenen Gesellschaft Springer-Verlag GmbH, DE und ist ein Teil von Springer Nature.
Die Anschrift der Gesellschaft ist: Heidelberger Platz 3, 14197 Berlin, Germany

Nur ganz Weniges vorweg

Vor- bzw. Geleitworte zu Büchern werden gewöhnlich nicht, bestenfalls betont ungern oder höchstens diagonal gelesen, denn sie blockieren vermeintlich den Weg zur eigentlichen Buchbotschaft, sind oft reichlich langatmig, thematisieren fallweise auch nur psychosoziale Befindlichkeiten des Autors und liefern somit vermeintlich keine brauchbare Essenz zum Thema. Angesichts dieser zunächst kaum ermutigenden Ausgangslage beschränken sich die folgenden Zeilen auf nur wenige, aber aus Autorensicht notwendige Mitteilungen.

Bereits die erste, 2004 unter dem Titel *Texte schreiben im Biologiestudium* erschienene Auflage dieses Buches traf nach der überaus freundlichen Aufnahme durch Buchpublikum und Rezensenten offenbar voll ins Schwarze, denn ausnahmslos alle um ihre Einschätzung gebetenen Mitmenschen von den verschiedenen Lese- und Schreibfronten fanden zu Gebrauchswert, Inhalt, Konzept, Stil, Struktur und Umsetzbarkeit bestätigende sowie ermunternde Worte. Eine äußerst zustimmende Rezension (der 4. Auflage) bezeichnete dieses Buch gar als Ü-Ei. Ebenso verhielt es sich bei der erfreulicherweise alsbald fälligen und jeweils erweiterten zweiten (2006), dritten (2010), vierten (2014) und fünften (2018) Auflage. Diese richteten sich nun auch nicht mehr nur an schreibverzweifelte Ratsuchende aus den Biowissenschaften, sondern erweiterten die Zielgruppe um Adressaten aus allen Naturwissenschaften und ihrem affinen Umfeld: Wo immer in der natur- bzw. technisch-ingenieurwissenschaftlichen Praxis eine Textversion von Arbeitsergebnissen zu erstellen ist, kann dieser auf langjähriger Praxis an der schreibenden Front beruhende kurze, kompakte und konzise Leitfaden mit direkt umsetzbaren Handlungsanweisungen die benötigte handwerkliche Hilfestellung bieten. Das Umsetzen einer zündenden Idee oder eines unbedingt mitteilenswerten Ergebnisses in einen lesefertigen und auch tatsächlich akzeptablen Text stellt sich im Prinzip überall gleich dar – in der Biologie ebenso wie in den Agrar- und Umweltwissenschaften sowie in der Chemie, in den Geowissenschaften gleichermaßen wie in Medizin, Pharmazie und Physik. Die auch in dieser sechsten Auflage verwendeten Beispiele stammen zwar immer noch mehrheitlich aus der Biologie (was sich aus dem unmittelbaren fachlichen Hintergrund des Autors erklärt), stehen aber stellvertretend für analoge Herausforderungen auch aus allen anderen Wissenschaften, beispielsweise aus der Psychologie oder den Wirtschaftswissenschaften. Ob man nun die spektralanalytischen Daten von Blütenfarbstoffen darzustellen hat, die Problematik der Freisetzung gentechnisch veränderter Nutzpflanzen, die global gefährdeten Trinkwasserressourcen oder die kernphysikalischen Abläufe in einer neu entdeckten Galaxie, ist nach den Inhalten zwar buchstäblich ein himmelweiter Unterschied, aber in der Vorgehensweise der Darstellung eben nicht. Von der Astrophysik bis zur Zahnmedizin spannt sich zugegebenermaßen ein weiter Themenbogen. Die daraus abzuleitenden schriftlichen Kondensate ringen jedoch erfahrungsgemäß allemal um vergleichbare Gestaltungsprobleme, und viele erprobte Tipps zu deren Bewältigung finden Sie in diesem bewährten Ratgeber.

Eine hoffentlich nicht allzu enttäuschende Klarstellung ist indessen vorauszuschicken: Manche Rezensenten vermissten in den vorausgehenden Auflagen dies, die anderen das. Eine knapp 300 Druckseiten umfassende Handreichung kann und will eben keine Enzyklopädie sein. Sie kann auch keine umfassende Einarbeitung in professionelle Layoutprogramme wie *InDesign* oder *QuarkExpress* bieten und versteht sich auch nicht als Ersatz für die Einführung in sämtliche Feinverzweigungen der Textverarbeitung mit der neuesten Version von *MS Word* oder *LaTeX*. Es ist hier ebenso wie in der etwas anspruchsvolleren Fotografie: Annähernd 90 % aller auftretenden Probleme lassen sich mit einer brauchbaren Basisausstattung erledigen, während die restlichen 10 % einen überaus heftigen Spezialaufwand erfordern. Letzteren kann dieses Buch nicht leisten. Die hilfreichen Grundrezepturen für den schulisch-akademischen Schreibbetrieb können Sie den folgenden Seiten aber auf jeden Fall rasch entnehmen und gewiss auch erfolgreich anwenden – insofern bietet Ihnen diese Handreichung gewiss eine wirksame Anleitung zur Selbsthilfe.

Unmittelbare Auslöserin für diese bewährte Werkstattanleitung war unsere Tochter Melanie. Während der Reinschriftphase ihrer Diplomarbeit kreuzte sie täglich mehrfach, weil relativ ratlos, an meinem häuslichen Schreibtisch auf, fragte nach Zitiertechniken, besonderen Layoutlösungen oder speziellen Formulierungsvorschlägen. Ihr danke ich ganz besonders für diese nachhaltigen Impulse.

Ohne den gezielten Rat von kompetenten Mitmenschen ist ein Autor relativ hilflos. Wertvolle Tipps und Vorschläge für die vorliegende Auflage steuerten Dr. Hildegard Ameln-Haffke (Bonn), Prof. Dr. Horst Bannwarth (Universität zu Köln), Dipl.-Inf. Nico Bau (Wachtberg), Prof. Dr. Hans-Georg Edelmann (Universität zu Köln), Dr. Fritz Gosselck (Sanitz), Dr. Jürgen Haffke (Bonn), Dr. Gerwin Kasperek (Universitätsbibliothek Frankfurt) sowie Gabriele Steinicke (Wittlich) bei, denen ich hiermit für ihre Anregungen und Informationen sehr danke. Frau Stefanie Wolf vom Springer-Verlag danke ich erneut für die bewährte und wiederum exzellente Betreuung auch dieses Projektes, das ich aufgrund bester vorangehender Erfahrungen wiederum sehr gerne diesem Medienunternehmen anvertraut habe.

Wachtberg   Bruno P. Kremer
im Juni 2022

Inhaltsverzeichnis

Ermutigung: Keine Angst (mehr) vor dem leeren Blatt

> Alles, was zustande kommt, geht auf Mühe und Notwendigkeit zurück.
>
> Heraklit (ca. 540–480 v. Chr.)

Das gesprochene Wort, wenngleich fallweise bedeutsam und inhaltsreich, ist ein überaus flüchtiges Gut – weil ein schon nach wenigen Augenblicken resonanzlos verhallter Schall. Nur das Schreiben und damit die bestenfalls Zeiten überdauernde fixierte Form von Analysen, Beobachtungen, Einfällen, Ergebnissen, Kommentaren, Überlegungen sowie sonstigen Kondensaten geistigen Tuns schafft und sichert Wissen. Für das schriftliche Festhalten wissenschaftlicher Sachinformation gibt es vielerlei private und offizielle Anlässe. In Biologie, Chemie oder Physik sowie in allen anderen naturwissenschaftlichen Disziplinen einschließlich der Medizin und der Geo- und Umweltwissenschaften ist das nicht grundsätzlich anders als in den übrigen Wissenschaftsbetrieben. Schon im Vorfeld der eigentlichen Wissenschaftsliteratur, die als eindrucksvolle Monografien und Handbücher oder in Gestalt endloser Reihen von Zeitschriftenbänden in unübersehbaren Bibliotheken gehortet wird, sind vom ersten bis zum letzten Tag des Lernens und Studierens ständig mengenweise Texte zu produzieren. Berichte, Dokumentationen, Exzerpte, Hausarbeiten, Mitschriften, Notizen, Portfolios, Protokolle, Referate oder Thesenpapiere sind gleichsam das tägliche Brot des Lern- und Studienbetriebs. Zur echten Herausforderung der eigenen Schreibwerkstatt wird die zeitlich mit dem Examen gekoppelte Abschluss- bzw. Prüfungsarbeit – bislang eher in Gestalt einer Staatsexamens- oder Diplomarbeit, heute nach Durch- und Umsetzung des nicht immer freudig begrüßten (1999 initiierten und nur politisch durchgedrückten) Bologna-Prozesses durchweg in Form der Bachelor- bzw. Masterarbeit und zum guten Ende als Dissertation sowie Habilitationsschrift.

© Springer-Verlag GmbH Deutschland, ein Teil von Springer Nature 2023
B.P. Kremer *Vom Referat bis zur Abschlussarbeit*, https://doi.org/10.1007/978-3-662-65972-4_1

Aber man kennt das: Bei privaten Notizen und Mitteilungen fließen die unentwegt sprudelnden Gedanken meist noch ganz flott auf das Papier oder in den PC. Beim „offiziellen Anlass" stehen dagegen plötzlich und unvermittelt zahlreiche Hürden im Weg: Ist eine der übrigen Öffentlichkeit zugedachte wissenschaftliche Arbeit zu erledigen, sind viele Studierende erfahrungsgemäß weitgehend blockiert. Der berüchtigte Horror vacui, die seit der Antike sprichwörtliche und geradezu grassierende Angst vor der so empfundenen entsetzlichen Leere (eines blanken Blattes Papier), ist auch heute noch eine verbreitete und fast immer verängstigende Grundkonstellation. Manche fühlen sich dabei, als seien sie nachts allein auf dem Friedhof. Aber solche emotionalen Beklemmungen müssen absolut nicht sein, denn – nur zu Ihrer Beruhigung – das ging und geht anderen ebenso. Der erfolgreiche Schriftsteller Jurek Becker (1937–1997) bekannte einmal freimütig: „Ich komme aus dem Staunen nicht heraus, was für ein weiter Weg es ist von dem Satz, der in meinem Kopf ist, bis zu dem Satz, der auf dem Papier steht." Und der oft zu Unrecht als Trivialautor belächelte Johannes Mario Simmel (1924–2009) hat für das (unnötige) Syndrom Schreibangst ein aufschlussreiches Selbstbekenntnis geliefert: „Es gibt nichts Grauenhafteres als eine weiße Seite Papier am Morgen." Diese fatal erscheinende Ausgangslage ist allemal therapierbar.

Meist sind es gar nicht das vermeintliche oder so empfundene Unvermögen, das lückenhafte, unsortierte bzw. sonstwie unzureichende Wissen oder die bloße Einfallslosigkeit, weshalb man fast nichts Vorzeigbares zu Papier zu bringen meint, sondern einfach nur Unentschlossenheit und vor allem Unerfahrenheit in leicht lösbaren formalen Fragen:

- Wie packe ich mein Thema an?
- Woher bekomme ich wichtige Primär-, woher brauchbare Zusatzinformationen?
- Wie strukturiere ich meinen Text?
- Was ist bei Abbildungen, Formeln oder Tabellen zu beachten?
- Wie gestalte ich mein Textskript optimal?
- Wie gehe ich kompetent und kritisch mit Zitaten um?
- Welche sonstigen formalen oder stilistischen Fallgruben sind zu vermeiden?

Solche Fragen stellen sich zwar auch schon im Studienbetrieb erfahrungsgemäß ständig (und eigentlich schon in der gymnasialen Oberstufe), aber leider nur selten genug geben die Lehrveranstaltungen im Studium darauf eine brauchbare Antwort. In den Internetforen finden sich folglich viel zu viele Hilferufe Schreibverzweifelter.

Diese Anleitung aus und für die Praxis einer Schreibwerkstatt richtet sich in erster Linie an Naturwissenschaftler in irgendeiner Phase ihres Studiums an Fachhochschule oder Universität. Sie hilft aber auch in anderen Ausbildungs- oder Tätigkeitsabschnitten – von der Facharbeit, dem Projektbericht oder dem Portfolio in der Schule bis hin zum Team- oder Thesenpapier im Beruf.

Obwohl gerade beim Abfassen eines naturwissenschaftlichen und deswegen schon in begrifflicher Sicht meist recht komplexen Manuskriptes überall gewisse formale und stilistische Gefahren lauern, ist das Verfassen einer Arbeit weder ein Gruselkabinett noch eine Endlosschleife auf der Geisterbahn. Um den richtigen *Fun Factor* zu (emp-)finden, braucht man auch in diesem Tätigkeitssegment ein gewisses handwerkliches Können. Dazu halten Sie gerade die geeignete Betriebsanleitung in Händen: In diesem Buch erfahren Sie nämlich konkret und konzis alles, was zum kompetenten eigenen Schreibhandwerk in den einzelnen Naturwissenschaften gehört – von der Internetrecherche über die passende Stoffgliederung und den richtigen Umgang beispielsweise mit fachsprachlichen Begriffen oder mit Maßen und Messeinheiten bis hin zur Schriftgestaltung und zur gefälligen, formal korrekten Abrundung Ihrer wissenschaftlichen Arbeit mit Grafiken und Tabellen. Insofern können Sie mit den Informationen auf den folgenden Seiten getrost einen nützlichen Erste-Hilfe-Koffer packen, den Sie bei allen möglichen Gelegenheiten aktivieren.

Zum Einarbeiten in wissenschaftliches Arbeiten und kreatives Schreiben gibt es bedauerlicherweise mehr Bücher, als auf einen normalen Schreibplatz passen – und zudem in der gesamten qualitativen Bandbreite von relativ nutzlos bis fachlich irrelevant sind. Die vielen Schreibanleitungen für Juristen, Betriebs- und Volkswirte sowie Historiker und Philologen helfen in den verschiedenen Naturwissenschaften mit ihren jeweils besonderen und fachspezifischen Anforderungs- oder Gestaltungsprofilen kaum, wenn überhaupt, weiter. Dieses Buch langweilt Sie daher nicht mit verbosen Erörterungen darüber, wie man am besten eine verschollene mittelalterliche Handschrift zitiert oder wie nach Umberto Eco das Design einer Karteikarte auszusehen hat. Es animiert Sie auch nicht zu unergiebigen Planspielen und Stilübungen, die eher an Trockenschwimmen erinnern, sondern versucht, Ihnen dabei zu helfen, möglichst sofort und direkt auf den Punkt zu kommen. Daher legen wir hier nach Art der Medienprofis gleich los und steigen unmittelbar in die Bewältigung des Ernstfalles ein. Für den gesamten phasenreichen Ablauf Ihrer Arbeit von der Themenübernahme über die Materialrecherche und die Erledigung aller formalen Gestaltungsprobleme bis zur Abgabe des fertig gebundenen Exemplars erhalten Sie hier jede Menge praxisorientierte, erprobte und bewährte Anleitungen sowie viele sonstige nützliche Tipps.

Ein überaus wichtiger Hinweis gleich zu Beginn: Reden Sie sich um Himmels willen zu keinem Zeitpunkt Ihrer jetzt oder nächstens beginnenden Textproduktion ein, der letzte einigermaßen erfolgreiche Schulaufsatz liege doch schon so lange zurück, das Schreiben eines griffig formulierten Sachtextes sei Ihnen ohnehin nicht in die Wiege gelegt worden, und für elegante Essays hätten Sie partout keine Gene. Mit solchen kontraproduktiven und eventuell ständig wiederholten Selbsteinschätzungen befinden Sie sich bereits – und auch noch selbst verschuldet – in der Vorhölle der permanenten Schreibunlust. Erwiesener Fakt ist vielmehr, dass man den Weg vom flüchtigen Gedanken zum fertigen Text durchaus erlernen kann und auf jeden Fall trainieren muss – ebenso wie Knöpfe annähen, Auto fahren und Gitarre spielen. Schreiben ist zugegebenermaßen Leistungssport für das Gehirn, aber auch dieses Organ lässt sich durch Forderung fördern. Übrigens: Glauben Sie auch keineswegs, Ihren Betreuern sei das in deren Startphase grundsätzlich anders gegangen. Selbst die Manuskripte nachmals bedeutender Literaten wimmeln zunächst nur so von Einschüben, Textdurchstrichen und Umstellungen. Im Marbacher Literaturarchiv, das die Nachlässe (inkl. Manuskripte) vieler anerkannter und bedeutender Autoren aufbewahrt, kann man sich davon direkt überzeugen.

Suchen, finden, anfreunden: Erstkontakte mit Ihrem Thema 2

> Der Anfang ist die Hälfte des Ganzen.
>
> Aristoteles (ca. 384 – ca. 322 v. Chr.)

Studierende sind – zumindest im Studium der Naturwissenschaften – im Allgemeinen keine freischaffenden Autoren, die sich die Sujets ihrer Wissenschaftstexte selbst aussuchen müssen. So gut wie nie weiß man daher bereits im ersten Fachsemester, wie sich einige Zeit später das Thema der krönenden Abschlussarbeit darstellen wird. Auch bei der Themensuche und Aufgabenfindung im Studium entwickeln sich die Dinge meist von selbst und damit ebenso wie im übrigen Leben: Spontanbegegnungen und Zufallstreffer sind hier eher der Normalfall als die Ausnahme. Die Themenfindung für eine eigene Aufgabenstellung ist deshalb zumeist ein exogener Ablauf, an dem Sie natürlich nicht so ganz unbeteiligt sind. Übrigens: Der Begriff „Thema" ist aus dem Altgriechischen abgeleitet und bedeutet bereits seit dem 15. Jahrhundert „Aufgestelltes, abzuhandelnder Gegenstand". Die häufig zu lesenden Formulierungen „gestelltes Thema" bzw. „Themenstellung" oder „Themensteller" sind demnach sprachlich misslungene Pleonasmen bzw. Tautologien.

2.1 Check-in: Der erste Schritt … führt in die Sprechstunde

Kleinere akademische Schreibanlässe wie Arbeitsblätter, Berichte, Handouts, Portfolios, Protokolle, Referate oder Thesenpapiere ergeben sich unentwegt und nahezu automatisch aus dem laufenden Routinebetrieb im Studium. In Kursen oder Übungen, Seminaren oder Workshops erwarten die Veranstalter im Allgemeinen Ihre aktive Beteiligung – und diese

© Springer-Verlag GmbH Deutschland, ein Teil von Springer Nature 2023
B.P. Kremer *Vom Referat bis zur Abschlussarbeit*, https://doi.org/10.1007/978-3-662-65972-4_2

oft auch in Form einer schriftlichen Ausarbeitung. Gewöhnlich halten sie dafür eine Vor-
schlagsliste der zu bearbeitenden Themen bereit. Die Themenvergabe erfolgt entweder in
den jeweiligen Lehrveranstaltungen selbst oder während eines vereinbarten Sprechstun-
dentermins. Natürlich oder bestenfalls haben Sie dabei eine gewisse Wahlfreiheit: Schauen
Sie sich das Angebot auf jeden Fall kritisch an und entscheiden Sie sich erst dann anhand
der vorgegebenen Auswahl vorzugsweise für ein Thema, das Ihrer eigenen Interessenlage,
in etwa dem eigenen Kenntnisstand und auch Ihren individuellen Möglichkeiten möglichst
nahe kommt.

Schon an dieser Stelle sollte Ihnen auf jeden Fall klar sein, sich im Rahmen des
Machbaren bei schriftlichen Aufgaben und Arbeiten möglichst nur mit solchen Themen
intensiver zu befassen, für die Sie sich auch irgendwie begeistern können. Schließlich
kann, soll und muss die Arbeit zunächst einmal gerade Ihnen Freude machen, und nur mit
dieser Einstellung werden Sie auch tatsächlich „Luft unter die Flügel" bekommen. Das ist
geradezu Programm – ohne Begeisterung kann es auch im späteren Beruf keinen Erfolg
geben. Wenn man dagegen schon in der Startphase nur Abneigung, Beklemmung oder
sonstige innere Widerstände gegen die Aufgabe („hochohmige Eingänge" würde ein Physiker sagen) verspürt, kann das Vorhaben kaum gelingen. Schließlich gilt auch folgende
Erfahrung, die Louis Pasteur (1822–1895) aphoristisch formulierte: „Das Glück begüns-
tigt den, der vorbereitet ist." Die aktuelle Neurobiologie des Lernens weiß zu ergänzen:
Nur eine positive Voreinstellung schaltet im Kopf eine genügende und förderliche Anzahl
von Synapsen frei, die einen munteren Gedankenfluss erleichtern.

Bei der Abschluss- bzw. Zulassungsarbeit, die erst gegen Ende des Hauptstudiums
in Angriff zu nehmen ist, verläuft die Themenfindung übrigens ganz ähnlich, wenn nicht
genauso. Auch die Primärmotivation muss in dieser Ausgangslage vergleichbar sein. Üblicherweise fertigt man seine Abschluss- bzw. Examensarbeit bei einem Dozenten an, den
man im Laufe seines Studiums in der einen oder anderen faszinierenden (!) Lehrveranstaltung genauer kennengelernt hat und von der/dem man sich auch gerne (!) durch das
Examen begleiten lassen möchte.

Spätestens hier wird ein wichtiger Einschub notwendig: Um etwaigen Bedenken bzw.
Einsprüchen von Frauenrechtlerinnen oder sonstigen Gender-Empfindlichkeiten bereits
an dieser Stelle vorzubeugen, werden im Folgenden genauer differenzierende Bezeichnungen wie Dozentinnen und Dozenten, Professorinnen und Professoren, Studentinnen
und Studenten – auch in anderen analogen Fällen – und zudem gänzlich unchauvinistisch
geschlechtsneutral im Maskulinum ohne ausdrücklich feminalisierendes Morphem zitiert
(vgl. dazu auch Kap. 5).

In den Bachelor-, Master- oder (verbliebenen bzw. glücklicherweise wiederbegründe-
ten) Diplom-Studiengängen sind oft experimentell-praktische Themen mit Untersuchungen in Freiland oder Labor zu bearbeiten. Bei anderen Abschluss- oder Zulassungsarbeiten
kann Ihre schriftliche Aufgabe auch eine kritische vergleichende Literatursichtung oder
eine fachdidaktisch orientierte Darstellung sein. Ihr eigenes, individuell für Sie zuge-
schnittenes Thema erhalten Sie immer nur durch den aktiven, d. h. von Ihnen selbst

angeknüpften Kontakt zu einem Hochschullehrer bzw. Forschungsgruppenleiter, den Sie in einer seiner Lehrveranstaltungen live erlebt haben. Im persönlichen Gespräch erfahren Sie dann, welche Fragestellungen in der betreffenden Arbeitsgruppe gerade bearbeitet werden und an welcher Stelle Sie mit Ihrer eigenen Arbeit einen praktischen Beitrag zur Lösung eines aktuell anstehenden übergreifenden Vorhabens leisten könnten.

Ein Thema für die Bachelor-, Master- oder Diplomarbeit bzw. für eine Dissertation vergeben im Allgemeinen nur Professoren bzw. habilitierte Privatdozenten. Die Namen möglicher Hochschullehrer, die ein Thema vergeben (und prüfungsberechtigt sind bzw. sein müssen), erfahren Sie unter anderem aus der Auflistung des Lehrveranstaltungstyps „Anleitung zu selbstständigen wissenschaftlichen Arbeiten" im (elektronischen) Vorlesungsverzeichnis Ihrer Hochschule sowie auf deren Webseiten, die Ihnen auch die Zusammensetzung der Prüfungskommissionen benennen.

Sie können sich den Betreuer Ihrer Arbeit natürlich frei wählen. Die Wahl Ihres Betreuers ist fast noch ein wenig wichtiger als die Festlegung auf ein bestimmtes Thema. Welcher Dozent die für Sie beste Wahl darstellt, lässt sich nicht unbedingt an objektiven Kriterien festmachen. Hören Sie sich vor dieser Entscheidung bei Mitstudierenden oder Mitgliedern der ins Auge gefassten Arbeitsgruppe um – hier werden Sie bestimmt sehr frische und vermutlich auch ziemlich ungefilterte Einschätzungen vernehmen. Meiden Sie Dozenten, welche die Betreuung von Examenskandidaten nach Aussage bereits Betroffener als lästige Ablenkung empfinden und schon im Vorgespräch den Eindruck erwecken, sich für Ihr Anliegen bestenfalls marginal zu interessieren. Andererseits ist auch die Anzahl der Kandidaten, die ein Dozent gleichzeitig im Kielwasser hat, nicht unbedingt ein brauchbares Maß für die zu erwartende Qualität der Betreuung. Eventuell wird Sie ein angeblich oder objektiv überlasteter Professor einem jüngeren und engagierten Wissenschaftler seiner Arbeitsgruppe zuweisen. Daraus können sich hervorragend funktionierende Symbiosen und Synergismen entwickeln. Bedenken Sie (auch) in solchen Fällen, dass der wissenschaftliche Rang eines Betreuers und sein Engagement für die Studierenden nicht unbedingt an seiner Positionierung in der universitären „Hackordnung" abzulesen sind.

Vergewissern Sie sich – insbesondere bei Fragestellungen, die Sie vorschlagsweise eventuell selbst einbringen – durch vorherige Gespräche inner- und außerhalb der Arbeitsgruppe, dass Ihr Betreuer im angesteuerten Themenfeld auch wirklich kompetent ist. Niemand kann heute die gesamte thematische Bandbreite seines Fachs überblicken. Selbst innerhalb eines engeren Themensegmentes ist es angesichts der überall geradezu beängstigend anrollenden Daten- resp. Informationstsunamis kaum noch leistbar, die gesamte Faktenlage aktuell im Auge zu behalten. Ein anerkannter Spezialist für die Sedimentmikrobiologie mariner Tiefseeböden ist daher vermutlich nicht der passende Ansprechpartner für eine literaturkritische Sichtung neuerer Ergebnisse zur Signaltransduktion an der Plasmamembran von T-Lymphozyten. Zuverlässige Parameter dafür, ob Sie eine glückliche Wahl getroffen haben, sind einerseits das Themenspektrum in den

Lehrveranstaltungen Ihres potenziellen Betreuers und andererseits seine eigenen Fach-
veröffentlichungen, über die man sich unter anderem auch aus den von fast allen
Hochschulen periodisch veröffentlichten Forschungsberichten informieren kann. Hier mag
beispielsweise zusätzlich der über die Fachbibliotheken oder online zugängliche *Science
Citation Index* (www.researchgate.net sowie www.academia.edu) (vgl. Abschn. 3.1) eine
brauchbare Hilfe sein.

Wenn Sie sich für einen bestimmten Themenvorschlag erwärmen konnten und – eine
angemessene Bedenkzeit wird man Ihnen gewiss zugestehen – nach kritischer Abwägung
zugesagt haben, lässt man Sie normalerweise nicht allein oder gar erbarmungslos „im
Regen stehen". Gehen Sie, vor allem bei experimentell bzw. geländepraktisch orientierten
Vorhaben, immer von folgender Überlegung aus: Ihr betreuender Dozent hat mit großer
Gewissheit ein elementares Interesse daran, dass die Bearbeitung des Ihnen überlasse-
nen Themas einen tragfähigen Baustein für sein eigenes umfassenderes Projekt hergibt.
Insofern können Sie im Normalfall von den ersten Schritten der eigenen Untersuchung
bis zum Abliefern Ihrer Arbeit auch immer mit einem flankierenden, betreuenden Dia-
log rechnen. Nutzen Sie diese Chancen unbedingt. Völlig freie Themen, die nicht einmal
entfernt in das Interessengebiet des Betreuers einer Examensarbeit fallen, sind vermutlich
extrem selten und sollten es auch tatsächlich bleiben. Am ehesten ist in den sogenannten Geisteswissenschaften (Pardon: Diese übliche, aber zweifellos seltsame Abgrenzung
von den Naturwissenschaften führt nicht nur zu gespaltenen Weltbildern, sondern deklas-
siert Naturwissenschaftler zu hirnlos werkelnden Handlangern; vgl. dazu auch Fischer
2001) nach vorliegenden Erfahrungsberichten die (Un-)Sitte verbreitet, dass man sich als
Examenskandidat mit einer eigenen Themenidee gleichsam auf Missionsreise begeben
muss und hoffentlich einen mildtätigen Betreuer findet, der sich der im Eigenverfahren
ausgebrüteten Sache auch tatsächlich annimmt.

Gewöhnlich ist die zunächst vereinbarte Themenformulierung lediglich ein Arbeits-
titel. Achten Sie aber dennoch darauf, dass Ihr Thema nicht zu weit gefasst ist.
Ein Projektvorschlag wie etwa „Funktionale Aspekte zur Biodiversität im tropischen
Regenwald" oder „Die exogene Morphogenese tropischer Fließwassersysteme" könnte
sich rasch als Lebensaufgabe erweisen. Ein enger umrissenes Thema ist – obwohl
Sie zunächst sicher noch nicht die gesamte Tragfähigkeit der stofflichen Fülle vor
Augen haben – immer wesentlich empfehlenswerter als ein Vorhaben mit geradezu
globalperspektivisch-enzyklopädischem Ansatz.

Es liegt in der Natur der Sache, dass man bei der weiteren Beschäftigung mit der
gestellten Aufgabe auf Unvermutetes, Verborgenes oder sonstwie Interessantes stößt.
Davon gehen konsequenterweise und innerhalb vernünftiger Grenzen sicherlich vielerlei Impulse und Rückkopplungen auf Wege und Inhalte der weiteren Bearbeitung aus.
Der endgültige, genaue und damit verbindliche Wortlaut einer Themenformulierung, den
Sie natürlich mit Ihrem Betreuer abstimmen müssen, ist vielfach erst der Schlussakkord
einer Arbeit, wenn die Anfertigung der Reinschrift ansteht.

2.2 Textproduktion – ein Weg in sieben Etappen

Im Unterschied zu weitverbreiteten Voreinschätzungen beginnt das Schreiben einer wissenschaftlichen Arbeit bereits geraume Zeit vor dem Schreiben. Dieses Tun ist auch keineswegs abschließend mit dem erlösenden Augenblick erledigt, wenn der eventuell mühsam generierte Text auf der Festplatte oder dem Schreibblock ruht. Der Schreibprozess ist vielmehr ein vielstufiger, mehrphasiger, geordneter und (hoffentlich) immer zielgerichteter Prozess mit diversen Programmschleifen, den man im Wesentlichen in sieben tragende Arbeitsabschnitte gliedern kann (Tab. 2.1):

Tab. 2.1 Sieben Arbeitsschritte zum Erfolg

Arbeitsabschnitt	Einzelschritte
Orientierung	• Rahmenbedingungen klären, • Inhalte auswählen, • besondere Akzente oder Aspekte ein- bzw. ausgrenzen, • Zeitplan entwerfen und • Exposé schreiben
Vorbereitendes	• Daten und Materialien beschaffen, • relevante Texte (mehrfach) lesen und auswerten und • Textbeiträge mit Relevanz für das eigene Vorhaben markieren
Strukturieren	• Gesammelte Daten analysieren, akzentuieren und differenzieren, • Basisbegriffe abklären und logische Verknüpfungen herstellen, • Ordnungsebenen im Materialfundus umreißen, • interessante Einzelkomponenten den tragenden Elementkomplexen zuordnen und • hierarchische Struktur der Darstellung entwerfen
Gliederung	• Inhalte und Rechercheabschluss genauer festlegen, • Darstellungsstränge durchspielen und • Reihung der Einzelthemen festlegen
Rohfassung	• Erste Textbausteine niederschreiben, • Schwerpunkte strukturorientiert ausformulieren und • Textformate im PC festlegen
Feinschliff	• Text auf inhaltliche Konsistenz überprüfen, • Lesbarkeit und Verständlichkeit der Mitteilungen überprüfen, • Satzlängen und Begriffsrepertoire checken, • Tabellen und Illustrationsmaterial konsistent durchnummerieren, • Referenzen überprüfen und • Literaturverweise komplettieren
Korrigieren	• Text erneut kritisch lesen bzw. lesen lassen, • Rechtschreibung und Silbentrennung prüfen, • Stimmigkeit des Layouts abschließend beurteilen und • alle notwendigen Korrekturen vornehmen

Es gibt im Ablauf einer zu erstellenden Arbeit zugegebenermaßen Phasen, in denen die Motivation tief unten im Keller angesiedelt ist. Werden Sie dennoch nicht depressiv, denn solche empfundenen oder tatsächlichen Befundlagen sind allemal therapiefähig. Begeben Sie sich auf eine physische Joggingrunde, gehen Sie ins Kino oder verabreden Sie sich mit Freunden zu einer kleinen Kneipentour am Abend. Alle diese Maßnahmen werden die Synapsen in Ihrem Kopf wieder zuverlässig freischalten.

2.3   Triebwerke zünden: Arbeitsplan und Zeitbudget

Sobald Ihr Thema formuliert oder zumindest in einigermaßen klaren Konturen umrissen ist, kann die inhaltlich-formale Ausgestaltung beginnen. Voller Elan treten Sie in die Startphase ein, häufen Berge von Ideen und Kopien bzw. PDFs an, erstellen Formulierungsfragmente und finden sich zunehmend in einem Meer ungelöster Probleme. Fast synchron wachsen der Stapel ungespülter Teetassen, die Halde zerknüllter Schreibpapiere, die Anzahl zerkauter Bleistifte … und als Konsequenz die Befürchtung, in Bälde schlicht im Chaos zu enden. Solche Symptome sind weit verbreitet (und fast normal). Zu dieser Allgemeindiagnose gehört oft auch noch ein akuter bis ansatzweise chronischer Gedankenstau.

Die angesichts etwaiger Selbstzweifel drohende Talfahrt in den totalen Schreibfrust lässt sich allerdings wirksam auffangen: Verlassen Sie sich nicht auf die mystischen Schwingen der blauen Stunde(n), sondern entwickeln Sie gleich zu Projektbeginn einen realistischen Aktionsplan, etwa entsprechend dem Flussdiagramm in Abb. 2.1. Vermeiden Sie in dieser Phase rigoros und entschlossen alles, und wirklich *alles,* was Sie ablenken und erbarmungslos zu Ausflüchten ins Aufschieben ausarten könnte. Psychotherapeuten verwenden dafür den Fachausdruck „Prokrastination" (Aufschieberei) – eine Bezeichnung, die man sonst selbst in gebildeten Kreisen kaum kennt. Sie benennt aber einen gleichermaßen kontraproduktiv wie verheerend wirkenden Befund: Der ausgedehnte Einkaufsbummel, eine verführerische *WhatsApp*-Einladung für den Nachmittag, die tägliche E-Mail-Korrespondenz, bei *Facebook* mal eben checken, was bei den Freunden vorgeht etc. sind Beispiele solcher Fluchtpunkte, die einen wertvollen Arbeitstag mit Sicherheit wirksam ruinieren.

Gliedern Sie Ihr konkretes Vorhaben in einzelne und möglichst konkrete Arbeitsschritte, die Sie – um im Bild zu bleiben – auch Schritt für Schritt erledigen. Ihre Zeit ist eine kostbare, weil nicht dehnbare Größe (von relativistischen Effekten der Zeitbeeinflussung dürfen wir hier getrost absehen …). Die Erfahrung zeigt zudem, dass das durchaus überschaubare zeitliche Guthaben zwischen Themenfestlegung und Abgabetermin rasch aufgebraucht ist. Stellt sich das Thema anfangs vielleicht noch einigermaßen flachwellig dar, gerät man in dessen weiterer Ausgestaltung leicht in unruhigeres Fahrwasser, um am Ende angesichts heftiger und bedrohlicher Wogen gar in wilde Hektik zu verfallen – eventuell auch noch flankiert von somatischen Manifestationen. Das zur Fristwahrung

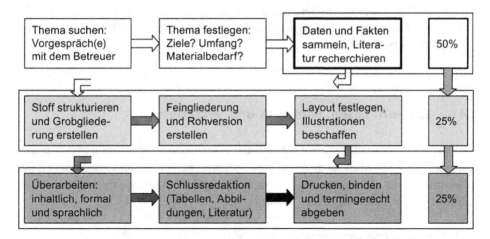

Abb. 2.1 Phasen der Texterstellung und ungefährer (!) Zeitbedarf für die einzelnen Arbeitsschritte

beim Nachtpostamt Minuten vor Mitternacht aufgegebene Exemplar einer Examensarbeit erinnert zwar ein wenig an Slapstickszenarien, aber selten sind solche Parforceritte keineswegs. Planen Sie also Ihren Arbeitsablauf rechtzeitig durch und berücksichtigen Sie auch etwaige wahrscheinliche Zeitfresser, beispielsweise Warten auf Literatur aus den Fernleihdiensten, widrige Witterungsverhältnisse bei Freilandprojekten oder längere Lieferfristen spezieller Reagenzien oder sonstiger Materialien. Immerhin: „Wir haben nicht zu wenig Zeit, aber wir verschwenden zu viel davon" (Seneca, ca. 3 v. Chr. – 65 n. Chr.) – eine wahrhaftig kluge Sentenz.

Organisieren Sie Ihren Arbeitsablauf entsprechend dem vorgesehenen bzw. vorgegebenen Zeitbudget zunächst einmal vom Ende her. Bei einer beispielsweise auf vier Monate Arbeitszeit befristeten nichtexperimentellen Arbeit von 80–100 Druckseiten Umfang sollten Sie für die beiden letzten Erstellungsphasen (in Abb. 2.1 dunkelgrau unterlegt) einschließlich einer gewissen Pufferzeit etwa vier Wochen (= 25 %) vorsehen. Ungefähr den gleichen Zeitraum (weitere 25 %) setzt man für die Recherche und die Grobgliederung an, rund die Hälfte (8 Wochen) für die Datengewinnung sowie für die Rohfassung des Manuskripts (in Abb. 2.1 hellgrau unterlegt). Je nach Projektcharakter und Themenprofil ist ein solcher Zeitplan natürlich anzupassen – experimentelle Arbeiten erfordern gewöhnlich eine viel längere Praxisphase, eher theoretisch oder literaturkritisch angelegte Aufgaben einen erweiterten Zeitraum für die Recherche. Kleinere oder umfassendere Aufgaben versieht man je nach erwartetem Umfang mit einem entsprechenden Multiplikator. Prozentual verschieben sich die Zeitanteile der einzelnen Erstellungsphasen dabei jedoch kaum.

▶   **PraxisTipp: Gleich durchstarten** Legen Sie mit Ihrem Schreibvorhaben nach der
Themenfindung möglichst unmittelbar los und stauen Sie keine Unlust erzeu-
gende Bugwelle vor sich an.

2.4   Take-off: Lesen, Sammeln und Verzetteln

Nach der Festlegung auf ein selbst entwickeltes oder zusammen mit dem Betreuer umrissenes bzw. schon weitgehend ausformuliertes Thema begeben Sie sich umgehend (!) auf
eine orientierende, der genaueren Einstimmung dienende Warmlaufstrecke, bei der Sie
sämtliche der folgenden Leitfragen beantworten:

- Was genau ist jetzt meine konkrete Aufgabe?
- Geht es um die Erhebung oder Bewertung von empirisch gewonnenem Datenmaterial?
- Sind Experimente zu planen und auszuwerten?
- Wer arbeitet mich in die benötigten Methoden und Messgeräte ein?
- Erfordert meine Aufgabe die Darlegung einer historischen (ideen- und/oder begriffs-
  geschichtlichen) Entwicklung?
- Ist eventuell nur der aktuelle Forschungsstand zum Thema kritisch zu sichten und
  zusammenfassend darzustellen?
- Worin soll der wissenschaftliche Ertrag meiner Arbeit bestehen?
- Welchen Beitrag zum Wissenschaftsprozess kann/soll sie leisten?

Vermutlich wird die ausgestaltende Themenbearbeitung in unterschiedlicher Gewichtung
jeweils mehrere dieser Aspekte einschließen. Jede dieser Leitfragen führt Sie zu speziel-
leren Fragestellungen oder Teilschritten, deren Erledigung Ihnen wichtige Bausteine für
Ihr Vorhaben liefert. Unabhängig davon, welche spezielle Aufgabe Sie nun zu bearbeiten
haben und wie der Arbeitstitel Ihrer Aufgabe aussieht, folgt unmittelbar nach der Themenübernahme als erste Umsetzungsphase die Einarbeitung in den aktuellen Kenntnisstand
der Dinge.

Für Exkursions-, Projekt- und Laborberichte, Seminararbeiten und Referate oder
sonstige Anlässe der wissenschaftsorientierten Textproduktion (vgl. Textsortenübersicht
unter Abschn. 4.5), die noch nicht im Direktzusammenhang mit einer Abschluss-
bzw. Examensarbeit stehen, wird Ihnen Ihr Betreuer vermutlich (und hoffentlich) eine
brauchbare Literaturliste in die Hand drücken, aus der Sie die benötigte Sachinformation zu Ihrem Thema destillieren können. Eigene Zusatzrecherchen in allen modernen
Informationsapparaten (vgl. Kap. 3) sind jedoch immer nötig und nützlich.

Sitzen Sie dagegen an Ihrer Abschluss- bzw. Examensarbeit, erwartet man von Ihnen
auch hinsichtlich der Literaturrecherche und sonstigen Vergleichsdatenfindung auf jeden
Fall eine Menge Eigeninitiative, mit der Sie sich einerseits den aktuellen Kenntnisstand

zu Ihrem Problem erarbeiten und andererseits die laufende Weiterentwicklung auch der Randbereiche Ihres Themensektors wahrnehmen. Sollen Sie beispielsweise in Ihrer Untersuchung die "Effekte von Salzbelastung auf die Photosyntheseleistung bestimmter höherer Pflanzen entlang einer ausgewählten Bundesfernstraße" analysieren, erinnern Sie sich aus dem bisherigen Studium vermutlich daran, dass Salzstress den Primärstoffwechsel fast aller jener Landpflanzen beeinträchtigt, die nicht direkt oberhalb der Gezeitenzone an der Meeresküste siedeln. Jetzt müssen Sie zu diesem besonderen ökophysiologischen Syndrom auch die genaueren Details kennenlernen. Dabei wäre zunächst einmal zu erarbeiten, was die Literatur zum benannten Problem außer standardisiertem, weil häufig wiedergekautem Lehrbuchwissen bislang hergibt und vor allem, wo denn ganz genau die aktuelle Front der Forschung verläuft. Ihr Betreuer wird Ihnen als Starthilfe die wichtigsten Tipps zum thematischen Einstieg auch in Form relevanter Literaturstellen geben oder Sie beispielsweise anweisen, einmal genauer die neueren Veröffentlichungen der Arbeitsgruppen X, Y und Z durchzusehen. In jedem Fall besteht die Ouvertüre Ihrer Arbeit aus extensivem und intensivem Lesen – und diese Tätigkeit wird auch im weiteren Ablauf einen (sehr) großen Teil Ihrer Zeit beanspruchen.

Kap. 3 erläutert und rät Ihnen, wie und wo Sie die Informationsbeschaffung optimieren und dabei möglichst effektiv ergiebige Quellen erbohren, denn am Anfang steht immer das – in leichter Abwandlung von Joh 1,1 *(in principio erat verbum)* bereits geschriebene bzw. gedruckte – Wort, das Sichten, das Zusammenführen und referierende Verdichten von Fakten, die irgendwann und irgendwo schriftlich niedergelegt wurden.

2.4.1 Die gute, alte Zettelwirtschaft

Die Einarbeitung in ein Thema greift übrigens mit modernen Methoden uralte, schon in der Steinzeit erfolgreiche Kulturtechniken auf, nämlich die des Jagens und Sammelns und damit ein munter aneignendes Vorgehen. Diese spezifische Jagd richtet sich dabei auf auswertbare und womöglich auch recht entlegene oder sonst wie versteckte, aber vielversprechende Literatur, das selektive Sammeln dagegen auf wiederverwertbare, nützliche Detailangaben. Wichtige oder auch nur wichtig erscheinende Informationen, die man beim Lesen irgendwo in der Literatur aufgestöbert hat, behält man nach der ersten Lektüre erfahrungsgemäß nicht sofort und schon gar nicht unauslöschlich in allen Details. Daher sind besondere „extracerebrale Gedächtnisse" nicht nur sinnvoll, sondern einfach notwendig. Vertrauen Sie zu keinem Zeitpunkt Ihrer Arbeit nur Ihrem Gedächtnis.

Obwohl Computer natürlich die äußerst komfortable Möglichkeit bieten, eigene Datenbanken anzulegen (vgl. Abschn. 2.4.2), ist die ehrwürdige und praktischerweise auch geräteunabhängig funktionierende Exzerptmethode keineswegs museal oder gar ausgestorben:

- Schreiben Sie sich wirklich alle wichtigen Aspekte, Stichwörter, Einzelwerte, Methoden, Laborrezepturen, Querverweise, Zitate oder sonstige „Merkwürdigkeiten", die Ihnen in der Fachliteratur unentwegt begegnen, auf Notizzettel oder (besser) Karteikarten (vorzugsweise DIN A6) – erscheint zunächst total antiquiert, hat sich aber vielfach bewährt, denn:

- Einträge im Smartphone o. ä. sind nur ein ephemeres (und zudem verlustgefährdetes) Speichermedium – für die Dauerdokumentation nicht zu empfehlen.

- Jede Karteikarte erhält in der Kopfzeile ein passendes Schlag- bzw. Suchwort. Gehören mehrere Karten zum gleichen Suchbegriff, nummeriert man sie einzeln durch. Das erhöht nach alphabetischer Ablage in einem Karteikasten deutlich die immer wieder beglückende Wiederfundrate.

- Organisieren Sie Ihre individuelle, auf alle Belange Ihres Projektes zugeschnittene Dokumentation auch durch Verweise auf weitere separate Karteikarten mit anderen Schlagwörtern, aber vergleichbaren Inhalten.

- Notieren Sie sich auch immer und sofort die Findstelle der exzerpierten Daten – das erspart die spätere und erfahrungsgemäß immer zeitaufwendige erneute Suchgrabung in Bergen von Büchern oder Fotokopien.

- Legen Sie schon gleich am ersten Tag Ihrer Arbeit auch in Ihrem Computer als eigene Datei ein Literaturverzeichnis zum gerade begonnenen Projekt an. Tragen Sie jeweils alle neu hinzukommenden Findstellen mit der zugehörigen Komplettbibliographie (vgl. Kap. 6) immer möglichst sofort nach. Der enorme Nutzen gerade dieser Datenhalde wird Ihnen spätestens zu Beginn der Reinschriftphase Ihrer Arbeit besonders deutlich werden.

- Erstellen Sie unbedingt von Anfang an eine digitale und alphabetisch gelistete Literaturaufstellung, in der alle Findstellen penibel genau und nur in einer einzigen Zitierversion eingetragen werden.

Wenn Sie bestimmte Aussagen beim Exzerpieren von Literaturstellen wörtlich übernehmen, setzen Sie die betreffenden Passagen unbedingt und jeweils sofort in Anführungszeichen, damit diese immer sowie direkt als tatsächlich entlehnte Zitate erkennbar sind. So können sie bei der späteren Manuskripterstellung nicht versehentlich als Eigentext einfließen. Gerade in dieser Hinsicht hat die Politszene in jüngerer Zeit zur Genüge unrühmliche (aber symptomatische?) Beispiele geliefert. Ersparen Sie sich im Blick auf etwaige Argumentationsnöte alle denkbaren Annette-, Guttenberg- und Vroni-Szenarien.

Halten Sie in Ihrer Materialsammlung außer externem Fundgut immer und sofort Ihre eigenen laufenden Einfälle, Ideen oder Vorstellungen zur Themenausgestaltung, ebenfalls mit passendem Schlagwort auf Karteikarten, fest. Erfahrungsgemäß stellen sich verwertbare Gedankenblitze nicht ständig auf Abruf beim Brainstorming bzw. am Tatort Schreibtisch ein, sondern häufiger in völlig anderen Situationen – etwa beim Joggen, bei längeren Auto-/Bahnfahrten oder gar beim Einkauf im Supermarkt. Für solche glücklichen Momente sind erfahrungsgemäß zwei zivilisatorische Errungenschaften enorm hilfreich:

- entweder ein bescheidener Vorrat an kleinen Karteikarten im Format DIN A7, die in jede Hemden- oder Jeanstasche passen und bei sich bietender Gelegenheit sofort aufnahmefähig sind und/oder
- ein kleines Handdiktiergerät; überaus hilfreich sind moderne Mobiltelefone bzw. Smartphones, die ausnahmsweise diese nützliche Zusatzfunktion aufweisen. Fatalerweise sind gerade die besonders guten Gedanken hochgradig flüchtig und daher eventuell ebenso schnell auch wieder weg. Hans Magnus Enzensberger (*1929) sieht das allerdings anders: „Es gibt einen Darwinismus der Einfälle. Die Guten kommen immer wieder. Sie sind hartnäckig." Vertrauen Sie im Zweifelsfall lieber nicht auf diese Einschätzung, sondern halten Sie alles verwertbar Erscheinende schon im Moment seiner Genese schriftlich/elektronisch und damit dauerhaft fest.

Da in beinahe allen Themensegmenten der modernen Naturwissenschaften die Fülle der zu verarbeitenden Information eher beängstigend als beglückend ist, selbst wenn das gerade beackerte Interessenfeld eher randständig ist, wird die Verwaltung des eigenen wissenschaftlichen Fundus schon bald zum abendfüllenden Programm. Die solchermaßen problembeladenen Karteikarten oder vergleichbaren Verzettelungen der Detailinformation zu Ihrem Themenfeld haben aber den großen Vorteil, dass Sie sie später für die Texterstellung nach irgendwelchen neuen Leitaspekten sortieren und somit sicherstellen können, nun wirklich nichts Wesentliches übersehen oder vergessen zu haben.

Um schon hier keine Missverständnisse aufkommen zu lassen: Von der flankierenden, vielleicht eher erratischen, aber in vielerlei Hinsicht äußerst hilfreichen (elekronischen) „Zettelwirtschaft", die vor allem dem Konservieren von Ideen, Hinweisen, Literaturzitaten, Teilinformationen und anderen potenziellen Bausteinen zu Ihrem Projekt dient, ist die saubere und nachvollziehbare Dokumentation eigener wissenschaftlicher Untersuchungsergebnisse nun wirklich grundverschieden. Wenn Sie eine labor- oder geländepraktische Untersuchung durchführen, dürfen Sie die jeweils gewonnenen Einzeldaten natürlich nicht auf einzelnen Zetteln einer stürmisch wachsenden Loseblattsammlung festhalten. Tragen Sie daher alle Ihre neuen Daten unbedingt und zeitnah in ein akribisch zu führendes Protokollbuch ein. Dieser fallweise auch als Laborjournal, Labortagebuch oder Feldbuch bezeichnete Informationsträger ist ein für den Nachvollzug Ihres Arbeitens gänzlich unentbehrliches Dokument. In den Präsentationen der Außenstelle Bonn des Deutschen Museums kann man beispielsweise das ebenso penibel wie vorbildlich geführte Labortagebuch von Georges Köhler (1946–1995, Nobelpreis 1984) bestaunen. Das könnte eine nachahmenswerte Leitplanke für Ihr eigenes Tun sein.

- Verwenden Sie als Protokollbuch grundsätzlich eine fest eingebundene Kladde mit durchnummerierten Seiten, je nach erwartetem Datenaufkommen im Format DIN A5 oder DIN A4.
- Nummerieren Sie Ihre Beobachtungen, Befunde, Experimente, Einzelmessungen u. a. fortlaufend und konsistent durch.

- Alle Beobachtungen, Rahmenbedingungen einer Messung, Messergebnisse oder sonstigen relevanten Daten werden sofort und mit Ort, Tagesdatum sowie Uhrzeit eingetragen.
- Benennen Sie genau die jeweils angewandte Mess- oder Analysenmethode, eventuell zusammen mit einem Literaturhinweis.
- Fügen Sie – falls sinnvoll – eine genaue Skizze oder ein digitales Foto der Messvorrichtung bzw. der verwendeten Versuchsapparatur bei.
- Vermerken Sie bei chemischen Experimenten unbedingt Mengen, Konzentrationen, Reinheitsgrade, Herkunft und andere stofflichen Parameter.
- Notieren Sie bei Problemabfällen (z. B. toxische Reagenzien, radioaktives Material) für spätere Nachfragen oder Nachweise die Details zu deren Verbleib bzw. rechtmäßiger Entsorgung.
- Verlassen Sie sich bei der Notierung von Ergebnissen niemals auf Ihr Gedächtnis, sondern fügen Sie der Dokumentation immer aktuelle Druckerstreifen oder vergleichbare Printversionen von Messergebnissen bei.

▶ **PraxisTipp: Einfach alles festhalten** Um spätere Argumentationsnöte und andere Peinlichkeiten zu vermeiden, halten Sie alle gewonnenen Neudaten, Ergebnisse, Beobachtungen oder Befunde schriftlich in einer eigenen Dokumentation fest.

2.4.2 Archivieren und Literaturverwaltung

Das haben Sie bestimmt schon einmal live erfahren oder sogar erlitten: So manches häusliche oder institutionelle Arbeitszimmer erinnert mit seinen deckenhohen Bücherregalen und aufgetürmten Zeitschriftenstapeln in beängstigender Schieflage immer wieder an die klassische Gelehrtenstube. Unter anderem hat der Münchner Maler Carl Spitzweg (1808–1885) solche Szenarien bemerkenswert treffsicher zum Beispiel in seinem Bild „Der Bücherwurm" festgehalten. Unhandliche Folianten, die man alleine kaum noch bedienen kann, sind zwar im heutigen Wissenschaftsbetrieb eher eine fast schon kuriose Ausnahme, aber dafür drängen und stapeln sich auf der Ablage umso mehr Aktenordner mit Fotokopien und Dokumenten, auch solchen aus der Grauen Literatur von Firmen, Behörden, Institutionen oder sonstigen (halb-)amtlichen Stellen. Der Tatort Schreibtisch wird damit zunehmend zu einer massereichen papierenen Endmoräne, die dringend einer gewissen Ordnungshygiene bedarf.

Traditionell sieht die eigene Archivgestaltung so oder so ähnlich aus: Was man für die laufende Arbeit an Einzelkopien aus Büchern oder Zeitschriften sowie an Druckerprotokollen von Downloaddatenbankmaterial sammelt und möglicherweise auch tatsächlich bearbeitet, versieht man mit einer fortlaufenden Nummer und legt das Material in Aktenordnern oder Stehsammlern ab. Die individuell vergebenen Nummern erscheinen auch auf

einer parallel dazu angelegten Karteikarte, die Autor, Titel der Arbeit und genaue Findstelle sowie alternativ oder ergänzend auch in der Reihung Schlagwort, Autor, Titel und
Findstelle festhält. Nach diesem Grundmuster organisierten professionell bzw. mehrjährig
im Wissenschaftsbetrieb Tätige früher ihre umfangreichen Sonderdrucksammlungen mit
gegebenenfalls vielen tausend Einzeldokumenten. Sonderdrucke, auch Separata genannt,
sind dem Autor vom Verlag des betreffenden Publikationsorgans kostenfrei zur Verfügung
gestellte Exemplare seines eigenen wissenschaftlichen Zeitschriften- oder Buchbeitrags
(meist erhielt man 50–100 Stück). Interessenten, die im gleichen oder in einem ähnlichen
Themenfeld arbeiten, konnten mit besonderen Vordruckkarten um die Zusendung eines
Sonderdrucks bitten. Mitunter erhielt man das Separatum der frisch erschienenen Arbeit
eines Kollegen auch unaufgefordert und sogar mit persönlicher Widmung (*dedicatum ab
auctore* bzw. bei mehreren Verfassern *dedicatum ab auctoribus*). Diese relativ aufwen-
dige und zudem zeitraubende Art der Wissenschaftskommunikation ist heute weitgehend
Vergangenheit. Vom gewünschten oder benötigten Material fertigt man für die eigene Kollektion entweder eine Kopie an oder erhält auf Nachfrage ein elektronisches Separatum in
Form einer pdf-Datei. Das Archivieren solcher Informationsträger mit der traditionellen
Karteikartenmethode könnte aber immer noch funktionieren – vor allem dann, wenn bei
Projekten von überschaubarer Laufzeit (wie im Fall einer Abschlussarbeit) nicht unbedingt
unüberschaubare Halden zu erwarten sind.

Literaturverwaltungsprogramme Obwohl es bedenkenswerte Gründe dafür gibt, den
persönlichen und eventuell mühsam zusammengetragenen Datenfundus eher nach Art
von Kochrezepten mit Karteikarten zu verwalten, bieten sich heute wie selbstverständlich auch zeitgemäß effizientere Möglichkeiten der Datenbewältigung an, vor allem in
Form geeigneter, d. h. genügend flexibler Literaturverwaltungsprogramme. Sie erleichtern den Überblick über die im eigenen Arbeits- oder Interessengebiet vorhandene
oder laufend neu erscheinende Literatur, dienen der Verwaltung der eigenen Materi-
albestände und sind außerordentlich nützlich bei der Erstellung eigener Publikationen.
Ein Literaturverwaltungsprogramm besteht aus einer oder mehreren Datenbanken, in
der die Findstellen (Referenzen) von Originaltexten in Monographien, Sammelwerken,
Zeitschriften, Webseiten und sonstigen Dokumententypen abgelegt sind.

Ob man sich ein solches Programm zulegt und sich (auch in seine anwenderbezogenen
Feinverzweigungen) einarbeitet, hängt in erster Linie vom Umfang der zu erwartenden
Datenlawine ab. Der Zeitaufwand für die Einträge, die laufende Fortentwicklung des
Fundus und das etwaige Wiederfinden und Verknüpfen ist eventuell nicht nennenswert
geringer als bei der bewährten Schlagwortkartei in der konventionellen Karteikasten-
ablage. Eine gewisse Zeitersparnis ergibt sich allerdings beim Zusammenstellen von
Literaturverzeichnissen. Wenn man sich dem in der Arbeitsgruppe eingeführten Literaturverwaltungsprogramm anschließt, ist der bereits angesammelte Findstellenschatz besser
zu erschließen. Auch kann man umfangreichere Literaturdatensätze in solchem Fall
gegenseitig viel effizienter austauschen.

Bei vermutlich überschaubarem Datenaufkommen können Sie beispielsweise ein eventuell in Ihrem Computer bereits vorhandenes Allzweckwerkzeug wie *Works* auch auf
das Verwalten von Literaturfindstellen oder sonstigen Einträgen einrichten. Man legt
dazu einfach eine passende Maske sowie einige Makros für die rasche Suche und
den Import/Export der Einzelverweise an. Die technischen Details dazu nennen Ihnen
die begleitenden Handbücher zum Umgang mit *Works.* Gebrauchsfertige Systeme, zu
denen dem Vernehmen nach gute Erfahrungen vorliegen, bieten beispielsweise die beiden Windows-Programme *Litman* (basiert auf dem Datenbanksystem MS-Access) sowie
das relativ einfach strukturierte und speziell für studentische Belange ausgelegte *Liman*
(Shareware). Für Texteinträge im professionellen Einsatz wurde beispielsweise das Ver-
waltungswerkzeug *Brain* entwickelt, ein reines DOS-Programm, das eine intensivere
Einarbeitung erfordert, aber vielseitig einsetzbar ist. Moderne Literaturverwaltungsprogramme sind beispielsweise

- *BibTeX (nur für LaTeX-Dateien)*
- *Citavi*
- *EndNote*
- *Reference Manager*
- *SciPlore*
- *Zotero*

Sie können auch so in Textverarbeitungsprogramme integriert werden, dass sie automatisch eine Referenzliste in einem bestimmten gewünschten Format generieren (vgl.
Kap. 5). Das verringert die Gefahr, im Text zitierte Quellen in der Referenzliste zu
vergessen.

Über Gebrauchswert und Profile einzelner Literaturverwaltungsprogramme informieren
beispielsweise die folgenden Übersichten:

- Literaturverwaltungsprogramme im Vergleich, Universitätsbibliothek der Technischen
  Universität München (Juli 2013, pdf-Datei),
- Literaturverwaltungsprogramme im Überblick, TU-Dresden (April 2012, pdf-Datei;
  152 kB) und
- Vergleich verschiedener Literaturverwaltungsprogramme, Universitätsbibliothek Augs-
  burg (Juli 2009, pdf-Datei; 30 kB).

2.4.3 Zwischen Inspiration und Transpiration

Unabhängig davon, ob Sie nun im Rahmen Ihres Projektes eine theoretische oder eine
labor- bzw. geländepraktische Studie anfertigen, wächst das zu bewältigende Material

im Arbeitsablauf beinahe täglich und gewöhnlich auch logarithmisch an. Vermeiden Sie dabei unbedingt das Auftürmen klassischer Alluvionen aus heterogenem – und schlimmer noch – unsortiertem Material. Sobald Sie einen bestimmten technisch-inhaltlichen Abschnitt Ihrer Arbeit abgewickelt haben, bringen Sie ihn am besten auch unmittelbar zu Papier bzw. auf die Festplatte. Die dabei gewählte Formulierung muss ja keineswegs schon die Endversion sein, aber die solchermaßen vorformulierten, aufbereiteten bzw. im Erstdurchgang an- oder durchfermentierten Sachverhalte liegen dann zumindest als vorgefertigte Textbausätze bzw. Module bereit. In der Start- und auch in der Mittelphase eines Projekts erinnert das Erstellen der Textbausteine daher durchaus an das Tun eines Hobbygärtners: Während das eine Beet ruht, weil dort gerade die Saat aufgeht, ist in einer anderen Gartenecke eine neue Pflanzfläche anzulegen oder ein gewisser Formschnitt erforderlich.

Abschlussarbeiten mit einer Standardgliederung entsprechend den Empfehlungen in den Kap. 4 bzw. 10 schreibt man üblicherweise nicht unbedingt linear in der Reihenfolge der üblichen Gliederungsempfehlungen herunter. Nach vorsichtigem Befragen wird Ihnen auch Ihr Betreuer eventuell freimütig gestehen, dass man zumeist mit dem Methodenteil beginnt und dann erst nach Sachzusammenhängen die einzelnen Abschnitte des Ergebnisteils (Hauptteils) erstellt.

Entwerfen Sie außerdem möglichst früh eine vorläufige Form der geplanten Tabellen (vgl. Abb. 2.1). Dabei erkennen Sie auch rechtzeitig, wo eventuell noch Einzeldaten fehlen oder bestätigende Experimente nachzuholen sind. Ähnlich verhält es sich mit den Grafiken. Sobald ein Ergebnisteil einigermaßen abgeschlossen, abgerundet und abgesichert ist, kümmert man sich möglichst zeitnah auch um dessen etwaige grafische Umsetzung. Überlegen Sie sich daher unbedingt schon im zeitlichen Vorfeld der Reinschriftphase, wie Sie die Grafiken anlegen und nach einheitlichen Gestaltungsaspekten ausführen möchten. Eventuell müssen Sie sich dazu zusätzlich in ein geeignetes Grafik- bzw. Zeichenprogramm einarbeiten (vgl. Kap. 7).

Sobald der Methoden- und der Ergebnisteil Ihrer Arbeit in klaren Konturen steht, gehen Sie an das diskutierende, kritisch bewertende Ausformulieren Ihrer Resultate – günstigenfalls unter emsiger Verwendung Ihres Ideenvorrats aus der Zettelkartei oder der persönlichen Datenbank mit den angesammelten Einzelergebnissen. Dann erst folgt mit Blick auf die bereits erstellten Ergebnis- und Diskussionsabschnitte das lockere Texten des Einleitungsteils, der somit wie maßgeschneidert die passenden Perspektiven auf das Herzstück Ihrer Arbeit eröffnet und in die bearbeitete Gesamtproblematik einführt.

2.4.4   Lesestrategien: Scanning und Skimming

Die in (natur-)wissenschaftlichem Kontext zu verarbeitenden und meist recht informationsdichten Schriftstücke sind durchweg nichtliterarische (nichtfiktionale) Sachtexte. Sie stellen überwiegend reine Lehrtexte dar, die Faktenwissen (deklaratives Wissen) vermitteln sollen und Sachverhalte, Probleme oder Theoreme beschreiben. Alternativ kann es sich auch um Persuasivtexte handeln, die argumentieren und erörtern, um beim Adressaten eine bestimmte Einstellung oder Überzeugung zu erzielen. Schließlich könnten Ihnen auch besondere Instruktivtexte vorliegen, die prozedurales Wissen (Handlungswissen, Anweisungen, Betriebsanleitungen, Versuchsvorschriften u. Ä.) transportieren. Gemeinsam ist allen Textkategorien, dass man unentwegt mit ihnen konfrontiert wird und sie schlicht lesen muss, um sich die jeweiligen Botschaften zu erarbeiten.

Schon Ende der 1960er-Jahre lamentierten besonders aufgeregte Medienphilosophen und sonstige Kulturbeflissene über das Ende des Gutenberg-Zeitalters. Sie meinten doch tatsächlich und sogar mehrheitlich, das Ende der tradierten Buchkultur und des Lesens unmittelbar vor Augen zu haben, weil mit der modernen Medienentwicklung die Schriftwelt immer mehr von (digitalen) Bilderwelten abgelöst werde. Für die Dauerkonsumenten von RTL und anderen TV-Programmen jenseits der tieferen Toleranzschwellen mag das durchaus zutreffen. Insofern erhielt die Lesekompetenz angesichts der besonders für Deutschland beschämenden bis katastrophalen Ergebnisse sämtlicher PISA-Studien eine gänzlich neue bildungspolitische Positionierung. In der Wissenschaftsszene standen Buchkultur und Lesekompetenz jedoch noch nie zur Debatte. Hier geht es auch nicht um eine Schwerpunktverlagerung von den Schrift- zu irgendwelchen Bilderwelten, sondern eher um eine zeitökonomische Bewältigung von Leseaufgaben.

Die zu den diversen Themenfeldern der Naturwissenschaften vorhandene gedruckte und/oder virtuelle und nur durch das Lesen zu erschließende Information ist unterdessen so umfangreich, dass angesichts der massiven Überdosierung die Schnappatmung droht. Das kann nicht unbedingt ermutigen. Befreien Sie sich also aus dieser ungesunden Ausgangslage durch die richtigen Lesestrategien. Eventuell haben Sie diese schon während Ihrer Schulzeit eingeübt. Anderenfalls ist jetzt ein kleines Trainingslager angesagt. Die zeitgemäß mit Anglizismen (vgl. Abschn. 5.2) bezeichneten Zugangsweisen an das effizientere Lesen gedruckter oder auf dem Monitor dargestellter Information sind *scanning* und *skimming*.

Unter *scanning* versteht man das rasche und damit eher grobe Überfliegen eines Textes nach Art der Telefonbuch- oder Lexikoneintragsuche. Damit erfasst man bestenfalls gesuchte Wörter, oft auch nur Buchstabengruppen oder Zahlen, die lediglich die inhaltliche Relevanz des jeweils überflogenen Dokuments für das bearbeitete Thema aufzeigen sollen. Diese Textsichtungstechnik entspricht in etwa dem früher so bezeichneten Diagonallesen: Man bearbeitet im Dokument (zunächst) nicht zeilen- und wortgenau den gesamten mitgeteilten Inhalt des Textes, sondern hält erst einmal gezielt Ausschau nach besonderen Reiz- und Schlüsselwörtern oder sonstiger für das eigene Vorhaben interessanter Basisbegriffe.

skimming (vom englischen *to skim* = abschöpfen, absahnen) hat im wirtschaftlich-sozialökonomischen Umfeld eine eher negative Bedeutung, weil man damit alle möglichen Erscheinungsformen der Wirtschaftskriminalität bis hin zum Scheckkartenbetrug bezeichnet. In der Bildungsszene versteht man darunter jedoch eine einschätzende, selektierende, wertende Lesestrategie, die eher eine Schatzgräberei im positiven Sinne darstellt.

Mit dem *skimming* unternimmt man im Unterschied zum *scanning* eine stärker eingrenzende und wertende Brauchbarkeitsanalyse. Man sichtet Überschriften, Zusammenfassungen, Abbildungen und Tabellen sowie ihre Legenden und klopft auch die jeweils ersten und letzten Sätze eines Textabschnitts nach ihrer inhaltlichen Relevanz ab. Vom genaueren oder gar sinnentnehmenden Lesen ist auch dieser Zugang noch recht weit entfernt, aber er leistet immerhin eine drei- bis vierfache Zeitersparnis gegenüber der getreuen wort- und zeilengenauen Texterfassung.

Erst wenn die vorsortierende Grobsichtung (bei modernen Lesetrainern auch *previewing* genannt) tatsächlich interessant erscheinende, irgendwie aussichtsreiche oder aktuell gesuchte Schlüsselbegriffe lokalisiert hat, setzt das genauere Lesen und Erfassen der relevanten Information ein. Diese für die Zeitökonomie überaus empfehlenswerte Lesestrategie kann man, wenn man sie noch nicht beherrscht, relativ einfach selbst trainieren. An fast allen Hochschulorten gibt es zudem entsprechende Kurse, die aktuelle Lesetechniken einführen. Denken Sie schon im Vorfeld Ihrer Arbeit über die Nutzung solcher Möglichkeiten nach. Und noch etwas: Nur in der Relativistik ist die Zeit dehnbar (Tab. 2.2).

Für das effiziente Lesen und Verstehen von Texten haben Dansereau et al. (1979) eine besondere Strategie entwickelt, die in der Fachszene als MURDER-Schema bekannt

Tab. 2.2 Abfolge von Lesetechniken (Vgl. www.techsam.de/pdf/arb_les_murder.pdf, www.textde tektive.de)

Kürzel	Inhalte des Vorgehens und Verstehens
M	**M**ood of the study Lernbereitschaft und eine geeignete Lernatmosphäre schaffen
U	Reading for **U**nderstanding Lesen auf Textverständnis ausrichten, Wichtiges und Unwichtiges unterscheiden lernen
R	**R**ecalling the material Bedeutet die vom Text gänzlich gelöste eigene Wiedergabe von gelesenen Inhalten mit eigenen Worten; ferner Paraphrasen entwickeln
D	**D**igest the material Gewonnene Neuinformationen im eigenen Wissen einordnen und schon bekannten Sachverhalten zuordnen
E	**E**xpanding knowledge Den Lesetext mit vorhandenen oder zu recherchierenden übergreifenden Informationen strukturieren und verknüpfen
R	**R**eview Lese- und Lernergebnisse überprüfen, Schwierigkeiten oder Verständnislücken des Textes erkennen und klären

wurde. Benannt ist dieses Akronym (vgl. Abschn. 3.5) nach den tragenden Begriffen der englischsprachig formulierten Arbeitsschritte für die Primärstrategien, die einen direkten Einfluss auf das verstehende sowie merkbare Verarbeiten von Informationen haben (Tab. 2.1).

2.4.5 Daten speichern und sichern

Gleichgültig, ob Sie nun einen 5-seitigen Exkursionsbericht oder eine über 100-seitige Bachelor- bzw. Masterarbeit zu schreiben haben, beherzigen Sie bitte unbedingt und immer die folgende Empfehlung: Sichern Sie Ihre Ergebnisse, Auswertungen, Textbausteine oder sonstige Komponenten Ihrer Arbeit nicht nur ständig auf der Festplatte Ihres PC, sondern auch ständig und ausnahmslos auf einem externen Datenspeicher. Diese Empfehlung erinnert zugegebenermaßen stark an wohlgemeinte Ratschläge aus dem Umfeld von Familie und Freunden wie mehr Sport zu treiben und den Tabakkonsum einzuschränken, aber die durchweg ungute Erfahrung lehrt, dass Vorsicht besser ist als depressionsverdächtiges Nachsehen. Hochtrainierte Fachleute können zwar mit mancherlei technischen Tricks total korrupte Dateien wieder reparieren und abgerutschte Datenbestände gleichsam aus dem Nichts nach Phoenixmanier wieder auferstehen lassen, aber es ist für die weitere psychische Gesundheit aller Beteiligten wirklich ungleich besser, den gesamten aktuellen Datenpool des laufenden Projekts nach jeder Arbeits- resp. Schreibsitzung auf einem oder besser mehreren externen Datenträger(n) festzuhalten. Früher nutzte man dazu die unterdessen schon wieder völlig antiquierte 3,5$''$-Diskette oder eine CD-ROM. Heute wären es eher eine externe Festplatte, ein hinreichend aufnahmefähiger USB-Stick (Speicherkapazität > 10 GB) oder irgendeine als Zwischenlager geeignete Funktion im Internet. Besonders umfangreiche Dateien komprimiert man mithilfe eines entsprechenden Programms (wie beispielsweise „7-Zip", „Winzip" oder „Winrar").

Speichern in einer Cloud Eine weitere Möglichkeit von Datendepots ist der Cloudspeicher, in dem man wichtige Dateien online deponieren kann (beispielsweise bei Anbietern wie Dropbox, iCloud, Magenta Cloud oder MyDrive). Cloudspeicher bieten – gegen durchweg überschaubare Gebühren – Verwahrmöglichkeiten bis in den Terabyte-Bereich. Der Vorteil dieser im modernen Medienbetrieb sicherlich attraktiven Möglichkeit ist, dass Sie von verschiedenen Rechnern (von zuhause wie unterwegs) auf Ihre Daten zugreifen können, ohne z. B. Ihre Festplatte überall hin mitnehmen zu müssen bzw. wenn Sie diese vergessen haben. Dennoch: Besonders wichtige Dateien speichert man (allabendlich!) zusätzlich auf einem USB-Stick oder auf einer externen Festplatte. Denn was ist, wenn der Betreiber eines Cloudservice wegen Unrentabilität seine Dienste einstellt? Dann können Sie Ihren Datenfundus komplett aussegnen.

Seien Sie im Übrigen extrem vorsichtig im aktualisierenden Überschreiben bereits bestehender Dokumente: Wenn man die so erstellte (nämlich überschriebene) Neufassung gespeichert hat, ist die schöne Ursprungsversion unwiderruflich weg. Sicherheitshalber arbeitet man zum Erproben neuer Textbausteine, die andere ersetzen sollen, immer in einer Dateikopie und verlagert das Original erst dann unwiderruflich in den virtuellen Papierkorb, wenn es als solches wirklich entbehrlich geworden ist.

Arbeitet man gleichzeitig an mehreren Textpassagen oder Manuskriptteilen, die jeweils separate Dateien mit eigener Dateibezeichnung darstellen, sollte man (a) im Dateinamen jeweils die Versionsnummer oder das Tagesdatum einsetzen und (b) eine (handschriftliche) Archivliste führen, die den jeweils letztgültigen Stand vermerkt.

▶ **PraxisTipp: Daten sichern** Legen Sie nach jeder (!) Arbeitssitzung an Ihrem PC eine (oder besser zwei) externe Sicherungskopie(n) der jeweils neu erstellten Versionen Ihrer Textbausteine an.

2.5 Streckenflug: Schweigen verinselt, Reden ist viel besser

Fast alle aktuellen Beiträge in einer der tonangebenden naturwissenschaftlichen Zeitschriften wie *Nature* oder *Science* sind von mehr als drei Autoren verfasst. Häufig genug erscheint im Titelteil einer Publikation sogar eine überraschend vielköpfige Mannschaftsaufstellung. Mit anderen Worten: Die Zeit des isolierten Eremitentums mit einsamen Denkern in entlegenen Höhlen ist in den modernen Naturwissenschaften definitiv vorüber. Natürlich müssen Sie Ihre Examensarbeit als Ihre und individuell nachvollziehbare Einzelleistung auf die Beine bringen, doch bedeutet diese notwendige Einschränkung nicht, dass Sie sich ab sofort in eine gedankliche Isolierstation oder eine sonstige Quarantäne zu begeben haben. Reden und diskutieren Sie immer und unbedingt und möglichst oft mit den übrigen Mitgliedern Ihrer Arbeitsgruppe. Nutzen Sie deren Erfahrung oder Vorschläge. Dabei werden Sie mit Sicherheit erfahren, dass es auch in deren Startphase oft genug irgendwelche Klippen bzw. entnervende Frustrationsstrecken gab. Zwischen Musenkuss und Arbeitsschluss liegen auch steinige Strecken mit mancherlei Textfrust. Lassen Sie sich zu diesem Erfahrungshintergrund aber auch berichten, wie man die beinahe routinemäßig auftretenden Schwierigkeiten beheben kann oder zunächst nicht bewältigte Probleme erfolgreich löst. In vielen Institutsarbeitsgruppen trifft man sich mindestens einmal am Tag oder auch wöchentlich zu einer Kaffee- bzw. Teerunde, bei der aktuelle Entwicklungen, aber auch etwaige experimentell-technische Schwierigkeiten besprochen werden. Den geballten *brainpool* solcher anregender Diskussionsrunden, in denen irgendwer immer eine brauchbare Idee hat, müssen Sie auf jeden Fall nutzen. Sofern Sie eventuell nicht unter einer solchen entwicklungsfördernden Klimagunst arbeiten können, weil es gerade kein entsprechendes Team gibt, suchen Sie eben das Gespräch mit Kommilitonen in vergleichbarer Situation oder mit sonst jemandem, der in der Sache nicht einmal besonders versiert sein muss. Gespräche lockern verhakte Gedanken, und gordische Knoten verlangen nun einmal auch gänzlich unkonventionelle Lösungen. Schließlich gibt es noch eine SOS-Maßnahme für den Ernstfall …

2.6   Externe Hilfe für den Ernstfall

Das Erstellen einer wissenschaftlichen Arbeit ist selten ein linearer bzw. gänzlich glatter Prozess, der nur über ebenes Gelände mit permanent freier Horizontsicht verläuft. Fast immer sind auch schwierigere Herausforderungen oder gar widrige Steigungsstrecken zu bewältigen. Gelegentlich kann die Motivation darunter aber stark leiden oder gar in eine ernste seelische Krise einmünden. Dann ist auf jeden Fall externe Hilfe angesagt. Außer den in Abschn. 2.5 benannten Gesprächsmöglichkeiten, die man als Betroffene(r) unbedingt nutzen sollte, wäre – bevor die Verzweiflung überhandnimmt – eine beratende Unterstützung durch folgende Einrichtungen zu erwägen:

- **Schreibwerkstatt** Wenn bereits im Vorfeld des eigenen Schreibprojektes Ängste, Selbstzweifel, Ungewissheit oder Unsicherheiten bestehen, kontaktiert man rechtzeitig eine Schreibwerkstatt (fallweise auch Schreiblabor oder Schreibcenter genannt) und absolviert dort ein entsprechendes Trainingslager. Solche Angebote bestehen an fast allen Hochschulen. Gegebenenfalls erkundigt man sich danach beim Studentenwerk. Für das eigene Thema bieten diese gewöhnlich nicht fachspezifisch ausgerichteten Kurse jedoch nur selten konkrete Hilfestellungen, aber sie ermutigen zumindest, helfen zudem, gedankliche Blockaden zu überwinden, und zeigen Wege auf, wie man eine Aufgabe grundsätzlich anpackt.
- Schreibcoaching An den meisten Hochschulstandorten bieten auch professionelle Schreiblehrer gezielte Hilfen an. Ein solcher Coach, wie man ihn neudeutsch nennt, ist allerdings lediglich ein beratender Schreibbegleiter und keinesfalls ein Ghostwriter. Erwarten Sie von ihm also keine direkten Vorschläge für die Gliederung Ihrer Arbeit, für besonders elegante Formulierungshilfen in einzelnen Textpassagen oder für sonstige inhaltliche Zulieferungen, denn das würde die geforderte Selbständigkeit und wissenschaftliche Eigenleistung Ihrer Arbeit total verwässern und wäre somit absolut unzulässig. Ein eventuell ziemlich kostenaufwendiges Schreibcoaching in Anspruch zu nehmen, ist aber möglicherweise weitgehend unnötig. Wenn Sie die folgenden Kapitel dieses Ratgebers sorgfältig durcharbeiten und vor allem beherzigen, sind Sie mit allem ausgestattet, was Sie auch in den Trainingsstunden bei einem Coach erfahren.
- **Psychologische Betreuung** Leider gibt es auch immer wieder den *Worst Case*, wie man verzweifelten Hilferufen in diversen Internetforen entnehmen kann. Schlimmstenfalls finden Sie eventuell auch durch noch so ermunternde Gespräche aus dem Freundes- bzw. Kommilitonenkreis keinen hilfreichen Ausweg aus Ihrer frustrierenden Schreibkrise. Dann wäre unbedingt an eine professionelle psychotherapeutische

(psychosoziale) Beratung zu denken, wie sie an (fast) allen Hochschulen auch von den Studentenwerken angeboten werden. Gegebenenfalls führt Sie der Weg alternativ auch in die Sprechstunde eines Studentenpfarrers. Strikte Anonymität und Vertraulichkeit sind bei solchen Schritten absolut selbstverständlich.

Gezielte Trüffelsuche: unterwegs in Bibliotheken und Datenbanken

3

Ein Lexikon handzuhaben wissen, ist besser als zu glauben, ein solches zu sein.

Alfred Nobel (1833–1896).

Referate oder Hausarbeiten zu einzelnen Lehrveranstaltungen sind eher einem akademischen Trainingslager vergleichbar, in dem Sie bestimmte Arbeitsweisen wie Recherchieren, Formulieren und Textgestaltung am Beispiel neu zusammengestellter, aber im Wesentlichen bekannter Sachverhalte einüben. In Ihrer Abschluss- bzw. Zulassungsarbeit ist solches Wiederkäuen nach Art der Weidetiere dagegen weniger gefragt. Jetzt kommt es nicht mehr darauf an, fünf Bücher zu nehmen und daraus ein sechstes zu erstellen. Primäres Ziel Ihrer Arbeit ist es jetzt vielmehr, Ihre neuen Erkenntnisse über den jeweils bearbeiteten Gegenstand in geeigneter sowie vor allem standardisierter Form mitzuteilen und damit die innerfachliche Diskussion zu bereichern. Zugegeben: Das Rad oder das heiße Wasser müssen Sie dabei nicht wieder neu erfinden. Wissenschaftlicher Fortschritt kann auch darin bestehen, dass Sie eine bessere, bisher so nicht wahrgenommene Blickachse oder Bewertung eines Sachverhalts erarbeiten, eine vergleichende Analyse mit neuen Handlungsstrategien für bestimmte Problemlösungen vorlegen oder irgendwo einen nennenswerten methodischen Fortschritt erreicht haben, der auch andere im Feld beträchtlich voranbringen kann. Dem leicht exzentrischen Chemiker Kary Mullis (1944–2019), der angeblich seine studentischen Vorlesungsbesucher mit Aktfotos seiner Freundinnen am Einschlafen hinderte, gelang mit der Entwicklung der genialen Polymerase-Kettenreaktion (PCR) ein solcher Wurf – ein Geistesblitz mit zunächst unabsehbaren Folgen während einer nächtlichen Autobahnfahrt, der ihm erst den Neid der Kollegen und dann 1993 den Nobelpreis eintrug (vgl. Hausmann 1995).

© Springer-Verlag GmbH Deutschland, ein Teil von Springer Nature 2023
B.P. Kremer *Vom Referat bis zur Abschlussarbeit*, https://doi.org/10.1007/978-3-662-65972-4_3

Die Bearbeitung eines Themas setzt Kompetenz voraus, d. h., Sie müssen den aktuellen Kenntnisstand (im Insiderjargon auch *state of the art* genannt) möglichst lückenlos überblicken. Solche Vorinformation vor dem eigenen Start ist nur schritt-, stufen- bzw. steinchenweise zu bekommen, denn Sie können davon ausgehen, dass manches aus Ihrem Thema so ähnlich oder ansatzweise bereits irgendwo nachzulesen ist. Man kann solche Information enttäuschend oder frustrierend finden oder als unbrauchbar verwerfen, aber sie schlicht zu ignorieren, wäre absolut unredlich. Die sorgfältige thematische Umfeldrecherche hilft also in jedem Fall dabei, redundante und somit unnötige Arbeit zu vermeiden. Angesichts der kaum noch zu bewältigenden Informationslawinen, die man bei der gezielten Recherche überall und unentwegt lostritt, besteht immer die Gefahr des analogen Tuns. Mit dem zunächst möglichst umfassenden und genaueren Ausloten der Vorinformation zu Ihrem Thema können Sie Ihre Aufgabenstellung jedoch präzisieren und durch Abgrenzung auch großflächige Überlappungen (Redundanzen) mit längst bekannten Sachverhalten rechtzeitig ausschließen.

Dieser Überblick, den Sie sich schon in der Startphase Ihres Projekts erarbeiten müssen, setzt eine Menge Informationskompetenz voraus und lässt sich am besten als Gesamtprozess literaturbezogenen Arbeitens mit charakteristischen Phasen wiedergeben (Abb. 3.1). Innerhalb dieses Ablaufs stehen Ihnen grundsätzlich zwei Wege offen, die sich gegenseitig ergänzen und bei genauer Betrachtung bislang eigentlich kaum ersetzen können – der manuelle Betrieb einer Bibliothek und das digitale Herumstochern in elektronischen Datenbanken. Künftig wird das bereits jetzt mögliche Lesen in den zahlreich in elektronischer Form verfügbaren Büchern (E-Books) und Zeitschriften (E-Journals) mit etwaigem Direktzugang vom heimischen Schreibtisch (Homeoffice-Betrieb) aus zweifellos eine noch größere Rolle spielen (vgl. Abschn. 3.3). Aber: Die Haptik eines „richtigen" Buches ist letztlich durch nichts zu ersetzen.

3.1   Stöbern in Bibliotheken

Seit dem Altertum stellen Bibliotheken eine der jeweiligen Epoche entsprechende Ansammlung des kollektiven Wissens der Menschheit dar. Früher noch einigermaßen überschaubar, zeigen sie sich heute eher als bedrohlich angewachsene Hochgebirge aus bedrucktem Papier. Dennoch führt Sie der Weg zunächst einmal in Ihre Seminar- oder Institutsbibliothek, die bestenfalls zumindest die neuere zusammenfassende Literatur zu Ihrem weiteren Themenfeld beherbergt. Sie können mit der Suche aber auch gleich in der sicherlich umfassenderen Zentralbibliothek Ihrer Hochschule ansetzen. Vermutlich sind auch an Ihrem Hochschulstandort alle Bestände der Instituts- bzw. Zweigbibliotheken in einem gemeinsamen Onlinekatalog zusammengefasst.

Selbst im Zeitalter von Internet und Datenbanken ist die in den Hochschulbibliotheken vorhandene Literatursammlung für die systematische Recherche ein notwendiger und nicht austauschbarer Ausgangspunkt. Ein wenig Spürsinn ist jetzt gefragt, vor allem aber

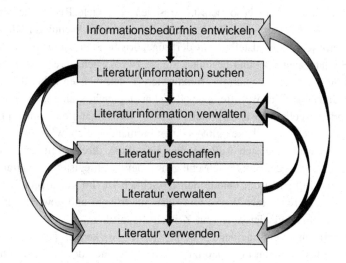

Abb. 3.1 Literaturbezogenes Arbeiten als Phasenmodell – nach aller Erfahrung ein längerfristiges Tun zwischen Jogging und Marathon. (verändert nach Kasperek 2009)

Ausdauer, denn den aktuellen Kenntnisstand müssen Sie jetzt vergleichsweise mühsam und Schritt für Schritt auf- und nacharbeiten. Dieses Tun erinnert ein wenig an die Arbeit der Paläontologen oder Archäologen: Eventuell ist über längere Phasen lagen- und bergeweise nur taubes Gestein abzuräumen, bis man auf einen fossil- oder artefaktführenden Horizont stößt.

Durchsuchen Sie zunächst das Schlagwortregister oder den Sachkatalog (Systematischen Katalog) der betreffenden Bibliothek. Vermutlich werden Sie zum Suchbegriff, wenn Sie ihn nur weit genug fassen, eine Anzahl Titel von Monographien (Bücher) finden. Gewöhnlich sind die ehrwürdigen und beängstigend umfangreichen Karteikartenkästen heute in Archiven versenkt und in den übergreifenden Onlinekatalog integriert.

- Sie firmieren dann unter OPAC = Online Public Access Catalogue (vgl. Abschn. 3.3.2 und 3.3.3).
- Je nach Bibliothek tragen sie auch Namen wie „Suchportal" oder „Discovery System".

Den Zugriff auf elektronische Nachschlagewerke oder elektronische Zeitschriften, die eventuell lizenzpflichtig sind, erhalten Sie über die jeweilige Hochschulbibliothek (Nachfrage im Lesesaal), etwa als VPN (Virtual Private Network). Dort wird man Sie auch gerne mit den notwendigen Recherchetechniken vertraut machen. Damit ist es gar nicht einmal nötig, sich selbst auf dem Campus aufzuhalten, denn gegebenenfalls ist der Zugriff auch von zu Hause aus möglich.

Es wird Sie gewiss nicht besonders überraschen, wie viele Recherchemöglichkeiten vor allem das Internet bietet – auch beim Herumstöbern in Hochschulbibliotheken. Notieren Sie die betreffenden Findstellen mit der zugehörigen Standnummer (in Fachkreisen meist auch Signatur genannt) und bestellen Sie sie zwecks genauerer Inspektion über die Ausleihe (in den Lesesaal) – auch das funktioniert in den meisten Bibliotheken über das Internet. Sie können auf der Website in der Regel auch gleich erfahren, ob die gewünschte Literatur gerade ausgeliehen ist, vorbestellt ist bzw. werden kann oder nur im Lesesaal zu benutzen ist. In vielen Bibliotheken gibt es einen Freihandbereich, wo häufig nachgefragte Fachbücher der jeweils neuesten Auflage ohne Bestellung direkt greif- und nutzbar sind. Diagonales Lesen und genaueres Nachschlagen in den Buchregistern orientieren darüber, wie ergiebig und zielgenau die Quelle nun tatsächlich ist. Im günstigen Fall finden Sie in einem oder mehreren dieser Werke Hinweise auf frühere und gewöhnlich speziellere Literatur zum Thema, beispielsweise auf Zeitschriftenartikel.

Damit sind Sie einen entscheidenden Schritt weiter: Sie kennen jetzt zumindest einige Autoren, die im betreffenden Feld publiziert haben und nach denen Sie anschließend im alphabetischen (elektronischen) Katalog fahnden sollten. Außerdem erfahren Sie auf diesem Weg die wichtigsten Zeitschriften, in denen relevante Originalbeiträge Ihres engeren Interessengebietes erschienen sind.

Diese Vorinformation lässt Sie nun weitere Kreise ziehen: Sehen Sie jetzt die am meisten zitierten und damit offenbar relevantesten Zeitschriften durch – alle wirklich bedeutenden Periodica enthalten im jeweils abgeschlossenen Band ein Autoren- und Sachwortregister (oft nicht jedoch in deren E-Version). Die Trefferquote dieser im Schneeballverfahren angelegten Phase Ihrer Suchaktionen wird Sie überraschen.

In jedem relevanten Zeitschriftenbeitrag finden Sie weitere einschlägige Literaturauflistungen, die vermutlich wichtige, unverzichtbare Originaldaten enthalten. Deren Einzelsichtung kann aufwendig sein, wenn in der betreffenden Bibliothek die älteren Jahrgänge im Magazin begraben und damit nicht direkt zugänglich sind oder falls die gesuchte Literatur(-Stelle) nicht elektronisch verfügbar ist. Gehen Sie allen Ihren Verdachtsmomenten dennoch konsequent nach und beschaffen Sie sich Scans/PDFs der interessant erscheinenden Arbeiten.

Dieses Verfahren ist zugegebenermaßen mühselig und erinnert deutlich an Schatzgräberei, aber es ist unverzichtbar. Auch in der Archäologie oder in der Lagerstättenprospektion muss man sich gegebenenfalls längere Zeit durch mächtige Schichtenlagen unergiebigen Gesteins quälen, ehe man das Gesuchte oder Vermutete glücklich in Händen hält.

Die traditionellen Bibliothekskataloge listen meist nur auf, was im betreffenden Bestand des Hauses vorhanden ist – es sei denn, Sie suchen manuell oder virtuell in einem Verbundkatalog (KVK Karlsruher Virtueller Katalog) wie

- hebis für Hessen oder
- GBV für Norddeutschland

Einen ersten Überblick zur sonstigen Literaturlage kann Ihnen das früher in dickleibiger Buchform erschienene Verzeichnis lieferbarer Bücher (VLB) bieten, das alle in Deutschland, Österreich und der Schweiz erhältlichen (deutschsprachigen) Buchtitel aufführt, übersichtlich sortiert in der grünen Ausgabe nach Autoren, in der roten nach Schlagwörtern. Dieses und weitere Verzeichnisse stehen gewöhnlich im Lesesaal oder Katalograum der Bibliothek. Diese Form der Publikationsdokumentation ist längst durch entsprechende Internetverzeichnisse abgelöst.

Nutzen Sie unbedingt die Kompetenz des Fachpersonals der wissenschaftlichen Bibliotheken. Lassen Sie sich Bibliographien von Bibliographien oder Fachbibliographien benennen sowie zeigen, darunter beispielsweise die vielbändige Biologiedokumentation der deutschen Zeitschriftenveröffentlichungen zwischen 1796 und 1965.

In jedem Fall ergebnisreich ist auch die effiziente Benutzung wichtiger Referateorgane, die man Ihnen gerne erklären wird, darunter vor allem

- *Biological Abstracts,*
- *Chemical Abstracts,*
- *Current Contents,*
- *Current Geographical Publications,*
- *Index Chemicus,*
- *Science Citation Index (SCI).*

Die *Biological* bzw. *Chemical Abstracts* tragen Titel, Verfasser, Kurzfassung (Abstract) und Schlagwörter (Keywords) aller wissenschaftlichen Publikationen aus den erfassten (mehreren Tausend) Fachzeitschriften der jeweiligen Disziplin zusammen. Die mehrmals monatlich erscheinenden *Current Contents* (über Datenbankdienste wie „Web of Science" abrufbar) bilden jeweils die Inhaltsverzeichnisse der indizierten Fachzeitschriften ab (derzeit über 8000) und ermöglichen eine gezielte Suche wichtiger Neuerscheinungen der jeweiligen Interessengebiete über Schlagwörter. Sie stehen in den folgenden für Naturwissenschaftler relevanten Themenbereichen zur Verfügung:

- *Agriculture, Biology & Environmental Sciences,*
- *Clinical Medicine,*
- *Engineering, Computing & Technology,*
- *Life Sciences* und
- *Physical, Chemical & Earth Sciences.*

3.2   Datenbanken

Eine brauchbare Findhilfe für das stufenweise vorzunehmende Einkreisen eines Themas und das Sammeln von Umfeldinformation waren die deutlich vor dem Onlinezeitalter erschienenen und auf CD-ROM (bzw. DVD-ROM) gespeicherten Bibliographien, die in den Hochschulbibliotheken eventuell noch verfügbar sind. Diese sind oft dennoch recht hilfreich beim Aufstöbern älterer Veröffentlichungen, können aber ebenso wie die Printversionen nur bedingt aktuell sein. Für eher wissenschaftshistorische Themen sind sie sicher ein nach wie vor erkundungswerter Datenfundus, denn nicht alles je Publizierte ist auch online verfügbar. Mit verschiedenen Suchroutinen können Sie buchstäblich „scheibchenweise" nach Verfassern, Titeln oder Schlagwörtern suchen und die aussichtsreichen Bibliographien ausdrucken lassen. Der heute fast ausschließlich verwendete Onlinebetrieb hat diese – obwohl erst im 21. Jahrhundert entstandene Infotechnologie – wieder weitgehend antiquiert.

Empfehlenswerte Onlinedatenbanken für Ihre Recherche sind u. a.:

- BIP (Datenbank aller im Buchhandel erhältlicher Bücher amerikanischer Verlage),
- BIOSIS (Literaturdatenbank zu Fachliteratur aus allen Bereichen der Biowissenschaften, enthält als wesentlichen Bestandteil die bereits genannten *Biological Abstracts*) und
- PubMed mit Medline (Findstellen aus der Medizin und den affinen Biowissenschaften; Literaturdatenbank der National Library of Medicine).

Außer diesen und dem bereits erwähnten Verzeichnis lieferbarer Bücher (VLB) gibt es eine Reihe weiterer CD-ROM-Publikationen, darunter beispielsweise auch die Wissenschaftsnachrichten-Archive der Frankfurter Allgemeinen Zeitung oder anderer überregionaler Presseorgane. Ferner lohnt sich gegebenenfalls die Nachsuche bei

- Deutsche Nationalbibliographie (DNB): Die bis zur Einstellung 2009 zweimonatlich aktualisierte CD-ROM enthält alle ab 1991 erschienenen Veröffentlichungen deutschsprachiger Verlage, dazu auch Hochschulschriften (Dissertationen) und Kartenwerke, wie die neueren Einträge online recherchierbar unter www.dnb.de.
- Die Schweizerischen Bibliothekverbünde findet man unter www.bibliothek.ch und erreicht hier auch den Schweizer Virtuellen Katalog.
- Die URL www.obvsg.at/kataloge/verbundkataloge erfasst alle wissenschaftlichen Bibliotheken Österreichs.
- Internationale Bibliographie der Zeitschriftenliteratur (IBZ): Diese Zusammenstellung besteht seit 1965; auf CD-ROM sind die ab 1989 veröffentlichten Zeitschriftenaufsätze aus etwa 6000 Fachzeitschriften erfasst, allerdings mit deutlich geisteswissenschaftlichem Schwerpunkt.

Die entsprechenden CD-ROMs (DVD-ROMs) sind gewöhnlich (noch) in den größeren Bibliotheken vorhanden. Fragen Sie die Lesesaalaufsicht oder die Fachreferenten in Ihrer Hochschulbibliothek nach den eventuell verfügbaren CD-ROM-Datenbanken für Ihr engeres Interessengebiet.

Die auf Scheiben deponierten Datenbanken stellen insofern eher ein vorübergehendes Intermezzo der zeitgemäßen Datenbeschaffung dar und werden künftig weitgehend an Bedeutung verlieren. Längst hat nämlich die Trendwende hin zu den ungleich ergiebigeren Onlinedatenbanken eingesetzt. Die meisten der früher auf CD-ROM publizierten Datenbanken sind unterdessen online verfügbar (siehe Abschn. 3.3). Für den Benutzer besteht allerdings kein fühlbarer Unterschied, ob sich auf dem Server der betreffenden Bibliothek eine Scheibe dreht oder eine Onlineverbindung nach Amerika eingerichtet ist. Dennoch ist die Stichwort- bzw. Themenrecherche per CD-ROM so gut wie schon wieder historisch.

3.3 Onlinerecherche

Immerhin: Noch vor wenigen Jahrzehnten empfahlen die Betreuer einer wissenschaftlichen Arbeit ihren Kandidatinnen und Kandidaten treuherzig, „auch das Internet zu nutzen" (vgl. Peterßen 1999) – so als sei gerade dieses Informationsangebot eine besonders apokryphe, weil sonst kaum wahrgenommene Materialquelle. Gegenwärtig sehen wir uns in einer gänzlich anderen Ausgangslage – das Internet hat sich längst zur weltweit größten und bedenkenswerterweise auch zunehmend barrierefreien Bibliothek gewandelt, die einen Großteil des Wissens der Menschheit verfügbar macht. Sie ist prinzipiell von überall zugänglich, wo es einen Computer und einen Telefonanschluss bzw. erforderlichenfalls eine Satellitenverbindung gibt – ohne mühsame Wege von A (Arbeitsplatz) nach B (Bibliotheksgebäude) und unabhängig von eventuell gewerkschaftlich geregelten und damit eher blockierenden Öffnungszeiten, aber dennoch mit gelegentlich langen Warteschlangen/-zeiten wie im realen Betrieb etwa bei der Deutschen Post. Die Recherchemöglichkeiten per Internet besiegelten das Ende der früher in vornehmen Privatbibliotheken stolz (weil regalfüllend) gehorteten Konversationslexika wie Brockhaus, Herder oder Meyer.

Das Internet ging aus einer ursprünglich rein militärischen Entwicklung der USA (= ARPANET) hervor und wurde zunächst nur von Behörden und Hochschulen genutzt. Es besteht heute allerdings aus zahlreichen untereinander verknüpften Netzwerken, die zur Kommunikation allesamt das TCP/IP-Protokoll benutzen (*transmission control protocol* sowie *internet protocol*). Dieses transkontinental gespannte Netzwerk Internet ist keineswegs identisch mit dem World Wide Web (WWW), auch wenn es der allgemeine Sprachgebrauch in diesem Sinne verwendet. Das WWW stellt auch kein eigenes Netzwerk dar, sondern ist neben E-Mail (elektronischer Briefversand) oder *usenet-newsgroups* (eine Art Schwarzes Brett) einer der am meisten genutzten der zahlreichen Internetdienste. Entwickelt wurde es 1990/91 am europäischen Kernforschungszentrum CERN in Genf (Berners-Lee et al. 1999) und ist seit 1993 allgemein verfügbar. Seine Wachstumsraten sind gigantisch, die Informationsangebote geradezu galaktisch.

Während man aber in einem gut sortierten Warenhaus voraussagbar die Damendessous in der einen, die Herrensocken in einer anderen und die Reisewecker wiederum in einer eigenen Abteilung findet, ist das WWW eher einem bunt und wirr beschickten Trödel-markt auf etlichen Quadratkilometern Fläche vergleichbar. Dazu unterbreitet es Angebote jeglicher Güteklasse – ein völlig unsortiertes Chaos, in dem sich mancher womöglich in die wohlgeordnete Welt wissenschaftlicher Bibliotheken mit ihren eindeutigen Signaturen und übersichtlichen Regalreihen zurücksehnt. Der Eintritt in diese virtuelle Welt ist über die unterdessen äußerst benutzerfreundlichen Oberflächen per eigenem Computer aller-dings denkbar einfach und leicht erlernbar. Fündig wird man jedoch nur durch den Einsatz spezieller Suchhilfen. Die Antworten sind dabei immer nur so gut und brauchbar wie die an das Netzwerk gerichteten Suchanfragen. Die Auswertung der Suchergebnisse muss erfahrungsgemäß jeweils eine Menge Spreu von oftmals relativ wenig Weizen trennen. In einer Bibliothek findet der Benutzer eine sorgfältig vorgefilterte Auswahl an wissen-schaftlich relevanten und somit auch weitgehend qualitätsgeprüften Informationen bzw. Informationsquellen. Bei den Webangeboten weiß man auf den ersten Blick nicht, ob man auf einer Müllhalde unterwegs oder gerade in eine Schatzkammer eingedrungen ist. Das Web erfordert von seinem Nutzer daher viel stärker die Fähigkeit, Informationen und deren Quellen kritisch zu bewerten.

3.3.1   URL, http und html: Suchmaschinen und Verzeichnisse

Die Text- und Bildangebote im Internet sind mithilfe entsprechender und einheitlich struk-turierter Adressen für Dokumente und Sites zu erschließen. Dabei treten unvermeidbar verschiedene neue Kunstbegriffe auf (Kürzel bzw. Akronyme, d. h. aus den Anfangsbuch-staben mehrerer Einzelwörter neugebildete Begriffe, vgl. auch Abschn. 3.5 sowie 5.8), darunter typisches Internet-Neudeutsch wie

- WWW = World Wide Web,
- URL = Uniform Resource Locator,
- http = Hypertext Transfer Protocol
- html = Hypertext Markup Language
- Homepage bezeichnet die Startseite eines Internetauftritts
- Als Website bezeichnet man den gesamten Internetauftritt etwa einer Institution
- Eine Webseite ist eine definierte Einzelseite aus einer Website

Wenn man die entsprechende URL kennt, kann man sie über den auf dem eigenen Computer installierten Browser (wie Internet Explorer, Netscape Navigator, Mozilla, Opera u. a.) direkt anwählen. Das übliche und vom Browser automatisch eingesetzte Kommunikationsprotokoll des WWW lautet http, mit dem der Browser („Abgraser"; vgl. *to browse* = grasen, weiden) ein html-Dokument im WWW erkennt und auf dem Bildschirm darstellt. Das Kürzel html bezeichnet die Syntax, mit der ein Dokument zur Verwendung im WWW formatiert sein muss.

Mit wenigen Angaben ist man so beispielsweise und günstigenfalls in Sekunden-schnelle in irgendeinem online verfügbaren Lexikon, beispielsweise über

- www.britannica.com (Encyclopedia Britannica mit > 45 Mio. Einträgen),
- www.brockhaus.de,
- www.duden.de,
- www.pons.de,
- www.encyclopedia.com (Onlineenzyklopädie),
- www.langenscheidt.de (Fremdwörterlexikon),
- www.dict.leo.org (Lexikon Deutsch/Englisch, Deutsch/Französisch und weitere Spra-chen) und
- www.yourdictionary.com (Links zu ca. 800 Onlinewörterbüchern fast aller Sprachen).

Erforderlichenfalls kann man sich im gigantisch weitgesponnenen Netz auf Nachrich-tenseiten deutscher oder internationaler Zeitungen begeben, hier die Liedertexte irischer Folkgruppen ansehen oder sich im Bedarfsfall chinesische Frühlingsgedichte vorsingen lassen. Auch ist hier die jüngere Historie der Eintracht Frankfurt oder des 1. FC Köln zu finden. Die Bandbreite ist immens, die Zahl der Abzweigungen zu irrelevanten Seiten-wegen groß und das Gestrüpp amüsanter, aber eventuell nutzloser Information geradezu uferlos.

Kennt man die URL eines bestimmten Informationsanbieters nicht, lässt man sie über ein Suchsystem (vereinfacht Suchmaschine genannt) ermitteln. Drei Möglichkeiten stehen Ihnen dafür offen:

- Menübasierte Suchsysteme, auch Webkatalog oder Webverzeichnis genannt, beinhalten redaktionell ausgewertete Informationen, die zu Themenkatalogen nach Sachgebieten zusammengestellt sind: Ein umfangreicher Stab von Redakteuren des betreffenden Webkatalogs durchsucht das Web und ordnet die jeweiligen Fundstücke in die Ver-zeichnisstruktur ein (im Insiderjargon „einpflegen" genannt). Solche Themenkataloge eignen sich zwar für einen ersten Einstieg in ein Gebiet, sind aber häufig eher an den Freizeit- und sonstige Konsuminteressen des Allgemeinpublikums orientiert und daher für die Wissenschaftsrecherche nur bedingt von Wert. Tab. 3.1 listet einige (allerdings nicht vollständig erfasste, sondern nur beispielhaft benannte) häufig genutzte Themen-kataloge auf. Ein spezielles Webverzeichnis für die Biologie bietet www.vifabio.de/iqBio/browse/subject.html.
- Abfragebasierte Suchsysteme ermöglichen mit Frageformularen die gezieltere und damit enger umrissen fachspezifische Suche nach bestimmten Begriffen oder (über Boole'sche Operatoren verknüpfte) Begriffskombinationen. Manche dieser Suchdienste liefern Ansätze einer Inhaltsangabe, sodass man leichter entscheiden kann, ob ein gefundenes Dokument nun wirklich wichtig ist oder zur Kategorie Kompost gehört.

Tab. 3.1 Wichtige
Suchdienste im WWW
(Auswahl)

Themenkataloge (Webverzeichnisse)	Abfragebasierte Suchsysteme	Metasuchdienste
www.allesklar.de	www.alltheweb.com	www.apollo7.de
www.excite.de	www.google.com	www.metacrawler.de
www.yahoo.de	www.google.de	www.metager.de
	www.hotbot.de	www.metaspinner.de
	www.lycos.com	www.search.com
	www.bing.de	
	www.startpage.com	
	duckduckgo.com	

Außerdem bietet die jeweilige Trefferliste eine gewisse Vorsortierung nach Begriffsgenauigkeit und Relevanz an. Wichtige Suchmaschinen dieser Kategorie sind ebenfalls in Tab. 3.1 gelistet.

- Über Metasuchdienste startet man die Fahndung nach Dokumenten zu einem bestimmten Begriff gleichzeitig in mehreren Suchsystemen, je nach Metamaschine entweder mit einem sequenziellen oder einem parallelen Zugriff. Auch die wichtigsten Metasuchdienste finden Sie in Tab. 3.1.
- Die Suchmaschinen durchkämmen in kürzester Zeit die Indizes, in denen gespeichert ist, in welchen Webseiten (Webpages; umgangssprachlich häufig mit Websites gleichgesetzt, obwohl diese eine Ansammlung von WWW-Seiten mit jeweils eigener URL sind) die zuvor eingegebenen Begriffe, Stichwörter bzw. Textteile enthalten sind. Aufbau und Aktualisierungen der Indizes beruhen darauf, dass alle dem Suchmaschinenbetreiber bekannten Webseiten automatisch von Crawlern besucht werden.

Google.de bzw. Google.com ist vermutlich das am häufigsten angefragte abfragebasierte Suchsystem. „Googlen" ist seit längerer Zeit geradezu zum Synonym für Netzanfragen geworden. Gewöhnlich landet man per Google-Anfrage auf einem Dokumentenangebot unter Wikipedia bzw. Wikimedia. Die amerikanische Suchmaschine duckduckgo erfreut sich zunehmender Beliebtheit, weil sie keine Cookies erzeugt, die eventuell zu lästigen Werbeauftritten führen oder sonstige unliebsame Tracker auf die Spur locken.

Weitere Suchdienste sind

- scholar.google.com
  Durchsucht ausschließlich wissenschaftliche Literatur, sortiert nach Relevanz entsprechend der Häufigkeit des Zitierens durch andere Autoren.

- www.scopus.com

  Abstract- und Zitationsdatenbank von Elsevier, Zugang lizenzpflichtig, navigiert durch eine der weltweit größten Sammlungen an Abtracts, Quellenverweisen und Stichwortverzeichnissen in Natur-und Ingenieurwissenschaften, Medizin und Sozialwissenschaften, bietet Verlinkung zu Volltextartikeln und anderen bibliographischen Quellen.

- www.worldwidescience.org

  Ist ein länderübergreifendes Wissenschaftsportal zur Förderung des globalen Austauschs; wird bislang vor allem von Bibliotheksdiensten der USA und Großbritanniens (www.bl.uk) getragen, ermöglicht den Zugriff auf mehr als 200 Mio. Dokumente.

- Web of Science

  Wurde früher vom Institute of Scientific Information (ISI) getragen und bietet gegenüber spezialisierten Datenportalen den Vorteil einer breiten, fächerübergreifenden Stichwortsuche. Zum Angebot gehören auch Recherchemöglichkeiten im Science Citation Index (SCI), Index Chemicus, Index to Organism Names oder Biology Browser. Der Zugriff ist kostenpflichtig, entweder über *pay-per-view* oder über Campuslizenzen. Lizenzen für WoS/WoK besitzt die Mehrheit der deutschen Universitätsbibliotheken (UB). Die übrigen Bibliotheken mit WoS/WoK-Lizenz kann man über DBIS abfragen.

Je nach gestartetem Begriffs- und Suchumfang wird nun unweigerlich eine gewaltige Woge von Detailinformation auf Sie zurollen. Entsprechend stellt sich auch häufig die Frage nach der Qualität der Suchergebnisse. Wenn die Trefferzahl den zweistelligen Bereich übersteigt und vielleicht sogar mehr als 10.000 Findstellen nachweist, ist das Suchprofil zu weit, damit zu ungenau und somit letztlich weitgehend unbrauchbar. Für die sinnvollerweise stärker eingeschränkte Suche verwendet man daher tunlichst Begriffsverknüpfungen, bei den meisten Suchmaschinen nach dem verbreiteten Eingabeschema + Suchbegriff 1 + Suchbegriff 2.

- Wenn Sie nach Stichwortsequenzen suchen möchten, die Sie in den Dokumenten so vermuten, setzen Sie die Suchbegriffe durch Leerzeichen getrennt in Anführungszeichen, beispielsweise „Deutsche Botanische Gesellschaft".
- Verwendet man nur die Stammform von Suchbegriffen zusammen mit einem * (Maskierung oder Trunkierung des Suchbegriffs), werden sich unter den Treffern auch Komposita oder Flexionsformen des Suchbegriffs finden.
- Das Suchwort Pflanz* ergibt demnach Treffer, die unter anderem auch Pflanze, Pflanzen, pflanzlich sowie Pflanzenwelt usw. enthalten.
- Details zum Einsatz der maschineneigenen Syntax findet sich in der Bedienungsanleitung („Hilfe") auf der Portalseite der jeweiligen Suchdienste.
- Manche Suchsysteme (darunter auch *Google*) können allerdings nicht trunkieren oder unterstützen kein explizites Trunkieren, sondern suchen automatisch nach Synonymen, Komposita und Flexionsformen.

- Neben dem Aufspüren von Stichwortsequenzen ist das Suchen nach zusammengehörigen Begriffen ein häufig benötigtes Feature. Hierbei werden zwei oder mehr Stichworte gesucht, die im Text nicht zwingend direkt hintereinander stehen müssen, jedoch relativ nahe beieinander positioniert sein sollten. Daher heißt diese Suchoption auch Nachbarschaftssuche oder *proximity search*. Ob und wie die unterschiedlichen Suchdienste diese Option unterstützen, ist auf den Hilfeseiten der einzelnen Dienste nachzulesen.
- Weitere häufiger verwendete Suchoptionen sind der Ausschluss von Begriffen mit dem Negativoperator sowie die Einschränkung der Suchergebnisse auf bestimmte Webseiten. Der Negativoperator – in fast allen Suchmaschinen durch das Minuszeichen ausgedrückt – ist besonders dann hilfreich, wenn ein Suchbegriff mehrere Bedeutungen hat und man eine davon ausschließen möchte. Die Suche nach Tempo-Taschentuch liefert also nur Ergebnisse, die nicht das Stichwort Taschentuch enthalten.
- Über den Operator „site:#", bei dem man für # eine beliebige URL einsetzen kann, kann man nur auf Webseiten suchen, die der angegebenen URL entsprechen. Damit kann man bequem auch auf solchen Webseiten recherchieren, die keine eigene Suchfunktion anbieten.

▶ PraxisTipp Suchhilfen Genauere Beschreibungen vieler Suchmaschinen mit Tipps und Tricks zum effizienten Einsatz finden Sie unter www.suchfibel.de und www. searchenginewatch.com.

Fast immer legen Ihnen die Suchdienste sozusagen stapel- und schlimmstenfalls bergeweise unsortierte Blätter auf den virtuellen Schreibtisch, die Ihnen nicht in jedem Fall sofort weiterhelfen. Deren genauere Sichtung kann jedoch im Einzelfall verwertbares Material zutage fördern.

Schwierig ist zudem immer die Bewertung der Suchergebnisse. Schließlich tummeln sich im World Wide Web seriöse Forschungsinstitute und Wissenschaftsdienste mit sicherlich valider Berichterstattung ebenso wie propagandistische Vereinigungen oder sonstige Dienstleistungsanbieter für jede noch so exotische Bedarfslage. Im Zweifelsfall sollte man sich deswegen die Domain oder die Top-Level-Domain .

Lautet die aufgefundene URL beispielsweise http://www.awi-bremerhaven.de/presse/bah/3001htm, so bedeutet diese Angabe, dass man bereits in einer gewissen Hierarchietiefe gelandet ist – in diesem Fall bei einer Pressemitteilung vom 30. Januar des Jahres der Biologischen Anstalt Helgoland (BAH), die zum Alfred-Wegener-Institut (AWI) in Bremerhaven innerhalb der renommierten Helmholtz-Gemeinschaft der Großforschungseinrichtungen in Deutschland gehört. In diesen und analogen Fällen hangelt man sich am besten in die Domain (awi-bremerhaven.de) zurück, indem man in der Adresszeile des Browsers schrittweise den URL verkürzt, und schaut sicherheitshalber nach, was die Webseiten des betreffenden Anbieters denn sonst noch an interessanter Information aus der thematischen Peripherie des Suchbegriffs hergeben. Handelt es sich um eine professionelle Site, bietet sie eventuell eine eigene kleine Suchmaschine für die ihr untergeordneten

Seiten an. Deren Nutzung kann vorteilhaft sein, weil hier eventuell auch jüngere Information enthalten ist, die den Onlinesuchdiensten noch nicht bekannt sind. Manchmal wird der Zugriff der Crawler auf untergeordnete Seiten auch technisch ausgeschlossen.

Besondere Vorsicht ist immer geboten bei privaten und halboffiziellen *Homepages,* deren Zuverlässigkeit und Seriosität man nicht so leicht überprüfen kann. Auch (und gerade) im Netz gilt, dass eine renommierte Institution eher für solide und valide Information steht als ein privater Hobbyanbieter oder eine sonstige halbseidene Materialquelle.

Verlassen Sie sich auch nicht unbedingt auf Informationen, die Sie beispielsweise im neuen Universallexikon

- www.wikipedia.com
  finden. Gewöhnlich wird man bei einer Suchanfrage über Google auf eine oder mehrere Wikipedia-Einträge geleitet. Für eine erste Problemannäherung informiert man sich zwar gerne hier und bekommt auch ungefähr eine Vorstellung von der Bandbreite eines Problems oder einen Eindruck der bisherigen Kenntnislage, aber die Zuverlässigkeit der Information ist trotz beachtlicher Fortschritte in den vergangenen Jahren nicht immer unbedingt gewährleistet, auch wenn die aufmerksam-kritische Nutzergemeinde die Einzelbeiträge ständig bearbeitet bzw. ergänzt. Eine gewisse Qualitätskontrolle ermöglichen zugegebenermaßen die am Ende eines Wikipedia-Beitrags benannten Originalquellen. Als wissenschaftlich relevante Quelle sind die Wikipedia-Einträge demnach nur bedingt brauchbar und stets kritisch zu hinterfragen. Zitierbar sind sie ohnehin nicht.

3.3.2 Virtuelle Bibliotheksbesuche

Vielleicht ergeht es Ihnen auch so: Das Internet dient im Wissenschaftsbetrieb in erster Linie dem Auffinden von Quellen, kann aber die gedruckten Originale oft nicht ersetzen. Außerdem ist ein Monitor je nach Lesesozialisation eben kein vollwertiger Ersatz für die haptischen Qualitäten eines Buches, in dem man – abgeschirmt in einer gemütlichen Sofaecke – genussvoll blättern und sich festlesen kann. Ein betontes Lesevergnügen stellt sich bei den zunehmend verbreiteten Onlinebüchern und Onlinezeitschriften (E-Books, E-Journals) eher auch nicht ein. Dennoch sind sie nützlich, ermöglicht doch die Onlineverfügbarkeit das nahezu hemmungslose Stöbern in den elektronischen Katalogen eventuell auch weit entfernter Bibliotheken. Sie können sich beispielsweise ebenso rasch in die äußerst umfangreiche Library of Congress in Washington (www.loc.gov) einwählen wie in die Stadt- oder Universitätsbibliothek Ihres Hochschulortes (zum Beispiel www.ulb.uni-bonn.de) oder irgendeine virtuelle Fachbibliothek aufsuchen, beispielsweise www.vifabio.de (Biologie), www.vifapharm.de (Pharmazie) sowie www.vifaphys.tib.unihannover.de (Physik).

Suche nach Büchern Nahezu alle wissenschaftlichen Bibliotheken haben ihre (annähernd) gesamten Bestände digital katalogisiert und wickeln den Leihverkehr nur noch über die Terminals im Katalograum oder Lesesaal ab. Somit ist auch die Titelsuche im digitalen Katalog vom heimischen Rechner aus prinzipiell kein Problem. Viele der großen Bibliotheken ermöglichen über Metalinks die Suche auch in anderen Bibliotheken oder nennen Ihnen deren URL-Adressen. Empfehlenswerte Einstiegsseiten mit vielen weiteren Zugangsmöglichkeiten für die landes-, europa- oder sogar weltweiten Suchexkursionen in Bestandskatalogen sind beispielsweise:

- www.hbz-nrw.de
  erfasst alle deutschen Bibliotheken und regionalen Bibliotheksverbünde,
- www.gbv.de
  Bibliotheksverbund mehrerer Bundesländer, bietet Möglichkeit der Begriffsverknüpfung,
- www.webis.sub.uni-hamburg.de
  Sammelschwerpunkte deutscher Bibliotheken,
- http://zdb-opac.de
  Zeitschriftendatenbank mit Besitznachweisen deutscher Bibliotheken,
- https://kvk.bibliothek.kit.edu
  Der „Karlsruher virtuelle Katalog" ist gleichsam der Metakatalog der europäischen Nationalbibliotheken, Verbundkataloge und Buchhandelsverzeichnisse.

Einen separaten Versuch wert für die weltweite Bibliothekssuche sind die folgenden Adressen:

- www.libdex.com (Suchmaschine für Bibliotheken weltweit),
- www.bl.uk,
- British Library, eine der größten Buch- und Dokumentensammlungen weltweit und

Die Deutsche Nationalbibliothek (DNB, seit 2006); führt alle seit 1913 in Deutschland erschienenen gedruckten Werke auf. Sie ging aus der früheren Deutschen Bibliothek Frankfurt (BRD) sowie der Deutschen Bücherei Leipzig (DDR) hervor und ist ein wichtiger *gateway* zu vielen weiteren Informationsquellen. Die DNB sammelt nicht nur in Deutschland erschienene Titel, sondern auch ausländische Publikationen über Deutschland oder in deutscher Sprache erschienenes Material. Erreichbar ist diese bedeutende und hilfreiche Institution über

- www.dnb.de.

Wegen der wechselseitigen Verlinkung und Vernetzung der nationalen Bibliotheken ist es im Prinzip eher gleichgültig, bei welcher Adresse man seine Recherche startet. Die Suchergebnisse ähneln sich nach aller Erfahrung zumindest in den ohnehin stark globalisierten Naturwissenschaften sehr.

Der Springer Nature Verlag als weltgrößter Wissenschaftsverlag bietet den Online-zugriff auf derzeit über 10.000 digitalisierte im Hause erschienene Fachbücher (bzw. E-Books) aus den Bereichen Naturwissenschaften, Medizin und Technik an. Der kostenlose Zugriff ist möglich über Hochschulbibliotheken, die eine Campuslizenz besitzen. Detaillierte Information bietet.

- www.springer.com/ebooks.

Für die Buchtitelrecherche ebenfalls ergiebig sind die Onlinekataloge der Buchgroßhändler (Sortimenter) und (Internet-)Buchhandlungen, darunter:

- www.buchhandel.de (Verzeichnis lieferbarer Bücher VLB),
- www.libri.de,
- www.buchkatalog.de,
- www.amazon.de,
- www.amazon.com,
- www.bol.de,
- www.thalia.de,
- www.koeltz.com,
- www.nhbs.com und
- www.deutschesfachbuch.de (ermöglicht die Suche nach Stichworten in Inhaltsverzeichnissen, Vorworten, Registern und Klappentexten).

Vielleicht ergeht es Ihnen fallweise auch so: Ein besonders wichtiges Werk, das man mutmaßlich auch längerfristig häufig konsultiert, kann man sich nicht als Dauerleihgabe einer Bibliothek in seinen Handapparat stellen. Eventuell ist das gute Stück über den normalen Buchhandel nicht mehr zu beziehen. Aussichtsreich ist dann die gezielte Schatzsuche bei Antiquariaten, die unterdessen ebenfalls im Onlineverfahren möglich ist, beispielsweise unter

- www.zvab.de (Zentralverzeichnis antiquarischer Bücher ZVAB)
- www.booklooker.de
- www.abebook.de
- oder auch über www.ebay.de
- www.eurobuch.com ist eine Metasuchmaschine, die (fast) alle diese Verzeichnisse durchforstet.

Suche nach Zeitschriftenartikeln Die Zukunft in der Speicherung und Nutzung wissenschaftlicher Primärinformation liegt zweifellos in den elektronischen Zeitschriften, die in der Elektronischen Zeitschriftenbibliothek (EZB) nachgewiesen sind. Diese nehmen im Wissenschaftsbetrieb bereits jetzt einen beachtlichen Raum ein. Diese Entwicklung wird sich auch zukünftig noch weiter verstärken.

Die EZB ist ein Hintergrunddienst der UB Regensburg mit Angeboten aus etwa 40 Fächern, der von den meisten Hochschulbibliotheken in Deutschland (und auch vielen im mitteleuropäischen Ausland) genutzt wird. Bei allen Bibliotheken, welche die EZB nutzen, stellen sich die Zugangsdaten und die Benutzerführung zu den E-Zeitschriften ähnlich dar. Wenn man

- http://rzblx1.uni-regensburg.de/ezeit/
  aufruft, erkennt das System anhand der IP-Adesse des Rechners automatisch, zu welchem Uni-Netz der Benutzer gehört. Dieses System ist beispielsweise auch das Rückgrat der derzeit rund 50.000 Volltextabonnements elektronischer Zeitschriften der Universitäts- und Stadtbibliothek Köln.
- Unter der Netzadresse
- www.springerlink.com
  ist eine verlagseigene Suchmaschine für die Volltextsuche in elektronischen Zeitschriften erreichbar. Sie bietet außerdem unter der Option Springer Online Journal Archive ein (im Aufbau befindliches) Archiv zahlreicher in englischer Sprache erschienener Artikel von Band 1/Heft 1 der erfassten Zeitschriften bis einschließlich 1997. Zudem besteht ein elektronisches Archiv aller je bei Springer erschienenen Bücher.

Ein vergleichbares Angebot zur Volltextsuche, das sich allerdings nicht auf die Produkte nur eines bestimmten Verlags beschränkt, bietet *Scholar Google*. Für die mit Mitteln der Deutschen Forschungsgemeinschaft (DFG) finanzierten Nationallizenzen mit Zugriff auf umfangreiche Zeitschriftenpakete aller großen naturwissenschaftlich relevanten Verlage wurde eine spezielle Volltextsuchmaschine entwickelt:

- http://finden.nationallizenzen.de

Online first Für brandeilige Entwicklungen und Entdeckungen ist die Zeit zwischen Manuskripteinreichung, Drucklegung und Erscheinen des Beitrags im neuesten Heft einer spezifischen Fachzeitschrift nach heute weitverbreitetem Empfinden viel zu lang. Vergleichbar der Vorveröffentlichungspraxis großer Nachrichtenmagazine und Tageszeitungen erscheinen wichtige wissenschaftliche Mitteilungen bzw. Artikel nach dem üblichen Begutachtungsverfahren (Peer Reviewing, vgl. Abschn. 4.7) zuerst zitierfähig *online first* (OF) im Internet und damit eventuell etliche Wochen vor der Druckversion. Unter der oben als Rechercheinstrument beispielhaft benannten Adresse www.springerl ink.com gelangt man auch zu den betreffenden OF-Publikationen des Springer Nature Verlags. Die Beiträge sind anhand ihrer individuell vergebenen DOI *(Digital Object Identifier)* auffindbar. DOI entwickelt sich derzeit zu einem flächendeckenden Instrument auch zum Auffinden von elektronischen Rohdaten und Büchern.

3.3.3 Fachdatenbanken und Fachbibliographien

Die zweifellos unersprießliche und langwierig aussortierende Müllwerkertätigkeit nach
einer Trefferlawine, die Ihnen eine ungenau instruierte Metasuchmaschine zu Füßen gelegt
hat, könnten Sie sich im Prinzip ersparen, wenn Sie nach einigen Testphasen und Ein-
übungsmanövern Ihre genaue Suche auf Fachbibliographien spezialisieren. Üblicherweise
vermitteln Ihnen die Universitätsbibliotheken über besondere Links den Zugang auch in
solche Datenbanken oder liefern umfassende Verzeichnisse der zahlreich existierenden
Fachdatenbanken.

Die dafür wichtigste Einstiegsadresse ist sicherlich

- http://rzblx10.uni-regensburg.de/dbinfo,
  ein umfangreiches, übergeordnetes Datenbank-Informationssystem (DBIS); von mehr
  als 200 Bibliotheken genutzt, listet als Nachweisinstrument zahlreiche, nach Fach- und
  Interessengebieten sortierte Datenbanken auf; DBIS leitet zu deren Suchinstrumenten
  weiter, über die Sie die Inhalte gezielt durchsuchen können; bietet freien Zugang zu
  über 2600 Fachdatenbanken und die Möglichkeit zu gebührenpflichtigen Recherchen
  in weiteren ca. 5000 Fachdatenbanken.

Fast alle relevante neuere Literatur zu biowissenschaftlichen Fragestellungen findet man
über

- www.vifabio.de,
  eine komfortable, umfassende, virtuelle und kostenlos nutzbare Fachbibliothek für
  jegliche biowissenschaftliche Literatur, seit Frühjahr 2007 online, integriert u. a.
  den Fachkatalog der UB Johann Christian Senckenberg Frankfurt, den UB-Frankfurt
  Retrokatalog mit älteren Schriften, Dissertationen u. a. vor 1985, die Biodiversity Heritage Library, die Datenbank BioLIS (Biologische Literatur-Information Senckenberg),
  weist Zeitschriftenpublikationen 1970–1996 nach), ferner die über PubMed zugängliche Datenbank Medline mit etwa 5000 ausgewerteten biomedizinischen Zeitschriften,
  ermöglicht den Zugang zu über 4000 biowissenschaftlichen Fachzeitschriften aus der
  Elektronischen Zeitschriftenbibliothek (EZB) – mit anderen Worten: für Biowissen-
  schaftler ein völlig unentbehrliches und enorm leistungsfähiges Informationsportal.
  Vifabio wird vorerst noch weitergeführt, aber schrittweise durch das neue Portal www.
  biofid.de ersetzt.

Vergleichbare Suchdienste affiner Interessengebiete sind beispielsweise

- www.vifapharm.de
  bietet Zugang zu ausgewählten Informationsquellen für Pharmazeuten

- www.pubmed.de
  bietet Zugang zur medizinischen bzw. biomedizinischen Dokumentationssammlung von Medline und
- www.livivo.de
  ein Informationsportal mit Zugriffsmöglichkeit auf eine große Bandbreite medizinischer Fachinformation; Gemeinschaftsprojekt der Deutschen Zentralbibliothek für Medizin (ZBMed) und des deutschen Instituts für Medizinische Dokumentation und Information (DIMDI).

Die bereits ziemlich unübersichtliche Vielzahl der für Naturwissenschaftler relevanten Fachdatenbanken bzw. Fachportale oder *gateways* kann hier verständlicherweise nicht umfassend gelistet werden, zumal jedes spezifisch angelegte Adressenverzeichnis immer nur eine Momentaufnahme aus logarithmischen Wachstumsprozessen sein kann. Nur eine kleine Auswahl mit klarer Appetizerfunktion und als Starthilfe für die erfolgreiche Treibjagd nach interessanten Quellenhinweisen und sonstigen Materialien ist die folgende:

- www.gfbs-home.de (Aspekte der globalen Biodiversität),
- https://www.biodiversitylibrary.org/ (Biodiversity Heritage Library),
- http://www.eol.org/ (Encyclopedia of Life),
- www.bfn.de (Bundesamt für Naturschutz, zahlreiche Datenbanken),
- www.bildungsserver.de (Unterrichtsmaterialien, Linklisten),
- www.dhm.de/links (Verzeichnis mit Links zu Museen weltweit),
- www.fao.org/agris,
- www.fiz-technik.de (Datenbank für Normen und Patente),
- www.geodok.uni-erlangen.de,
- www.edoc.hu-berlin.de (elektronische Dissertationen u. a.),
- www.oaister.org (elektronische Publikationen weltweit),
- www.id-natur.de (Literaturdatenbank für Ökologie und Naturschutz),
- www.mcb.harvard.edu,
- www.medidaprix.org,
- www.medknowledge.de,
- www.destatis.de (Statistisches Bundesamt),
- www.treeoflife.com,
- www.umweltbundesamt.de/uba-datenbanken,
- www.physikportal.de,
- www.vivaphys.de und
- www.chem.de

bieten neben den oben benannten Datenbankverzeichnissen Einstiegshilfen in die Fachdatenbanken der Physik und Chemie.

Neueste Wissenschaftsnachrichten und jüngste Entdeckungen finden Sie übrigens unter der täglich erneuerten Seite

- www.scicentral.com.

Eine sehr gute Einführung in die Benutzung der unterdessen zahlreich vorhandenen biologischen Datenbanken zur Abfrage von Genomanalysen, Proteinsequenzen oder einzelnen Genkarten mit speziellem Codierungsprofil für bestimmte Enzyme bieten Selzer et al. (2003).

Für den geowissenschaftlichen Bereich und seine Nachbardisziplinen (beispielsweise Bodenkunde, Vegetationskunde und Landschaftsökologie) ist hinzuweisen auf die unterdessen zu beachtlichen Werkzeugen herangereiften Geoinformationssysteme (GIS), die nicht nur Behörden oder Firmen, sondern auch Privatpersonen zugänglich sind. Zu Details der Nutzung beraten die jeweiligen Landesämter für Geobasisdaten (Landesvermessungsämter). Zum Einstieg empfehlenswert sind:

- www.geomis.bund.de (Geodatensuchmaschine für die BRD) und
- www.geodatenzentrum.de (Onlinebezug von Geodaten).

Beachten Sie bitte unbedingt den folgenden Hinweis: Dieses Kapitel zeigt Ihnen lediglich die wichtigsten Möglichkeiten der Onlinerecherche nach dem Informationsstand Sommer 2022 auf. Die hier versammelten Hinweise und Listen können Ihnen folglich keine auch nur halbwegs kompletten oder gar superaktuellen Linksammlungen anbieten. Außerdem ist zu berücksichtigen, dass (manche) URLs durchaus eine beunruhigend kurze Halbwertszeit haben.

Wenn Sie nun beispielsweise im Zeitschriftenbestand der UB Heidelberg, beim Institut für Pflanzengenetik und Kulturpflanzenforschung Gatersleben (IPK) oder im Sondersammelgebiet „Küsten- und Hochseefischerei" der Staats- und Universitätsbibliothek Hamburg (SUB) fündig geworden sind und somit die genaue Bibliographie eines interessanten Dokumentes kennen, halten Sie – sofern keine Onlinevolltextrecherche möglich ist, die benötigte Information natürlich noch nicht leserfertig in Händen. Für diesen wahrscheinlichen Bedarfsfall sind die (gebührenpflichtigen) Lieferdienste der deutschen Bibliotheken für Zeitschriftenaufsätze ein überaus hilfreiches Angebot, darunter

- www.subito-doc.de.

Subito ist schnell (Lieferzeit 3 Tage), aber relativ teuer (je Aufsatz für Hochschulangehörige 5–10 €). Preiswerter, aber nicht ganz so schnell ist die traditionelle Fernleihe. Wer nicht die Zeit aufbringen kann, sich in die umfangreichen Recherchemöglichkeiten einzuarbeiten, oder die Ergebnisse der eigenen Literatursuche ergänzen oder kontrollieren möchte, kann beispielsweise die Dienste des Kölner Bibliotheksservice für Literatur-recherchen (KöBes) in Anspruch nehmen: Hier sucht man für Sie in den über 500 Datenbanken der SUB Köln.

Auch an anderen Hochschulbibliotheken bieten die zuständigen Fachreferenten Recher-chedienstleistungen an – informieren Sie sich auf den Webseiten Ihrer Bibliothek sowie über die Möglichkeiten direkt vor Ort.

3.3.4   Weitere Informationsquellen

Besondere Themen erfordern spezielle Rechercheabläufe. Fallweise wird man daher auch außerhalb der offiziellen Informationsstellen nach brauchbarem Material fahnden. Während man für Themen aus der molekularen oder organismischen Biologie mit kon-ventionellen Bibliotheken und elektronischer Datenbankabfrage zumindest die neueren Entwicklungen in den betreffenden Forschungsfeldern im Allgemeinen nahezu lücken-los erfassen kann, muss man sich bei eher ökologischen bzw. landschaftsspezifischen Fragestellungen auch andere Informationsquellen erschließen, die in den üblichen Doku-mentationssystemen oft (noch nicht) ausreichend erfasst sind. Hier helfen beispielsweise kleinere Spezialarchive weiter, darunter

- Forsteinrichtungspläne der staatlichen oder privaten Forstverwaltungen und
- Beobachtungstagebücher von Naturschutzverbänden und Privatpersonen, Behörden, Organisationen, Verbänden, Biologischen Stationen oder vergleichbaren Institutio-nen auf den verschiedenen Verwaltungsebenen (Kommune, Kreis, Regierungsbezirk, Landschaftsverband (speziell in NRW), Bundesland).

Die Graue Literatur
Viele der oben aufgeführten Institutionen produzieren eine Menge Grauer Literatur. Der Begriff ist durchaus nicht abwertend gemeint, sondern bezeichnet summarisch Publi-kationen, die so nicht über den regulären Buchhandel vertrieben werden sowie in den wissenschaftlichen Bibliotheken entweder kaum auffindbar oder gar nicht vertreten sind, aber zumindest eine anregende Einstiegslektüre in die eine oder andere Themenfacette her-geben. Umweltämter, Dienststellen der Wasserwirtschaft und Landwirtschaftskammern (mit ihren agrarmeteorologischen Diensten) verfügen oft über langjährige, aber nicht offiziell veröffentlichte Messreihen, die bemerkenswerte Details oder Zusammenhänge abwerfen. Bei den Geologischen Landesämtern (heute mehrheitlich Ämter für Geobasisinformation genannt) oder in den Fachmuseen ruhen ebenfalls verborgene und so nicht unbedingt im Onlineverfahren recherchierbare Schätzchen. Erfahrungsgemäß wird man also je nach Rechercheprofil auch in solchen Materialangeboten fündig oder erhält zumindest brauchbare Hinweise auf weitere „Koordinaten" oder Fixpunkte, wo sich möglicherweise Findstellen für die genauere Nachsuche lokalisieren lassen. Nicht zu unterschätzen ist übrigens – wie

auch bei sonstigen Gelegenheiten – das direkte und meist ergebnisreiche Gespräch mit sachkundigen Mitmenschen von ausgewiesener Expertise, beispielsweise bei Tagungen, Messen, Seminaren oder Workshops.

3.4 Akut oder latent? Ausdrückliche Warnung vor Plagiaten

Offenbar ist das aufwendige Schreiben einer Semester- oder Examensarbeit mit eigener Materialrecherche und möglicherweise mühsamer, aber eigenständiger Materialaufbereitung nicht unbedingt jedermanns Sache. Daher könnte wohl so manche(r) in Versuchung geraten, sich das Leben ein wenig zu erleichtern und nach alternativen einfacheren Wegen zur Erledigung einer eigenen wissenschaftlichen Arbeit zu suchen. Wo eine offenbar drängende Nachfrage besteht, reagiert die freie Marktwirtschaft mit entsprechenden direkten Angeboten: Via Internet kann man sich tatsächlich ein reichhaltiges Sortiment vorfabrizierter und fallweise sogar hervorragend benoteter Texte ins Haus holen. Die Adresse www.kosh.de ist eine Metasuchmaschine, die gleich mehrere einschlägige Anbieter bündelt. Beispielsweise unter www.fundus.org und www.hausarbeiten.de findet sich ein breit gefächertes Textangebot vor allem für den schulischen Bereich, während www.dip lom.de oder www.grin.de fertige Komplettbausätze auch für wissenschaftlich anzulegende Arbeiten im Hochschulsektor anbieten. Unter www.schoolsucks.com können finanziell Unabhängige sich ihre Arbeit sogar extern schreiben lassen. In den USA soll bereits ein rundes Drittel der Hausarbeiten an Colleges und Universitäten aus solchen dubiosen Schwarzmarktangeboten hervorgegangen sein. Auch für Deutschland geht man unterdessen von einer möglicherweise ähnlichen Größenordnung aus (vgl. Ihlenfeldt 2002; Wirth 2002). Andererseits bestehen über verschiedene Netzadressen wie etwa www.turnitin.com, www.plagiserve.com oder www.zum.de auch schon entsprechende Onlinetextvergleichsdienste, mit denen man im Verdachtsfall oder routinemäßig in eingereichten Arbeiten nach Übereinstimmungen mit anderen Quellen fahnden kann. Vielfach setzen auch Zeitschriftenredaktionen, Buchverlage sowie die Hochschulen bereits eine vielfach leistungsfähige Plagiaterkennungssoftware ein. Vertrauen Sie also keineswegs darauf, dass ein Leser Ihrer Arbeit die kritische Nadel im Heuhaufen schon nicht finden wird.

Die gezielte Vorteilnahme mithilfe von eindeutigen Plagiaten ist aber nun keineswegs ein belächelbares Kavaliersdelikt, sondern ein krimineller und möglicherweise folgenreicher Akt, vor dem man Sie nur nachdrücklich warnen kann. Gehen Sie hier auf keinen Fall ein Risiko ein! Auch für den Hochschulbereich gilt die von den Kultusministerien für Schulen erlassene Regelung, dass eine komplette Arbeit auch dann nicht bewertet wird, wenn nachweislich nur ein Textabsatz ein Plagiat enthält. Als Plagiat gelten bereits Zitatbestandteile aus fünf original übernommenen und nicht als solche nachgewiesenen Wörtern! Lassen Sie sich also unter gar keinen (!) Umständen auf solche dubiosen und strafbaren Beschaffungsdelikte ein – auch wenn es auf den ersten Blick so scheinen mag, dass der Ehrliche mal wieder der Dumme ist (Wickert 1996). Ziele spezieller und bedauerlicherweise auch erfolgreicher Nachrecherchen (angeblich) eigenständiger Publikationen waren in jüngerer Zeit vor allem Persönlichkeiten aus der Politszene, in der sich schon immer allerhand Paradiesvögel tummelten. Bezeichnenderweise kamen auch gerade aus diesem Lager diverse Versuche, das Plagiieren zu bagatellisieren. Der Deutsche Hochschullehrerverband (DHV) und der Verband Biologie, Biowissenschaften & Biotechnik in Deutschland (VBio) haben sich davon in klaren Worten distanziert. Diese eher unrühmlichen und den seriösen Wissenschaftsbetrieb bedauerlicherweise enorm diskreditierenden Beispiele sollten eine eindringliche Warnung sein. Sie mahnen aber auch in geradezu erschreckendem Maße an, wie relativ leichtfertig (angeblich) kompetente und (vermeintlich) seriöse Gutachter die eingereichten Arbeiten abnicken und aus Gefälligkeit, Desinteresse oder angeblicher Überlastung einfach durchwinken. Die landesweit aufmerksam und kritisch begleiteten Fälle stellen der schonungslos investigativen Medienöffentlichkeit diesbezüglich ein hervorragendes Zeugnis aus. Wer plagiiert, gehört nicht in eine leitende Regierungsfunktion, sondern bestenfalls in die Registratur. Angesichts von KI und ChatGPT hat die Frage der Originalität von Texten eine äußerst kritische Dimension angenommen – Autorenverbände, Bildungswissenschaftler und Pädagogen sehen diese neuen Entwicklungen eher entsetzt als begeistert, zumal sie sich rechtlich (vorerst) noch klar in der Grauzone bewegen.

Lassen Sie sich also auf keinen Fall auf vergleichbare opportunistische Machenschaften ein! Das Wissenschaftsethos verbietet zu Recht strikt, unnachgiebig und eindeutig jegliche Manipulationen oder illegitimen Übernahmen zum Vorteil der eigenen Person. *Caveant auctores!*

3.5 Open Access

Ausgehend von der Überlegung, dass die öffentliche Hand über die Drittmittelvergabe in beträchtlichem Umfang eine Vielzahl von Forschungsvorhaben und damit die allgemeine Wissensvermehrung fördert, entwickelte sich etwa Mitte der 1990er-Jahre die berechtigte Erwartung, dass zumindest im wissenschaftlichen Bereich die Ergebnisse der öffentlich geförderten Forschung der Allgemeinheit auch kostenfrei zur Verfügung stehen müssen und nicht über die generell kostenaufwendigen sowie mit Nutzungsrestriktiven belegten Publikationsorgane der Verlage sozusagen erneut zurückgekauft werden müssen. Bei genauer Betrachtung könnte man die traditionellen Publikationsformen tatsächlich als eine so eventuell nicht hinnehmbare Privatisierung des öffentlich (u. a. von der Deutschen Forschungsgemeinschaft) geförderten Wissens auffassen. Open Access (OA) soll nun den freien Zugang zu wissenschaftlichen Publikationen ermöglichen und auch Wissenschaftlern mit minimalem eigenen Budget die Möglichkeit eröffnen, im Direktzugriff an aktuelle wissenschaftliche Veröffentlichungen zu gelangen und dann schneller an der fachlichen Diskussion teilhaben zu können.

Ein unter den Bedingungen von OA veröffentlichtes wissenschaftliches Dokument ermöglicht es jedermann, dieses nicht nur kostenfrei zu lesen, sondern auch herunterzuladen, zu speichern, zu drucken und zu verlinken – und sich mithin in der gesamten Bandbreite der freien Nach- und Weiternutzung zu bewegen. Ein enormer Vorteil liegt außerdem in der besseren Auffindbarkeit von relevanten Forschungsergebnissen, die für das eigene Arbeitsgebiet wichtig sein könnten. Zwei unterschiedliche Wege des OA-Publizierens stehen Ihnen offen:

Gold OA

Hierbei erscheint Ihre Publikation (Zeitschriftenbeitrag, Buch oder anderes Format) in der endgültigen Version direkt und unmittelbar im OA. Hierbei fallen für die Autoren (bislang) Publikationsgebühren an (APC: article processing charges; BPC: book processing processing charges). Zumindest für Zeitschriftenbeiträge übernehmen die Hochschulbibliotheken eventuell die entsprechenden Gebühren. Die Anzahl von Zeitschriften bzw. Verlagen, bei denen das Publizieren kostenfrei ist, nimmt zu.

Solche-Veröffentlichungen auf dem so bezeichneten *Goldenen Weg* können Erstpublikationen in einem elektronischen Medium sein, das den Vorgaben von Open Access folgt. Meist handelt es sich dabei um Zeitschriften, die vor der elektronischen Veröffentlichung analog den konventionellen wissenschaftlichen Zeitschriften ein Begutachtungsverfahren (Peer Reviewing) einsetzen, um gewisse Qualitätsstandards sicherzustellen. Derzeit stehen über 9500 OA-Zeitschriften zur Verfügung, in denen man mehr als 2,5 Mio. Einzelbeiträge aus allen wissenschaftlichen Sparten recherchieren kann.

Außer begutachteten Einzelbeiträgen (Artikeln) in entsprechenden Zeitschriften ist bei OA-Verlagen auch die Veröffentlichung von Monographien oder sogar von Büchern möglich. Oftmals erscheinen solche umfassenderen Werke auch in gedruckter Form, sind dann aber gewöhnlich kostenpflichtig.

Green OA

Neben der Nutzung eines Open-Access-Mediums ist auch eine Parallelveröffentlichung auf privaten oder institutionellen Homepages möglich, entweder zur Sicherung von Prioritätsrechten als Vorveröffentlichung *(preprint)* oder als Nachveröffentlichung *(postprint),* wobei der letzteren Möglichkeit gewöhnlich ein vorheriges Begutachtungsverfahren vorangeht. Diese Möglichkeit bildet den so bezeichneten *Grünen Weg*.

Für die OA-Nutzung (aktiv als Autor und passiv als Leser) gelten besondere, von den betreffenden Verlagen erarbeitete Leitlinien vor allem hinsichtlich von urheberrechtlichen Belangen. Die Nutzung von Dokumenten, die unter Open Access veröffentlicht wurden, entbinden in keiner Weise von der Zitierpflicht und verstehen sich auch nicht als muntere Einladung zum freizügig plagiierenden Wildern.

Über die von SpringerNature entwickelten Geschäftsmodelle kann man sich unter www.springer.com/de/open-access informieren. Vergleichbare Informationen bieten auch die anderen beteiligten Wissenschaftsverlage wie Thieme oder Wiley an.

DEAL-Vereinbarungen

Seit 2019 hat eine Tochtergesellschaft der Max-Planck-Gesellschaft (MPG) mit den großen Wissenschaftsverlagen in Deutschland (Springer, Thieme, Wiley u. a.) diese neuen Vereinbarungen getroffen, die den Zugang zu den OA-Publikationsmöglichkeiten vereinfachen und vor allem für die Nutzung als auch für die Einstellung aktueller Information wesentlich erleichtern soll. Die komplexen Vertragsdetails ersparen wir uns hier, aber unter dem Suchbegriff DEAL kann man sich im Internet über die diversen juristischen Implikationen umfassender informieren. Die entsprechenden Webseiten bieten allerdings wenig mehr als nur Belanglosigkeiten.

Repositorien

Der Begriff erinnert sprachlich zunächst ein wenig an Friedhof, und tatsächlich impliziert er eventuell auch diverse Datenfriedhöfe. Im neueren vornehmen Sprachgebrauch verstand man unter Repositorien früher deckenhoch reichende Bücherregale, die mit Unmengen bedruckten Papiers bestückt waren.

Im modernen Sprachgebrauch ist ein Repositorium dagegen ein IT-Fachbegriff und bezeichnet (überwiegend institutionelle) Dokumentenserver, die – meist von Universitätsbibliotheken oder Forschungseinrichtungen betrieben – ihren Mitgliedern zur Archivierung und Publikation neuer eigener Forschungsergebnisse zur Verfügung stehen. Vielfach werden sie auch unter dem Sammelbegriff „Forschungsdaten" geführt. Hier finden sich entsprechend Artenlisten, Messreihen oder andere umfangreiche Dokumentationen, die in einer Zeitschriftenpublikation keinen Platz finden können, aber anderen Forschern auf dem betreffenden Fachgebiet zugänglich sein sollten. Die Details der Nutzung erfahren Sie bei Ihrer jeweiligen Hochschulbibliothek.

3.6   Ein paar Grundbegriffe zum Buch

Das Bibliotheks- ebenso wie das Buchhandelswesen befassen sich professionell mit der komplexen Materie „Buch", und so kann es im Prinzip natürlich nicht verwundern, wenn sich auch in diesen Tätigkeitsfeldern im Laufe der Zeit eine besondere Fachsprache entwickelt hat. Das betrifft beispielsweise die jeweiligen Formate, in denen die Bücher erschienen sind. Tab. 3.2 listet die häufigsten Angaben auf. Oktav ist dabei das am häufigsten verwendete Buchformat.

Siglen/Signaturen In den Onlinekatalogen der Bibliotheken oder in sonstigen Verzeichnissen, darunter auch in den Titelbeschreibungen der Internetantiquariate, tauchen nicht selten besondere Bezeichnungen auf, die nicht ohne Weiteres selbstverständlich sind.

Die Siglen (singular: das Sigel oder die Sigle) bzw. Signaturen sind Kunstwörter – aus Buchstaben und/oder Zahlen zusammengesetzte Kurzbegriffe zur genaueren Bezeichnung

Tab. 3.2 Wichtige Angaben zur Kennzeichnung von Büchern

Kürzel	Benennung	Maß (Buchrückenhöhe) in cm
12°	Duodez	bis 12
Kl. 8°	Klein-Oktav	bis 18,5
8°	Oktav	bis 22,5
Gr. 8°	Großoktav	bis 25
4°	Quart	bis 35
Gr. 4°	Groß-Quart	bis 40
2°	Folio	bis 45
Gr. 2°	Groß-Folio	über 45

von Titeln oder Findorten relevanter Literatur. Man findet sie beispielsweise als Kurzform für die Benennung häufig zitierter Zeitschriften, beispielsweise in der Form NR für Naturwissenschaftliche Rundschau oder VCH für den Verlag Chemie. Besondere Bibliothekssigel dienen dazu, einzelne Bibliotheken in Kurzform zu benennen, um sie etwa in Verbundkatalogen oder im Leihverkehr einfacher auflisten zu können.

Buchbauteile Für den kompetenten Umgang mit dem traditionellen Informationsmedium Buch mag auch Abb. 3.2 hilfreich sein. Sie benennt alle wichtigen Bauteile eines Buches, die in der einen oder anderen Variante oftmals Bestandteil von Katalogangaben in größeren öffentlichen Bibliotheken sind.

Satzspiegel Bei einem Druckerzeugnis (Buch, Zeitschrift u. a.) bezeichnet der Satzspiegel die vom gewöhnlichen, fortlaufenden Text (= Lauftext) eingenommene Fläche. Den Satzspiegel begrenzen seitlich sowie oben und unten die von Gedrucktem freibleibenden Stege. Innerhalb des Satzspiegels stehen die Textspalten (Kolumnen), Grafiken, Bilder sowie etwaige Fußnoten. Außerhalb des Satzspiegels befinden sich der Kolumnentitel, die Seitenzahl (Pagina) und andere Angaben, beispielsweise die Bogennorm (Signatur). Ein lebender Kolumnentitel wechselt von Seite zu Seite; er benennt in Kurzform den Seiteninhalt und besteht aus der jeweils zugehörigen letzten Abschnitts- oder Kapitelüberschrift. Ein toter Kolumnentitel ist über mehrere Seiten gleichlautend und benennt nur die Hauptüberschrift des betreffenden Kapitels. Der Kolumnentitel orientiert sich stets zum Innensteg, die Seitenzahl dagegen zum Randsteg (Abb. 3.3).

Im Allgemeinen richten Hersteller, Layouter, Typographen oder Drucker eine Buchseite so ein, dass der Satzspiegel nach Breite und Höhe in einem harmonischen Verhältnis steht und auch zum gewählten Papierformat passt. Oft verwendet man dabei als Teilungsverhältnisse die Proportionen des Goldenen Schnitts, die Villard'sche Figur mit den zugehörigen Fibonacci-Zahlen. Der Goldene Schnitt bezeichnet auch in der Natur häufig vertretene und von ihr übernommene Proportionen, bei der sich eine kürzere Strecke (Minor) zu einer längeren (Major) verhält wie die längere zur gesamten ungeteilten Strecke. In Zahlen ausgedrückt beträgt das Streckenverhältnis 1:1,6. Die entsprechende Zahlreihe nach Fibonacci (nach Leonardo da Pisa genannt Fibonacci, ca. 1180–1240)

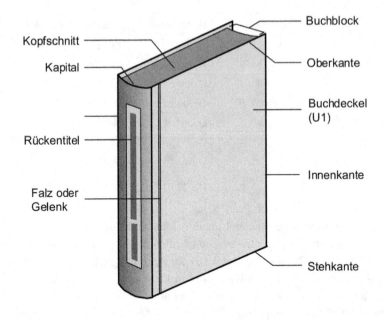

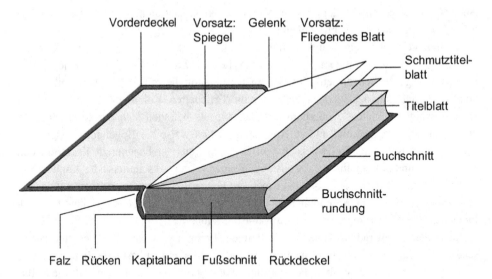

Abb. 3.2 Komponenten eines gebundenen Buchs

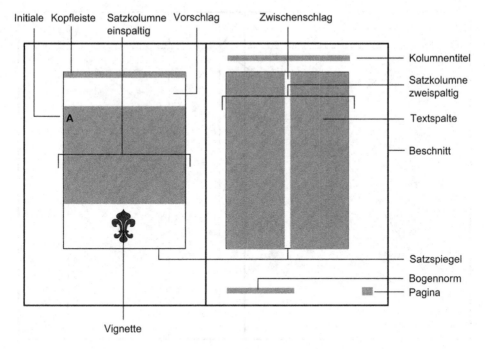

Abb. 3.3 Gestaltungselemente einer Buchseite

zur Festlegung der Seitenverhältnisse lautet 2:3–3:5–5:8–8:13–13:21 … Die Konstruktion eines ausgewogenen Satzspiegelformats auf einer DIN-A4-Seite nach dem Villard'schen Teilungskanon (nach Villard de Honnecourt, 13. Jahrhundert, genaue Lebensdaten unbekannt) zeigt Abb. 3.4. Dabei fällt auf, dass der Außen- oder Randsteg jeweils breiter ist als der Bundsteg, der Kopfsteg schmaler als der Fußsteg. Das Maßverhältnis der vier Stege beträgt im Allgemeinen 2 (B):3 (R):4 (K):6 (F). Für die Seiteneinteilung einer Arbeit (vgl. Abschn. 10.3) verfährt man geringfügig anders.

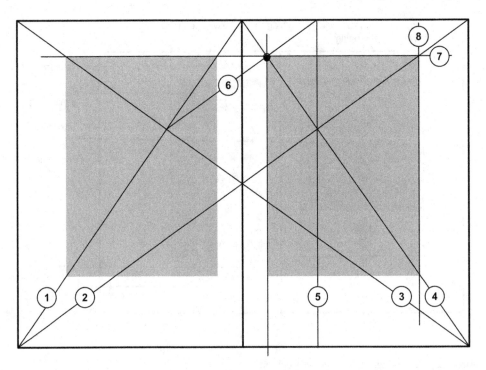

Abb. 3.4 Konstruktion des Satzspiegels nach dem Villard'schen Teilungskanon. Die *Zahlen* geben die Reihenfolge der zu ziehenden Diagonal- und Parallellinien an. (Nach Eintragung von Linie 6 liegt der erste Eckpunkt des Satzspiegels für die rechte Seite fest)

Der Teil und das Ganze – Textsorten und ihre Bausteine

4

> Das Letzte, was man findet,
>
> wenn man ein Werk schreibt, ist zu wissen,
>
> was man an den Anfang stellen soll.
>
> Blaise Pascal (1623–1662)

Lesen ist notwendigerweise ein integraler Teil schon der Schulkarriere und später des gesamten Studiums. Im Studium der (Natur-)Wissenschaften gehören in den anfänglichen Semestern wohl vor allem die einschlägigen Lehrbücher zur Routinelektüre des Vor- und Nachbereitens, sinnvollerweise flankiert von Zeitschriften, die neue Trends vorstellen und informative Übersichtsberichte bringen (z. B. *Biologie* bzw. *Chemie, Pharmazie* resp. *Physik in unserer Zeit*) oder sich in ihrer Themenauswahl interdisziplinär verstehen (beispielsweise *Naturwissenschaftliche Rundschau, Spektrum der Wissenschaft, Die Naturwissenschaften,Scientific American, BioSpektrum, New Scientist* u. a.). Spätestens wenn das Studium in die Zielgerade einbiegt, gehört selbstverständlich auch die Lektüre oder Recherche von Originalbeiträgen in einer der weltweit mehreren zehntausend naturwissenschaftlichen Zeitschriften (allein in den Biowissenschaften deutlich >6000 und mittlerweile überwiegend oder ausschließlich online verfügbar als Electronic Journals/E-Journals) zum normalen Ablauf. In diesem wahrhaft gigantischen Pool gedruckter oder sonst wie mitgeteilter Information sind nun wirklich jedes fachinterne Sachgebiet, jede nur denkbare Organismengruppe und eine Vielzahl besonderer Methoden mit Spezialperiodika reichlich vertreten. Schon allein eine Titelrevue im meist wohl nur eingeschränkten Zeitschriftenbestand einer Instituts- oder Zentralbibliothek lässt die Frage aufkommen, woher denn die aktuelle Forschung überhaupt noch ihre Themen beziehen mag.

© Springer-Verlag GmbH Deutschland, ein Teil von Springer Nature 2023

55

B.P. Kremer *Vom Referat bis zur Abschlussarbeit*, https://doi.org/10.1007/978-3-662-65972-4_4

Neben dem Lesen und Zuhören in Seminaren und Vorlesungen oder dem in den Naturwissenschaften ausgiebig praktizierten Tun in Kursen und Übungen gehört nun auch das
Schreiben zum üblichen Semester- bzw. Studienablauf. Hier fühlen sich viele Studierende unnötigerweise ernsthaft ausgebremst, weil die Erfahrung oder eine brauchbare
Anleitung und oft sogar beides fehlen. Die folgenden Empfehlungen sind sozusagen ein
praxisorientierter Guide zum Wohlfühlen auf einer angeblichen Geisterbahn.

4.1   Schreiben im Studium … und danach

Bei fast allen Gelegenheiten, die sich aus der Bildung und Ausbildung während der
Schulzeit und im Gesamtablauf des Studiums ergeben, produziert man mit Berichten,
Dokumentationen, Exzerpten, Hausarbeiten, Mitschriften, Notizen, Protokollen, Referaten oder Thesenpapieren eine Fülle unterschiedlicher Textsorten, als kontinuierliche
ebenso wie auch als diskontinuierliche Texte in Form von Grafiken oder Tabellen.
Dabei durchlebt man die gesamte Bandbreite zwischen Übung und Ernstfall. Die vorläufige Krönung der ständig beschäftigten eigenen Schreibwerkstatt ist die zeitlich mit
dem Examen gekoppelte Abschlussarbeit, je nach gewähltem Studiengang die von den
Prüfungsordnungen so vorgesehene Bachelor-, Master-, teilweise noch Diplom- und
gegebenenfalls eine Promotionsarbeit (Dissertation). Selbst nach dem glücklichen Stu-
dienabschluss bleibt das Aufgabenfeld „Texte erzeugen" gewöhnlich erhalten: Eventuell
sind die mitteilenswerten neuen Ergebnisse der eigenen wissenschaftlichen Untersuchung
als Zeitschriftenpublikation aufzubereiten und ein entsprechendes Manuskript zu erstellen. Zum zweiten Ausbildungsabschnitt der Lehramtskandidaten (Referendariat) gehört
eine weitere schriftliche Arbeit mit vorwiegend didaktisch-wissenschaftlichem Anspruch.
In jedem anderen wissenschaftsorientierten Beruf außerhalb von Schule und Hochschule fallen projektbedingte Analysen, Anträge, Auswertungen, Exposés, Gutachten,
Jahresberichte, Präsentationen, Posterfassungen, Projektbeschreibungen, Sachstanddar-
stellungen, Vortragsfassungen und vielerlei weitere schriftliche Fixierungen der eigenen
Auseinandersetzung mit theoretischer oder angewandter Wissenschaft an.

Gutachten, Interviews oder Sitzungsprotokolle kommen als Textsorten im Studium nur
ausnahmsweise vor und können daher in der folgenden Gebrauchsanleitung unberück-
sichtigt bleiben. Buchbesprechungen, Essays sowie andere spezielle Textsorten – und
ebenso die verschiedenen journalistischen Darstellungsformen – fallen eher in der beruf-
lichen Praxis nach abgeschlossenem Studium an. Die Allgemeinkenndaten ihrer äußeren
Gestaltung lassen sich aber sehr wohl aus den folgenden Empfehlungen entnehmen. Diese
sind auch dann anwendbar bzw. relevant, wenn – wie an vielen Hochschulen unterdessen
praktiziert – die betreffenden Arbeiten in englischer Sprache vorzulegen sind.

Eine jede dieser verschiedenen Textsorten (vgl. Tab. 4.1) hat zwar ihr eigenes Anforderungsprofil, aber andererseits stellen sie zumindest anteilig nur formale Varianten üblicher
Erstellungs- und Gestaltungstechniken von Texten dar. Dieses Kapitel beschränkt sich

gerade auf solche Textsorten, die einen klaren Adressatenbezug haben, also für eine kleinere oder größere Leserschar aus der großen Wissenschaftsgemeinde gedacht sind, vertreten in diesem speziellen Fall vor allem durch den Betreuer, Gutachter bzw. Prüfer.

Hier geht es also zunächst um Aufbau, Gliederung und Strukturierung solcher Papiere, während die textlich-stilistische Gesamtgestaltung und das äußere Erscheinungsbild Gegenstände der beiden Folgekapitel sind. Andere betriebsbedingte Textsorten, darunter Exzerpte, Notizzettel, Laborkladden, Feld- und Beobachtungstagebücher oder Vortragsmanuskripte sind in erster Linie „extracerebrale Gedächtnisse" für den zunächst nur persönlichen Gebrauch. Sie werden hier ebenfalls nicht weiter zu behandeln sein. Man kann zwar ausgiebig über das empfehlenswerte Layout von Karteikarten und Notizblöckchen diskutieren (vgl. Eco 2002), aber die spezifische Natur dieser zweifellos sinnvollen

Tab. 4.1 Textsorten – nach Dauerhaftigkeit und Adressatenbezug

	überwiegende Verwendung		
	nur intern	⟶	fast nur extern
Bausteine	Exzerpt	Exposé	
	Mitschrift	Grafik	
	Notiz	Tabelle	
	Portfolio		
Zwischenlager	Auswertung	Exkursionsbericht	Brief
	Beobachtungsbuch	Hausarbeit	Nachricht
	Feldbuch	Laborbericht	
	Laborbuch	Projektbericht	
	Laborkladde	Protokoll	
	Protokollheft	Referat	
		Teampapier	
Endversionen	Manuskript	Thesenpapier Analyse	Abschlussarbeit
	Zwischenbericht	Antrag	Bachelorarbeit
		Jahresbericht	Dissertation
		Projektbeschreibung	Dokumentation
		Vortragsskript	Facharbeit
			Masterarbeit
			Präsentation
			Publikation
			Seminararbeit

Werkzeuge können wir hier sicherlich übergehen. Dagegen sind die folgenden Empfehlungen zu Form und Stil durchaus gewiss sinnvoll und beherzigenswert für Klausuren, die man – leicht euphemistisch – auch als „schriftliche Lernerfolgskontrollen" bezeichnet.

4.1.1 Die Form folgt der Funktion

Es ist fast so wie im richtigen Leben: Verpackung und Inhalt entsprechen sich auch im Schriftgut. Gewiss haben berühmte Zeitgenossen auch aus der Wissenschaftsszene ihre genialen Einfällen zunächst einmal auf Bierdeckel, Menükarte vom Kaffeehaus, Ansichtspostkarte oder Einkaufszettel festgehalten – die nachträgliche Legendenbildung kennt viele solcher moderner Mythen, deren Wahrheitsgehalt vielleicht einen ähnlich wahren Kern hat wie in der Geschichte von der Vogelspinne in der neu gekauften Yuccapalme. Natürlich sind die zunächst nur flüchtig hingeworfenen Notizen eine vorläufige Fassung und bekommen ebenso selbstverständlich ein etwas dauerhafteres, nach bestimmten Stilkonventionen formvollendetes Substrat, bevor sie als gezielte Botschaften mit klarem Adressatenbezug in die Öffentlichkeit gelangen dürfen.

Genauso verhält es sich mit den im Studium erzeugten Textsorten. Die ersten gedanklichen Umrisse sind vielleicht höchstens eine verschleierte Anmutung. Dann folgt meist ein erstes digitales Manuskript mit heftigen Streichungen und Umstellungen von Textbausteinen (man kennt solche übrigens auch von bedeutenden Autoren anderer Branchen, beispielsweise von Thomas Mann – hier allerdings noch in analoger Form als wörtlich zunehmendes „Manu-skript"). Dann erst schließt sich die vorweisbare, konsistent durchgestaltete Endversion an, die „wie gedruckt" aussehen kann und soll.

Die genaue Form der Schlussfassung ist je nach Adressatenkreis(Zielgruppe) und Verwendungszweck etwas verschieden. Die folgenden Abschnitte stellen für die am häufigsten anfallenden Textsorten des Studienbetriebs eine optionale, vielfach erprobte und deswegen empfehlenswerte Aufmachung und Basisgliederung vor – allerdings immer unter dem leisen Vorbehalt, dass instituts- oder seminareigene Usancen fallweise ein leicht modifiziertes Grundmuster vorgeben. Manche Hochschulen bzw. Fachbereiche stellen – vor allem aus Gründen ihres jeweiligen Corporate Designs – differenzierte Formatvorlagen zur Verfügung. Hier wird es also zunächst nur um den äußeren, gliedernden, textsortenspezifischen Rahmen einer schriftlichen Arbeit gehen, die man als qualifizierende Ausbildungs- bzw. Studienleistung abliefern muss. Fragen des Layouts und sonstige technische Belange des Gestaltens behandeln die Folgekapitel 9 bis 11.

Übrigens: Die hier – oder später – mitgeteilten Empfehlungen gelten auch ohne Einschränkung für das Abfassen von Examensklausuren.

4.1.2 Textumfänge

Eine der ersten drängenden Fragen, die Schüler ebenso wie Studierende als Novizen der schreibenden Zunft erfahrungsgemäß stark bewegt, betrifft den anzupeilenden Umfang einer schriftlichen Arbeit. Pauschal kann man dieses Problem nur unter Hinweis darauf angehen, dass es auch in einem gut befüllten Portefeuille weniger auf die Anzahl der Banknoten ankommt, sondern eher auf deren Stückelung und Nennwert. Eine der Schlüsselpublikationen des 20. Jahrhunderts, welche die Biowissenschaften nun wirklich nachhaltig verändert haben, war die „Molecular Structure of Nucleic Acids" von J. D. Watson und F. H. C. Crick, erschienen am 25. April 1953 in Band 171/Nummer 4356 der Zeitschrift *Nature:* Diese überaus folgenreiche Mitteilung füllte gerade je eine Spalte der Seiten 737 und 738. Otto Hahns und Fritz Straßmanns nicht minder grundlegende Mitteilung über die Spaltung von Uran nach Neutronenbeschuss umfasste die kleinformatigen Seiten 11–15 in Band 27 der Zeitschrift *Naturwissenschaften* (1939).

Von solchen bedeutsamen Weichenstellungen der Wissenschaftsgeschichte sind studentische Arbeiten vermutlich zunächst noch etwas entfernt, aber dennoch gilt auch hier die Empfehlung, den Textumfang nicht unnötig aufzublähen. Die in Tab. 4.2 benannten Textumfänge sind daher auch keineswegs starre Vorschriften, sondern allenfalls Erfahrungsgrößen und ungefähre Richtwerte mit gewissem Spielraum. Abweichungen davon sind denkbar, erhebliche Überhänge jedoch eher ungünstig. Jeder Gutachter oder Prüfer liest einen präzise formulierten, knappen Text wesentlich lieber als ein weitschweifiges, langatmiges Opus voller Redundanzen, das über Dutzende von Seiten nicht auf den Punkt kommt.

Besprechen Sie die Umfangsfrage rechtzeitig mit Ihrem Prüfer bzw. Betreuer, der Ihnen das Thema einer abzuliefernden Ausarbeitung stellt – er könnte hinsichtlich der erwarteten Seitenzahl individuelle Vorstellungen haben oder entsprechend den jeweiligen Institutsusancen sogar strikte Unter- und Obergrenzen festlegen (vgl. Checkliste in Kap. 10).

Tab. 4.2 Optionale bzw. übliche Umfänge für schriftliche Arbeiten

Textsorte	DIN-A4-Seiten[1]	Zeichen/Anschläge[2]
Exkursionsbericht, Versuchsprotokoll, Laborreport	3–6	6500–13.000
Referat, andere Hausarbeit	12–20	25.000–50.000
Bachelorarbeit	35–50	75.000–110.000
Master-, Diplom-, Staatsexamensarbeit	60–100	130.000–220.000
Dissertation	>100	>220.000

[1] Im Seitenlayout der Empfehlungen von Kap. 10

[2] Die Angaben berücksichtigen, dass mit Computerproportionalschrift erstellte Textseiten erheblich mehr Zeichen/Anschläge enthalten als die herkömmliche 1800er-Schreibmaschinenseite

Je nach Anlass einer Arbeit oder einer bearbeiteten Thematik fallen Materialien an, die nicht unmittelbar in den Textlauf des Hauptteils gehören. Das können im Einzelfall beispielsweise Arbeitsblätter, Fragebögen, Lagekarten, Konstruktionszeichnungen, Messprotokolle, Statistiken, Tabellen mit zahlreichen Übersichtswerten, Transkripte von Interviews, Urkundenkopien oder sonstige eventuell ziemlich umfangreiche Dokumente sein. Wenn diese einen größeren Seitenbedarf erfordern, führt man sie zur Entlastung des Hauptteils in einem als solchen gekennzeichneten Anhang zusammen. Sollte diese Dokumentation sehr umfangreich ausfallen, kann man auch die Erstellung eines eigenen Anhangbandes erwägen oder den gesamten Fundus auf einer beizufügenden DVD oder in einer Cloud niederlegen.

Bei Arbeiten, die nicht direkt zum Examen gehören, ist Gruppenarbeit zum Trainieren der Teamfähigkeit nicht nur möglich, sondern meist sogar ausdrücklich erwünscht. In solchen Fällen erhöhen sich die benannten Seitenumfänge je Teammitglied um etwa 20–40 %. Bei Examensarbeiten, die im Zweierteam angefertigt werden (was je nach Prüfungsordnung zulässig ist), sollten die jeweiligen Anteile ausgewogen sein und angenähert 50 % betragen. In der fertigen Arbeit muss der Einzelbeitrag aller Beteiligten jeweils klar erkennbar und bereits im Inhaltsverzeichnis individuell zugeordnet dokumentiert sein.

▶   PraxisTipp Anforderungsprofil Klären Sie den Erwartungshorizont und alle formalen Belange Ihrer schriftlichen Arbeit mit dem Themenvergebenden bzw. Betreuer vor der Startphase ab (vgl. Abschn. 10.9).

4.1.3   Ideenbaum und Gedankenfluss

Dem französischen König Ludwig XI. (1461–1483) schreibt man die griffige Erfolgsformel *divide et impera* (teile und beherrsche) für das Regieren zu. Dieses einfache Strategierezept gilt uneingeschränkt auch für die Behandlung komplexer gedanklicher Problemfelder. Vielschichtige, zunächst unübersichtliche oder sonstwie verworrene Sachzusammenhänge werden immer dann überschau- und damit auch beherrschbar, wenn man sie in eine Anzahl von Teilaufgaben auffächert. Für die eigene Schreibpraxis bedeutet diese im Prinzip banale Einsicht, dass die anfangs vielleicht noch reichlich amorphe Gestalt eines Themas schrittweise klarere und konkrete Konturen gewinnt, sobald man seinen Gegenstand begrifflich durchgliedert. Es ist ähnlich wie in der Anatomie: Von außen ist nicht viel zu erkennen, aber nach der sezierenden Aufgliederung werden vielerlei funktionale Zusammenhänge sichtbar.

Die Naturwissenschaften bieten den großen Vorteil, dass ihre Beschreibungs- und Forschungsgegenstände grundsätzlich Systemcharakter aufweisen. Die Inhalte sind damit in Einzelkomponenten zerlegbar wie ein klassisches Uhrwerk. Ob es nun besonders große Stoffteilchen oder ihre Verbände sind, in denen sich die Interessenfelder der makromolekularen Chemie und der Molekularbiologie überschneiden, oder Ökosysteme, die aus bestimmten und zumindest ansatzweise überschaubaren Funktionsgliedern zusammengesetzt sind – immer befasst sich die analysierende, beschreibende, bewertende Darstellung mit einem Gefüge verschiedener zugeordneter Komponenten, eben mit Systemen oder Systemebenen sowie ihren Funktionsbeziehungen. Wenn man die Enzyme der mitochondrialen Matrix analysiert, die gürtelförmige Vertikalzonierung der Benthoslebensgemeinschaften einer Hartsubstratgezeitenküste beschreibt oder die Form-Funktion-Entsprechungen von Blüten und bestäubenden Hymenopteren zu bearbeiten hat, gibt der zu behandelnde Gegenstand die stoffliche Gliederung zumindest im Grobgerüst vor. Bei anderen Themen, beispielsweise in der Neubearbeitung der Geschichte der Chromosomentheorie oder bei der Bearbeitung eher randständiger Problemfelder wie der Bewertung ganzheitlich-anthroposophischer Gesundheitskonzepte und deren etwaige Abhängigkeiten von den Mondphasen, mögen der innere Aufbau und die daraus abzuleitende Grobgliederung auf den ersten Blick weniger klar erkennbar sein.

Von daher erscheint es bei Texten zu naturwissenschaftlichen Themen eventuell unnötig, sich zunächst einmal auf eine gedankliche Warmlaufstrecke zu begeben und etwa eine Mindmap (auch: das Mind-Map) mit seinen wichtigsten Begriffsketten und Problemverästelungen als Assoziationsfächer anzulegen. Aber im Zweifelsfall lassen sich auf diese Weise zumindest die wichtigeren Schlüsselbegriffe vom letzten einfallsreichen Ideenbummel zwischenspeichern. Handschriftlich funktioniert das übrigens wesentlich effektiver oder schneller als mit einer entsprechenden Shareware aus dem Internet. Eine solche Vorstrukturierung zur Conceptmap(concept-map), wie sie viele Schreibtrainingsprogramme nachdrücklich, allerdings überwiegend für den belletristischen Kreativbereich (Essay, Kurzgeschichte) empfehlen (vgl. Werder 2002; Esselborn-Krumbiegel 2016), mag also im Einzelfall durchaus bedenkenswert und hilfreich sein. Außer Assoziationsfächern (vgl. Abb. 4.1, 4.2, und 4.3) können Sie das gedankliche Grundgerüst anhand der tragenden Begriffe auch in Assoziationsketten oder in anderen Geometrien skizzieren. Mindestens so empfehlenswert ist jedoch eine dynamische, ständig fortgeführte Stichwortsammlung zu den wichtigsten Aspekten, die man eigens herausstellen möchte. Das Ganze erinnert schon bald an die Wachstumsabläufe bei Pflanzen: Es finden sich Hauptachsen und Seitenverzweigungen in verschiedener morphologischer Abhängigkeit.

Die Aneinanderreihung inhaltlich zusammengehörender Sachbegriffe bzw. begrifflicher Assoziationen nennt man auch Clustern: Radial ausstrahlend vom tragenden Zentralbegriff des Projektes notiert man alle gedanklichen Impulse und inhaltlichen Facettierungen. Dabei ergeben sich logische Abhängigkeiten ebenso wie gedankliche Hauptstränge, thematische Sektoren, Ebenen und Hierarchien – kurz, eine bereits einigermaßen anschauliche und brauchbare Vorgliederung. Da eine solche Übersicht der zu berücksichtigenden Inhalte an das Wachstum eines Gehölzes mit schubweise fortschreitender Verzweigung erinnert, spricht man modellhaft auch von Strukturbäumen – auch dieser Begriff stammt bezeichnenderweise aus dem Erscheinungsbild der höheren Pflanzen.

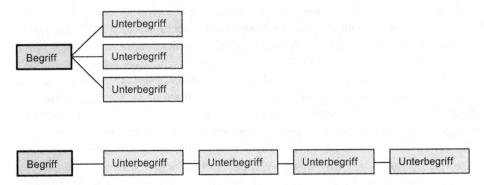

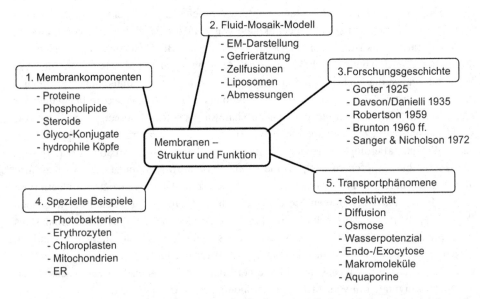

Abb. 4.1 Beispiel einer Mindmap mit unvernetzten Begriffsketten und vorsortierten Stichwortclustern

Abb. 4.2 Mit einem Spinnendiagramm, einer Sonderform der Mindmap, lassen sich wichtige spätere Textbausteine mit ihren Teilaspekten darstellen

Die Mindmap oder andere mit linearen Bezügen arbeitende Visualisierungen halten die tragenden Begriffe etwa so fest, wie ein langlebiges Gehölz wächst. Daher bietet sich als alternatives Modell auch der Ideenbaum (Abb. 4.4) an. Ausgehend von Aufgabe, Kernbereich oder Thema entwickelt sich aus dem Wurzelbereich das Geäst und trägt an seinen Enden die gesammelten sowie vielleicht schon vorsortierten Begriffe. Für die laufende Ideenproduktion und Materialanhäufung ist aber auch der umgekehrte Weg denkbar. Die Spontaneinfälle entsprechen dabei den Quellbereichen feiner Rinnsale, die sich

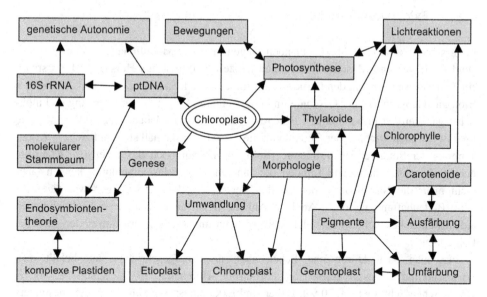

Abb. 4.3 Auch die Conceptmap, fallweise ebenfalls Spinnendiagramm genannt, strukturiert Thementeile oder Textabschnitte mithilfe von sachlich-logisch zusammenhängenden Begriffen vor

zu einem immer größer werdenden Fließgewässer bündeln und insofern gleichsam den Gedankenfluss abbilden. Probieren Sie alle Wege für Ihre sortierende Stichwortkollektion aus.

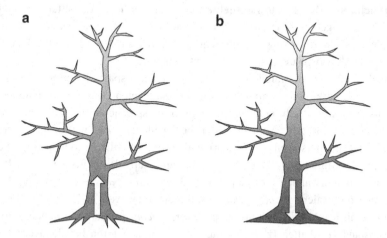

Abb. 4.4 Der Ideenbaum*(links)* folgt aus der nach dem *bottom-up*-Verfahren angelegten Stichwortsammlung. Der Gedankenfluss *(rechts)* organisiert das anfallende Begriffsgefüge im *top-down*-Ablauf nach Art eines Fließgewässers in der Landschaft

4.2   Exkursionsbericht

Exkursionen, soweit sie überhaupt noch Gegenstand der Modulinhalte in den überwiegend Bachelor- und Masterstudiengängen darstellen, führen aus Hörsaal und Kursraum sinnvollerweise hinaus in den Lernort Natur mit dem Ziel, Sachverhalte beispielsweise der Biologie, Geographie oder Geologie im ökosystemaren Originalzusammenhang und möglichst ganzheitlich in bestimmten Bio- resp. Geotopen zu erleben. Außerdem sollen sie im Fall der Biologie bzw. der Geobotanik die – erfahrungsgemäß stark defizitäre – Artenkenntnis der Studierenden trainieren. Biologen, die nur noch die genetische Kontrolle der Stoffwechselkinetik von Lipiden der inneren Chloroplastenmembran kennen, aber nicht mehr die Namen ihrer potenziellen Versuchsobjekte, haben irgendwie die fachliche Bodenhaftung verloren. Analoge Anlässe treten auch in anderen Fachrichtungen auf. Mitunter beobachtet man solche Divergenzen mit wachsendem Befremden auch bei Lehrenden.

Was man nach Hören und Sehen auch noch aufgeschrieben hat, behält man erwiesenermaßen besser (messbarer Lernerfolg: Hören ca. 30 %, Sehen ca. 50 %, Hören/Sehen/Schreiben ca. 70 %). Daher sind Exkursionsprotokolle zwar nicht besonders beliebt, aber überaus nützlich. Notwendige Teile eines solchen Schriftgutes sind:

- **Titelblatt:** (vgl. Kap. 10) oder Kopfteil mit Angabe von Ziel, Schwerpunktthema, Zeitpunkt der Exkursion, Verfasser des Berichtes (Semester, Anschrift), Exkursionsleiter
- **Einleitung:** kurze Erläuterung des Schwerpunktthemas, des gewählten Exkursionsgebietes und des Exkursionszeitpunktes (Warum finden Orchideen-, Flechten-, Pilz- sowie Vogelstimmenexkursionen jeweils nur zu bestimmten Jahreszeiten statt?)
- **Kennzeichnung des Exkursionsgebietes:** naturräumliche Einbettung, topographische Details, geologische oder geomorphologische Besonderheiten, kulturlandschaftliches Umfeld, Schutzgebietskategorie (Landschafts-/Naturschutzgebiet? Natur-/Nationalpark? Biosphärenreservat?), Schutzziele etc.
- **Wegverlauf:** für den eventuellen Nachvollzug zu einem späteren Zeitpunkt oder andere Interessenten; kurze Streckenbeschreibung mit markanten Orientierungspunkten.
- **Artenliste:** systematisch oder chronologisch entsprechend der Abfolge auf dem Exkursionsweg sortierte Auflistung der beobachteten bzw. gefundenen Arten mit deutschem Namen (soweit vorhanden) und wissenschaftlicher Benennung (Schreibweise in Bestimmungswerken überprüfen, vgl. Kap. 8); biotische Besonderheiten einzelner Arten erwähnen (beispielsweise: *Euphorbia cyparissias* durch den Pilz *Uromyces pisi* deformiert, *Fagus sylvatica* mit Blattgallen von *Mikiola fagi,* Raupe von *Inachis io* mit Kokons der Schlupfwespe *Habrobracon* sp.); ferner besondere Beobachtungsumstände festhalten (z. B. Einsatz von Sonardetektoren bei der Heuschrecken- oder Fledermauskartierung) oder Beprobungsmethoden bei der Gewässererkundung erwähnen.

Bei geowissenschaftlich interessanten Objekten (Aufschlüssen) beobachtete Schichtenfolge, stratigraphische Zusammenhänge, strukturgeologische Besonderheiten (z. B. Faltenachsen, Überschiebungen, Schichtdiskordanz) darstellen.

- **Visualisierung:** Berichte leben ebenso wie andere Textsorten von der nachvollziehenden Anschauung und somit von Abbildungen. Sehen Sie daher eventuell Kartenausschnitte, Fotos, Skizzen von Schichtprofilen oder andere Darstellungen vor, die den jeweiligen Gegenstand der Exkursion illustrieren (vgl. Kap. 7).
- **Bewertung:** zusammenfassende Charakteristik des Exkursionsgebietes (beispielsweise: erstaunlich artenreich und eventuell auch als Geotop besonders schutzwürdig, anthropogen stark überformt, durch Flächennutzungswandel gefährdet o. ä., Bedeutung für die Regionalgeologie, erdgeschichtlich herausragendes Naturdenkmal etc.)
- **Literatur:** Benennung regionaler Gebietsmonographien zur vertiefenden Beschäftigung, verwendete Bestimmungsliteratur oder sonstige Bestimmungshilfen (analoge wie digitale Publikationen).

4.3 Versuchsprotokoll oder Laborbericht

Ausarbeitungen dieser Art begleiten typischerweise eine Lehrveranstaltung oder ein Projekt mit Experimentalpraxis, die als Kompaktkurs oder in anderer zeitlicher Stückelung stattfinden können. Darin erhalten Kleingruppen von zwei bis drei Studierenden die Aufgabe, einen besonders intensiv bearbeiteten Sachverhalt oder ein zeitaufwändigeres Experiment in seinen Einzelphasen genauer zu schildern.

Das daraus abgeleitete Versuchsprotokoll, auch als Laborbericht zu deklarieren, bildet alle Teilschritte des experimentellen Arbeitens ab. Es ist also nicht nur Rezeptur für einen Außenstehenden, der den betreffenden Versuch gedanklich oder auch praktisch nachvollziehen möchte, sondern hält auch den gesamten Verlauf in allen wichtigen Details fest. Ein solcher protokollierender Bericht besteht gewöhnlich aus folgenden Teilen (vgl. Abb. 4.5):

- **Titelblatt:** (vgl. Kap. 10) benennt Thema der Aufgabenstellung (inkl. Versuchsnummer), Verfasser des Berichts (Semester, Anschrift), Anlass, Zeit und Ort sowie den Betreuer des Praktikums
- **Einleitung:** kurze Erläuterung der Fragestellung bzw. des Versuchshintergrundes: Warum haben Sie das betreffende Experiment durchgeführt? Welches Ergebnis haben Sie erwartet?
- **Materialliste:** genaue Angabe aller benötigten Materialien (Glasware, Messgeräte) und Chemikalien (Mengen, Stoffmengenkonzentration der verwendeten Lösungen)
- **Versuchsorganismen:** Art (genaue Bezeichnung mit deutschem/wissenschaftlichem Namen, vgl. Kap. 8), Herkunft, Menge und Verbleib der eingesetzten Versuchsobjekte

1. Aufgabenstellung
Kontrollierte Verkrustung eines stratifizierten organischen
Feststoffgemisches bei vorgewählter Temperatur und Zeit

2. Versuchsnummer
PF-05/2013, Einzelprojekt

3. Experimenteller Hintergrund
Kritische Überprüfung einer aus der Literatur entnommenen Empfehlung für
einen Reaktionsansatz als Basis für mögliche Modifikationen

4. Geräte
- Feinwaage 1-300 g
- Vollpipette 25 mL
- Messzylinder 100 mL
- Becherglas 500 mL
- Becherglas 1000 mL
- Petrischale 30 cm, Duran 50 oder Pyrex (Deckel oder Boden)
- Brutschrank 35 °C
- Rührwerk Eurostar P1
- Alu-Folie, ca. 50 × 50 cm
- Brennofen 220 °C
- Spatel
- Laborstoppuhr

5.1 Edukte A
- Amyloplasten aus Fructus Tritici (*Triticum aestivum*), Type 405,
  Kaiser's, 300 g
- Saccharose, p.a., Merck Nr. 107 687, 2 g
- Natriumchlorid NaCl, p.a., Merck Nr.106 404, 3 g
- *Saccharomyces cerevisiae*, trocken, Aldi Süd, 5 g
- Wasser, Volvic, Getränkemarkt, vortemperiert auf 30 °C, 100 mL

5.2 Edukte B
- Trioleylglycerolester aus *Olea europaea*, Bertolli, Hit, 15 mL
- Fructus Lycopersici (*Lycopersicum esculentum*), Fertigansatz
  gewürfelt, Lidl, 250 g
- *Agaricus bisporus*, Basidiokarp, frisch vom örtlichen Markt, in
  Scheiben, 50 g
- *Sus scrofa domesticus* , Musculus gluteus maximus, in Scheiben,
  Edeka, 50 g
- Herba Origani (*Origanum vulgare*), gepulvert, Aldi Nord, ca. 2 g
- Caseus (Lac concretum) 'Pecorino', grob gepulvert, Spar, ca. 20 g

Abb. 4.5   Beispiel für einen Labor-bzw. Synthesebericht

6. Einzelschritte und Ablauf
1. Edukte A in der aufgelisteten Reihenfolge mit vortemperiertem Wasser in einem PE-Becherglas (1000 mL) vermischt (ca. 2 min)
2. Mischung im gleichen Becherglas mit Rührwerk bei geringer Drehzahl (ca. 50 Umdrehungen min^{-1}) homogenisiert (5 min)
3. Homogenisat im Wärmeschrank bei 35 °C vorinkubiert (40 min)
4. Boden der großen Petrischale mit Alu-Folie ausgekleidet
5. Folie leicht mit ca. 1 mL Trioleylglycerolester bestrichen
6. Homogenisat aus dem Wärmeschrank entnommen und in etwa 5 mm dünner Schicht in der Petrischale ausgebreitet
7. Edukte B in großem Becherglas (500 mL) vorgemischt und anschließend auf das Homogenisat gleichmäßig verteilt
8. Gesamtansatz im vorgeheizten Ofen bei 220 °C 22 min lang inkubiert. Sichtkontrolle nach 15, 18 und 20 min
9. Nach der Inkubationszeit entnommen und auf Raumtemperatur (21°C) abgekühlt
10. Vorsichtige sensorische Prüfung vorgenommen

8. Materialverbleib
Das Syntheseprodukt wurde nach fotografischer Dokumentation unter der Probennummer PF-05/2013 in der Tiefkühltruhe archiviert.

9. Methodenkritik
Der oben geschilderte Verfahrensablauf gelingt auch mit haushaltsüblichen Geräten und Hilfsmitteln außerhalb eines chemischen Labors. In diesem Fall lässt sich das Syntheseprodukt zudem während der nächsten Betriebspause unter den Kollegen aufteilen.

10. Literaturhinweis
Die Versuchsanleitung wurde dem Grundlagenwerk *Die feine italienische Küche* (Basisband), München 2010, S. 178ff, entnommen.

Abb. 4.5   (Fortsetzung)

- **Methodik:** Welche Analyse- oder Messmethode wurde eingesetzt? Wie begründet sich die vorgenommene Methodenwahl? Welche Messgenauigkeit war damit zu erreichen?
- **Versuchsdurchführung und Ablauf:** handwerklich-technische Einzelschritte und zeitliche Abfolge der Versuchsdurchführung schildern
- **Mess- oder Beobachtungsergebnisse:** tabellarische Dokumentation der Rohdaten, wie man sie durch direkte Geräteablesung oder maschinell erstellte Schreibstreifen erhält, Einzelauflistung qualitativer Befunde ohne Interpretation

- **Auswertung der Ergebnisse:** Umrechnung/Umformung der Rohdaten in Standardgrößen unter nachvollziehbarer Angabe der Rechenschritte, grafische Darstellung oder Tabelle
- **Ergebnisdiskussion und Schlussfolgerungen:** kritische Bewertung der Versuchsergebnisse, Aussagegrenzen, Fehlerbetrachtung, etwaige methodische Unzulänglichkeiten des eingesetzten Verfahrens
- **Literatur:** Hinweise auf benutzte Arbeitsvorschriften bzw. Versuchsanleitungen

4.4   Referat, Portfolio, Haus- bzw. Semesterarbeit

Für einen qualifizierten (leistungsbezogenen) Studiennachweis, der nicht nur den regelmäßigen Besuch einer Kurs- bzw. Seminarveranstaltung oder Vorlesung bestätigt, ist gewöhnlich aktives Tun erforderlich. In Seminaren können die Studierenden ein Referat zu einem bestimmten Thema übernehmen, dieses – vorzugsweise unterstützt durch eine Präsentation (vgl. Abschn. 10.9) – vortragen (aber nicht vorlesen: „Eine Vorlesung, die nur eine Vorlesung ist, ist keine Vorlesung" merkte der Freiburger Biologe Peter Sitte (1929–2015), ein Meister auch des gesprochenen Wortes, einmal geradezu aphoristisch an). Eventuell ist dazu auch eine schriftliche Version vorzulegen. Mit Referat bezeichnet man dabei zumeist die Vortrags-, mitunter aber auch die Schriftform. Dem Referat vergleichbare Sonderaufgaben lassen sich auch aus einer Vorlesung ableiten. Solche Arbeiten greifen beispielsweise eine vertiefende Literatursichtung zu einem bestimmten thematischen Aspekt auf, die der Dozent in seiner Vorlesung oder Übung so nicht abhandelt. Die schriftliche Form eines Referates und die Haus- bzw. Semesterarbeit ist in ihrer formalen Gestaltung grundsätzlich gleichartig. Entsprechendes gilt auch für die etwas umfangreicheren, oft als Portfolio bezeichneten Zusammenstellungen ausgearbeiteter und aufbereiteter Mitschriften und zugehöriger, eventuell ergänzender Recherchematerialien.

Gliederungsaspekte Vom Schulaufsatz ist Ihnen vermutlich noch die klassische Basisgliederung Einleitung – Hauptteil – Schluss vertraut. Sie wurde so, wie man bereits in den philosophischen Schriften des Kirchenvaters Augustinus (354–430) nachlesen kann, als Grundform schon von den antiken Rhetorikern entwickelt. Nach diesem also augenscheinlich durchaus bewährten Muster legt man im Prinzip auch eine Semesterarbeit im Grund- oder Hauptstudium an, jedoch mit einigen minimalen Differenzierungen. Auch die in den gymnasialen Oberstufen zunehmend geforderten Facharbeiten oder Projektberichte können dem nachstehenden Gliederungsschema folgen. Den hier als Sachanalyse bezeichneten Hauptteil organisiert man je nach Themenstellung dialektisch mit These und Antithese oder sequenziell mit einer angemessenen Anzahl von Abschnitten, die einzelne Problemfacetten gleichrangig nacheinander behandeln.

Die einzelnen Teile einer solchen Arbeit sind:

- **Titelblatt:** (vgl. Kap. 10) nennt Thema der Aufgabenstellung, Verfasser des Berichts (Semester, Anschrift), Anlass (konkrete Lehrveranstaltung, Zeit und Ort, Dozent bzw. Betreuer und das Abgabedatum
- **Inhalt:** Auflistung der abgehandelten Gliederungspunkte im Hauptteil (Sachanalyse)
- **Einleitung:** kurze Hinführung zum gestellten Thema, Ableitung des Themas aus dem unmittelbaren Anlass der Arbeit
- **Sachanalyse** mit den folgenden Hauptaspekten: Dimension/Facetten des Problems (beispielsweise neuartige Waldschäden, historische Entwicklung des Problems, Vergleich mit früheren Beobachtungen), Ursachen des Problems (aggressive Komponenten aus Industrie, Verkehr, Siedlung, primäre und sekundäre Schadstoffe), Folgen des Problems (Symptome, Diagnosen, biotische Konsequenzen), Problemlösungen (gezielte Maßnahmen des technischen Umweltschutzes)
- **Diskussion:** abschließende Bewertungen, Feststellungen, Perspektiven zum behandelten Problem
- **Abstract:** stichwortartige Auflistung der wichtigsten Leitgedanken und Fakten
- **Literatur:** Auflistung der verwendeten oder zur Lektüre empfohlenen zusätzlichen (neuen und neuesten!) Literatur im empfohlenen Standardformat (auf keinen Fall nur Internetquellen!)

Sofern Sie das Referat nicht nur schriftlich abliefern, sondern auch im Rahmen eines Seminars mündlich vortragen, erleichtert ein vorher (!) ausgeteiltes Thesenpapier (Handout) mit allen wichtigen Literaturangaben den Zuhörern das gedankliche Mitvollziehen Ihres Vortrags und bietet zudem die Möglichkeit des eigenen Nachlesens wichtiger Fakten. Diese nützliche Merk- und Orientierungshilfe bietet:

- im Kopf die kompaktierten Angaben vom Titelblatt Ihres Referats sowie die wichtigsten Gliederungspunkte entsprechend der Zusammenfassung in der Schriftform Ihres Referats. Vermeiden Sie dabei größere Abweichungen in Wortwahl, Begriffsrepertoire und Reihenfolge.
- thesenhafte Kurzprofile der Kernaussagen/Gedankenschritte oder stichwortartige Ausführung der Gliederungspunkte (Themenabschnitte), etwa im knappen Stil einer Nachrichtenagentur. Liefern Sie den Zuhörern alle wichtigen (eventuell komplexen) Daten, Fakten und Zahlen, auf die Sie näher eingehen werden, gerne auch als Tabellen. Vermeiden Sie längere Textpassagen und lesen Sie solche nicht wörtlich ab.
- Alle Literaturangaben aus der schriftlichen Vollversion Ihres Vortrags schließen auch das Thesenpapier ab.

Im Zusammenhang mit mündlich vorgetragenen Referaten sind häufig Präsentationsmedien (z. B. *PowerPoint*) einzusetzen. Deren formale Gestaltung erläutert Ihnen Abschn. 10.9.1.

Ein **Portfolio** kann beispielsweise eine – meist mit wertvollen Credit Points zu bewertende – nachbereitende und meist chronologische Darstellung von Vorlesungs-, Praktikums- oder Seminarinhalten sein. Man reichert sie üblicherweise mit den vom Lehrenden eventuell per Inter- oder Intranet zur Verfügung gestellten Illustrationsmaterialien oder mit eigenen Rechercheergebnissen an.

4.5   Bachelorarbeit

An die Stelle der bisherigen etablierten und weithin anerkannten Abschlüsse Diplom bzw. (fast nur in den Geisteswissenschaften) Magister sowie Staatsexamen als Voraussetzung für das anschließende Promotionsstudium mit abschließender Dissertation („Doktorarbeit") ist unterdessen fast überall ein europaweit (angeblich) vergleichbares gestuftes Studiensystem getreten. Dessen erster (angeblich) berufsqualifizierender, aber nach den bisherigen Reglements und praktischen Erfahrungen vielfach reichlich diffuser Abschluss ist der Bachelor. Bei genauerem Hinsehen erweist sich diese Umstellung vielfach als Aufgleisung auf Schmalspurweite.

Die aus dem Englischen übernommene Bezeichnung Bachelor leitet sich von der erst im mittelalterlichen Latein verbreiteten Bezeichnung *baccalaureus* = Edelknecht oder niederer Kleriker ab. Die in der Öffentlichkeit übliche und auch in Hochschulkreisen weithin kursierende, aber falsche Begriffsdeutung mit dem lateinischen *bacca* = Beere und *laurus* (und eben nicht *lau-reus!*) = Lorbeer (auf dem man sich nach dem Examen möglicherweise ein wenig ausruhen kann …) ist dagegen begrifflich und sprachlich nicht korrekt. In den Natur- und Ingenieurwissenschaften ist mit dem Bachelorexamen der akademische Grad Bachelor of Science (B.Sc. [ausdrücklich ohne Leerzeichen]) verbunden. In Österreich hat man die Schreibweise Bakkalaureus bzw. Bakkalaurea (Bakk. rer. nat. [immer mit Leerzeichen]) gewählt.

Zum Bachelorabschluss gehört üblicherweise eine schriftliche wissenschaftliche Arbeit, die eventuell in einem Kolloquium auch mündlich zu präsentieren ist. Während in Klausuren engere inhaltliche Vorgaben zu bearbeiten sind, erstellen die Studierenden mit der Bachelorarbeit in der Abschlussphase ihres jeweiligen Studiengangs ein selbstständiges Werk, mit dem sie nachweisen, dass sie eine ausgewählte Thematik ihres Fachgebietes innerhalb einer festgelegten Frist mit etablierter oder neuer wissenschaftlicher Methodik bearbeiten können.

Im erwarteten bzw. zulässigen Umfang sowie im inhaltlichen Anforderungsprofil unterscheiden sich die Bachelorarbeiten je nach Hochschule und Fachgebiet in gewissem Maße. Die Bachelorarbeit wird unter Einhaltung bestimmter hochschulspezifischer Fristen meist vom Betreuer beim örtlich zuständigen Prüfungsamt oder einer vergleichbaren Institution gemeldet. Dieser von seiner Natur eher bürokratische Akt begründet zwischen dem/der Studierenden und der betreuenden Person ein besonderes Betreuungsverhältnis.

Die Details regeln die lokal gültigen Prüfungsordnungen, über die man sich natürlich schon im zeitlichen Vorfeld gründlich informiert.

Die formale Gestaltung folgt jedoch immer den allgemeinen Regeln für die Anfertigung einer wissenschaftlichen Arbeit. Insofern gelten die folgenden Hinweise sowie die in den Folgekapiteln erläuterten Formalia unterschiedslos für alle Typen von Examensarbeiten in den Natur- und Ingenieurwissenschaften sowie in weiteren affinen Fächern wie Medizin und Pharmazie. Die unten aufgelisteten Elemente gehen von dem wohl häufigsten Fall aus, dass – wie in den Naturwissenschaften oder in analogen Fachdisziplinen allenthalben üblich – der schriftlichen Abschlussarbeit eine praktisch-experimentelle (empirische) Untersuchung in Labor oder Freiland zugrunde liegt. Bei Themen, die eher in einer vergleichend-theoretischen Auseinandersetzung oder einer didaktischen Analyse bestehen, verfährt man hinsichtlich des inhaltlichen Aufbaus mit denjenigen Gliederungselementen, die dem jeweiligen Thementyp am ehesten entsprechen. Befragen Sie nicht nur in solchen Zweifelsfällen den für Ihre Bachelorarbeit zuständigen Betreuer, der Ihnen das Thema zugewiesen hat und somit für den weiteren Ablauf Ihres Projektes zuständig ist. Legen Sie unbedingt schon im Vorfeld und spätestens bei der informellen Einigung auf das Thema alle wichtigen Formalia fest (vgl. Abschn. 10.10). Und mindestens so wichtig: Planen Sie den Start Ihrer Bachelorarbeit so, dass Sie nach dem Einreichen und einer möglicherweise vielwöchigen Bewertungsphase die Bewerbungsfristen für einen eventuell anschließenden Masterstudiengang erreichen können.

Während man also bei rein theoretischen Arbeiten im Hauptteil eher nach den verbreiteten Sachanalyse-Gliederungsaspekten (wie unter Abschn. 4.5 dargestellt) verfährt, erhält die schriftliche Arbeit die gleiche Basisstruktur wie ein Aufsatz in einer naturwissenschaftlichen Zeitschrift mit der heute weltweit für Originalpublikationen üblicherweise praktizierten Standardgliederung in Einführung/Einleitung *(introduction)* – Material und Methoden *(material and methods)* – Ergebnisse *(results)* – Diskussion *(discussion)*.

Optionale und standardgemäß feste Bestandteile einer Bachelorarbeit ebenso wie einer Master- und Promotionsarbeit (vgl. Abschn. 4.6) sind demnach:

- **Titelblatt:** (vgl. Kap. 10) nennt Thema der Untersuchung mit Haupt- und Untertitel, Typ der Arbeit, Verfasser, Institution, Jahr/Datum, eventuell Gutachter (Erst- und Zweitleser)
- **Inhaltsverzeichnis:** (vgl. Kap. 10)
- **Vortexte:** sind noch kein Bestandteil der eigentlichen Ausführungen zum benannten Thema, umfassen aber wichtige, für das Verständnis der Hauptteile unentbehrliche Angaben. Mit den Vortexten beginnt die Seitenzählung. In den fast immer etwas umfangreicheren naturwissenschaftlichen Examensarbeiten sind als Vortexte sinnvoll:
  - Verzeichnis der verwendeten Abkürzungen (Formelzeichen) in alphabetischer Reihung
  - sicherheitshalber auch die allgemein verbreiteten Akronyme (wie ATP, DNA, GLC, NADPH, SDS u. a.)

- numerisches Verzeichnis aller Abbildungen mit Seitenzahl
- numerisches Verzeichnis aller Tabellen mit Seitenzahl

- **Zusammenfassung:** (Abstract) im Umfang von etwa 2–3 % der gesamten Arbeit mit Angabe von Ziel (Fragestellung), Untersuchungsobjekt(en), verwendeten Methoden, wichtigsten Ergebnissen und Schlussfolgerungen. Die Zusammenfassung schreibt man immer erst am Ende der Fertigstellung einer Arbeit, wenn die gesamte Problemlage abschließend klar und aufbereitet ist. Eine englische Zusammenfassung ist nicht nur sinnvoll, sondern im Allgemeinen sogar vorgeschrieben, sofern nicht die gesamte Arbeit in englischer Sprache abgefasst ist.

- **Vorbemerkung/Vorwort:** optional und – wenn überhaupt – im Umfang von nur einer Seite, versteht sich als Brücke zwischen Verfasser und Sachteil, schildert Anlass oder Anregungen zur Arbeit, jedoch noch keine Dankesworte an Eltern, Partner, Kollegen, Betreuer oder Institutionen

- **Einleitung** (Einführung): umreißt den thematischen Rahmen und Zusammenhang, aus dem das Thema der Arbeit entnommen ist, skizziert anhand von Literaturzitaten den Stand des Wissens im betreffenden Themenfeld, pointiert und begründet die noch offenen Fragen und welche davon die vorliegende Arbeit behandelt, stellt aktuelle Bezüge des Themas wie etwa *global-change*-Aspekte, neuartige Waldschäden, UV-Problematik, Grenzen der Gentechnologie bzw. Gen-Ethik o. ä. her

- **Material und Methoden:** bilden den technischen Teil einer Arbeit und benennen ihren Gegenstand in dieser Reihenfolge:
  - untersuchte Organismenart(en) mit genauem, aktuellem (deutschem und) wissenschaftlichem Namen einschließlich Autorennennung und der taxonomischsystematischen Einordnung (meist nur Angabe der Klasse). Beispiel: *Platymonas subcordiformis* (Wille) Hazen, *Chlorophyta: Prasinophyceae,* Stamm 162–1 der Sammlung von Algenkulturen Göttingen (SAG). Mehrere untersuchte Arten fasst man in einer Tabelle zusammen. Details zum Umgang mit den Artnamen erläutert Kap. 8.
  - genaue Anzuchtbedingungen
  - Angaben zum Biotop oder Habitat bei Freilanduntersuchungen mit topographischer Karte; genaue Lokalität geowissenschaftlicher Projekte
  - Experimente in der Reihenfolge ihrer Durchführung mit Versuchsansätzen, Fixier- und Extraktionsverfahren, Schritte und Wege der präparatorischen Weiterverarbeitung, Rezepte einzelner Testansätze *(assays),* weitere Detailanalysen. Fallweise ist eine Abbildung mit einem Fließschema der Arbeitsschritte hilfreich.
  - spezielle Apparaturen, Beschreibung konstruktiver Einzelheiten bei Eigenentwicklungen
  - Auswertung und statistische Behandlung der eigenen Ergebnisse

- Bei Freilandarbeiten ist eine genaue Beschreibung des Untersuchungsgebietes mit seinen abiotischen und biotischen Voraussetzungen erforderlich. Diese eher naturräumliche Sachanalyse kann auch Gegenstand eines eigenen Kapitels im Hauptteil Ihrer Arbeit sein.

Bedenken Sie generell: Anhand dieser eher technischen Angaben muss ein Leser Ihrer Arbeit ohne Einschränkung in der Lage sein, alle Experimente und Analysen unabhängig zu wiederholen. Das extrem wichtige Kriterium der Reproduzierbarkeit führt gelegentlich zu heftigen Irritationen (vgl. Djerassi 2002). Und noch ein wichtiger Hinweis: Mit diesem technischen Teil beginnt man üblicherweise das Zusammenschreiben einer Arbeit, denn die Einzelschrittauflistungen strukturieren in gewissem Maße den nachfolgenden Ergebnisteil vor.

- **Ergebnisse:** Nach der Erläuterung der Bearbeitungsschritte oder Teilbereiche der Fragestellung folgt ein sachlogisch gegliederter Bericht mit zusammenfassender Darstellung wichtiger Daten. Präsentieren Sie hier keine etliche Seiten lange Einzelaufzählung von Werten, die ohnehin schon in Grafiken oder Tabellen enthalten sind, sondern stellen Sie lediglich auffällige oder besondere Datengruppen heraus, insbesondere solcher, die nicht in das bisherige oder erwartete Bild passen. Erstellen Sie in diesem Teil eine völlig leidenschaftslose, nüchtern-distanzierte und keinerlei Interpretationen vorwegnehmende Beschreibung Ihrer Untersuchungsergebnisse.

- **Diskussion:** Dieser Teil ist sicherlich der schwierigste Aufgabenbereich einer Arbeit, aber unter Berücksichtigung des folgenden Aufgabenprofils bravourös zu bewältigen: Er
  - greift zunächst noch einmal das inhaltliche Profil des bearbeiteten Themas auf,
  - wendet sich dann den eigenen Ergebnissen zu und erfordert eine kritische, vergleichende Sichtung der Ergebnislage ohne erneute Aufzählung der bereits benannten Einzelwerte,
  - interpretiert die vorgelegten Ergebnisse,
  - bestätigt oder widerlegt eine in der Literatur verbreitete Einschätzung oder begründet eventuell eine völlig neue Position,
  - bewertet also die in der relevanten Literatur schon vorhandenen Ergebnisse aus anderen Experimenten oder Untersuchungen vergleichbarer Zielsetzung eventuell neu,
  - erweitert somit das bisherige Wissen zum Thema,
  - muss ebenso klar und übersichtlich gegliedert sein wie der Methoden- und der Ergebnisteil und nimmt unbedingt deren inhaltliche Abfolge auf,
  - bietet in seinen einzelnen Abschnitten prägnante, kurze, aussagekräftige Zwischenüberschriften, die jeweils eine Schlagzeile für den folgenden Abschnitt darstellen,
  - bereitet durch lückenlose Argumentationsketten eine logische, übersichtliche, nachvollziehbare Schlussfolgerung vor,
  - umreißt auch die Grenzen der Übertragbarkeit der vorgelegten Ergebnisse auf andere Bereiche.

Wichtig: Am Ende der Diskussion oder noch als eigenes Textelement stellt man thesenhaft bzw. katalogartig in höchstens einem Dutzend kurzer Sätze die wichtigsten Erkenntnisfortschritte der Arbeit zur sichernden Schnellinformation für den Leser/Gutachter zusammen.

- **Danksagung:** Dankende Erwähnung aller Personen, von denen man für die vorliegende Abschlussarbeit ideelle oder materielle Unterstützung erhalten hat, darunter auch Kollegen, die mit speziellen Apparaturen, Einarbeitung in Spezialverfahren, wichtigen Hinweisen geholfen haben oder nicht allgemein beziehbare Biochemikalien zur Verfügung stellten, außerdem fördernde Institutionen, die das Projekt finanziell unterstützt haben. Sympathischerweise findet sich hier auch eine besondere Dankadresse an die Eltern, die das Studium finanziert haben, oder an Lebens(abschnitts)partner, die im privaten Umfeld hilfreich wirkten.

- **Literaturverzeichnis:** Die werkeinheitlich einzuhaltende Zitatstruktur im Literatur- oder Quellenverzeichnis (einschließlich Internetquellen) behandelt Kap. 6.

- **Versicherung:** Die Prüfungsordnungen der Hochschulen verlangen in meist strikt vorgeschriebenem Wortlaut eine abschließende eidesstattliche Erklärung zur Authentizität der vorgelegten Ergebnisse und Materialien. Vergessen Sie diese auf eine eigene Seite zu stellende Versicherung auf keinen Fall!

Weitere wichtige Bestandteile Je nach Projektcharakter und bearbeitetem Thema muss eine abschließende Arbeit weitere essenzielle Angaben aufweisen. Dazu gehören

- **Kartenverzeichnis:** Bei geowissenschaftlich orientierten Gelände- bzw. Freilandarbeiten ist ein separates Kartenverzeichnis überaus sinnvoll.

- **Material- bzw. Objekthinterlegung:** Ein eigener Abschnitt nach der Diskussion oder bereits im Material- und Methodenteil gibt genau an, wo das im Zuge der geschilderten Forschungsarbeit entwickelte oder entdeckte Originalmaterial hinterlegt wurde.

  Gegenstand einer als Abschlussarbeit zusammengefassten experimentellen Untersuchung können beispielsweise neu ermittelte DNA-Sequenzdaten oder bisher so nicht verfügbare Genkonstrukte (modifizierte Plasmide o. ä.) sein.

  Neue Sequenzdaten hinterlegt man üblicherweise bei einer der drei folgenden Datenbanken
  - Europäisches Institut für Bioinformatik in Hinxton, Großbritannien
  - DNA-Datenbank Japan in Mishima, Japan: www.ddbj.nig.ac.jp/submission-e.html
  - Nationales Zentrum für Biotechnologieinformation in Bethesda, Maryland: www. ncbi.nlm.nih.gov/GenBank/submit.html

Diese drei führenden Gendatenbanken kommunizieren untereinander, sodass letztlich alle hinterlegten Daten über die zuletzt genannte Institution erreichbar sind. Auf den benannten Seiten erhält man genaue Anweisungen und Optionen zur Eingabe, auf deren Basis eine „Accession Number" vergeben wird. Diese ist für das Zitieren von hinterlegten Sequenzen wichtig. Die jeweilige Accession Number für das eigene Material gibt man bereits im Material- und Methodenteil an.

Analog ist vorzugehen, wenn im Zuge der Arbeit neue Organismenarten entdeckt und beschrieben wurden. Originalbelege (Typexemplare, Holotypen), beispielsweise von makroskopischen Pflanzen, hinterlegt man in einem wissenschaftlichen Herbarium bei einem der großen Naturkundemuseen (Senckenbergmuseum Frankfurt, Staatliches Museum für Naturkunde Stuttgart, Naturkundemuseum Berlin, Botanische oder Zoologische Staatssammlung München o. ä.). Für die Typusexemplare (Holotypen) neu beschriebener rezenter Tierarten oder von fossilem Material gilt Entsprechendes.

Bei mikroskopischen Objekten reicht ein Dauerpräparat gewöhnlich nicht aus. Hier bietet sich die Hinterlegung in einer der großen Kulturensammlungen an, beispielsweise bei

- Deutsche Sammlung von Mikroorganismen und Zellkulturen Braunschweig (DSMZ; www.dsmz.de); International Depository Authority (IDA) auch im patentrechtlichen Zusammenhang; hier können ferner neue Virenisolate oder in Zellen von *Escherichia coli* eingebaute neue Plasmide hinterlegt werden.
- Sammlung von Algenkulturen Göttingen

• **Anhang** (optional): Ungewöhnlich umfangreiche Einzelwertdokumentationen, die im Ergebnisteil keinen Platz haben wie beispielsweise die Rohtabellen pflanzensoziologischer Aufnahmen, komplette Bohrprofilprotokolle oder besondere Rechenprogramme zur statistischen Aufbereitung der Datensätze, fasst man erforderlichenfalls zu eigenen Seiten im Anhang zusammen. Hier kann man auch gefaltete, ausklappbare Materialien wie Karten, Pläne, umfassende Ablaufdiagramme, Konstruktionszeichnungen o. ä. und gegebenenfalls eine CD-ROM beilegen. Der Schreibwarenfachhandel bietet Einlegedreiecke an, die man zur Aufnahme von gefalteten Plänen oder Karten in den hinteren Einband (Umschlagseite 3 = U3) einklebt.

Alle benannten Materialien des Anhangs werden in einer vorgeschalteten Auflistung aufgeführt. Die Anhangseiten werden fortlaufend zum Hauptteil der Arbeit paginiert und sind natürlich auch Bestandteil des Inhaltsverzeichnisses.

Zunehmend werden bereits die Bachelorarbeiten in englischer Sprache geschrieben und wegen der damit verknüpften ungleich besseren Reichweite der Mitteilung möglichst umgehend – über die Webseiten der jeweiligen Hochschulbibliotheken – im Internet veröffentlicht. Wenn Sie Ihre Ergebnisse (auch) auf diesem Wege in einer englischsprachigen Version ganz rasch unter die Leute bringen möchten, wofür unter anderem auch Prioritätsgründe in besonders „explosiven" oder sensiblen Forschungsfeldern sprechen, sollten Sie die Hilfe eines muttersprachlich kompetenten Mitmenschen in Anspruch nehmen. Begriffliche Probleme lassen sich mit einem fachsprachlichen Wörterbuch (beispielsweise Launert 1998 oder mit einem vertrauenswürdigen Internetwörterbuch, vgl. Kap. 3) noch recht gut bewältigen, idiomatische oder phraseologische aber nicht unbedingt oder häufig auch gar nicht.

Planen Sie dagegen zunächst keine fremdsprachige Fassung Ihrer Arbeit, sollten Sie im Blick auf den internationalen Leihverkehr der Bibliotheken zumindest die Bild- und Tabellenlegenden zweisprachig anlegen und eventuell zu jedem Hauptkapitel immer eine eigene englische Zusammenfassung vorsehen. Besprechen Sie Chance und Notwendigkeit einer solchen zweisprachigen Version rechtzeitig mit Ihrem Betreuer.

▶ **PraxisTipp Texterstellung** Erledigen Sie Ihre Schreibaufgabe nach der vor-
sortierenden Gliederung möglichst in der Reihenfolge: Technische Teile (Mate-
rial/Methoden) → Ergebnisse → Diskussion → Zusammenfassung → Einleitung.

4.6   Masterarbeit, Dissertation und Habilitationsschrift

Die Thematikeiner Bachelorarbeit ist üblicherweise den Studieninhalten der ersten fünf Semester entnommen. Sie kann entweder eine Neuinterpretation bereits vorliegender Daten, ein zeitlich begrenztes Labor- oder Freilandprojekt unter Anwendung bekannter Methoden oder eine bewertende Erhebung (Befragung, EDV-Entwicklung und Implemen-tierung, Erprobung, Kartierung, statistische Aufbereitung o. ä.) beinhalten und bewegt sich damit im Wesentlichen auf einigermaßen vertrautem Terrain. Mit einer Masterar-beit, die in ihren Anforderungen eher der früheren Diplom- bzw. Staatsexamensarbeit (schriftliche Hausarbeit) entspricht, und erst recht mit einer Promotionsarbeit, starten Sie gleichsam in einer höheren Liga und betreten im gewählten Themensegment auf weiten Strecken ein der Fachwissenschaft noch unbekanntes Territorium. Die Habilitationsschrift ist traditionell sozusagen in der Königsklasse der akademischen Arbeiten angesiedelt. Im Habilitationsverfahren weisen Sie nicht nur eine glückliche Hand in der Bearbeitung interessanter Fragestellung nach, die das eigene Fachgebiet nennenswert voranbringen, sondern auch eine besondere Lehrbefähigung. Sollten sich aus Ihrer Studienerfahrung allerdings gewisse Zweifel an der didaktischen Befähigung Ihrer Hochschullehrer einge-schlichen haben, können Sie diese unter www.meinprof.de anonym und – bitte – objektiv evaluieren.

Mit der Neulanderkundung im Rahmen einer Masterarbeit oder einer Dissertation nehmen Sie mit Ihrer eigenen Forschung direkt am durchaus aufregenden allgemeinen Wissenschaftsprozess teil: Die Themen sind anspruchsvoller, die erwartete wissenschaft-liche Leistung komplexer und damit auch schwieriger. Das Ergebnis muss in jedem Fall originär sein. Beide Typen von Abschlussarbeiten – Master- und Promotionsarbeit – unterscheiden sich in ihrem thematischen Zuschnitt nicht grundsätzlich, sondern eher im Themenumfang sowie in der Bearbeitungstiefe und damit auch in der (zulässigen bzw. för-derlichen) Bearbeitungsdauer. Analoges gilt für die Habilitationsschrift, die oft den Ertrag mehrjähriger eigener Forschung zu einem speziellen Themenkomplex zusammenfasst.

Obwohl die Unterschiede zwischen einer Masterarbeit und einer anschließenden Dissertation auf den ersten Blick vielleicht eher quantitativer Natur zu sein scheinen, lassen sie sich keineswegs nur auf Maß und Zahl reduzieren. Gemeinsame Qualitätskriterien, die auch schon die Bachelorarbeit kennzeichnen müssen, sind die strikte Wissenschaftlichkeit in der Bearbeitung Ihrer Fragestellung und – notabene – die absolute, uneingeschränkte Redlichkeit in allen Phasen des Vorgehens.

Für die formale Ausgestaltung von Masterarbeit, Dissertation und Habilitationsschrift gibt es – von etwaigen hochschul- oder institutseigenen Rahmenvorgaben (beispielsweise Formatvorlagen u. ä.) abgesehen, die man rechtzeitig vor der Reinschriftphase abklärt – keine Spezifika. Wenn Sie also hinsichtlich der Gliederung und der zu berücksichtigenden Elemente den unter Abschn. 4.5 gegebenen Empfehlungen folgen und im Darstellungsstil sowie im Umgang mit den rein formalen Belangen die Tipps der nächsten Kapitel umsetzen, sind Sie zuverlässig auf der sicheren Seite (Tab. 4.3).

Tab. 4.3 Alle Teile einer Abschlussarbeit im Überblick

Teil der Arbeit	Unbedingt erforderlich	Optional
Titelblatt	+	
Geleitwort		+
Vorwort		+
Zusammenfassung	+	
Inhaltsverzeichnis	+	
Abbildungsverzeichnis		+
Tabellenverzeichnis		+
Abkürzungsverzeichnis	+	
Kartenverzeichnis		+
Einleitung	+	
Material und Methoden	+	
Ergebnisse	+	
Diskussion	+	
Literaturverzeichnis	+	
Danksagung		+
Anhang		+
Eidesstattliche Erklärung	+	

4.7   Rezension

Viele Fachzeitschriften oder andere Periodika (etwa Jahrbücher wissenschaftlicher Vereinigungen) veröffentlichen gerne empfehlende (oder auch nicht empfehlenswerte) Besprechungen (Rezensionen) von Buchneuerscheinungen aus ihrem Interessensegment. Auch viele überregional erscheinende Tages- bzw. Wochenzeitungen haben ihre feste Literaturecke, in der bemerkenswerte neue Buchtitel (auch außerhalb des Belletristiksegments) vorgestellt werden. Meist versenden die betreffenden Verlage bei einer Neuerscheinung mit einer spezifisch adressatenbezogenen Mailinglist eine animative Vorinformation oder sogar gleich ein Besprechungsexemplar an potenziell interessierte Zeitungs- oder Zeitschriftenredaktionen, die daraufhin einen ihr geeignet erscheinenden Rezensenten beauftragt, das betreffende Werk angemessen zu besprechen. Seltener wenden sich Fachleute aus einem bestimmten Interessensegment direkt an die Redaktion eines Periodikums, um eine eigene Rezension eines ihnen bemerkenswert erscheinenden Werkes zu empfehlen.

Rezensionen sind übrigens optimale Instrumente, um wichtige Neuerscheinungen auf dem eigenen Arbeitsgebiet oder auch in randlichen Interessensegmenten überhaupt wahrzunehmen – selbst wenn die Redaktionen zeitökonomisch nur den Klappentext übernehmen. Niemand kann die gesamte den Buchmarkt überschwemmende Bandbreite auch nur an bemerkenswerten Neuerscheinungen überblicken. Manche Verlage versenden an ihnen bekannte Kunden zwar (meist halbjährlich erscheinende) gedruckte oder elektronische Vorschauen, mit deren Hilfe man einigermaßen à jour bleibt.

Für eine Rezension gibt es keine feste Form. Generell sollte sie aber folgende inhaltlichen Merkmale aufweisen:

- Die Rezension stellt zunächst den inhaltlich-sachlichen Kontext vor, dem die vorzustellende Buchveröffentlichung zuzuordnen ist.
- Die weitere besprechende Vorstellung benennt kurz die inhaltliche Gliederung und damit den Ablauf des Gedankengangs der Autorin/des Autors.
- Ein hervorhebenswerter Bestandteil sind Aspekte des Buchlayouts: Wie stellt sich das Text-/Bildverhältnis dar?
- Sind Texte und Bilder zueinander übersichtlich arrangiert?
- Ist die Gliederung nachvollziehbar?
- Schließlich ist der Sprachstil ein unbedingt zu berücksichtigendes Bewertungskriterium. Sind die angebotenen Texte so verfasst, dass der angesprochene Leserkreis sie auch versteht, oder bestehen sie mehrfach aus total verquastem Fachjargon?
- Danach kann sich die Rezension kritisch hervorhebenswerten Einzelaussagen zuwenden und auch fallweise feststellen, dass andere Veröffentlichungen zum Thema dies und jenes ganz anders sehen.
- Es ist keineswegs ein Sakrileg, wenn die Rezension einem frisch erschienenen Werk auch gravierende Fehler nachweist und diese ausdrücklich benennt.

- Beleidigende oder andere despektierliche Kommentare sind generell zu unterlassen.
- Am Schluss einer Besprechung steht immer eine zusammenfassende Gesamtsicht: Ist das besprochene Werk nun empfehlenswert oder nicht? Liefert es interessante neue und wahrnehmungswürdige Aspekte zu einer bestimmten Thematik? Ist die rezensierte Neuerscheinung ein Gewinn für den Buchmarkt und unbedingt lesenswert?
- In jedem Fall ist auch ein genaues bibliographisches Zitat des besprochenen Buches erforderlich.
- Das oberste Gebot einer Rezension ist selbstverständlich immer die Fairness. Selbst wenn die gründliche Buchkritik zu einem gänzlich vernichtenden Urteil kommen sollte (die meisten Periodika veröffentlichen übrigens sehr ungern Totalverrisse …), ist ein moderater Darstellungston unbedingt angesagt.

Buchbesprechungen sind übrigens ein wunderbares Trainingslager für Schreibwillige – auch schon im Studium.

4.8 Essay

Die auch in den Naturwissenschaften verbreitete Textsorte Essay unterliegt eigentlich keinen strikten formalen Kriterien. Ein Essay kann ein kurzer Forschungs- oder Kongressbericht sein, eine neue Idee oder Sichtweise vorstellen, einen bisher übersehenen Zusammenhang thematisieren oder ein aussichtsreiches Verfahren darstellen. Auch sind hier wissenschaftshistorisch bedeutsame Erinnerungen interessant und üblich. In diesem Darstellungssegment eröffnen sich erwartungsgemäß breite Überschneidungsflächen zum Wissenschaftsjournalismus, wie er in entsprechend fachorientierten Publikationsorganen nachzulesen ist (etwa Biologie in unserer Zeit [BiuZ], Naturwissenschaftliche Rundschau [NR], Spektrum der Wissenschaft u. v. a.)

Allein für Trainingszwecke sollten Lernende interessante Beobachtungen oder Fakten aus ihrem Erfahrungsumfeld nicht nur dem eigenen Tagebuch anvertrauen, sondern übungsweise auch einmal als Kurzmitteilung einem geeigneten Medium ihres Umfeldes zuleiten.

4.9 Formbrief

Briefliche Mitteilungen außerhalb des privaten Bereichs stehen zwar eher selten in direktem Zusammenhang mit der üblichen Textproduktion während des Studiums, aber Anlässe für eine dem Geschäftsverkehr entsprechende Briefform nach DIN 5008:2005 kommen auch im studentischen Dasein oder danach vor. Weil auch in diesem Aufgabenfeld oftmals Unbeholfenheit zu beobachten ist, erläutert dieser Abschnitt einige standardisierte Layoutfragen der Textsorte Geschäftsbrief.

In einem solchen Brief haben bestimmte Informationen und Funktionsblöcke auf dem in jedem Fall zu wählenden Briefbogen im Format DIN A4 einen festen Platz (Abb. 4.6).

Die individuelle Gestaltung des Briefkopfes bleibt dem Absender (Privatperson, Firma) überlassen. Bei formalisierten Privatbriefen stehen hier üblicherweise die benötigten Kontaktdaten (Postanschrift, Telefon, Mailadresse). Wenn ein Brief in einem Umschlag mit Sichtfenster verschickt werden soll, kann die Postanschrift des Absenders in kleinem Schriftsatz so angeordnet werden, dass sie direkt oberhalb der Adresse erscheint.

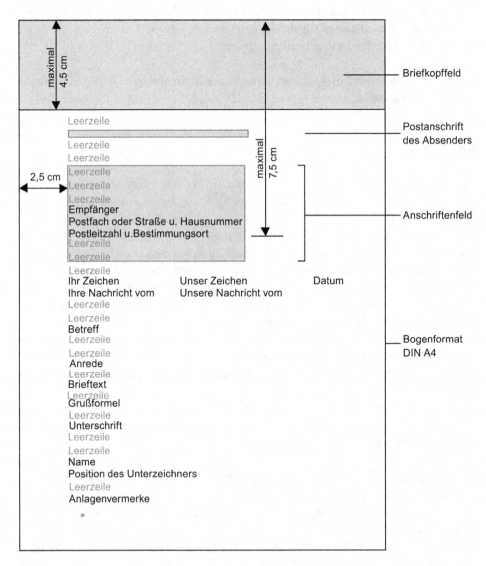

Abb. 4.6 Aufbau eines Geschäftsbriefes nach DIN 5008:2005

Für die Belegung des 9-zeiligen Anschriftenfeldes ist demnach zu berücksichtigen:

- In Zeile 3 kann man die Versendungsart (Einschreiben, Expresszustellung) vermerken. Anderenfalls steht hier die Angabe „Frau" oder „Herrn" als Einleitung der Folgezeile.
- Zwischen den Zeilen für Adressat, Postanschrift und Bestimmungsort setzt man keine Leerzeilen.
- Ortsnamen schreibt man in normaler Schrift, nicht halbfett oder unterstrichen.
- Orts- und Ländernamen für Auslandsbriefe sollte man in Großbuchstaben schreiben.
- Nur ausländische Bestimmungsorte gibt man möglichst in der Sprache des Bestimmungslandes an.
- Die Angabe des Bestimmungslandes wird immer deutsch geschrieben – also nicht France, sondern Frankreich.

Die Bezugzeichenzeile enthält wichtige Angaben für die Zuordnung des Briefes zu einem bestimmten Geschäftsvorgang. Die nachfolgende Betreffzeile nennt Inhalt oder Absicht des Briefes. Das Wort „Betreff:" wird nicht eingesetzt. Hinter der Anrede steht ein Komma, und man schreibt nach einer Leerzeile klein weiter. Der eventuell längere Brieftext sollte möglichst übersichtlich gegliedert sein, wobei die Einzelabschnitte durch eine Leerzeile zu trennen sind.

4.10   Und danach: Die eigenen Texte veröffentlichen

Der sprachliche (etymologische) Zusammenhang von „Wissenschaft" und „Wissen schaffen" ist trotz der auf den ersten Blick so hübsch glatt erscheinenden Wortfolge tatsächlich nicht gegeben, aber die darin angedeutete inhaltliche Verschränkung stimmt auf jeden Fall: Wer aktiv und nicht nur reproduzierend am Wissenschaftsprozess teilnimmt, erweitert das bisherige kollektive Wissen und steuert neue Erkenntnisse, Bewertungen, Perspektiven und Problemlagen bei. Die Essenz aus der wissenschaftlichen Forschung (dies ist ohnehin fast eine Tautologie ...) hat immer eine klar definierte Adressatengruppe – außer der Scientific Community des betreffenden engeren oder weiteren Fachgebietes im Prinzip tatsächlich die Allgemeinheit schlechthin, die immerhin den Wissenschaftsbetrieb auch im volkswirtschaftlichen Kontext trägt. Nicht nur aus diesem Grunde haben die großen Tages- und Wochenzeitungen eigene Wissenschaftsseiten und bringen dort Berichte über aufregende Neuentdeckungen. Wissenschaft lebt also direkt von der Kommunikation. Niemand wird Verständnis für einen Wissenschaftler haben, der innovativ Umwälzendes nur seinen geheimsten Tagebüchern anvertraut. Üblicher- und glücklicherweise verspüren Wissenschaftler jedoch einen starken Impuls, nicht nur Neues entdecken zu wollen, sondern die Funde oder Befunde auch in das Gesamtwissen der Menschheit einzubringen. Mit anderen Worten: Publizieren ist also notwendigerweise eine integrale Komponente von Wissenschaft und Wissen schaffen.

Schulische und studentische Texte, die während des normalen Lern- und Studienbetriebs zu generieren sind, werden im Allgemeinen noch keine völlig neuen Fenster auf zuvor nie Wahrgenommenes öffnen – aber ausschließen kann man auch das nicht: Warum sollte nicht ein studentisches Mitglied bei einer paläontologischen Exkursion in die Solnhofener Plattenkalke den vierzehnten *Archaeopteryx* entdecken? Die ältere und jüngere Wissenschaftshistorie kennt erstaunlich viele Beispiele von enormen Glücksfällen, die späteren Wissenschaftlern bereits in jungen Jahren und praktisch schon zu Beginn ihrer eigentlichen Karriere beschieden waren. Viel wahrscheinlicher und geradezu normal ist aber der Fall, dass frühestens eine Masterarbeit und erst recht eine Dissertation oder Habilitationsschrift neue und unbedingt mitteilenswerte Ergebnisse zu bieten haben, die man möglichst umgehend in einer wissenschaftlichen Zeitschrift des entsprechenden Fachgebietes veröffentlicht sehen möchte.

Ethische Grundsätze Nun gibt es glücklicherweise eine besondere Ethik des wissenschaftlichen Publizierens. Etliche Organisationen, darunter die Deutsche Physikalische Gesellschaft, haben einen Ehrencodex entwickelt, der die Kultur des wissenschaftlichen Veröffentlichens sicherstellen soll (vgl. Ascherson 2007). Zu den besonderen Verpflichtungen, die als unverzichtbare Basisanforderungen die Ehrlichkeit und Redlichkeit betonen, gehören mehrere Auflagen. Veröffentlicht werden

- nur neue und wesentliche Ergebnisse,
- keine bereits zuvor publizierten Daten,
- ausschließlich wahre und bestätigte, keine verfälschten Ergebnisse.

Ferner gilt:

- Das eigene Manuskript respektiert grundsätzlich und ohne jede Einschränkung das geistige Eigentum Dritter.
- Mitautor kann nur ein Wissenschaftler sein, der auch tatsächlich einen nennenswerten Beitrag geliefert hat. Stille Mitläufer (z. B. Institutsdirektoren oder andere Hochrangige mit Kurfürstenstatus) gehören nicht *eo ipso* in die Autorenliste. Aber Vorsicht: Hier könnten enorme Empfindlichkeiten tangiert werden …
- Alle Mitautoren tragen gemeinsam die Verantwortung für das Gesamtwerk.

Schreibung, Stilistik, Umgang mit Zitaten und anderen formalen Aspekten für das einzureichende (digitale) Manuskript können selbstverständlich die relevanten Standardempfehlungen in den Folgekapiteln dieses Buches nutzen. Für die genaue technisch-formale Ausgestaltung des einzureichenden Manuskriptes konsultiert man dagegen rechtzeitig im Vorfeld unbedingt die Autorenrichtlinien (*Instructions for Authors*) des betreffenden Publikationsorgans – sowohl für die *online-first*-Ausgabe wie auch für die eventuell oder meist folgende Printversion. Die konkreten Gestaltungsstile der verschiedenen

E-Journals und Printmedien sind (immer noch) ziemlich verschieden, sodass man hinsichtlich der Text- und Illustrationskonfektionierung kaum allgemein verbindliche Empfehlungen geben kann. Die relevanten und strikt einzuhaltenden Details entnehmen die publikationswilligen Autoren daher immer den Webseiten der ins Auge gefassten Publikationsorgane oder schauen sich eine jüngere Heftnummer aus der Zeitschriftenauslage in der Institutsbibliothek an.

Konkretere Empfehlungen bzw. Handlungsanweisungen sind in diesem Themensegment also leider nicht möglich, weil die angesteuerten Publikationsorgane jeweils ihre eigene und durchaus verschiedene formale Kultur pflegen.

Zeitschriftenpublikation Ernstzunehmende wissenschaftliche Publikationsorgane drucken nicht alles und schon gar nicht unbesehen. Im Allgemeinen durchlaufen die eingereichten Manuskripte eine Art Fegefeuer, nämlich eine kritische Begutachtung durch meist zwei und fallweise auch mehr auf dem gleichen Gebiet arbeitende anerkannte Wissenschaftler. Diesen Prozess nennt man im Fachjargon *Peer Reviewing*. Erst nach einhellig positivem Bescheid der Gutachter oder nach Erledigung der von ihnen angeregten bzw. eingeforderten Nachbesserungen wird ein Manuskript zur elektronischen und/oder papierenen Publikation angenommen. Die Ablehnungsrate ist mitunter beachtlich – sie liegt beispielsweise bei den beiden höchst renommierten Organen *Nature* bzw. *Science* im Bereich von über 95 % – die Platzierung einer eigenen Veröffentlichung in einem dieser beiden Organe ist fast schon so etwas wie ein mehrstelliger Lottogewinn.

Aber es gibt außerhalb dieser besonders elitären Liga natürlich eine unglaubliche Fülle zweifelsfrei renommierter Fachzeitschriften, die in ihrem jeweiligen Publikationssegment sektoral alle Wissensgebiete abdecken. Sie unterziehen die eingereichten Manuskripte aber ebenfalls einem strikten Peer Reviewing, bevor eine Mitteilung *online first* und/oder in der Printversion die interessierte Leserschaft (Wissenschaftsgemeinde) erreicht. Die jeweils formalen Anforderungen an das Manuskript sind auf den Internetseiten der ausgewählten Zeitschrift nachzulesen oder auch den Autorenrichtlinien zu entnehmen, die meist im hinteren Heftteil der jeweiligen Zeitschriftennummer abgedruckt sind.

Sollten in Ihrer geplanten Veröffentlichung – was immer unbedingt wünschenswert ist – Illustrationen vorgesehen sein, ist zu bedenken, dass die meisten Wissenschaftsjournale keine einfachen und nur per Excel oder PowerPoint erstellten Graphiken akzeptieren, die meist nicht in die professionellen Satzprogramme einlesbar sind bzw. da die Bildqualität für eine Veröffentlichung nicht ausreicht. Weitere Hinweise dazu gibt Kap. 7.

Für die einzureichende Manuskriptfassung gelten folgende formale Empfehlungen:

- Das gesamte Textskript muss durchgängig unformatiert bleiben – also keine Worttrennungen oder Layoutvorschläge vorsehen.
- Eine Ausnahme sind die erforderlichen Abschnittbildungen (harter Zeilenumbruch per *Enter*).
- Alle vorgesehenen Abbildungen werden unabhängig vom Lauftext als eigene Dateien mit konsistenter Nummerierung eingereicht.

- Im Lauftext baut man als willkommene Hilfe für den professionellen Satz die jeweiligen Hinweise ein, wo welche Abbildung vorzugsweise zu platzieren ist.
- Tabellen können im Allgemeinen in den Lauftext integriert werden.

Hat man dann glücklicherweise eine Veröffentlichung in einer angesehenen Zeitschrift mit Prestige und Profil platziert, punktet man mit dem daran gekoppelten *Impact Factor* natürlich mehr als beispielsweise in einer Vierteljahresschrift der Gesellschaft der Kakteenfreunde.

Sollten für eine vorgesehene Zeitschriftenveröffentlichung umfangreiche Zusatzmaterialien (etwa Messreihen, Statistiken o. ä.) erforderlich sein, die aus Umfangsgründen nicht in die eigentliche Veröffentlichung gelangen können, kann man diese eventuell auf der Website des ausgewählten Zielorgans hinterlegen. Die Details dazu benennen die jeweiligen Autorenrichtlinien.

DOI Mit der gültigen Veröffentlichung vor allem von Online-Artikeln in wissenschaftlichen Fachzeitschriften erhält jeder Text verlagsseitig einen eindeutigen und dauerhaften digitalen Identifikator (DOI= Digital Object Identifier; oft auch mit dem Akronym doi benannt) nach der internationalen Norm ISO 26324:2022. Eine internationale Datenbank, die alle URLs nach den Vorgaben von *Crossref* oder *DataCite* speichert, wird von der International DOI Foundation verwaltet. Hier sind die Einzeleinträge abrufbar, und zwar über https://doi.org mit der Option, sie herunterzuladen oder zu erwerben.

Auch die Einzelkapitel dieses Buches haben eine eigene DOI. Sie finden sie auf der Kapitelstartseite im Fußnotenbereich.

Buchpublikation Verlage, die wissenschaftliche Arbeiten als E-Book oder Printwerk (gewöhnlich unlektoriert) herausbringen, sind beispielsweise

- OmniScriptum Publishing Group (www.omniscriptum.com)
- Shaker-Verlag (www.shaker.de)
- Verlag Dr. Kovač (www.verlagdrkovac.de)

Manche dieser Verlage veröffentlichen nur Dissertationen und Habilitationsschriften, andere auch Bachelor- und Masterarbeiten. Informieren Sie sich unbedingt via Internet zu den qualitativen Aspekten – fallweise sind die Bewertungen bzw. Einschätzungen recht ambivalent. Auf den jeweiligen Websites erfahren Sie auch die Modalitäten des Publikationsprozesses sowie die nicht unwichtige Kostenseite.

Eine mit Sicherheit empfehlenswerte und unproblematische Adresse sind die wbg Publishing Services der Wissenschaftlichen Buchgesellschaft (WBG), erreichbar über www.wbg-wissenverbindet.de (oder für vorherige Beratungsgespräche 0651–3308) 330. Die WBG nimmt auf jeden Fall eine inhaltliche Prüfung des eingereichten Materials vor.

Die Krönung einer erfolgreich abgeschlossenen wissenschaftlichen Arbeit oder des späteren schreibenden Tuns ist sicherlich die Veröffentlichung in Buchform in einem renommierten Wissenschaftsverlag. Verlagsseitig (im Lektorat) wird man Ihr eingereichtes

Manuskript mit Sicherheit einer kritischen Sichtung unterziehen und eventuell mancherlei formale und/oder inhaltliche Änderungswünsche äußern. Diese (fast immer so zu erwartende) Leidensstrecke kann für eine noch unerfahrene Autorin oder einen Autoren relativ frustrierend sein, ist aber ein notwendiger reinigender Prozessschritt, um die hauseigenen Qualitätsstandards des jeweiligen Verlags zu garantieren. Die weiteren Details der damit verbundenen Abläufe ergeben sich aus dem konkreten Anlass.

Generell gelten folgende Empfehlungen:

- Reichen Sie beim ausgewählten Zielverlag auf keinen Fall Ihr komplettes Manuskript ungefragt ein.
- Klären Sie per schriftlicher Anfrage unbedingt vorab, ob der angepeilte Verlag an der von Ihnen bearbeiteten Thematik überhaupt interessiert ist bzw. ob diese in das jeweilige Verlagsprogramm passt.
- Zu dieser Voranfrage an das Programmlektorat des Verlags gehört:
  - ein kurzes (maximal 3-seitiges) Exposé mit kurzem inhaltlichem Profil Ihrer geplanten Veröffentlichung einschließlich eines vorläufigen Inhaltsverzeichnisses und eines kurzen Probetextes
  - Das Exposé sollte in wenigen kernigen Sätzen unbedingt die besonderen inhaltlichen Qualitäten herausstellen (im Verlagsjargon USP = unique selling points genannt) und davon überzeugen, dass Ihre Arbeitsergebnisse tatsächlich einen aussichtsreichen Platz im Verlagsprogramm verdienen.
- Wenn es glücklicherweise zum Vertragsabschluss kommen sollte, bereiten Sie Ihr einzureichendes Manuskript nach den Maßgaben für eine Zeitschriftenpublikation auf, also ohne Layoutvorgaben und mit Ausnahme der Abschnittbildung ohne jede Textformatierung (beispielsweise Zeilenlängen oder Blocksatz) sowie im Fall von Abbildungen textinterne oder marginale Hinweise auf deren optionale Platzierung.
- In welcher Schrift (Arial, Times New Roman, Garamond o.a.) Sie Ihr Material abliefern, ist unerheblich – der Verlag wird in jedem Fall seine Haustypographie einsetzen lassen.
- Vermeiden Sie in jedem Fall irgendwelche Honorarerwartungen bzw. Mindestforderungen. Wissenschaftliche Buchpublikationen haben hinsichtlich ihrer Budgetierung ohnehin einen gänzlich anderen Status als Titel aus der Belletristik.

Mit starken Worten – Texte stilvoll formulieren

5

> Forsche gründlich,
>
> rede wahr,
>
> schreibe bündig,
>
> lehre klar.
>
> Friedrich von Schiller (1759–1805)

Der wortgewaltige österreichische Satiriker Karl Kraus (1874–1936) frotzelte schon 1927: „Es genügt nicht, keine Gedanken zu haben, man muß auch unfähig sein, sie auszudrücken." So soll es Ihnen natürlich nicht ergehen. Die folgenden Überlegungen gehen davon aus, dass Sie als Autorin oder Autor (a) richtig Deutsch sprechen und (b) auch weitgehend korrekt schreiben können. Das ist – wie die oft traurige Erfahrung aus der Begutachtung von Manuskripten zeigt – durchaus keine Selbstverständlichkeit. Fast immer sind, auch bei den angeblichen Profis der Szene, dennoch die Begrifflichkeit zu schärfen, das Stilempfinden zu trainieren oder einfach der Blick dafür zu entwickeln, dass die sprachliche Qualität selbst im akademischen Umfeld häufig zu wünschen übrig lässt. In den Nachrichtenmedien ist das unterdessen leider Standard. Grammatisch falsche Flexionsformen von Einzelbegriffen, an denen sich sogar Lektoren und Korrektoren reiben, gehören dabei noch zu den leichteren Schreib- und Sprachsünden. Ein womöglich unfreiwilliges Beispiel einer stilistischen Schieflage liefert Esselborn-Krumbiegel (2016) bereits mit der unglücklichen Titelformulierung ihres Buches „Richtig wissenschaftlich schreiben". Meint sie damit etwa: „Nun schreiben wir mal so richtig wissenschaftlich", oder soll sich das Schreibergebnis „wissenschaftlich richtig" (was immer auch das sein mag) präsentieren?

Ein interessanter Stolperstein, mit dem Sie auch Ihr Umfeld hinsichtlich Sprachkompetenz erbarmungslos testen können, ist der Begriff „Partikel": Sein Singular lautet definitiv nicht *der* und auch nicht *das,* sondern vielleicht etwas überraschend *die* Partikel (abgeleitet vom lateinischen Femininum *particula* = Teilchen); der Plural muss daher konsequenterweise *die* Partikel*n* heißen. Beim biologisch häufig verwendeten und endungsgleichen Begriff Tentakel liegen die Dinge anders. Es heißt korrekterweise *der* Tentakel (tolerabel ist auch *das* Tentakel) und im Plural immer *die* Tentakel (ohne n!), anders als bei Floskel*n* und Schaukel*n.*

Überhaupt nicht amüsant sind dagegen die zahlreichen stilistischen und begriffslogischen Schwächen sogar in Wissenschaftssachtexten. Kein Wunder? Immerhin bedienen „auch Funk und Presse die Öffentlichkeit mit miserablem Deutsch", notiert der als Sprach- und Stilanalytiker weithin anerkannte Wolf Schneider (1999, S. 9). So sind in den Medien überaus häufig etliche begriffslogisch total verklemmte Komposita (wie Klimaerwärmung) wahrzunehmen. Ferner liest oder hört man fast regelmäßig „*der* Virus" (korrekt: *das* Virus), *die* Pollen (korrekt: *der* Pollen) oder *das* Biotop (korrekt: *der* Biotop). Solche Fehlleistungen lassen sich beheben. Im Übrigen ist es absolut keine Schande, in allen Zweifelsfällen eine Rechtschreib- oder lexikalische Begriffshilfe zu benutzen. Wahrscheinlich niemand kann wirklich alle der durchweg mehr als 120.000 Wörter der gehobenen Sprache kennen und richtig anwenden.

Befürchten Sie hier nun keine ausgiebigen Bodenübungen im richtigen Gebrauch von Fremdwörtern. Falls mal gerade kein entsprechendes Lexikon im Regal steht, helfen übrigens www.duden.de (maßgebliche Seite) oder www.wahrig.de bzw. www.dwd s.de weiter (s. Stichwort Sprachberatung in Kap. 11). Hier folgt nun auch kein Intensivkurs in Kommaregeln und Zeitengebrauch – dafür gibt es kompetente Ratgeber wie die oben genannten Wörterbücher zur deutschen Rechtschreibung (Duden oder Wahrig). Vielmehr geht es nachfolgend um einige geradezu notorische Fehler, Formulierungsirrwege und sonstige häufige Einbrüche in der Darstellung, die das sprachlich-stilistische Profil Ihrer Arbeit unnötig belasten und nachhaltig beeinträchtigen. Bedenken Sie jedoch: Sprache ist mitunter schon in ihrem Wortbestand unlogisch. Ein Zitronenfalter faltet keine Zitronen und die Windmühle mahlt keinen Wind. Sie zeigt sich fallweise auch leicht inkonsequent (Kirschtorte vs. Pflaume*n*kuchen, Apfelwein vs. Birne*n*saft; Schoßhund auf dem Schoß, aber Schäferhund nicht auf dem Schäfer), aber sie kann immerhin komplizierte Zusammenhänge in bewundernswert einfache, schlichte Worte kleiden. Schon aus Gründen einer wünschenswerten Flexibilität und Individualität im Ausdruck sollte man stilistische Empfehlungen also nicht allzu dogmatisch befolgen.

Evidente Sprachschnitzer (vgl. Alsleben 1998) sind allerding in Ihrer Arbeit immer ein Makel – mit den folgenden Empfehlungen sind sie leicht zu beheben bzw. zu vermeiden. Wenn Sie dieses Kapitel gründlich durchgearbeitet haben, gewinnen Sie garantiert mehr Stilsicherheit und punkten damit in Sachen Sprachkultur.

5.1 Sprachebene

Wissenschaftssprache soll nach allgemeinem Konsens möglichst leidenschaftslos, sachlich distanziert und auch komprimiert sein – Sprachkürze gibt Denkweite, merkte bereits Jean Paul (1763–1825) zutreffend an. Sie darf keine saloppen Formulierungen verwenden (dieses Buch verstößt allerdings gelegentlich dagegen) und sollte jegliche Umgangssprache mit flottem Plauderton vermeiden. Ob sie aber immer so unterkühlt daherkommen muss wie ein Autopsiebericht aus der Gerichtsmedizin, mag zu überdenken sein. Kraft, Schönheit und Stärke der Sprache, die (fast) alle Autoren literarischer Texte einzusetzen versuchen, sollte man auch aus der naturwissenschaftlichen Sachschilderung nicht völlig verbannen – wenn sie etwas anderes hergeben soll als eine Komposition ohne mitreißende Musik, eine kräftig dosierte Schlaftablette oder ein sonstiges völlig bleichgesichtiges und blutleeres Etwas in der Art juristischer Kommentare.

Immerhin sind Sprach- und Schreibstile auch ein Ausdruck von Persönlichkeit und Individualität. Einfallslose Uniformität und Gleichschritt sind eher Sache des Militärs, in diesem speziellen Anwendungsbereich auch möglicherweise nützlich, aber für die lesesympathische Textproduktion nicht weiter ernst zu nehmen. Wichtig ist lediglich, dass man sich klar und unmissverständlich ausdrückt. Immerhin gehören die naturwissenschaftlichen Disziplinen nach ihrem Selbstverständnis zur früher so eigens abgegrenzten „exakten" Wissenschaft. Krause Konstruktionen und gedankliche Flickenteppiche sind für eine effiziente Kommunikation ebenso hinderlich wie eine unbekümmerte, sorglose Begriffswahl (vgl. auch Sick 2005, 2007; Schneider 2011).

5.2 Denglisch

Sprache entwickelt sich und unterliegt sogar den Gesetzmäßigkeiten der Evolution, auch wenn Sprachpuristen die Regelwerke zur Sprach- und Schreibpraxis in Raum und Zeit festzulegen versuchen. Manche Wörter aus dem zunächst noch geläufigen Wortschatz stehen aber bereits klar auf dem Aussterbeetat der Sprachpraxis und werden kaum noch verstanden. In den Naturwissenschaften vollzieht sich die internationale Kommunikation fast ausschließlich auf Englisch. Andere Sprachen sind sowohl bei Kongressen als auch im Publikationswesen nahezu nachrangig. So verwundert es durchaus nicht, dass zahlreiche angloamerikanische Begriffe und Redewendungen längst in die Wissenschaftssprache eingeflossen sind und von dort – oder auch direkt – ihren Weg in den Branchen-, Insider- oder Alltagsjargon gefunden haben. Unterdessen stellen sie vielfach bereits eine Art Soziolekt dar. „Wenn es so weitergeht, dann können die Deutschen … bald nicht mehr richtig Deutsch und noch nicht richtig Englisch" (Walter Jens, 1923–2013). Enno von

Löwenstern, seinerzeit Ressortleiter in der Zentralredaktion der *WELT,* hat diese Entwicklung und die Neigung mancher Zeitgenossen zur ausgiebigen Sprachpanscherei in einer erfrischenden Glosse festgehalten (vgl. dazu auch Schneider 2008):

Beispiel

Ich habe den Managern ganz businesslike mein Paper presented: Wir müssen News powern und dann erst Akzent auf Layout und Design legen, auf der Front Page die Headline mehr aufjazzen. Für jede Story brauchen wir ein starkes Lead. Das Editorial muss Glamour und Style haben, unsere Top Priority bleibt: Action und Service. Der Cartoon muss best positioned sein, die Korrespondenten müssen Features kabeln, und sie müssen beim Handling ihrer Computer-Terminals fit sein, on-line und off-line, ihre Passwords nicht vergessen, mit dem Scanner umgehen können, das Register editieren, die Disks pflegen, sich mit Bits und Bytes auskennen, keineswegs Top News canceln. […] Und sie müssen auf ihre Connections achten, damit sie an Top-Secret-Informationen kommen. Mein Conference-Report betonte den High Risk eines Conflict of Interests mit der PR-Abteilung; der Creativ Director verstand die Message sofort. […] Job Application führt eben zur Success Story, und wer nicht up-to-date ist, verliert den Run.◄

Dieser Bespieltext ist ein hochwirksames Emetikum – er erzeugt zuverlässig heftige Brechreize, oder? Ohne in die Verdachtnähe von Sprachchauvinismus geraten zu wollen, darf man wohl feststellen, dass solche geballten Anhäufungen von Angloamerikanismen selbst bei zurückhaltender Dosierung in der Wissenschaftssprache (wie auch in anderen Anwendungsbereichen) unangemessen und daher zu vermeiden sind, auch wenn manchem lesenden oder schreibenden Zeitgenossen der Text dann nicht mehr *fully fashioned* vorkommen mag. Es bricht auch gewiss kein Zacken aus der Krone, wenn man *brainstorming* durch Denkrunde, *break* durch Pause, *deadline* durch Termin und *E-Commerce* durch Netzhandel ersetzt.

Bleiben Sie jetzt aber dennoch ganz cool: Bestimmte eingeführte fachsprachliche Begriffe wie Quarks, Southern Blot oder Microbodies sind nicht ohne längere Umschreibung zu übersetzen. An Computer, PC, Laser, Laptop, TV und anderem neologistischen Importgut stört sich ohnehin schon niemand mehr. Der gelegentliche Gebrauch von Einzelbegriffen oder Wendungen kann ganz nett und auflockernd sein, nur die flächendeckende oder geballte, fast immer auch arrogant oder extrem aufgesetzt wirkende Häufung ist sprachkulturell ungesund und daher nicht akzeptabel: Jargon in einer wissenschaftlichen, sachorientierten Darstellung grenzt ab; er „begründet keine geistige Gemeinschaft, sondern stellt eine intellektuelle Hackordnung her" (Krämer 1999, S. 158). Entscheiden Sie also, ob (nach Schneider 2008) *call center, event, flatrate, flyer* oder *pole position* nicht doch vollwertig durch deutsche Begriffe zu ersetzen sind. Analog mutiert der

facility manager wieder zum schlichten Hausmeister. Und was ist mit *blackout* (Synap-
senschaden), *no-go-area* (Zoffzone), *pay-TV* (Zasterglotze) oder *workshop* (Schafftreff)?
Umgekehrt leistet der ausgiebige Gebrauch unerklärter und vielleicht auch noch ziemlich
entlegener Fachbegriffe eine zuverlässige Leserrepression. Auch solche Sprachattitüden,
die nur dem Ego des Autors dienen, gehören nicht in eine auf Verständlichkeit für den/die
Adressaten angelegte Arbeit.

In diesen Sachzusammenhang gehören auch etliche den IT-Sphären entnommene Neo-
logismen, allen voran das Verb „downloaden". Die etablierten Ratgeber zur deutschen
Rechtschreibung konnten sich vorerst noch nicht darüber verständigen, ob „downloaden"
wie ein untrennbares Verb (beispielsweise „schlussfolgern") zu konjugieren ist („er hat
das Dokument gedownloadet") oder ob man damit wie bei trennbaren Verben verfährt
(„er hat ... downgeloadet"). Weitere mögliche Fluchtwege (und völlig inakzeptable Formen) wären Anlehnungen an die angloamerikanische Schreibung wie „downgeloaded"
oder gedownloaded". Kurios sehen diese hybriden Flexionsformen in jedem Fall aus.
Erfinden Sie doch mal einen brauchbaren neuen Begriff, sofern man nicht gleich zum
schlichten, aber eindeutigen „herunterladen" greift.

Ähnlich schreckliche Wortbilder erzeugt die Verwendung von eingedeutschten englischen Verben wie beamen, dealen, gendern, sponsern, managen, outen, outsourcen,
recyceln u. ä. Nach Möglichkeit vermeidet man diese ohnehin stark umgangssprachlich
geprägten Floskeln – in einem Wissenschaftstext haben sie nichts zu suchen.

5.3 Fremdwörter und Fachbegriffe

Außenstehende empfinden die Fachsprache einer wissenschaftlichen Disziplin traditionell
fast immer als aufgeblähte Geheimnistuerei. Diesem herben Vorwurf sahen sich bereits die
mittelalterlichen Alchemisten genauso ausgesetzt wie moderne Fachautoren, die von ihren
Lektoren gelegentlich in einfachere Sprachbahnen gelenkt werden (müssen). Das hat seine
besonderen Gründe. Latein und Griechisch waren über Jahrhunderte hinweg die Gelehr-
tensprachen schlechthin und haben daher ganze Wissenschaftstraditionen mitgeprägt.
Heute ist die Kenntnis dieser alten Sprachen weitgehend rar. In sämtlichen Naturwissenschaften einschließlich der Medizin und Pharmazie wären umfangreiche Begriffsregister
und bis heute übliche fachsprachliche Bezeichnungen ohne die umfangreichen Anleihen
bei der Altphilologie überhaupt nicht denkbar. Der übertriebene Gebrauch unerklärter
oder nicht selbsterklärender Fremdwörter erinnert jedoch an das Aufstellen von Stachel-
drahtzäunen bzw. unüberwindbaren Mauern. Kurt Tucholskys Hinweis, wonach Sprache
eine Waffe ist, erhält hier eine neue und sicherlich bedenkenswerte Bedeutungsdimension.
Sprachsoziologen sprechen sogar von Leserunterdrückung.

Vielfach geht es nicht anders. Statt Nucleus kann man natürlich Zellkern sagen, aber
schon bei Dictyosomen und Mitochondrien, bei Buckminster-Fullerenen, π-Mesonen, sp^3
-Hybrid-Orbitalen und Lias ε versagen die einfachen Übertragungsmöglichkeiten, weil

es keine geläufige Entsprechung gibt. Daher tauchen solche Begriffe folgerichtig und absolut tolerabel auch in deutschen Schulbüchern auf. Wie aber stellen sich nun die Blattgrünkörner statt der schlichten Chloroplasten oder ein Oberhäutchen statt der Epidermis dar? Solche begrifflichen Pirouetten sind einfach lächerlich und ebenso unbrauchbar wie der veraltete Ausdruck Kernschleifen für Chromosomen. Fachbegriffe fördern immer die Eindeutigkeit einer Mitteilung. Nach Mark Twain (1835–1910), einem bemerkenswerten Sprach- und Formulierungsgenie, ist der Unterschied zwischen einem zutreffenden und beinahe zutreffenden, weil schwammig umschreibenden Begriff derselbe wie der zwischen Blitzschlag und Glühwürmchen.

Wo Fachbegriffe bestimmte Sachverhalte eindeutig, kurz, funktional und ohne umschweifige Zusatzerläuterung ausdrücken, ist ihre Verwendung in einem Wissenschaftstext unstrittig und sinnvoll. Was die Cyrtopodocyten des Hartschek'schen Nephridiums sind und wo eine Deuterocerebralkommissur nun ganz genau liegt, weiß natürlich nicht jeder, aber man kann es ihm anhand eines erklärenden Schemas schnell und unmissverständlich erläutern. Zumeist ist auch davon auszugehen, dass die Textadressaten mit der facheigenen Terminologie einigermaßen vertraut sind oder sich darin rasch einleben können. Wissenschaftstexte richten sich erfahrungsgemäß nicht in erster Linie an Laien. Dennoch sollte ein Autor seine vermutete eigene Virtuosität im Beherrschen von Fachjargon nicht unentwegt und penetrant ausleben.

Obwohl naturwissenschaftliche Fachbegriffe herkunftsbedingt fast immer Fremdwörter sind (die „Flachkopfmusterbeutelklammer" wäre eine bürokratisch-technische, deutsche und schon allein deswegen unverständliche Begriffsprägung, zumal sie auch noch als abschreckender Silbenschleppzug daher kommt), sollte man sauber zwischen dem Gebrauch von Fach- und Fremdwörtern unterscheiden. Fachbegriffe und Fachsprache sind Werkzeuge der Informationsverdichtung, der sonst nicht oder nur schlecht zu leistenden Begriffsdifferenzierung und deswegen für eine treffgenaue Mitteilung unentbehrlich. In den Text fröhlich und unbekümmert eingestreute (sonstige) Fremdwörter sind dagegen viel seltener eine wirkliche Hilfe und oft überhaupt nicht notwendig.

Für viele dieser Wörter gibt es eine schlichte, allgemein verständliche und oft auch ehrlichere Wortwahl. Bei Wörtern wie *aktuell*, *intensiv*, *normalisieren*, *Phase*, *relativieren*, *Station* oder *subjektiv* mag man vielleicht noch vergeblich um brauchbare Ersatzbegriffe ringen, aber *elaboriert*, *explizit*, *interdependent*, *liiert* oder *rekurrieren* lassen sich vermeiden und vollwertig durch eine andere Begriffswahl ersetzen. Solche verbalen Verrenkungen bzw. Mogelpackungen, die womöglich eine besondere Gelehrsamkeit oder einen nie zuvor wahrgenommenen gedanklichen Tiefgang unterstellen sollen, kommen beim Leser nicht gut an – der Adressat erkennt sie bald ähnlich wie bei den flotten Werbesprüchen für eine neue Zahncreme als „verpackte Luft" und empfindet sie dann erst recht als störend. Ausschließlich tropfenweise verabreicht fördern fremdsprachliche Floskeln eventuell ganz wirksam die Verdauung. Nur bei Überdosierung wirken sie erfahrungsgemäß als zuverlässige Brechmittel (pardon: Emetika).

▶   PraxisTipp Fachsprache Fachbegriffe sind nützlich, Fremdwörter meist nicht. Texte
rechtzeitig auf ihr notwendiges Begriffsrepertoire durchforsten oder eine erläuternde Auflistung beifügen.

5.4   Satzbau

Ein guter Schreibstil zeichnet sich durch mehrere Merkmale aus. Eines der wichtigsten
Qualitätsziele sind einfache, im Aufbau durchschaubare Sätze (Schneider 1999, 2011) –
auch hier gilt der Zusammenhang von Sprachkürze und Denktiefe. Nur in einer solchen
schriftlichen Verpackung fließt die mitteilenswerte Information vom Autor ohne nennens-
werte Reibungsverluste zum Leser. Von Begriff zu Begriff spannt sich – ohne Weiteres
mitvollziehbar – der Gedankenbogen, ohne dass man ständig Blockaden aus begriffli-
chem oder konstruktivem Steinschlag aus dem Weg zu räumen hätte. Selbst wenn ein
mitgeteilter Sachverhalt dem Leser völlig neu sein sollte, erschließt er ihn beim satzweise
verarbeitenden Durchgang nicht allein durch die Bedeutungsreihung der einzelnen Wörter,
sondern vor allem in größeren Wortzusammenhängen. Gut trainierte Schnellleser nehmen
fast keine Einzelbegriffe mehr wahr. Umso verheerender wirkt es dann, wenn die Satzkonstruktion ständig auf Nebengleise führt oder mit Einschüben von Nebensatzkaskaden
bis zur dritten oder schlimmstenfalls noch höheren Abhängigkeit unentwegt Hürden auf-
stellt. In den Meldungen der Deutschen Presse-Agentur (dpa) liegt die erwünschte bis
tolerierte Obergrenze bei etwa 20 Wörtern im Satz. Im deutschen Einkommensteuerge-
setz bestehen die Sätze im Durchschnitt (!) aus über 40 Wörtern, und das ist typisch für
das üblicherweise gänzlich unverdauliche bis grässliche Behörden- bzw. Juristendeutsch.
In der BILD-Zeitung beträgt die Wortanzahl je Satz etwa 12, oft jedoch unter 6. Die
Duden-Stilfibel empfiehlt als Obergrenze 10–15 Wörter. Zählen Sie daraufhin die durchschnittliche Wortzahl pro Satz in Ihrer Zeitung sowie in Ihren eigenen Texten nach. Oder
noch einfacher: Sätze, die im fertigen Skript mehr als fünf Zeilen lang sind, müssten Sie
umbauen. Übrigens: Auch gesprochene Sätze sollten maximal 14 Wörter umfassen.
    Nur selten ziehen lange Sätze – wie Mark Twain (1835–1910) es ausdrückte – am
Leser so glanzvoll vorbei „wie eine Prozession mit einer Kerze nach der anderen".
Unstrittig und anerkannt große Meister der Sprache wie Franz Kafka, Heinrich von
Kleist oder Thomas Mann (gibt es solche auch aus dem 21. Jahrhundert?) durften das
Gebot der kurzen Botschaft uneingeschränkt übergehen, denn sie lieferten mit ihren
Werken schließlich keine naturwissenschaftlichen Sachberichte ab, sondern beeindru-
ckende Sprachkunstwerke. In den meisten Fällen dokumentieren überbordende Satzgefüge
entweder sprachliches Unvermögen, unausgereifte Denkprozesse oder begriffliche Arroganz. Stilistisches Herumstolzieren mit Schachtelsätzen produziert immer Unerfreuliches.
Innerhalb fließender Grenzen sind auch unpassender Wortgebrauch, falsche Syntax und
mangelnde Logik der Grund für missratene Satzgefüge.

Das Gebot einer förderlichen Satzlänge hat jedoch seine Grenzen. Kurzsätze sind nicht immer gut. Sie langweilen. Die Sparversion wirkt öde. Sie schläfert ein. Ihr Stil wirkt hölzern. Nichts kommt herüber. Der Mix macht's. Die Empfehlung geht daher in Richtung mäßige Satzlänge mit sympathischen Übergängen. Nur gut Proportioniertes wirkt harmonisch und vereinnahmt den Leser. Das heftige Stakkato der obigen Beispielsätze dieses Abschnitts passt eher zu einem Groschenroman.

Eine schriftliche Botschaft verliert nichts von ihrem besonderen Charme, wenn man auf unnötiges Verbrämen und ausufernde verbale Blähungen verzichtet. Manche Autoren scheinen indessen sprachliche Verständlichkeit mit gedanklicher Armut zu verwechseln und breiten vor ihren Lesern geradezu Labyrinthe mit zahlreichen Abwegen aus. Darin geradlinig zum Ziel zu gelangen, ist fast oder sogar völlig unmöglich. „Genießen" Sie dazu einmal die folgenden Kostproben:

> „… hingegen möchte mit der Unterscheidung von Kognition und Vernunft, von ratiomorphem Apparat als Ausdruck unbewußter Trieberwartungen und dem Bewußtsein, zwischen denen funktionale Analogien, aber keine Identitäten bestehen, die Integration der evolutionären in eine philosophische Erkenntnistheorie vorantreiben" (aus Irrgang 1993, S. 122).

> Ach so ist das!

Verdächtig nahe an heftigem Imponiergehabe bewegt sich auch diese Mitteilung:

> „Die Aufgabe besteht in der empirischen Untersuchung individueller Lernvoraussetzungen, die die Zuschreibung von mentalen Werkzeugen bzw. gedanklichen Konstrukten (Vorstellungen) gestatten. Gegenstände der Untersuchung können kognitive, affektive und psychomotorische Komponenten ebenso wie die zeitliche Dynamik der Lernperspektiven sein" (Kattmann in Krüger und Vogt 2007, S. 95).

> Aha!

Selbst dieser Stil ist noch zu steigern, um dann im definitiv Grässlichen zu enden. Der folgende Textauszug richtet sich nach Angaben seiner Autorin ausdrücklich nicht an Fachleute, sondern explizit an die wissenschaftlich interessierte Allgemeinheit:

> „Die Synthese des hedgehog-Proteins wird von engrailed aktiviert, es diffundiert und wird von den Zellen der angrenzenden Reihe aufgenommen. Diese produzieren daraufhin den Transkriptionsfaktor Ci, der wiederum die Synthese von wingless-Protein anregt. Wingless wirkt zurück auf die engrailed-Produktion. Diese Wechselwirkungen bilden eine positive Rückkopplung" (Nüßlein-Vollhard [Nobelpreis 1995] 2004, S. 99).

Nun ja.

Eine weit verbreitete und geradezu notorische Stilsünde (oder mangelnde Formulierungsdisziplin?) ist es, den gewichtigen Teil einer Botschaft in Nebensätze zu verlagern:

Beispiel 1

Unbrauchbar

Es zeigte sich bei diesen Versuchen, dass die Einwirkungszeit des Aktivators, weil die Rezeptoren in der betreffenden Partikelfraktion des Zellhomogenisats vermutlich ungleichförmig verteilt waren, mindestens um den Faktor 3,5 erhöht werden musste.

Aus „kommunikationstherapeutischen" Gründen ist in diesem Beispiel ein Zerlegen und Neuorganisieren der Sinnblöcke dringend angeraten. Nach konstruktiver Entknitterung könnte sich die obige Mitteilung auch so lesen:

Deutlich besser

Die Einwirkungszeit des Aktivators musste mindestens um den Faktor 3,5 erhöht werden, weil die Rezeptoren in der betreffenden Partikelfraktion des Zellhomogenisats vermutlich ungleichförmig verteilt waren.◄

Ein gut verständlicher Satz reiht seine tragenden Begriffe nacheinander auf und nicht verschnörkelt wie ein barockes Schnitzwerk. Klopfen Sie Ihre Texte ein paar Tage, nachdem Sie sie geschrieben haben, jeweils noch einmal kritisch auf Zumutbarkeit ab.

Ausgeprägt leistungsschwache, weil ziemlich verwässerte Aussagen ergeben sich häufig durch eine verschachtelte Satzkonstruktion, die dem Leser die Kernaussage lange vorenthält und ihn damit kommunikationstechnisch wirkungsvoll ausbremst. Die deutsche Grammatik lässt einen solchen komplexen Stopfstil durchaus zu: Der (hoffentlich) abschreckende und fiktive Satz im folgenden Beispiel ist zwar völlig korrekt durchformuliert, aber dennoch eher verwirrend als mitteilsam. Die Sinnentnahme der Botschaft ist in solchen Fällen auch aus folgendem Grund nicht besonders einfach: Das wichtige, Sinn tragende Subjekt als Aufhänger der Mitteilung tritt mit hinhaltender Boshaftigkeit irgendwo im Nebensatz auf und das Prädikat erlöst den Leser tatsächlich erst am Satzschluss nach eventuell zwei Dutzend zwischengeschalteten Wörtern und noch mehr Silben.

Beispiel 2

Unbrauchbar

Wissenschaftshistorisch von besonderem Interesse erscheint, dass u. a. auch der später so berühmte und mit dem Nobelpreis dekorierte James D. Watson, einer der erfolg- und einflussreichsten Biologen der Neuzeit, bei einem schon im Sommer 1948 im kleinen Labor Cold Spring Harbor auf Long Island im Staat New York stattgefundenen und von Max Delbrück eingerichteten Kurs lernte, dass man Genetik nicht nur mit Mendels Erbsen und Morgans Taufliegen betreibt, sondern wie man experimentell mit Bacteriophagen umgeht.

Die notwendige Umrüstung und Neuverteilung der Teilaussagen ergibt eine wesentlich besser und auch schneller durchschaubare Information:

Deutlich besser

Max Dellbrück hatte im kleinen Labor Cold Spring Harbor auf Long Island im Staat New York seinen legendären Phagenkurs eingerichtet. Hier erlernte u. a. auch der später so berühmte und mit dem Nobelpreis dekorierte James D. Watson, wie man experimentell mit Bacteriophagen umgeht. Genetik betrieb man schon im Sommer 1948 nicht mehr nur mit Mendels Erbsen und Morgans Taufliegen. Wissenschaftshistorisch erscheint dieses Datum von besonderem Interesse. ◄

Beispiel 3

Die deutsche Sprache lässt nicht nur zu, sondern erfordert sogar, dass man zusammengesetzte Verben trennt und die Wortteile an verschiedenen Stellen positioniert:

Unbrauchbar

Der 1928 in Chicago geborene, aufgrund seiner bahnbrechenden Arbeiten äußerst einflussreiche und später mit dem Nobelpreis ausgezeichnete Biologe *James D. Watson* nahm bereits im Sommer 1948 im kleinen Labor Cold Spring Harbor auf Long Island im Staat New York an einem von Max Dellbrück eingerichteten Phagenkurs zum Erlernen neuer genetischer Forschungsmethoden *teil*.

An dieser inhaltlich durchaus interessanten Mitteilung fällt Folgendes auf:

- Das Subjekt des Hauptsatzes *(James D. Watson)* erscheint erst nach 18 (!) Wörtern bzw. 49 (!) Silben (einschließlich der gesprochenen Jahreszahl).
- Der zweite Teil des Prädikats *(teil)* steht am Satzende nach insgesamt 51 Wörtern und 114 Silben.
- Formulieren Sie Ihre Aussagen immer so, dass das Prädikat möglichst nahe auf das Subjekt folgt.

Wesentlich fasslicher wird sie nach Umformulierung und Verteilung auf mehrere Sätze (Tab. 5.1):

Deutlich besser

Der Biologe James D. Watson wurde 1928 in Chicago geboren. Aufgrund seiner bahnbrechenden Arbeiten äußerst einflussreich, wurde er später mit dem Nobelpreis ausgezeichnet. Bereits im Sommer 1948 nahm er an einem Phagenkurs teil, um neue genetische Forschungsmethoden zu erlernen. Max Dellbrück hatte den Kurs im kleinen Labor Cold Spring Harbor auf Long Island im Staat New York eingerichtet. ◄

Durchforsten Sie daher Ihre Sätze erbarmungslos nach solchen sperrigen Vorreitern, welche die kernige Hauptsache in den immer deutlich schwächelnden Nebensatz abdrängen und damit unnötigerweise die Sinn tragenden Kraftzentren verlagern.

Tab. 5.1 Kraftlose Aussagen und Pseudoargumente

Statt:	formulieren Sie:
Im Widerspruch dazu steht, dass …	Im Gegensatz dazu …
Daraus ergibt sich die Schlussfolgerung, dass …	Daraus folgt …
So besteht kein Zweifel mehr daran, dass …	Zweifellos …
Es wurde offensichtlich, dass die Werte …	Offensichtlich …
Der Verdacht drängte sich auf, dass …	Vermutlich …
Es ist bekannt, dass …	Bekanntlich …

▶ **PraxisTipp Haupt- und Nebensätze** Hauptaussagen kommen immer in Hauptsätze. Nachgestellte Nebensätze ergänzen oder erläutern.

Schachtelsätze sind komplexe Satzgefüge aus Haupt- und Nebensätzen (und letztere gegebenenfalls in zweiter, dritter und noch höherer Abhängigkeit) – lesetechnisch und stilistisch eine absolute Zumutung. Das folgende (fiktive) Beispiel möge der Abschreckung dienen:

Charles Darwin (1809–1882), einer der bedeutendsten Naturforscher des 19. Jahrhunderts, entschloss sich erst relativ spät, nachdem er sich etliche Jahre mit der Zucht von Haustauben befasst und die Entstehung von Farbschlägen und sonstigen Varianten beobachtet hatte, die von ihm – vor allem auch während seiner mehrjährigen Forschungsreise an Bord der „MS Beagle" – zusammengetragenen Notizen, nicht zuletzt gedrängt von besorgten Freunden (darunter der Geologe Charles Lyell, 1797–1875, und der Zoologe Thomas Henry Huxley, 1825–1895), welche die Überlegungen seines kongenialen Konkurrenten Alfred Russell Wallace (1823–1913) kannten, seine Erkenntnisse im Jahre 1859 in einem später von der gesamten Wissenschaftsgemeinde (auch im internationalen Kontext) als epochal angesehenen und schon nach wenigen Tagen vergriffenen Werk *The Origin of Species* (schon wenig später auch in deutscher Sprache erschienen) zu veröffentlichen, worin er im bereits ersten Kapitel ausführlich und bezeichnenderweise auf seine oben benannten Erfahrungen mit Haustauben zurückgriff, was Wallace, der den größten Teil seiner wissenschaftlichen Sammlungen aus Südamerika während der Rückreise nach Europa durch einen Schiffsbrand verloren hatte, zu einer bemerkenswert fairen Anerkennung veranlasste.

Diese wissenschaftshistorisch zweifellos interessante Mitteilung schreit geradezu nach Entrümpelung. Entwickeln Sie jetzt selbst einmal übungshalber eine deutlich bessere und zumutbare Version.

5.5   Darstellungsperspektive

Die auktoriale Form, bei der ein Autor aus der Ich-Perspektive berichtet, mag für den Schulaufsatz („Mein schönstes Ferienerlebnis") oder sonstige Gebrauchsprosa durchaus sinnvoll sein. Für einen Wissenschaftstext ist diese plaudernde Erzählform im Allgemeinen kein angemessenes Mittel. Ausnahmen sind allerdings möglich. An manchen Arbeiten sind mehrere Autoren beteiligt. In diesem Fall können sie den distanzierten Außenstandpunkt des scheinbar unbeteiligten Berichterstatters gegen eine persönliche Sicht eintauschen: „Vor diesem Hintergrund kommen wir zu dem Ergebnis …", „Wir schließen aus diesen Befunden …" oder „Die Daten bestätigen unsere bisherige Auffassung …" Analog begannen auch D. Watson und F. H. C. Crick (1953) (vgl. Abschn. 4.3) ihre berühmte Mitteilung über den molekularen Aufbau der DNA: „We wish to suggest a structure for the salt of desoxyribose nucleic acid (D.N.A.)."

Von Einzelfällen abgesehen, nimmt sich der alleinige Autor eines naturwissenschaftlichen Textes in angemessener Bescheidenheit besser zurück, obwohl hinter der Wissenschaft und ihren Ergebnissen immer eine handelnde Person steht. Vermeiden Sie als Ausweg unbedingt die Flucht in die feudalistisch-großspurige wir-Form: „Wie wir des Weiteren darzulegen gedenken …" klingt genauso unerträglich wie „Nun gehen wir zu einem anderen wichtigen Experiment über", eine gruppendynamische Aufmunterung, die eher an eine motivationslahme Lerngruppe an einem unerträglich heißen Sommernachmittag gerichtet sein könnte. Dieser klassische Plüschsofastil war gestern. Geradezu unappetitlich aufgedunsen ist die vorgebliche Pseudodistanz in Formulierungen wie „Nach Ansicht des Autors ist …" oder „… was der Autor schon bei früherer Gelegenheit [Eigenzitat(e)] überzeugend dargelegt hat".

Annehmbare Wendungen sind dagegen „Daraus folgen …", „Diesem Sachverhalt ist hinzuzufügen", „Aus dem Gesagten lässt sich schließen …" oder „Zu fragen ist jedoch, ob …". Leicht angestaubt wirken jedoch konjunktivische Konstruktionen wie „Erwähnt seien …" oder „Es sei ausdrücklich hervorgehoben …". Überaus heftige Antikörperreaktionen rufen betont leisetreterische Einleitungen hervor: „Ich könnte mir denken …", „Ich möchte behaupten …", „Ich würde meinen …" oder vergleichbare Ausflüchte, die allesamt aus dem Munde eines Politikers stammen könnten. Meint er nun oder meint er nicht? Solcher Stilmurks liegt ganz sicher voll daneben (Tab. 5.1).

5.6   Alles hat seine richtige Zeit

Die in den Naturwissenschaften oder in affinen Forschungsgebieten zu erstellenden Textsorten haben vom Projektprotokoll bis zur Dissertation zumindest in großen Teilen den Charakter einer Reportage – sie stellen Berichte und Bewertungen von Erkundungen, Erfahrungen und Ergebnissen dar. Die übliche Zeitform für das jeweils Dargestellte ist die Vergangenheitsform (Imperfekt, Präteritum): „Die vergleichende Messung der Chlorophyllgehalte der Planktonproben *ergab* Werte zwischen ..." oder „Im abgesteckten Aufnahmefeld *waren* 15 Individuen der Spezies A nachzuweisen."

Vermeiden Sie dabei unbedingt das immer ein wenig sperrige Plusquamperfekt und formulieren Sie also möglichst nicht „Die Sauerstoffbestimmung hatte ergeben ..." oder „Der Verdacht hatte sich verdichtet ..."

Nur beim Direktverweis auf eine Abbildung oder Tabelle wechselt man in die Gegenwartsform (Präsens): „Abb. 1.5 *zeigt* die Kinetik der PEP-Carboxykinase, während Tab. 1.2 die in verschiedenen Reaktionsansätzen verwendeten Cofaktoren *dokumentiert.*" Auch bei Zitaten verwendet man die Präsensform: „... wie Meyer (2007) zu diesem Problem *anmerkte* wie der Diskussion bei Adolphi et al. (2013) zu entnehmen *ist.*"

Mit der korrekten Zeitwahl ist oft ein anderes Problemfeld verknüpft, nämlich der kompetente Einsatz des Konjunktivs. Eine bemerkenswerte Leistung von Sprache ist es, bestimmte Sachverhalte in eine eigene Verbform zu kleiden, die so gar nicht bestehen, sondern nur vorstellbar sind. Der Konjunktiv, als noch vorstellbarer Potenzialis oder gesteigert zum nahezu unmöglichen Irrealis, hat seine großen Auftritte meist in der indirekten Rede der Literaten und Bühnenautoren, bei den Verfassern von Sachtexten aber nur wenige Freunde. Dafür mögen mehrere Gründe vorliegen: Zum einen existiert er nicht einmal für alle Verben, zum anderen ist der Gebrauch schwierig und die Wirkung auf Leser (oder Zuhörer) eher abschreckend bis belustigend: „Kröche die Eidechse ein wenig weiter in die Mauerfuge, hinge ihre Schwanzspitze nicht so verräterisch heraus" (vgl. auch Schneider 2009a).

Die folgenden sprachlichen Schnitzer findet man besonders häufig:

- Konjunktiv-Phobie

  „Er kündigte an, die Versuchsreihe zu wiederholen, falls das bisherige Ergebnis anderweitig nicht bestätigt *wird.*" Richtig muss es heißen „... *bestätigt werde*". „Einige Kritiker der Methode behaupten, dass deren Resultate noch nie besonders überzeugend *waren.*" Sprachlich korrekt ist: „... *gewesen seien*" (nicht: „gewesen wären").
- Problematischer Infinitiv im Nebensatz

  „Das Ergebnis legt nahe, hier *muss* eine Neuinterpretation der bisherigen Lehrmeinung erfolgen, wonach das Richtungswachstum ausschließlich durch die Gravitation *bestimmt wird.*"

  Richtig muss es lauten: „... *müsse* ..." sowie „... *bestimmt werde.*"
- Fluchtkonstruktion mit „würde"

  „Tabelle 5.3 lässt den Verdacht aufkeimen, dass die Faktorengruppe a–c zu einer neuen Sichtweise Anlass geben würde."

  Korrekt ist „... gäbe"

Auch wenn Sprachpuristen jetzt in der Manier des Rumpelstilzchens heftig auf und ab hüpfen sollten: Als Modus für einen naturwissenschaftlichen Sachtext ist der Konjunktiv eher nicht zu empfehlen. Der so wunderbar lineare Indikativ verhilft einem Text zu größerer Klarheit und formuliert transparente Aussagen ohne jegliche Winkelzüge.

▶   **PraxisTipp Zeitwahl** Beschreibende, ergebnisorientierte Texte formuliert man
     im Indikativ, Rückgriffe auf frühere Ergebnisse (anderer Autoren) im Imperfekt
     (Präteritum).

5.7   Texte mit Leidensdruck: Das unselige Passiv

Der für naturwissenschaftliche Sachverhalte gewählte unpersönliche, distanziert-objektivierende Darstellungsstil ist normalerweise von jeglicher Emotion denkbar weit weg. Ein solcher Text fasziniert sicherlich überwiegend mit seinem Inhalt und nicht primär als Sprachkunstwerk, was zugebenermaßen in diesem Zusammenhang nicht seine Hauptaufgabe ist. Er degeneriert aber vollends zur Behördenprosa, wenn die Botschaften überwiegend oder ausschließlich im Passiv stehen, „eine künstliche, entmenschlichte Form des Verbs, in Dialekten selten oder unbekannt, Kindern spät zugänglich und bei jedem Verständlichkeitstest im Hintertreffen" (Schneider 2011, S. 38). „Es werden 25 Grad erreicht" (häufige An- und Aussagenorm in den TV-Wetternachrichten) hat die gleiche sprachliche Qualität wie die betont einfühlsame Aufforderung der Finanzbehörde an die Steuer zahlenden Untertanen („Sie werden dringendst ersucht …"). Das Passiv ist eben die denkbar übelste Form, mit einem Verb zu verfahren, weil es nicht klar benennt, sondern nur versteckt bzw. eine Menge Theaternebel verbreitet. Passiv ist nur dann gerechtfertigt, wenn es tatsächlich eine Leideform ausdrücken soll („Der Postbote wurde schon mehrfach vom Hofhund gebissen"). Schlimmer noch als die ohnehin schon geschraubte Leideform und deswegen absolut unerträglich ist gehäuftes Passiv in jedem von mehreren aufeinander folgenden Sätzen. Es bringt geradezu grauenhafte Satzgebilde hervor.

Beispiel

Unbrauchbar
    Die Auftragung der Einzelfraktionen der vorgereinigten Extrakte bzw. ihrer Präzipitate nach Behandlung mit schwach konzentrierter Ammoniumsulfatlösung, die normalerweise entsprechend der Versuchsanleitung von Meyer (2008) mit Mikrokanülen vorgenommen wird, wurde von der Arbeitsgruppe um Müller (2017) als unzureichend kritisiert und wird daher hier nicht mehr eingesetzt.
    Der Leser kämpft sich wiederum durch eine Güterzuglänge gereihter (fachbegrifflicher) Substantive und gelangt erst mit den erlösenden Verben im letzten Satzfünftel

zur eigentlichen Kernaussage. Das (fiktive) Beispiel ist bereits fatal genug, aber anhand von Literaturstellen leicht zu übertreffen. Bei Ihren ausgedehnten Literaturrecherchen werden Sie mengenweise abschreckende Beispiele finden. Daraus folgt die dringende Empfehlung, in der Aktivform zu schreiben. Formulieren Sie also möglichst nicht „Es wird nachgewiesen, dass …“, sondern „Dieser Abschnitt weist nach …“.

Deutlich besser

Die Einzelfraktionen der vorgereinigten Extrakte bzw. ihrer Präzipitate trugen wir mit Mikrokanülen auf. Die Versuchsanleitung von Meyer (2008), die eine Vorbehandlung mit schwach konzentrierter Ammoniumsulfatlösung vorsieht, hat die Arbeitsgruppe um Müller (2017) als unzureichend kritisiert. Die Auftragung erfolgte daher ohne diesen Schritt.◄

Im Passiv formulierte Sätze erscheinen zwar auf den ersten Blick objektiver, sachbezogener oder distanzierter und daher einem naturwissenschaftlichen Text durchaus angemessen. Das genauere Hinsehen entlarvt sie jedoch sofort als umständlich, geschraubt, zudem bürokratisch und für das Verständnis geradezu kontraproduktiv. Weil das Passivprädikat im Satz erst ganz weit hinten oder gar am fernen Ende folgt (siehe Abschn. 5.4), ist nämlich erst einmal eine größere begriffliche Bugwelle abzuarbeiten, die leicht zur gedanklichen Atemnot führt. Passivsätze knarren, knirschen und klemmen also vernehmlich. Es geht wirklich einfacher und eleganter. Autoren, die Kapitelüberschriften wie „Ein Thema wird bearbeitbar gemacht“ oder „Wenn mit dem Computer gearbeitet wird“ formulierten (Peterßen 1999), muss man geradezu dankbar dafür sein, dass sie so herrlich abschreckende Beispiele liefern. *„Nullus est liber tam malus, ut non aliqua parte prosit“* – diese wunderbare Sentenz verdanken wir Plinius d. Ä. (23–79): Kein Werk ist so nutzlos, dass es nicht zumindest noch als abschreckendes Beispiel dienen kann. So ist es.

▶ **PraxisTipp Aktiv vs. Passiv** Wo immer es geht, alle Sätze unbedingt im Aktiv formulieren.

5.8 Sichere Kandidaten für den Rotstift

Die aus dem Japanischen über das Englische ins Deutsche übersetzte Gebrauchsanleitung für die neue Küchenmaschine überrascht fast immer mit vielerlei erheiternden Formulierungsschwächen. Nicht allein solche Alltagstexte, sondern eben auch Manuskripte zu wissenschaftlichen Inhalten weisen mancherlei stilistische Schwachstellen und Schnitzer auf. „Das Gute, dieser Satz steht fest, ist stets das Böse, das man lässt“, merkte Wilhelm Busch (1832–1908) zwar nicht ausdrücklich im Blick auf einen die beabsichtigte Botschaft nachhaltig schädigenden Textstil an, aber sie könnte damit durchaus gemeint sein. Gelegentliche bis häufige, aber vermeidbare Problemzonen sind:

Abkürzungen

Seltenere oder sehr spezielle Abkürzungen bzw. Akronyme belasten die Verständlichkeit eines Textes beträchtlich – es sei denn, sie sind in einem gesonderten Abkürzungsverzeichnis schon am Anfang (!) der Arbeit aufgelöst. Vermeiden Sie daher von der Einleitung bis zur Diskussion Textpassagen, die mit vielerlei Abkürzungen gespickt sind.

Auch die unschön abgekürzten Standardfloskeln wie u. A., d. h., i. d. R., u. v. a. m. oder ähnliche Ausflüchte lassen sich vermeiden, wenn man die betreffenden Sätze aus- oder umformuliert.

Bekanntlich

In den Texten mancher Autoren schwingt – sicherlich meist unabsichtlich – eine gewisse Arroganz oder Hochnäsigkeit mit, wenn sie wie selbstverständlich betonen, dass dies oder jenes *bekanntlich* so oder so funktioniert. Der Leser, der den angesprochenen Sachverhalt aber partout noch nicht kennt, ist folgerichtig enorm frustriert und droht eventuell in tiefe Depressionen abzugleiten. Ersparen Sie ihm solche zerknirschenden Momente sowie das Gefühl, dass er selbst die Schuld daran trägt, wenn er die eventuell verquaste Botschaft Ihres Textes nicht versteht.

Fallgruben

Bastian Sick (2004, 2005, 2007) gebührt das große Verdienst, auf vielerlei Stolperanlässe in der deutschen Sprache aufmerksam gemacht zu haben. Häufige Steine des Anstoßes sind der umgangssprachliche Gebrauch der beiden Kasus Genitiv und Dativ nach bestimmten Präpositionen. Vielfach ist dabei „der Dativ dem Genitiv sein Tod" (Sick 2004). Tab. 5.2 versammelt einige häufigere „Fall"-Beispiele bzw. -gruben.

Falsche Freunde

Bei der Übersetzung aus anderen Sprachen oder umgekehrt drohen erfahrungsgemäß mancherlei Fallgruben. In beiden betreffenden Sprachen ähnliche oder sogar gleich lautende Wörter bezeichnen nicht selten völlig verschiedene Sachverhalte. Im Englischen nennt man sie daher zutreffend *false friends*. Einige (von sehr vielen) englischen Wortbeispielen sind *actual* (eigentlich, wirklich), *apart* (abseits, abgesondert), *brave* (mutig), *fatal* (tödlich), *genial* (freundlich, heiter), *concept* (Begriff), *menu* (Speisekarte), *probe* (Sondierung, auch als Verb *to probe* = untersuchen), *rate* (Maß, Kurs) oder *sensible* (vernünftig). Sollten Sie das englische *pregnant* (schwanger) tatsächlich mit *prägnant* übersetzen, lösen Sie garantiert heftige Heiterkeit aus. Peinlich berührt könnten die Betroffenen reagieren, wenn sie ihre *hall* (Landsitz) mit Halle übersetzt finden.

Falsches Attribut

Die „biologische Abbaubarkeit", die „geologischen Schichten" oder die „psychologische Verfassung" sind aufgeplustert und begrifflich ebenso falsch wie eine „ökologische Verantwortung" oder die verfemten „chemischen Substanzen": Sie werden auch durch häufigen

Tab. 5.2 Präposition und richtiger Kasus[1]

Die Präposition	Erfordert den	Wie im Fallbeispiel
Aufgrund	Genitiv	Aufgrund des Klimawandels steigt der Meeresspiegel
Dank	Genitiv	Dank der hochwertigen Ausführung
Einschließlich	Genitiv	Einschließlich der benannten Zusatzwerte ergibt sich folgender Sachverhalt
Gemäß	Dativ	Gemäß dem Protokoll der letzten Arbeitsgruppensitzung
Infolge	Genitiv	Infolge verknappter Ressourcen ist eine Steigerung kaum möglich
Kraft	Genitiv	Kraft seiner Autorität
Nahe	Dativ	Im Dünengelände nahe dem Strand finden sich kleinflächige Moore
Namens	Genitiv	Namens der Institutsleitung
Seitens	Genitiv	Seitens der Mitwirkenden
Statt	Genitiv	Statt einer kompletten Messwertfolge zeigt die Abbildung ausgewählte Einzelpunkte
Unweit	Genitiv	Unweit der Straße befindet sich ein fossilführender Aufschluss
Während	Genitiv	Während des Messvorgangs war keine Kalibrierung mehr möglich
Wegen	Genitiv	Wegen eines technischen Defekts ergaben sich am GPS-Gerät falsche Ablesungen

[1] vgl. Sick 2004

alltags- resp. umgangssprachlichen, inhaltlich verschleifenden Gebrauch nicht besser. Hüten Sie sich vor Präfixen wie Bio-, Geo-, Öko- und Psycho- auch bei Substantiven. Die Umgangssprache ist meist ein schlechter Ratgeber.

Farbiges

Die grüne Wiese mit gelbem Löwenzahn, die weißen Wolken über blauen Bergen sind meist unproblematisch zu handhaben. Fallweise lässt sich der noch grauere Himmel gar zum schwärzesten Tag steigern (Sick 2005). Daneben gibt es eine Anzahl von Farbadjektiven, die sich von Substantiven ableiten wie *olive* von der Steinfrucht des Ölbaums, *orange* von der durchaus schmackhaften Zitrusfrucht, *lila* von der französischen Bezeichnung für Flieder oder *rosa* von der zart errötenden Rose. Solche buchstäblich nuancierenden Farbangaben sind nach den gültigen Schreib- und Sprachregeln absolut stocksteif – man kann sie nämlich partout nicht deklinieren: „Die rosane Befiederung des Flamingos" ist ebenso unzulässig wie „die orangene Unterseite einer Gelbbauchunke" oder „die noch lilaneren Kronblätter der Moschus-Malve". Es bleibt schlicht bei der rosa Befiederung, der orange Unterseite und den lila Kronblättern. Wem das zu sperrig klingt, kann die erläuternden Suffixe *-farben* oder *-farbig* verwenden und von rosafarbenen Flamingos, orangefarbigen Unkenbäuchen oder lilafarbenen Malven schwärmen.

Fremdwörtliches

Fremdwörter sind ebenso wie viele Fachbegriffe gewöhnlich einer der antiken Hochsprachen Latein oder Altgriechisch entlehnt. Da diese so gut wie absolut tot und auch als Lernstoff weitgehend ausgestorben sind (vgl. dagegen Meier-Brook 2008), wird der korrekte Gebrauch mitunter zur heftigen Problemzone. Dazu gehört auch die richtige Bildung der Flexionsformen. Das Plural-s wie an *Kommas* (unterdessen leider weitgehend toleriert) schmerzt ebenso nachhaltig wie bei den *Praktikas* und ist mindestens so fatal unerträglich wie bei *Gnocchis* und *Zucchinis*. Tab. 5.3 (nach Sick 2004) listet auswahlweise einige häufiger auftretende Plural-Klippen auf. Richtig muss es bei den obigen Beispielen natürlich heißen Kommata. Wir bleiben tatsächlich bei den Kommata – der Duden ist hier (wie auch sonst) ein oftmals unzuverlässiger, aber bei vielen Institutionen verbindlicher Ratgeber. Praktika, Gnocchi bzw. Zucchini sind bereits Pluralformen.

Siehe auch Stichwort Vorentlastung in diesem Kapitel.

Fugen-s

Sagt (oder schreibt) man Schaden*s*ersatz oder Schadenersatz? Heißt es korrekt Essen*s*gutscheine oder Essengutscheine? Und warum spricht man von Mord*s*spaß, aber von Mordopfer? Das so bezeichnete Fugen-s kittet fallweise die Nahtstelle zwischen zwei zusammengebackenen Hauptwörtern. Der korrekte Gebrauch ist ein wenig unübersichtlich und nicht leicht in einfache Gebrauchsregeln zu fassen. Dennoch eine kleine (aber eingeschränkte) Hilfe:

Im Allgemeinen steht das Fugen-s bei Wörtern mit den endenden Silbenbestandteilen -heit, -ling, -keit, -schaft, -tät, -tum oder -ung, wie in Gleichheitsprinzip, Frühlingsbeginn, Landschaftsökologie, Immunitätseinbuße, Eigentumsvorbehalt, Wahrnehmungsfähigkeit oder Wirklichkeitsverlust.

Tab. 5.3 Häufige Fremdwörter und ihr korrekter Plural

Singular	Plural	Singular	Plural
Agenda [1]	Agenden	Kasus	Kasus
Atlas	Atlanten	Komma	Kommata
Datum	Daten	Opus	Opera
Forum	Foren	Praktikum	Praktika
Genus	Genera	Status	Status

[1] Das als Singular gebrauchte Wort Agenda ist vom Ursprung her eindeutig der Neutrumplural des lateinischen Gerundiums *agendum,* aber nach Duden und Wahrig in der Einzahlform zulässig

Das Fugen-s wird nicht eingefügt bei Komposita, deren erster Bestandteil ein Feminum ist wie in Fruchtsaft, Lageskizze, Nachtflug, Musikrepertoir, Redepause oder Naturschutz. Es gibt allerdings zahlreiche Ausnahmen wie Geburtstagsfeier, Geschichtsfachliteratur oder Liebeslyrik.

Im Zweifelsfall muss man sich hier auf sein Sprachgefühl verlassen und auf den Wohlklang der Formulierung achten …

Fülliges

Die Umgangssprache verwendet gerne und ausgiebig Füllwörter, die eine Aussage aufblähen und in den meisten Fällen sogar relativieren. In einem Wissenschaftstext haben sie keinen Platz, denn hier ist die klare, kompakte und pointierte Aussage gefordert. Unter Dauerverschluss im Giftschrank kommen daher *eigentlich, ganz, gewissermaßen, insgesamt, irgendwie, ja, natürlich, regelrecht, sehr, so, wirklich, weitgehend, wohl* und ähnlich watteweiche Artverwandte. Weitere Beispiele benennt Tab. 5.4. „Wenn es möglich ist, ein Wort zu streichen, dann streiche es", riet einst der britische Schriftsteller George Orwell (1903–1950). Tun Sie es!

Jedoch: Nach so vielen stilistischen Verdikten brechen wir dennoch (vorsichtig) eine Lanze für die Füllwörter: Bei (stark) zurückhaltender Dosierung verbessern sie oft die stilistische Geschmeidigkeit von Formulierungen und erleichtern damit deutlich den Lesefluss eines ansonsten möglicherweise sehr holperigen bis spröden Textes. Die Füllsätze des folgenden Stichworts gehören aber nicht dazu.

Tab. 5.4 Vermeiden Sie in einem wissenschaftlichen Sachtext (weitgehend) die folgenden Füllwörter

allemal	gar	schlicht
allenthalben	gemeinhin	schlussendlich
an sich	gewiss	schwerlich
augenscheinlich	halt	selbstredend
bei Weitem	hinlänglich	sowieso
bekanntlich	im Grund genommen	sozusagen
bestenfalls	im Prinzip	überdies
bloß	in der Tat	umständehalber
dadurch	irgendein	ungemein
demgegenüber	lediglich	unstreitig
demgemäß	letztlich	voll und ganz
durchaus	meistenteils	weitgehend
durchweg	mitunter	wirklich
eben	nichtsdestoweniger	wohlgemerkt
ein wenig	offenkundig	womöglich
einfach	ohne Zweifel	ziemlich
einigermaßen	partout	zugegeben
fraglos	quasi	zusehends
freilich	rundheraus	zuweilen
ganz gerne	sattsam	zweifelsohne

Füllsätze

Außer entbehrlichen Füllwörtern verirren sich gelegentlich auch inhaltsleere Füllsätze in einen Text. Sie bieten bei genauerem Hinsehen keine eigene Aussage, sondern stellen eher Pseudoargumente nach Art einer Programmansage dar. Zu Recht verpönte Beispiele sind

- Wir kommen jetzt zu einem extrem wichtigen Unterpunkt, nämlich …
- Hieran schließt sich die ganz entscheidende Frage an, ob …
- Jetzt muss ein weiterer Sachverhalt zur Sprache kommen, denn …
- Im Folgenden wird gezeigt, welchen Einfluss die verwendete Pipettengröße hatte …
- Es ist somit offenkundig, dass …
- Es muss nicht näher erläutert werden, warum …
- Daraus folgt unweigerlich, weshalb …
- Nachfolgend werden wir zeigen, dass …
- Es wäre außerdem wichtig zu erwähnen, dass …
- Hier drängt sich die entscheidende Frage auf, warum …
- Beispielhaft werde ich nun erläutern, inwiefern …

Wenn der Folgetext tatsächlich einen argumentativ entscheidenden Aspekt mitteilt, können Sie diesen Ihren Lesern wesentlich wirksamer durch eine Direktformulierung mitteilen. Dazu ist jedoch meist eine größere Umrüstung der betreffenden Textpassage erforderlich.

Genitiv-s

Immer häufiger findet man in den Printmedien, dass Flexionsformen völlig verschleifen. Auf der beklagenswerten Verluststrecke steht das Genitiv-s, vor allem bei geographischen Namen: „die Küsten des südlichen Europa" oder „an den Ufern des Rhein" mag in manchen Kreisen zwar gerade noch akzeptabel erscheinen, ist aber absolut nicht korrekt. Richtig muss es auch heißen „die Waldgesellschaften des Allgäus", „die Feinstratigraphie im Unterdevon des Westerwaldes" oder „das Eruptionsalter des Petersberges". Allerdings sollte man den Genitivgebrauch auch nicht übertreiben: „Chantals Gürtels Schnalle" (Konrad Beikircher) klingt reichlich gespreizt. Die O-Version im ripuarischen Regiolekt (Umfeld von Köln) klingt noch schauriger: „dem Chantal singe Jödel sing Schnall".

Metaphern

Eine Müllhalde lässt sich auch in der Wortverkleidung des Entsorgungsparks nicht richtig schön reden, und wenn jemand das Zeitliche gesegnet hat, ist er wohl unwiderruflich tot. Der Umgang mit schönfärberischen Ausdrücken (Euphemismen) oder anderen bildhaften Vergleichen (Metaphern) lockt gelegentlich auf spiegelglattes Eis und lässt Unerfahrene erbarmungslos straucheln. In der Prosaliteratur wirkt eine gekonnte, wenngleich fallweise auch gewagt erscheinende Metaphorik wie gut dosierte Pfefferkörner in der Speise („Sie lächelte nicht besonders boticcellimäßig, sondern eher wie ein leicht verkatertes Girl aus

·der Werbung für Margarine"). In der Wissenschaftssprache ist dieser besondere Sprachstil dagegen weitgehend unangebracht.

Geradezu grotesk wirken ähnliche Vergleiche, wenn sie zum schiefen Bild missraten („Der Schokoladenhase ist das Zugpferd der Osterartikel", „Das Motiv durchzog wie ein rotes Tuch den gesamten Text" oder „Er ließ die Argumente einfach unter den Teppich fallen"). Leicht grenzwertig ist auch die Aussage: „Bei der Fotosynthese tappen wir nicht mehr im Dunkeln."

Negatives

Bei Formulierungen mit „nicht" ist das Aufeinandertreffen von Partikel (nicht) und zugehörigem Adjektiv nicht immer eindeutig interpretierbar. Auch die aktuellen etablierten Wörterbücher zur deutschen Sprache bleiben in diesem Punkt bemerkenswert unentschlossen. Nach § 36 (Absatz 2.3) der Amtlichen Regelungen zur deutschen Rechtschreibung bleibt es mal wieder dem Schreibenden überlassen, eine entsprechende begriffliche Akzentplatzierung vorzunehmen, die aber werkeinheitlich ausfallen muss. Beispiele aus wissenschaftlichen Formulierungsfeldern sind

- nichtlinear vs. nicht linear,
- nichtkompetitiv vs. nicht kompetitiv,
- nichtreduzierend vs. nicht reduzierend.

Würfeln Sie. Nicht zu empfehlen ist immer die Schreibweise

- Nicht-linear etc.,

obwohl sie auch in Printmedien oder im Behördendeutsch häufig anzutreffen ist.

Nichtzählbare

Die meisten Nomina existieren in einer Singular- und einer davon abweichenden Pluralform: Blatt, Blume, Feder, Hund, Vogel werden im Nominativ zu Blätter, Blumen, Federn, Hunde, Vögel. Nur *der Käfer* behält auch als Kollektiv *die Käfer* seine Form.

Daneben gibt es nicht wenige nichtzählbare Nomina, für die es konsequenterweise auch keinen korrekten Plural gibt. Beispiele sind Beton, Blut, Chaos, Humus, Milch, Politik, Verkehr oder Zukunft. Möchte man in fachsprachlichem Zusammenhang eine Pluralform verwenden, bleiben elegante Umschreibungen wie *Milchprodukte, Sorten von Beton, politische Fehlentscheidungen* oder *Zukunftsentwürfe*. Eine häufig falsche Pluralbildung betrifft auch den in der Biologie üblichen Begriff *der Pollen* – er bezeichnet schon in der Singularform eine Menge *(plurale tantum)*, weswegen die Form *die Pollen* begrifflich und grammatisch falsch ist. Eine genauere Unterscheidung zwischen Singular und Plural leistet die Wortzusammensetzung *das Pollenkorn* vs. *die Pollenkörner*.

Nominalfolgen

Das Gebot der kompakten Formulierung, dem nach vieljährigem Lesetraining oder entsprechenden redaktionellen Frustrationsstrecken auch die gehorsamst eingeknickten Autoren wissenschaftlicher Texte folgen, verleitet oft zu ungesund zusammengeleimten Hauptwörtern. Die Flachkopfmusterbeutelklammer oder der Gesundheitswiederherstellungsmittelzusammenmischungsverhältniskundige (= Apotheker) sind zwar begrifflich logisch, eindeutig und mitunter praktisch-funktional, wirken aber dennoch für das Textverständnis total verstopfend. Sie sind daher reichlich ungesund und nur im extremen Notfall zu verwenden.

Scheinobjektive Nominalkonstruktionen, auch Streckformen genannt, erinnern immer stark an die üblicherweise unliebsame Behördenprosa („Beibringung der Steuererklärung als Voraussetzung der Notwendigkeit zur Veranlagung zur Einkommensteuer"). Solche Reihen lassen sich leicht vermeiden, wenn man statt der bürokratisch aufgebeulten Substantiv-Verb-Kombinationen das viel einfachere und schlichte Verb setzt. Beispiele zeigt Tab. 5.5.

Plastikdeutsch

Dem Begriff Plastik haftet seit jeher etwas Negatives bzw. Zweirangiges an. Auch die deutsche Benennung „Kunststoff" (im Gegensatz zum Naturstoff) ist überdenkenswert, denn jegliche Plastikartikel bestehen selbstveständlich aus den für alle organischen Verbindungen typischen (natürlichen) Elementen Wasserstoff (H), Kohlenstoff (C) und Sauerstoff (O). Aus Plastik gefertigte Materialien müssen indessen nicht minderwertig oder gar nutzlos sein, denn sie leisten in vielen Einsatzgebieten (z. B. in der Medizin) Unersetzliches.

Unter der Bezeichnung „Plastikdeutsch" existiert in Buchform eine erfrischende Zusammenstellung von Begriffsunfällen und Wortmüll, wie man sie überwiegend der gewöhnlich stark aufgeblähten Diktion der Manager, Medien, Politiker und Werbebranche entnehmen kann (Krämer und Kaehlbrandt 2008). Abschreckende Beispiele sind durchgecastet, Entfluchtung, Erwerbspersonenpotenziale, Eventorganizer, Führungsbiotop, Neuanfang, Outsourcing, Performance, Relaunch oder Staurisiko.

Tab. 5.5 Vermeiden aufdringlicher Nominalfolgen

Statt:	formulieren Sie:
in Ansatz bringen	ansetzen
zur Ausführung gelangen	ausführen
unter Beweis stellen	beweisen
einer Verwendung zuführen	verwenden
für die Entsorgung vorsehen	entsorgen
eine Abfuhr erteilen	ablehnen
Verzicht leisten	verzichten
den Vorzug geben	vorziehen
Bezug nehmen	beziehen

Pleonasmen

Bei Schulaufsätzen drangsalierte man uns früher, die jeweiligen Schilderungen möglichst üppig mit „schmückenden Adjektiven" anzureichern. Adjektive (nach der lateinischen Wortherkunft die „Drangeworfenen") sind häufiger entbehrlich, als man glaubt. In Tautologien wie „alter Greis", „weißer Schimmel", „schwarzer Rabe" oder gar „tote Leiche" ist ihre Nutzlosigkeit offensichtlich. Und wie stellt sich eine deskriptive Beschreibung einer verheerenden Katastrophe mit schlimmen Verwüstungen einer transparenten Glasvitrine auf der fundierten Grundlage eines direkten Augenzeugenberichtes dar, von der Sie durch einen telefonischen Anruf erfuhren? Klar, dass nach einem solchen bedauerlichen Geschehnis mit zwingender Notwendigkeit eine komplette Neurenovierung (übrigens auch dieser Mitteilung selbst …) erforderlich ist.

Haben Sie je Testversuche mit chemischen Stoffen oder Farbpigmenten unternommen und davon Rückantworten oder quantitative Zahlenangaben erwartet? Und was darf man sich unter einem strukturierten System vorstellen? Sprachlogik ist ein wunderbares Instrument jeglicher Mitteilung, aber begrifflicher Wildwuchs führt den Leser unnötigerweise in Verständnisdickichte.

Die (amtliche/behördliche) Umgangssprache kennt viele zusammengesetzte Begriffe, die ihre Mitteilung unnötigerweise gleich zwei Mal transportieren. Überprüfen Sie Ihre Texte unbedingt auf gespreizte bzw. aufgeblähte begriffliche Doppelungen wie

- Außenfassade,
- Einzelindividuum,
- Endergebnis,
- Fußpedal,
- Glasvitrine,
- Gratisgeschenk,
- Grundprinzip,
- Mitbeteiligung,
- Rückantwort,
- Rückerstattung,
- Testversuch,
- Vorderfront,
- Zukunftspläne.

Doppelt gemoppelt sind auch die folgenden Formulierungen – sie bedürfen allesamt der klärenden Vereinfachung:

- bereits schon,
- ausschließlich nur,
- unter anderem auch,
- ebenso auch,

- überdies noch,
- wieder von Neuem.

Nicht selten – und vor allem bei Verwendung von Modalverben – schleichen sich zunächst unerkannte Pleonasmen in den Fließtext ein. Beispiele sind:

Der Kandidat war bedauerlicherweise nicht *in der Lage,* seine Ergebnisse erklären zu *können.*

Auf dieser Basis ist es gar nicht *möglich,* eine allgemein gültige Versuchsanleitung ausformulieren zu *können.*

In der Vorlesung *soll* der Dozent diesen Sachverhalt *angeblich* erwähnt haben.

Präfixe – entbehrlich bis unnötig

Vorsilben (Präfixe) verstärken oder relativieren den Begriffsinhalt des nachfolgenden Verbs, dem sie vorangestellt sind und sind somit eine nützliche Formulierungshilfe für guten Schreib- oder Sprachstil. Vielfach entstehen bei ihrer unbedachten Anwendung jedoch pleonastische Formen und somit vermeidbarer Sprachmüll (vgl. Sick 2007, S. 121). Einige Beispiele von vielen denkbaren Stolperstellen sind:

- abklären,
- abmildern,
- absenken,
- abstoppen,
- abtesten,
- aufaddieren,
- aufoktroyieren,
- aufsummieren,
- mithelfen,
- vorankündigen,
- vorprogrammieren,
- vorwarnen,
- zuschicken.

Präpositionalismus

Behörden bemühen sich mit beachtlichem Erfolg darum, unverständliche Texte zu verfassen und damit ihre Adressaten zu quälen. Eines ihrer vielen beliebten Stilmittel sind Reihungen von Präpositionen und Adverbien, mit denen sich tatsächlich geradezu granithart Kompaktsätze formulieren lassen. Mitunter finden sich solche stilistischen Einbrüche auch in Wissenschaftstexten. Die folgenden Mitteilungen sind Kostproben:

Beispiel

Unbrauchbar

Nach von uns schon lange vor 1990 durchgeführten Analysen über unter sich vernetzte Proteine ...

Wegen einer aus uns immer noch nicht nachvollziehbaren Gründen gegenüber einer gestern erfolgten Überhitzung ...

Sie lassen sich nur dann verdauen, wenn man die blockierenden Verkettungen zerlegt und sortiert:

Deutlich besser

Analysen über vernetzte Proteine, die wir schon vor 1990 durchgeführt haben, zeigten ...

Aus noch nicht nachvollziehbaren Gründen erhitzte sich ...

Relativpronomen und Artikel

Formulierungen wie *Die Reaktion, die die Verpuffung auslöste* klingen holperig. Solche Aussagen lassen sich leicht glättend umbauen: *Die Reaktion, welche die Verpuffung auslöste* oder *Die Reaktion, die zu einer Verpuffung führte...*

Bei Adjektiven mit dem Präfix un- empfiehlt sich fallweise die umschreibende Steigerung: ungefährlich, weniger gefährlich, am wenigsten gefährlich.

Unbeugsames

Die Mitteilung auf der Sportseite der Tageszeitung, wonach der Aufstieg des 1. FC Köln in die Erste Bundesliga trotz *teilweiser* guter Leistungen schon wieder gefährdet ist, zermürbt nicht nur die Seelen der FC-Fans. Von der Tragik dieser Ausgangslage abgesehen, ist ein weiterer zu Tränen rührender Befund das Wort *teilweiser* und sein Gebrauch als dekliniertes Adjektiv. So geht das eben nicht. „Teilweise" ist ein geradezu klassisches Adverb, das man nicht attributiv dekliniert in Verbindung mit einem Nomen verwenden kann. Die *paar-, fall-, schritt-* und *zeitweisen* Maßnahmen zur Erhöhung der Geburtenrate sind also (auch) formal nur dann in Ordnung, wenn es sich um *paar-, fall-, schritt-* und *zeitweise* eingeleitete Maßnahmen handelt.

Adverbien sind generell unflektierbar – man kann sie nicht beugen. Statt der nicht zulässigen Form *die jetzte Möglichkeit* formuliert man zutreffender *die jetzige Möglichkeit*. Adverbien sind – bis auf wenige Ausnahmen (*oft, öfter*) auch nicht zu steigern – *am jetzesten* geht also nicht.

(Vgl. auch Stichwort Farbiges in diesem Abschnitt).

Sogenannt

Nach der neuen deutschen Rechtschreibung auch in der Form „so genannt" zulässig, ist ein stilistisch unschöner und geradezu klassischer Weichmacher, der bei genauerem Hinsehen meist keine Botschaft vermittelt und nur vorgibt, der Unwissenheit der Leserschar

Tab. 5.6 Hier ist die
Steigerung ausgeschlossen!

Nur im Positiv erscheinen (Auswahl):		
einmalig	ideal	verschieden
einzig	minimal	verstärkt
entsetzlich	maximal	verwirrend
frei	optimal	voll
gleich	perfekt	weitgehend
gleichmäßig	unterschiedlich	zerstreut

hilfreich entgegenzukommen. Im Formulierungsbeispiel „Die so genannte Fotosynthese, die lichtabhängige Umwandlung von Kohlenstoffdioxid in organische Verbindungen, ist ein bewundernswerter Prozess" ist „so genannte" völlig entbehrlich, weil die Apposition den betreffenden Sachverhalt hinreichend klar benennt.

Steigerung – problematisch bis verboten
Vergleichsformen (Komparative) wirken häufig ziemlich penetrant, Superlative oft sogar unerträglich anmaßend. Setzen Sie Begriffssteigerungen daher unbedingt zurückhaltend und sozusagen homöopathisch dosiert ein.

In vielen Fällen ist eine Steigerung logischerweise überhaupt nicht möglich, so in absoluten Adjektiven wie *blind, einfallslos, schwanger, schwarz, tot* oder bei solchen, die bereits den höchsten Grad ausdrücken wie universell (weitere Beispiele versammelt Tab. 5.6). Oder sie ist zumindest fragwürdig wie bei *verschieden* sowie bei allen mit dem Präfix „un-" beginnenden Adjektiven. Wenn der „perfekteste Augenblick" den „totalsten Wahnsinn" verspricht, liegt eine brutalstmöglichste Steigerungsform vor, die standardsprachlich einfach nicht mehr hinnehmbar ist.

Nur wenige (vor allem lagebezogene) Adjektive sind nur einmal zu steigern (vom Positiv in den Superlativ) (Tab. 5.7).

Tab. 5.7 Hier ist die
Steigerung eingeschränkt
möglich

Im Positiv	Und nur im Superlativ
äußerer	äußerster
hinterer	hinterster
innerer	innerster
unterer	unterster
vorderer	vorderster

Verneinung – schlimmstenfalls gleich mehrfach

Keineswegs nicht immer unlogisch, nicht grundsätzlich unvermeidbar, eine zunehmende Schrumpfung durch negatives Wachstum – solche und andere hirnverzwirnende Mehrfachverneinungen blockieren beim Lesen hochwirksam den Gedankenfluss. Die Krönung solcher Umständlichkeit liefert – wie so oft bei juristischen Texten – in diesem Fall der § 118 des Bürgerlichen Gesetzbuches (BGB) mit gleich fünf Verneinungen in Serie: „Eine nicht ernstlich gemeinte Willenserklärung, die in der Erwartung abgegeben wird, der Mangel der Ernstlichkeit werde nicht verkannt werden, ist nichtig." Das erkennbare Bemühen um eine objektive und eindeutige Formulierung endet wegen ungenügenden Sprachtrainings im Kommunikationschaos.

(Siehe auch Stichwort „Negatives" in diesem Kapitel!)

Vorentlastung

Wenn ein Text weniger bekannte oder gänzlich neue Begriffe einführt, erklärt man sie kurz – bevor die folgende Darstellung sich weiteren Einzelheiten zuwendet. Damit vermeidet man etwaige nachträgliche Erklärungen in Texteinschüben bzw. Parenthesen, die nur den Lesefluss blockieren. Diese hilfreiche Texttechnik nennt man Vorentlastung.

Beispiele

Strasburger-Zellen (benannt nach dem bedeutenden Bonner Botaniker Eduard Strasburger, 1844–1912) übernehmen bei Farnen und Nacktsamern im Siebteil der Leitgewebe die Funktion von Geleitzellen. Cytologisch sind sie ausgezeichnet durch...

Als Malpighi-Gefäße bezeichnet man die Ausscheidungsorgane landlebender Gliederfüßer. Entdeckt hat sie der vielseitige italienische Naturforscher Marcello Malpighi (1628–1694) entdeckt. Ihre Funktion muss man sich in etwa so vorstellen ...

Nach dem amerikanischen Physiker James Alfred Van Allen (1914–2006) sind die beiden erstentdeckten Strahlungsgürtel in den höchsten Atmosphärenschichten (Van-Allen-Gürtel; Schreibung fallweise auch *van-Allen-Gürtel*) benannt. Unterdessen ist die Existenz eines dritten Strahlungsgürtels bekannt, der ebenfalls geladene Partikeln aus der kosmischen Strahlung abfängt.

Weichmacher

„Mit einem Scanner und der entsprechenden Texterkennungssoftware (OCR) kann man fertige Vorlagen einlesen, die später wie selbst geschriebene Texte weiterverarbeitet werden können" (Peterßen 1999, S. 103).

Solche enorm praktischen Hinweise sind natürlich immer dann besonders erfreulich, wenn sie dem Leser wortreich ausmalen, was er sonst noch alles anstellen kann: Im zitierten Fall tänzelt die schriftliche Verpackung der Botschaft um die einfache Kernaussage, dass (a) ein OCR-unterstützter Scanner üblicherweise Vorlagen einliest und man (b) diese wie Eigenschriftliches weiter verarbeitet. Wozu sonst liest man Textvorlagen ein? Verwenden Sie keine Umschreibungen potenzieller Sachverhalte, wenn ein konkreter Fakt gemeint ist.

Analoge Formulierungen („Ich würde meinen wollen …") sind beim genaueren Hinsehen fast immer begriffliche Weichspüler. „Es könnte durchaus die Gefahr bestehen …" – besteht diese nun tatsächlich oder nicht? „Man könnte sich eventuell vorstellen …" – ist mit einer solchen Ansage die Imagination zu beflügeln oder bleiben wir auf dem Teppich?

Wortgeklingel

Varietas delectat (die Abwechslung erfreut; vgl. Cicero, *De natura deorum* 1,22) – diese bewährte lateinische Sentenz gilt auch für das Durchformulieren von Wissenschaftstexten. Nicht grundsätzlich verboten, aber bedenklich unschön ist die Wiederholung von Sinn tragenden Begriffe im gleichen Satz oder in direkt aufeinanderfolgenden Sätzen:

> … ließ den Kern der heutigen Park*anlage anlegen*.

> Diese Spezies *bildet* im Sommerplankton große Bestände. Dabei *bilden* sich wolkig verteilte Zellansammlungen …

Diese Probleme sind durch einfaches Umformulieren rasch zu beheben. Notfalls hilft ein Synonymlexikon.

Wortverwechslungen

Die deutsche Sprache birgt mit ihrem enormen Wortschatz natürlich auch mancherlei Verwechslungsgefahren von Begriffen, die ähnlich daherkommen, aber etwas durchaus Unterschiedliches bedeuten bzw. benennen. Mitunter erzeugen solche Stolpersteine unfreiwillige Komik oder schlimmstenfalls sogar peinliche Betroffenheit.

Kennen Sie zuverlässig den Unterschied zwischen *effektiv* und *effizient?* Oder zwischen *Agglomeration* und *Akkumulation* bzw. *Denkmalen und Denkmälern?* Weitere etwaige Stolpersteine sind die Begriffspaare *abstrus* und *absurd, angeblich* und *vermeintlich, esoterisch* und *exoterisch, formieren* und *formatieren, ideell* und *ideal, anscheinend* und *scheinbar* etc. Es gibt zahllose weitere Beispiele (vgl. Pollmann und Wolk 2010). Konsultieren Sie in allen Zweifelsfällen ein kompetentes Stilwörterbuch.

Zeugma

Unfreiwillige Komik erzeugen Gespanne aus einem passenden und einem unpassenden Wort beim selben Verb. Ein nettes Beispiel findet sich bezeichnenderweise (weil von Juristen formuliert …) in § 919 Absatz 1 des Bürgerlichen Gesetzbuches:

…, wenn ein Grenzstein verrückt oder unkenntlich geworden ist, ….

Weitere verbotene Formulierungen und Stilschwächen nennt Ihnen Kap. 11.

▶ **PraxisTipp Textaussagen** Einfach und treffend statt wortreich und geschraubt.

5.9 Akronyme

In der alltäglichen gesprochenen oder gedruckten Standardsprache sind Begriffe, die nur (oder überwiegend) aus den Anfangsbuchstaben der ursprünglich sinntragenden Wörter bestehen (daher auch Initialwörter genannt), in vielen Anwendungsgebieten weit verbreitet und im Allgemeinen auch verständlich. Beispiele sind ADAC für Allgemeiner Deutscher Automobilclub, AG für Aktiengesellschaft, CD für Compact Disc, NSG für Naturschutzgebiet, ROM für Read only memory, QR-Code für Quick Response u. v. m. Solche künstlichen Kurzwörter nennt man Akronyme. Überwiegend bestehen sie nur aus den (immer großzuschreibenden) Anfangsbuchstaben mehrerer Wörter, aber fallweise sind auch Mischlösungen mit Groß- und Kleinbuchstaben üblich, wie etwa bei GmbH für Gesellschaft mit beschränkter Haftung oder StVO für Straßenverkehrsordnung.

Bekannte Beispiele aus den Anwendungsfeldern der Naturwissenschaften sind (vgl. die umfangreiche Zusammenstellung bei Brendel 1995):

ATP = Adenosintriphoshat
DOPA = Dihydroxyphenylalanin
GPS = Global Positioning System
PCR = Polymerase Chain Reaction
RubisCO = Ribulose-1,5-bisphosphat-Carboxylase/Oxygenase
RNase = Ribonuclease

Akronyme dienen auch der Bezeichnung von Institutionen oder Verbänden, beispielsweise AWI = Alfred-Wegener-Institut, BUND = Bund für Umwelt und Naturschutz Deutschland oder LVR = Landschaftsverband Rheinland.

Wichtig: Alle in einer wissenschaftlichen Arbeit verwendeten Akronyme müssen in einem gesonderten Verzeichnis aus Verständnisgründen alphabetisch gelistet werden, auch wenn es sich dabei um vermeintlich allgemein bekannte bzw. eingeführte Termini (wie ATP oder DNA) handelt. Vor allem neuere Akronyme sind auf jeden Fall erläuterungsbedürftig, darunter beispielsweise das etwas sperrige CRISPR/Cas für *Clustered Regularly Interspaced Short Palindromic Repeats;* der Zusatzbegriff *Cas* steht für ein in dieser sensationellen Methode essenzielles Enzym.

Unter einem Apronym versteht man eine Sonderform des Akronyms, das ein bereits bestehendes Wort von ganz anderer Bedeutung ergibt. Ein wunderbares Beispiel ist das von der staatlichen Finanzverwaltung eingeführte Kürzel ELSTER für ELektronische STeuerERklärung: In der öffentlichen Wahrnehmung gilt die Elster als diebischer Vogel und mancherorts auch als Unglücksbote. Angesichts der Humorlosigkeit der Finanzbehörde darf man in diesem Fall wohl von unfreiwilliger Komik ausgehen.

5.9.1 Gendern

Derzeit finden in vielen Medien häufige und oft geradezu unsägliche Debatten darüber statt, wie man einen Text geschlechtergerecht (geschlechterneutral) formuliert. Sie stoßen allerdings auf massive Kritik. Tatsächlich kommen die meisten Vorstöße in dieser Richtung aus der Bürokratie und aus der Politik. In den (Natur)Wissenschaften sieht man die Lage eher entspannt und hält sie zudem für eine ephemere Erscheinung. Es gilt hier meist die Empfehlung, eine Formulierung zu finden, die „unabhängig von der Intensität des Bartwuchses" (nach Brennicke 2011) besteht. Man bleibt also mehrheitlich bei personenbezogenen Bezeichnungen, die sich gleichermaßen auf Frauen und Männer beziehen, bei der im Deutschen üblichen männlichen Form. Das impliziert keineswegs eine Geschlechterdiskriminierung oder einen Verstoß gegen den Gleichheitsgrundsatz.

Viele ernst zu nehmende Sprachwissenschaftler sehen bei diesen „bisexuellen Verrenkungen" linguistische Probleme, empfinden sie als Unsitte und verweisen darauf, dass oft nicht sauber bzw. begriffsscharf unterschieden wird zwischen grammatischem (sozialem) Geschlecht (Genus) und der biologischen Entsprechung (Sexus). Zudem hat die 2018 gesetzlich eingeführte Bezeichnung „divers" für faktisch oder vermeintlich Intersexuelle im praktisch-sprachlichen Umgang (oft zu lesen in Stellenangeboten in der Formulierung m/w/d) mit dieser Problematik noch keine Lösungsvorschläge. Begriffe wie Damen*mann*schaft müsste die Hardliner geradezu in die helle Verzweiflung treiben. Der Eintrag „gendern" hat es immerhin in die neueste (22.) Auflage des „Duden" geschafft, aber ein festes Regelwerk gibt es dazu vorerst noch nicht. Generell: Die unten benannten Genderformen sind derzeit nicht in den offziellen Regelwerken zur (neuen) deutschen Rechtschreibung enthalten und nicht einmal vorgesehen.

An vielen Bildungsinstitutionen (inkl. Hochschulen) gilt *gendern* aber indessen als Selbstverständlichkeit oder als Empfehlung. Auch viele Medien bemühen sich um eine geschlechtergerechte Sprachregelung. Informieren Sie sich vor Ablieferung Ihrer Arbeit über die vor Ort jeweils praktizierten Usancen.

Für die formale Behandlung sind derzeit folgende Versionen (Sparschreibungen) im Umlauf:

- klassische Paarform: Lehrer und Lehrerinnen,
- Schrägstrich: Lehrer/-innen,
- Sternchen: Lehrer*innen,

- Unterstrich: Lehrer_innen,
- Klammern: Lehrer(in), Lehrer(innen),
- Doppelpunkt: Lehrer:innen,
- Binnen-I: LehrerInnen,
- Flucht in die partizipiale Neutralität: Lehrende.

Das feminalisierende Binnenmorphem, eventuell noch dargestellt mit eingeklammerter Pluraladresse wie in BürgerIn(nen) oder LehrerIn(nen), sind zwar juristisch einwandfrei, aber formal unschön und zudem oftmals unnötig. Manchmal funktionieren sie nur extrem umständlich wie bei *Kolleg(e)In*. Indessen: *Lehrerin* schreibt man wirklich nur, wenn diese Bezeichnung tatsächlich als genau markierter Begriff stehen soll, weil es im betreffenden Kontext exakt auf das Geschlecht ankommt. Die Form *Lehrer* als nichtmarkierte Form steht völlig korrekt für beide Geschlechter und erübrigt auch die Flucht in die geschlechtsbereinigte Formulierung *die Lehrenden*.

Um etwaigen Ärger zu vermeiden, verwenden Sie – wenn es die Regelungen der Ausbildungsstätte zulassen – vorsichtshalber schon im Eingangbereich der Darstellung die folgende Generalklausel:

> Dieser Text verwendet aus Gründen der besseren Lesbarkeit nur die männliche Schreibweise. In diesen Fällen sind sowohl Frauen als auch Männer gemeint.

Sie werden es längst bemerkt haben: Dieses Buch folgt durchweg den Empfehlungen dieser vorgeschlagenen Generalklausel.

Wenn man schon nicht bei der geschlechtsneutralen Maskulinform Kollegen und Lehrer bleiben möchte, darf man eventuell durchaus den geringen Schreibmehraufwand für *Kolleginnen und Kollegen* oder *Lehrerinnen und Lehrer* riskieren.

Dazu vielleicht auch einmal etwas Anekdotisches: Annemarie Renger (1919–2008) bestand während ihrer Amtszeit als Bundestagspräsidentin (1972–1976) darauf, als solche angesprochen zu werden. Ein höherer Ministerialbeamter erwiderte: „Frau Präsidentin, Sie sind der Bundestagspräsident". Nun ja.

- In etlichen Fällen funktioniert das Gendern einer Berufsbezeichnung aus sprachlichen Gründen überhaupt nicht. Beispiele sind Arzt/Ärztin, Bauer/Bäuerin oder Koch/Köchin.
- Auch bei Katze/Kater/Kätzin gibt es Schwierigkeiten. Hier bleibt es also (vorerst) bei der ausformulierten Vollversion.
- Unlösbare Gender-Schwierigkeiten bringen zudem die adjektivischen Ableitungen von maskulinen Substantiven, wie bei *freundlich* (von der Freund) oder göttlich (von der Gott).
- Von beachtlicher sprachlicher Unbedarftheit zeugt übrigens die in den Medien leider zunehmend verwendete Form *man/frau.*

5.9.2   Neue deutsche Rechtschreibung

Bis weit in das 18. Jahrhundert existierte keine allgemein verbindliche Rechtschreibung. Jeder Autor schrieb gerade so, wie er es persönlich für korrekt hielt. Orientierungshilfen waren entweder die eigene Schulbildung oder sonstige Vorbilder, beispielsweise amtliche Bekanntmachungen. Ausgehend von den staatlichen Kanzleien entwickelten sich fast überall regionale Unterschiede. Nach der Reichsgründung 1871 bestand jedoch rasch Konsens darüber, dass ein verbindliches und einheitlich praktiziertes Regelwerk zur Schriftform einer Kultursprache nur Vorteile hat. Eine Erste Orthographische Konferenz (1876) scheiterte am Veto Bismarcks. Ein besonders wirksamer und nachhaltiger Impuls ging von dem Gymnasiallehrer und Schulleiter Konrad Duden (1829–1911) aus, der in seinem 1880 erschienenen Werk „Vollständiges Orthographisches Wörterbuch der deutschen Sprache – Nach den neuen preußischen und bayerischen Regeln" die bis dahin vorliegenden einzelstaatlichen (insbesondere eben preußischen und bayerischen) Schulvorschriften harmonisierte. Der ohnehin (leicht?) paranoide Kaiser Wilhelm II. hielt übrigens nichts von der vereinheitlichenden Neuregelung und bestand noch bis 1911 darauf, dass alle ihm vorzulegenden Schriftsätze in der alten Schreibung abgefasst waren.

Weil nun die deutsche Schriftsprache auf besonders komplizierten, fallweise spitzfindigen und nicht selten unlogischen Regeln fußt, sah man Ende des 20. Jahrhunderts die Notwendigkeit, die Rechtschreibung im deutschsprachigen Raum zu vereinfachen. Im Jahre 1987 erteilte die deutsche Kultusministerkonferenz (KMK) dem Institut für Deutsche Sprache (Mannheim) sowie der Gesellschaft für deutsche Sprache (Wiesbaden) den Auftrag, ein neues Regelwerk zu erarbeiten. Einen 1988 unterbreiteten Vorschlag wiesen die KMK und große Teile der Öffentlichkeit zu Recht als unannehmbar zurück. Eine stark modifizierte Fassung sollte 1998 in Kraft treten, löste aber in der öffentlichen Diskussion wiederum heftige Kontroversen aus, in deren Folge Verlage und Zeitungsredaktion ankündigten, zur alten Rechtschreibung zurückzukehren. Erst eine erneut in großen Teilen überarbeitete Version ist seit dem 1. August 2006 verbindlich. Sie hat jedoch nur im schulischen bzw. behördlichen Bereich amtlichen Charakter, aber darüber hinaus keine rechtliche Verbindlichkeit, wie sogar der Bundesgerichtshof (BGH) ausdrücklich feststellte.

Tatsächlich wird die neue Rechtschreibung nicht überall einheitlich praktiziert. Mehrere größere Verlage und Zeitschriftenredaktionen wenden seit 2007 eigene Hausorthographien an, die sich mehrheitlich am neuen Regelwerk von 2006 orientieren, jedoch etliche Abweichungen aufweisen. Auch die Arbeitsgemeinschaft der deutschsprachigen Nachrichtenagenturen nähert sich in manchen Empfehlungen an die traditionelle Rechtschreibung an und verwirft damit die Neuregelungen.

Die amtlichen, von der KMK und vom Rat für deutsche Rechtschreibung verabschiedeten Regeln liegen den beiden am weitesten verbreiteten Standardwerken „Die deutsche Rechtschreibung" (Duden bzw. Wahrig) zugrunde. Für das Abfassen einer schriftlichen Arbeit im Hochschulrahmen ist es daher ratsam, einheitlich den Empfehlungen eines dieser Basiswerke zu folgen, dieses ausdrücklich zu deklarieren und keine weitere Individualorthographie zu entwickeln, auch wenn manche der in den Standardwerken vorgeschlagenen Schreibweisen inkonsequent, unlogisch oder zumindest sperrig erscheinen. Manche Linguisten sprechen in diesem Zusammenhang sogar von „politischer Überrumpelung der Sprachgemeinschaft".

In der Wissenschaftspraxis etablierte oder generell übliche Schreibweisen nennt Ihnen Kap. 11 mit seinen verschiedenen Spezialeinträgen.

Kleiner Rechtschreibetest: Wie fit sind Sie in Orthographie?

Sprachliche Verstösse sind überall im alltag viel verbreiteter als man gewöhnlich annimmt so beispielsweise im SWR („der aktuellste Verkehrsservice). Geben Sie ihrer Mitteilung schon von anfang an nicht nur den nötigen sprachlichen Schliff sondern bemühen Sie sich unbedingt um die korrekte Rechtschreibung, denn die müßen sie auf jeden fall beherrschen damit die rein formale Seite der Mitteilung in ordnung ist. Nur dann wird man Ihre Texte entgültig ernst nehmen und Sie nicht als unfähig ab stempeln.

Haben Sie die 12 Fehler entdeckt?

Sprachliche Verstöße sind überall im Alltag viel verbreiteter, als man gewöhnlich annimmt, so beispielsweise im SWR („der aktuellste Verkehrsservice). Geben Sie Ihrer Mitteilung schon von Anfang an nicht nur den nötigen sprachlichen Schliff, sondern bemühen Sie sich unbedingt um die korrekte Rechtschreibung, denn die müssen Sie auf jeden Fall beherrschen, damit die rein formale Seite der Mitteilung in Ordnung ist. Nur dann wird man Ihre Texte endgültig ernst nehmen und Sie nicht als unfähig abstempeln.

Auf den Schultern der Riesen: Zitate und Zitieren

> Von einem Autor abzuschreiben,
>
> nennt man Plagiat.
>
> Viele Autoren zu zitieren,
>
> gilt als Wissenschaft.
>
> Mark Twain (1835–1910)

In der Wissenschaft ist es generell üblich, bei der Abfassung einer Arbeit den Stand der Forschung zu einem speziellen Sachverhalt zu kennen und diese Ausgangslage für die eigene Darstellung einer Problembehandlung angemessen zu berücksichtigen. Durch Literaturzitate, die man in den Lauftext oder an anderen sich anbietenden Stellen einbringt, beispielsweise im Zusammenhang mit Abbildungen und Tabellen, weist man Art und Umfang der eigenen Auseinandersetzung mit der fachinternen Diskussion eines Themenfeldes überzeugend nach. Rein definitorisch gilt:

- Ein Zitat in diesem Sinne ist eine wörtlich (direkt) oder sinngemäß (indirekt) übernommene geistige Leistung Dritter, "... tragen die mit Sorgfalt zusammengestellten Zeugnisse von dritter Seite ..." - Wer ist neben dem angesprochenen Zielpublikum (potentielle Autoren) denn die Nummer 2, auf die dann die Zitierten als Nummer 3 folgen.
- Der Verweis in Form eines Kurzbelegs schafft die eindeutige Verbindung zum Quellenverzeichnis.
- Eine Quelle (auch Referenz genannt) ist die Findstelle eines Zitats, d. h. die Originalveröffentlichung, aus der man Textteile, Textaussagen oder andere Dokumentationsmittel (Bilder, Grafiken) entlehnt.

© Springer-Verlag GmbH Deutschland, ein Teil von Springer Nature 2023

B.P. Kremer *Vom Referat bis zur Abschlussarbeit*, https://doi.org/10.1007/978-3-662-65972-4_6

Weil beim Zitieren ausdrücklich Fremdmaterial in die eigene Arbeit übernommen wird und auch ausdrücklich übernommen werden soll, sind Zitate ein Gegenstand des Urheberrechtsgesetzes (UrhG, in Deutschland: Gesetz über Urheberrechte und verwandte Schutzrechte, zuletzt geändert am 2. Juli 2013). In § 51 regelt das UrhG den Ausnahmefall, wonach geschützte Werke oder Werkteile ohne Genehmigung des Urhebers vervielfältigt werden dürfen, wenn dies durch den besonderen Zitatzweck gerechtfertigt ist. Diesen erkennt das UrhG ausdrücklich in der wissenschaftlichen Auseinandersetzung und Diskussion eines Sachverhaltes.

Daraus ergeben sich bemerkenswerte Konsequenzen: Textzitate aus einem anderen Werk dürfen demnach ohne Genehmigung in ein eigenes, selbstständig erstelltes und somit seinerseits schutzfähiges Sprachwerk übernommen werden. Wenn das Zitat darin als Grundlage eines Diskurses oder als Beleg dient, ist ein ausreichender Zitatzweck gegeben. Wichtig und unabdingbar ist nur die korrekte, vollständige und somit in allen Belangen nachvollziehbare Quellenangabe. Im professionellen Bereich überwacht die Verwertungsgesellschaft Wort (VG WORT, Abt. Wissenschaft, München) die Einhaltung der Autorenrechte.

Auch Abbildungen sind im juristischen Sinne Werke und fallen somit wie Texte unter das Zitatrecht des UrhG. Dennoch darf man Abbildungen nicht uneingeschränkt frei verwenden, weil eventuell nicht nur der Bildinhalt selbst geschützt ist, sondern auch noch weitere Rechte berührt sein könnten – beispielsweise diejenigen des Museums, in dem sich das betreffende Werk befindet, oder der Fotograf, der die konkrete Bildvorlage geliefert hat. Die Zitatfreiheit gerade von Bildern ist somit nicht immer eindeutig erkennbar, weshalb man sich vor deren Verwendung entsprechend absichern sollte. Im Allgemeinen gilt folgende Regelung: Wenn eine Abbildung nur in den wenigen Exemplaren einer Bachelor-, Master- oder Promotionsarbeit verwendet wird, die dem hochschulinternen Prüfungsverfahren dienen, ist eine gesonderte Verwendungsgenehmigung nicht erforderlich. Erscheint die betreffende Arbeit allerdings nach Abschluss des Verfahrens in größerer Anzahl in einem Verlag, so wird sie in diesem Augenblick zum Handelsprodukt. In diesem Fall ist die Verwendungsgenehmigung durch die Rechteinhaber absolut unumgänglich. Mögliche Anlaufstellen sind die Verlage, in deren Druckerzeugnissen die benötigte Abbildung erschienen ist, oder im Falle von Darstellungen aus der bildenden Kunst die Verwertungsgesellschaft Bild und Kunst Bonn (VG Bild-Kunst).

6.1   Aufgaben des Zitierens

Angesichts der weithin anerkannten und enormen Komplexität der Natur ist es je nach Aufgabenstellung und Problemlage durchaus möglich (wenngleich unwahrscheinlich), dass sich noch nie zuvor jemand mit einer vergleichbaren Fragestellung befasst hat. Folglich gibt die verfügbare Literatur trotz intensiver Recherche keine unmittelbar zu nutzenden Orientierungspunkte her. Ein (fiktives!) Beispiel wäre etwa die Frage, ob sich weidende Megaherbivoren wie Rinder und Pferde im Grünland nach den Anomalien des Erdschwere- oder eher nach den Feldlinien des irdischen Magnetfeldes ausrichten oder nicht. In solchen Fällen betritt eine empirische Untersuchung ein bislang nicht beackertes Neuland und kann somit auf keine analoge Befundlage zurückgreifen. Wenn aber jemand beispielsweise zur Wirkung von UV-Strahlen auf textilfreie Körperpartien höherer Säugetiere lediglich die Firmenschriften zweier Anbieter von Sonnenschutzcremes zitiert, hat er offensichtlich schlampig, oberflächlich oder überhaupt nicht recherchiert.

Obwohl Literaturzitate auf den ersten Blick ein wenig nach Ideenrecycling und Wiederkäuen aussehen, erfüllen sie tatsächlich gleich mehrere wichtige Funktionen. Die nachfolgenden Erläuterungen hätten so manche in Sachen Plagiat unangenehm Aufgefallene schon im Vorfeld beherzigen sollen:

6.1.1 Sicherung der Kontinuität

Für den Leser der Ergebnisse und Schlussfolgerungen der eigenen Arbeit bündeln Literaturhinweise die zuvor verfügbaren Informationen und stellen sicher, dass die relevanten neueren oder auch älteren Veröffentlichungen zum betreffenden Themengebiet weder in Vergessenheit geraten noch allein deswegen totgeschwiegen werden, weil sie zuvor niemand wahrgenommen und gleichsam in das kollektive Gedächtnis der Scientific Community übernommen hat. Die rückschreitende Dokumentation anhand von Literaturstellen erfordert jedoch ein gewisses Augenmaß. In Arbeiten zu bestimmten strukturellen oder funktionellen Neubefunden an der DNA eines beliebigen Organismus wird man gewiss nicht immer auf Friedrich Miescher (1844–1895) zurückgreifen, der das von ihm so benannte phosphathaltige Nuclein erstmals 1869 aus vereiterten Wundverbänden einer Tübinger Klinik isolierte und ab 1870 aus dem Sperma Baseler Rheinlachse gewann. Im Unterschied zu Philosophen, die für ihre Traktate je nach Problemlage tatsächlich die Mystiker des Mittelalters bemühen müssen und hier eventuell neue, für heutige Verhältnisse relevante Erkenntnisse zutage fördern, gibt es für den schreibenden und dokumentierenden Naturwissenschaftler die enorm praktische Einrichtung von Reviews und Übersichtsartikeln in besonderen Referateorganen (vgl. Abschn. 3.1). Zudem erfreut die Szene auch mit Lehrbüchern, die alle bekannte Literatur eines Themensegments bis zum Zeitschnitt des jeweiligen Redaktionsschlusses bzw. Erscheinungstermins zusammentragen. Diese bilden damit eine nahezu ideale Startlinie für die eigene rückwärtige Literaturdokumentation.

6.1.2 Zielvorgabe Objektivität

Natürlich ist es für das Ego eines Autors außerordentlich schmeichelhaft, wenn er die eigenen Gedanken oder Schlussfolgerungen per Literaturzitat von Fachgenossen oder gar Nobelpreisträgern bestätigen lässt. Abgesehen von solchen verbreiteten Eitelkeiten haben Verweise auf frühere Darstellungen und Untersuchungen tatsächlich vor allem die Aufgabe, die eigene Position in einer bestimmten Frage abzusichern.

Ein passendes Zitat bietet sich immer dann an, wenn eine gegenteilige These bzw. kontroverse Ergebnisse zu diskutieren sind und man klar belegen möchte, dass diese keineswegs so ungewöhnlich sind. Über Zitate kann man zudem unterschiedliche Meinungen oder besondere Interpretationsfacetten mehrerer Autoren zusammenführen.

Somit sind Literaturzitate gleichzeitig ein notwendiges und sinnvolles Mittel der Dokumentation. Sie belegen Argumente, Befunde, Daten und Fakten oder sonstiges gesichertes Wissen, auf das sich das eigene analytische Denken und Bewerten bezieht. Zur Objektivität und Reliabilität der eigenen Äußerungen tragen die mit Sorgfalt zusammengestellten Zeugnisse von „zweiter" oder „dritter" Seite auch insofern bei, als sie Argumentationsketten nachvollziehen lassen und insgesamt in einem umfassenderen Kontext überprüfbar machen. Es ist also nicht nur völlig legitim, sondern geradezu unnötig, dass ein Autor jedes Mal das warme Wasser neu erfindet und diese angebliche Innovation ausführlich begründet. Also nutzt man themenbezogene Aussagen oder Überzeugungen für die eigene Fortentwicklung einer Problemlösung.

6.1.3   Dokumente intellektueller Redlichkeit

Die aus der vorhandenen Literatur übernommenen Anregungen, Entdeckungen, Daten oder sonstigen Sachverhalte sind ausnahmslos entsprechend zu kennzeichnen. Zu Recht gelten Ideenpiraterie, geistiger Diebstahl oder Plagiate in der Wissenschaft als ein ebenso unverzeihliches Delikt wie wissentliche Fälschungen oder Verbiegungen von Ergebnissen. Die am Ende einer jeden Abschlussarbeit abzugebende eidesstattliche Erklärung (Versicherung), wonach alle (!) aus fremden Quellen übernommenen Textstellen, Lösungsansätze, Ergebnisse oder sonstigen tragenden Konstruktionsteile der eigenen Darstellung ordnungsgemäß gekennzeichnet sind, ist daher aus gutem Grunde ein zwingender Bestandteil mit entsprechenden rechtlichen Konsequenzen, denn immerhin ist geistiges Eigentum durch das Urheberrechtsgesetz (UrhG) geschützt. Im Fall der Unterlassung kennt die Rechtssprechung folglich kein Erbarmen. Bitte immer im Auge behalten: Nicht nur in jüngerer Zeit wurde ein akademischer Titel aberkannt, weil in der zugrunde liegenden Arbeit mehrere abgeschriebene und als solche nicht gekennzeichnete Textseiten nachzuweisen waren. Korrektes Zitieren und der ehrliche Umgang mit Zitaten ist somit ohne jede Einschränkung eine Frage der Wissenschaftsethik (vgl. Abschn. 4.8).

Daraus ergeben sich die beiden wichtigsten Grundregeln des Zitierens:

- Alle übernommenen und in die eigene wissenschaftliche Arbeit eingearbeiteten Materialien sind als Herkünfte aus anderen Quellen klar und eindeutig zu kennzeichnen.
- Die Herkunft eines Zitats ist vollständig und damit nachprüfbar zu belegen.

Die in Lauftext, Abbildungen oder Tabellen verwendeten Zitate werden grundsätzlich kontextnah mit einem Kurzbeleg versehen, d. h. im direkten Zusammenhang mit einem Begriff, einem Satz oder Textabschnitt. Es ist also nicht nur falsch, sondern schlicht unzulässig, erst am Ende eines Kapitels einen „Club der toten Dichter" mit mehrzeiliger Ansammlung von Verweisen zu gründen. Der in allen Abschlussarbeiten zu unterschreibenden Erklärung, dass nur die erwähnten Hilfsmittel benutzt wurden, ist keineswegs Genüge getan, wenn man eine Quelle nur in der abschließenden Literaturübersicht aufführt.

Ein weiterer wichtiger Grundsatz legt fest, dass man die per Kurzform und im Vollbeleg zitierten Quellen alle im benannten Original selbst eingesehen haben muss. Zweit- oder gar Drittzitate, die man in anderen Werken im Zitatenschatz der betreffenden Autoren aufgespürt hat (etwa in der Form: Meyer 1995, zitiert nach Müller 1997, erwähnt bei Schulze 1995), sind nichts als eine unbekümmerte Einladung zur Schnitzeljagd und daher so nicht tolerabel. Sie sind höchstens als absolute Ausnahme und Notlösung vertretbar – wenn etwa das betreffende Originalwerk selbst mit größter Mühe nicht beschaffbar war. Solche Zweitzitate sieht man beispielsweise am ehesten einem Historiker nach, der eine Äußerung zitieren muss, die nur als Kopie eines Handschriftenfragmentes in einer unterdessen abgebrannten Klosterbibliothek bekannt war.

In den Naturwissenschaften gelten generell nur solche Beiträge als zitierbar, die in einer regulären Zeitschrift mit einer ISSN oder einem Buch mit einer ISBN erschienen sind. Das Akronym ISSN steht für *International Standard Serial Number* und bezeichnet den achtstelligen (in zwei Vierergruppen mit Bindestrich) identifizierenden Code von Periodika. Für Deutschland vergibt die Deutsche Nationalbibliothek (www.dnb.de) in Frankfurt/Main und Leipzig die ISSN.

Die ISBN von Büchern bezeichnet dagegen die *International Standard Book Number,* welche die ISBN-Agentur in Frankfurt/Main in Abstimmung mit den Verlagen vergibt. Sie beginnt mit dem Sprachgebiet des betreffenden Verlags (0 und 1 für den englischsprachigen Raum, 2 für den französisch-, 3 für den deutschsprachigen Raum), der Verlagsidentifikation (beispielsweise 540 für Springer), der individuellen Buchnummer innerhalb der Verlagsproduktion und einer abschließenden Prüfziffer. Bis 2006 war die Standardbuchnummer nur 10-stellig (ISBN-10); seit 2007 muss sie aber 13-stellig angelegt sein: Die ISBN-13 erhält je nach Sprachgebiet das Präfix 978 oder 979.

ISSN und ISBN sind wichtige Angaben zum Auffinden von Zeitschriften bzw. Büchern in Bibliotheken, aber nicht Bestandteil von Literaturzitaten im Lauftext oder Quellenverzeichnis.

6.1.4 Was ist zitierfähig?

Nach Art ihrer Veröffentlichung unterscheidet man bei den verwertbaren Quellen zwischen Primär- und Sekundärmaterial resp. -quellen.

Primärquellen (Materialien aus „erster Hand") sind

- Veröffentlichungen (Originalbeiträge) in Fachzeitschriften
- Monographien
- Lehrbücher
- Aufsätze in Sammelwerken (Anthologien)
- Dissertationen
- Habilitationsschriften

Als Sekundärquellen (Literatur aus „zweiter Hand") gelten

- Enzyklopädien
- Lexika
- Handbücher
- Kommentare zu Originalwerken

Alle diese Quellen sind unbeschränkt zitierfähig, wenn erkennbar ist, dass sie uneingeschränkt seriöser Herkunft sind und ihre Findstellen nachzuvollziehen sind.

Eine dritte potenzielle Materialquelle ist die so bezeichnete Graue Literatur (vgl. Abschn. 6.4.5). Diese sind nur bedingt oder überhaupt nicht zitierfähig. Generell scheiden für ein Direktzitat aus:

- Skripten
- Hausarbeiten
- Bachelor- und Masterarbeiten
- Seminarbeiträge
- Broschüren
- Flyer
- Zeitungsartikel
- Beiträge aus Funk und Fernsehen

Beiträge in diesen Publikationssegmenten können indessen interessante gedankliche Anregungen transportieren, die es nach kritischer Inspektion wert sind, genauer (zu den Primärquellen) verfolgt zu werden.

Generell gilt für das Zitierwesen folgende beherzigenswerte Anmerkung von Umberto Eco (2002):

> „Was ihr aber auf keinen Fall tun dürft, das ist, aus einer Quelle zweiter Hand zitieren und so zu tun, als hättet ihr das Original gesehen. Das ist nicht nur eine Frage des beruflichen Anstands: Stellt euch vor, jemand kommt und fragt euch, wie es denn gelungen ist, das und das Manuskript einzusehen, von dem man weiß, dass es 1944 zerstört wurde."

6.2 Technik des Zitierens

Weil das Zitieren ein ebenso unentbehrlicher wie nützlicher Bestandteil von wissenschaftlicher Dokumentation ist, hat sich mit der Zeit eine regelrechte und in beachtlichem Maße differenzierte Zitierkultur herausgebildet. Dieser widmen sich sogar umfassende Spezialwerke (vgl. Fisher und Harrison 2006 oder Gibaldi 2009). In manchen Branchen des akademischen Lehr- und Schreibbetriebes werden Detailfragen des richtigen Zitierens allerdings fast bis zur Unerträglichkeit ausdiskutiert. Umberto Eco widmet den Problemen des Literaturbelegs in seiner Anleitung mehr als 20 eng bedruckte Seiten, wobei der Leser nach manch weitschweifigem Slalom über falsche oder eventuell irreführende Zitierweisen nach dieser Informationsstrecke immer noch kein brauchbares Rezept in den Händen hält, wie ein Zitat in der Ära von Computern und Textverarbeitungsprogrammen denn tatsächlich kompetent zu handhaben ist (vgl. Eco 2002).

In den in dieser Hinsicht ungleich konsistenteren Naturwissenschaften bestehen für die eindeutige, allen Erfordernissen genügende Dokumentation von Zitaten und Quellen recht pragmatische und daher hervorragend funktionierende Lösungen, wie der Blick in aktuelle Lehrbücher oder angesehene Zeitschriften wie *Nature* oder *Science* zeigt. Für das richtige und kompetente Zitieren sind zu unterscheiden

- die Technik des Zitierens im laufenden Text sowie
- die bibliographisch korrekte Benennung der betreffenden Quellen (Referenzen) im Literaturverzeichnis am Ende einer Arbeit.

6.3 Zitate im Lauftext

Obwohl Normen sonst gut und nützlich sind, erweisen sich nach mancherlei Einschätzung aus Fachkreisen die in DIN 1505 (Teil 2) auf fast 20 Druckseiten codifizierten Festlegungen für das Zitieren aus allen denkbaren Quellen für die Praxis als wenig hilfreich, weil sie zu umständlich (bzw. miserabel formuliert) sind bzw. für den rein naturwissenschaftlichen Gebrauch nicht unbedingt greifen. Auch die analogen Vorgaben der neueren DIN ISO 690, die 2013 DIN 1505-2 ersetzt hat und nun 50 Seiten umfasst, ist relativ unverdauliche Kost.

Es geht durchaus einfacher: Eine brauchbare und deswegen einfache Regieanweisung lässt sich nämlich fast immer auf das ergreifend schlichte Prinzip reduzieren, dass ein in den Lauftext eingebauter Verweis (Kurzzitat) den Autor und das Jahr der betreffenden Veröffentlichung angeben muss. Dabei sind mehrere, aber jeweils werkeinheitlich zu praktizierende Lösungen möglich. Unter www.citationmachine.net kann man verschiedene übliche Zitierstile erproben. Die im Folgenden benannten Zitierstile sind übrigens auch im bereits erwähnten Literaturverwaltungsprogramm *Citavi* berücksichtigt.

● Harvard-Zitierweise

Der Harvard-Stil ist sicherlich die bekannteste und heute am häufigsten eingesetzte Zitierform. Warum er nach der ehrwürdigen Universität in Massachussetts benannt wurde, ist nicht so recht durchschaubar. Aber er funktioniert begrifflich eindeutig und empfehlenswert klar.

Im Lauftext:

Die per Fledermausdetektor aufgezeichneten Sonagramme sind typisch für die Fransenfledermaus *(Myotis nattereri)* (Frankenstein 2018, S. 52).

Im Literaturverzeichnis:

Frankenstein, H., 2018, Nachts allein auf dem Friedhof. Berlin: Beispielverlag

● Chicago-Zitierweise

Die vom *University of Chicago press staff* entwickelte und gepflegte Zitierweise (vgl. Turabian und Booth 2013) ist dem Harvard-Stil sehr ähnlich.

Im Lauftext:

Die per Fledermausdetektor aufgezeichneten Sonagramme sind typisch für die Fransenfledermaus *(Myotis nattereri)* (Frankenstein 2018, 52).

Im Literaturverzeichnis:

Frankenstein, H., 2018, Nachts allein auf dem Friedhof. Berlin: Beispielverlag.

Weitere Varianten wie APA (American Psychologigal Association) oder MLA (Modern Language Association of America) vorzustellen, erscheint unnötig. Alle diese Zitierweisen nennt man in Fachkreisen Autor-Jahr-System oder Kurzbeleg. Sie bieten im Lauftext alle nötigen Angaben, um im Literatur- bzw. Quellenverzeichnis eine eindeutige Verbindung zu den Vollzitaten mit den genauen Findstellen herzustellen. Im Übrigen entsprechen sie den Empfehlungen des *CBE Style Manual* (Council of Biology Editors, Rockville Pike, Bethesda/USA) sowie in Teilen der Vancouver-Konvention (1987) (vgl. Abschn. 6.3.3), die weltweit in die Zitierpraxis von mehreren Tausend naturwissenschaftlichen Zeitschriften übernommen wurden.

▶   **PraxisTipp Grundregel** der Zitiertechnik Wörtliche oder indirekte Zitate belegt man im Text nach der Harvard-Notation mit Autor(en), Jahreszahl und gegebenenfalls Seitenangabe.

6.3.1 Wörtliches Zitat

Mit der wörtlichen Zitatform bemüht man einen Autor oder eine Autorengruppe in Form einer direkten, wörtlich übernommenen Aussage (quellengetreue Wiedergabe, *quotation*).

Obwohl diese Zitatform in naturwissenschaftlichen Texten eher selten vorkommt, ist sie hier zu berücksichtigen:

Beispiel

„In globaler Perspektive gelten biologische Invasionen zusammen mit anderen Faktoren, wie der Veränderung von Landnutzungen, dem Klimawandel und der Eutrophierung von Lebensräumen, als ein wesentlicher Gefährdungsfaktor der biologischen Vielfalt" (Kowarik 2010, S. 29).◄

Bei dieser Zitatform wird der wörtlich und damit bis ins Detail völlig unverändert übernommene Textausschnitt in (typographisch korrekte, vgl. Kap. 9) Anführungszeichen gesetzt. Der Autor der Äußerung und das Jahr der Veröffentlichung der Originalquelle folgen in runden Klammern, sicherheitshalber ergänzt um die genaue Seitenangabe. Angegeben wird jeweils nur der Nachname. Die ausgeschriebene Vornamennennung oder zusätzliche Initialen sind in naturwissenschaftlichen Texten unüblich.

Zulässig ist auch die folgende Wiedergabe eines wörtlichen Zitats:

Beispiel

Nach Kowarik (2010, S. 29) gelten „in globaler Perspektive […] biologische Invasionen zusammen mit anderen Faktoren, wie der Veränderung von Landnutzungen, dem Klimawandel und der Eutrophierung von Lebensräumen, als ein wesentlicher Gefährdungsfaktor der biologischen Vielfalt".◄

Der zitierte Autor ist jetzt Satzbestandteil, der in runden Klammern folgende Zusatz benennt nur noch das Jahr der Veröffentlichung und die Seitenangabe. Der Einschub […] deutet an, dass der zitierende Textautor gegenüber dem Original aus syntaktischen Gründen ein Wort ausgelassen hat. Solche […]-Einschübe verwendet man auch dann, wenn mehrere Wörter oder größere Textteile ausgelassen werden:

Beispiel

Nach Kowarik (2010, S. 29) gelten „in globaler Perspektive […] biologische Invasionen zusammen mit anderen Faktoren […] als ein wesentlicher Gefährdungsfaktor der biologischen Vielfalt".◄

In eckigen Klammern gibt man mit besonderem Hinweis auch die eigenen Einfügungen in den Zitattext an:

Beispiel

Nach Kowarik (2010, S. 29) gelten „in globaler Perspektive [...] biologische Invasionen [d. h. die Ausbreitung ursprünglich gebietsfremder Arten aus anderen biogeographischen Region, Anmerkung d. Verf.] zusammen mit anderen Faktoren [...] als wesentlicher Gefährdungsfaktor der biologischen Vielfalt".◄

Ebenso verfährt man bei Hervorhebungen, die so im Original nicht vorhanden waren:

Beispiel

Nach Kowarik (2010, S. 29) gelten „in globaler Perspektive [...] biologische Invasionen als **wesentlicher Gefährdungsfaktor** [Hervorhebung d. d. Verf.] der biologischen Vielfalt".◄

Die satztechnische Behandlung längerer direkter Zitate erläutert Kap. 10 an einem Textbeispiel.

6.3.2 Indirektes Zitat

Da es in naturwissenschaftlichen Texten gewöhnlich auf die mitgeteilten Fakten und weniger auf den buchstabengenauen Wortlaut einer Formulierung ankommt, wie er beispielsweise einen Juristen beschäftigen mag, sind indirekte Zitate oder solche mit verweisendem Charakter nicht nur zulässig, sondern in seriösen Werken allenthalben üblich. Dennoch brandmarken Empfehlungen aus „anderen Lagern" diese gängige Praxis als Ausdruck wachsender Bequemlichkeit zulasten des interessierten Lesers und lehnen sie sogar gänzlich ab (vgl. Rossig und Prätsch 2002, S. 133).

Das unter Abschn. 6.3.1 verwendete Textzitat würde bei dieser den Kerngedanken des zitierten Autors und in dessen Begriffswahl wiedergebenden (paraphrasierenden) Zitierweise folgende Gestalt annehmen:

Beispiel

Biologische Invasionen sind ein bedeutender Gefährdungsfaktor der biologischen Vielfalt, ähnlich wie die Veränderungen der Landnutzung, der Klimawandel sowie die Eutrophierung von Lebensräumen (Kowarik 2010, S. 29).◄

Dieses eng an die Originalquelle angelehnte indirekte Zitat wäre als solches mit Sicherheit ein Plagiat und somit nicht vertretbar, wenn der unentbehrliche Kurzbeleg in runden Klammern weggelassen würde. Entsprechend verfährt man auch bei übernommenen Abbildungsteilen (Beispiel: Nach Schopfer und Brennicke 1999, Abb. 12.10) und bei Tabellen (Beispiel: Zahlen aus Townsend et al. 2013, Tab. 7.2).

Natürlich kann sich ein indirektes Textzitat auch völlig vom Wortlaut des Originals lösen und benötigt dann als inhaltlichen Rückverweis keine genaue Seitenangabe mehr:

Die biologische Vielfalt, seit wenigen Jahrzehnten auch zunehmend unter den Begriff Biodiversität gefasst, ist durch verschiedene Faktoren stark gefährdet. Eine der Ursachen sind flächenwirksame anthropogene Eingriffe, beispielsweise im Zusammenhang mit der agrarischen und forstlichen Landnutzung oder durch Versiegelung in Siedlungs-und Industrieregionen. Ein anderer, bisher so nicht wahrgenommener Ursachenkomplex sind biologische Invasionen (vgl. Kowarik 2010).◄

Ein indirektes Textzitat leitet man oft mit besonderen Formulierungen ein. Möglichkeiten dazu sind:

- … Der folgende Gedankengang stützt sich auf Kowarik (2010) …
- … wie von Kowarik (2010) ausgeführt …
- … nach Auffassung von Kowarik (2010) …
- … wie auch Kowarik (2010) betont …
- … basierend auf der Darstellung bei Kowarik (2010) …

Immer sind folgende technische Hinweise und Gepflogenheiten zu beachten:

- Zitiert man ein Werk mehrerer Autoren, muss dies entsprechend zu erkennen sein. Bei zwei Autoren werden auch beide im Kurzbeleg benannt (Kowarik und Sukopp 2000), oft auch in der Form (Kowarik & Sukopp 2000).
- Bei Werken von drei oder mehr Autoren zitiert man nur den Erstautor, allerdings mit einem Zusatz: (Kowarik u. a. 2001) oder (Kowarik et al. 2001). Das Kürzel *et al.* steht für das lateinische *et alii* (= und die anderen [Mitautoren]).
- Die früher häufiger verwendete Formulierung „XYZ und Mitarbeiter" wählt man heute nicht mehr, weil sie international kaum verstanden wird und die übrigen Mitautoren eventuell zu Laborknechten degradiert.
- Vor der Jahresangabe in der Klammer erscheint im Allgemeinen kein Komma. Ausdrücklich mit Komma trennt man allerdings mehrere verschiedene Kurzbelege: (Kowarik 2003, Kowarik und Sukopp 2000, Sukopp 1990).
- Zwischen den Veröffentlichungsjahren mehrerer Publikationen des gleichen Autors steht ein Komma, die Kurzbelege weiterer Autoren folgen nach einem Semikolon: (Kowarik 1989, 2003; Sukopp 1990, 2000).
- Die alphabetische Reihenfolge der zu zitierenden Autoren hat immer den Vorrang vor der Chronologie ihrer Veröffentlichungen, wie das obige Beispiel zeigt – also nicht: (Kowarik 1989, Sukopp 1990, 2000; Kowarik 2003).

- Hat ein Autor allein und zusammen mit anderen veröffentlicht, führt der Kurzbeleg zunächst die Arbeiten in chronologischer Reihenfolge auf, die er allein publiziert hat. Dann folgen die Arbeiten mit einem Zweitautor, entsprechend der alphabetischen Reihenfolge der Zweitautornamen: (Kowarik 1989, 1993, 1995; Kowarik und Böcker 1984, Kowarik und Langer 1994, Kowarik und Schepker 1997, Kowarik und Sukopp 1989).
- Arbeiten mit mehr als zwei Mitautoren werden nur chronologisch zitiert: (Kowarik et al. 1998, 2002).
- Ist auf mehrere Veröffentlichungen eines Autors oder Autorenteams aus dem gleichen Jahr zu verweisen, unterscheidet man diese mit einem Kleinbuchstaben: (Kowarik 1996a, b, c).
- Den Umgang mit Autorennamen, die besondere Namenszusätze aufweisen wie de, di, van, von oder andere Attribute erläutert Abschn. 6.5.
- Die Autorennamen im Kurzbeleg kann man ebenso wie im Literaturverzeichnis in KAPITÄLCHEN setzen (vgl. Abschn. 8.1): (KOWARIK 1989, 2003; SUKOPP 1990, 2000). Diese Auszeichnung ist allerdings im gesamten Werk einheitlich durchzuführen.

Auch Zitate nicht veröffentlichter eigener Befunde sind denkbar: „Die im benannten Beispiel empirisch gefundene Umwandlung kältegestresster Maiskörner in Popcorn ist beträchtlich steigerungsfähig (H. Potter, unveröffentlichte Daten)." Solche Zitate werden im Literaturverzeichnis allerdings nicht aufgeführt.

Übernimmt man unveröffentlichte Daten von Kollegen, zitiert man diese folgendermaßen: „… erstaunliche Atmungsraten, wie sie zuvor nur bei den Hobbits beobachtet wurden (Tolkien, persönliche Mitteilung)". Auch diese Zitate werden im Literaturverzeichnis nicht eigens aufgeführt. Üblich ist es jedoch, dem zitierten Autor in der Danksagung für die Bereitstellung seiner unveröffentlichten Beobachtungen bzw. Befunde ausdrücklich zu danken.

6.3.3   Andere Kurzbelegformen

Trotz DIN- oder ISO-Regelwerken ist in vielen Bereichen keine allgemein verbindliche Einheits- oder Standardlösung zu erreichen. Der vergleichende Blick in die aktuelle Lehrbuch- oder Zeitschriftenliteratur ortet sofort eine Anzahl weiterer, hier nur kurz und nachrichtlich zu erwähnender Belegtechniken, die für eine Abschlussarbeit im Studium weniger zu empfehlen sind – es sei denn, der jeweilige Betreuer eines Projektes hat für eine der spezifischen eine besondere Vorliebe, die man natürlich schon allein aus psychologischen bzw. sozialtherapeutischen Gründen beachten sollte.

Enorm ökonomisch ist ein schlicht in eckige Klammern gesetzter Zahlenverweis als einzige Verbindung zum Vollbeleg im Literaturverzeichnis, wie sie die Vancouver-Konvention vorsieht:

Beispiel

Die quantitative Bestimmung des Proteingehaltes erfolgte nach (David 2006). Die Anreicherung der Gal-4-P-Epimerase aus dem Zellrohextrakt folgte der Vorschrift nach (Dretzke & Nester 2020), während Linearität und Proportionalität der Enzymreaktion nach (Ecco 2002) getestet wurden. Einwände gegen diese Form der Aktivitätsbestimmung auch der TCC-Enzyme haben ([DIN] Deutsches Institut für Normung 1992; [DIN] Deutsches Institut für Normung 1998) sowie ([DIN] Deutsches Institut für Normung 2002; Duden 2003; Duden 2013) erhoben, während (Berners-Lee et al. 1999) sowie (Christmann & Groeben 1999; Collatz et al. 1996; Dansereau 1979) diese Methode routinemäßig einsetzen.◄

Diese Verweise sind eindeutig und mithilfe eines korrekten und vollständigen Literatur- bzw. Quellenverzeichnisses auch lückenlos aufzulösen. Dennoch möchte der Leser insbesondere bei dem diskutierenden Hinweis auf etwaige methodische Unzulänglichkeiten des zitierten Messverfahrens lieber sofort wissen, wer (Berners-Lee et al. 1998) und (Christmann & Groeben 1999; Collatz et al. 1996; Dansereau 1979) im Gegensatz zu ([DIN] Deutsches Institut für Normung 1998) und ([DIN] Deutsches Institut für Normung 2002; Duden 2003; Duden 2013) eigentlich sind. Textredaktionell sind solche Belege besonders aufwendig, weil man im alphabetisch sortierten Literaturverzeichnis die Nummern erst dann zuteilen kann, wenn die gesamte zu zitierende Autorenschar feststeht. Diese in vielen anerkannten Zeitschriften übliche Kurzbelegform ist nicht grundsätzlich abzulehnen, aber für studentische Arbeiten kaum empfehlenswert.

In Veröffentlichungen aus dem sogenannten geisteswissenschaftlichen Bereich findet sich fast als Zitationsroutine der Beleg in Fußnoten.

(Ein abschreckendes) Beispiel

„Jetzt bin ich soweit, daß mir die Beschäftigung mit einem eingehenderen und neueren Nachschlagewerk ergiebiger erscheint, und ich nehme mir die *Storia della Letteratura Italiana,* herausgegeben von Cecchi e Sapegna, erschienen bei Garzanti, vor."[1] ◄

Die zugehörige Fußnote teilt mit:

Der klare Vorteil dieser Verweistechnik liegt darin, dass man auf der Textseite der Zitat-Ersterwähnung auch gleich die passende Findstelle dazu benannt sieht. Nachteilig ist

---

[1] Umberto Eco, Wie man eine wissenschaftliche Abschlußarbeit schreibt. UTB 1512, C. F. Müller, Heidelberg 2002, S. 116.

der Platzbedarf beim wiederholten Zitieren der gleichen Quelle oder zahlreicher Quellen, deren Vollzitate einen Großteil des Fließtextraumes einnehmen könnten.

Die zunächst Raum sparenden Kurzangaben bei – eventuell häufigeren – Wiederholungszitaten wie[2,3,4] stellen sich in der Summe aber ebenfalls als Zumutung dar. Die früher unvermeidliche Mühsal der Fußnotenverwaltung von Hand bei der Texterstellung meistern die modernen Textverarbeitungsprogramme zwar bravourös und vor allem automatisch, aber wenn man auf S. 125 einen Rückverweis auf den möglicherweise bereits auf S. 18 „angegebenen Ort" findet, nimmt das suchende Herumblättern zunächst kein Ende. Sind Fußnoten also doch eher ein Austesten der Frustrationstoleranz des Lesers? Auch wenn es in philologischen Kreisen einen kollektiven Aufschrei auslösen sollte: Von der weit verbreiteten, aber wenig erfreulichen Fußnotentechnik ist nicht nur für studentische Arbeiten generell und ganz grundsätzlich abzuraten (vgl. Kap. 4).

► **PraxisTipp Zum Thema Fußnote** Auch üppig wuchernde Fußnotentechnik macht einen Wissenschaftstext nicht noch wissenschaftlicher. Sie entfällt daher in Manuskripten zu naturwissenschaftlichen Themen grundsätzlich.

6.4   Quellenangaben im Literaturverzeichnis

Die in Lauftext, Abbildungen oder Tabellen eingefügten Kurzbelege für Zitate sind im Prinzip nur Stellvertreter für die ausführlichen und eindeutigen Vollzitate am Ende einer Arbeit, die dem Leser den Zugang zu schon vorliegenden Darstellungen, Daten und Deutungen ermöglichen. Sie müssen damit das Kriterium der Nachprüfbarkeit aller Angaben erfüllen. Nur so werden Zitate auch tatsächlich zu einer Quelle der erweiterten Erkenntnis. Den Kurzbeleg, hier generell nach der in der Wissenschaftsszene üblichen Harvard-Notation empfohlen (vgl. Abschn. 6.3), muss also notwendigerweise ein ausführliches Literaturverzeichnis ergänzen. Diese Komplettauflistung, die alle bibliographischen Angaben zum sicheren Auffinden bietet, nennt man fallweise auch Bibliographie, Literaturübersicht, Quellenverzeichnis, Referenzen (nach dem englischen *references*), Schriftenverzeichnis, Schrifttum oder Zitierte Werke. Unabhängig von ihrer Benennung erfüllen alle diese Zusammenstellungen die gleiche Funktion.

In einer Semester- oder Abschlussarbeit überschreibt man diese Zusammenstellung einfach mit „Literaturverzeichnis". Dieses muss die folgenden Voraussetzungen erfüllen:

- Textteil und Literaturverzeichnis einer Arbeit müssen hinsichtlich der eingearbeiteten Zitate unbedingt abgeglichen und widerspruchsfrei sein.

---

[2] Vgl. ders. S…" [ders. = derselbe].

[3] Vgl. ebd." [ebd. = ebendort, auch ib. vom gleichbedeutenden lateinischen *ibidem*] oder.

[4] A. a. O. S. 147" [a. a. O. = am angegebenen Ort, mitunter auch angegeben als loc. cit. = *loco citato*].

- Im Literaturverzeichnis führt man nur solche Werke auf, die in der Arbeit an irgendeiner Stelle mindestens einmal erwähnt wurden.
- Wenn der Autor einer wissenschaftlichen Arbeit bei seinen eingehenden Recherchen weitere bemerkenswerte Werke aufgespürt haben sollte, die zwar in den Kontext seiner Darstellung passen, aber nicht für die eigene Problemlösung benutzt wurden, kann er sie in der Schlussbibliographie dennoch aufführen. Aus Gründen der Klarheit eröffnet man dafür jedoch ein eigenes Verzeichnis mit der Überschrift „Ergänzende Literatur" oder eine ähnliche Kennzeichnung.
- In den Naturwissenschaften ist es nicht üblich, das Literaturverzeichnis nach Buchzitaten und Zeitschriftenbeiträgen oder, wie bei den Sprachwissenschaften, in Primär- und Sekundärliteratur zu trennen. Somit werden alle Verweise im Text des Hauptteils in nur einem einheitlichen Verzeichnis aufgelöst.

Zu jeder genauen Quellenangabe gehören bestimmte bibliographische Bestandteile, die verständlich oder in nachvollziehbarer Weise nur soweit abgekürzt werden, dass die damit benannte Findstelle immer noch wirklich eindeutig und ohne Anschlussrecherche identifizierbar ist. Das übliche Zitierprofil umfasst (in dieser Reihenfolge):

- **Nachname(n)** des Autors (der Autoren);
- **Vorname(n)** des Autors (der Autoren), im naturwissenschaftlichen Zitierbetrieb generell einbuchstabig abgekürzt;
- **Erscheinungsjahr** der Veröffentlichung;
- **Titel** der Veröffentlichung in voller Länge (nicht nur die Schlagworte);
- **Findstelle** der Veröffentlichung (Zeitschrift, Buch, Sammelwerk u. a.);
- **Bandnummer**, (eventuell) Ausgabe/Heft (nur bei Zeitschriften oder anderen Periodica);
- **Seitenangabe;**
- **Verlag und Verlagsstandort** (bei Büchern oder anderen umfangreichen Monographien);
- **Schlusspunkt** Viele Publikationsorgane empfehlen, am Ende des Vollzitats im Literaturverzeichnis einen Schlusspunkt zu setzen, damit man – zumal bei mehrzeiligen Einträgen – klar erkennen kann, wo die Bennenung der Findstelle endet. Das Literaturverzeichnis am Ende dieses Buches folgt dieser Empfehlung nicht, denn es ist an den formalen Vorgaben des Verlags orientiert.

Alle benötigten bibliographischen Angaben sind bei Zeitschriften der Titelseite zu entnehmen. Gewöhnlich tragen in naturwissenschaftlichen Zeitschriften auch die Einzelbeiträge im Kopf- oder Fußleistenbereich die jeweilige Band- und Heftnummer. Anderenfalls ist es wichtig, sich beim Kopieren einzelner Artikel die benötigten Angaben aus dem Original zu notieren. Bei Büchern stehen die entsprechenden Daten auf der Impressumseite, in kompakter Form auch in der CIP-Titelaufnahme der Deutschen Nationalbibliographie (vgl. auch www.dnb.de).

Bedauerlicherweise gehören viele werkspezifische Angaben gerade in der Bibliothekspraxis eher in die Kategorie Geheimsprache und legen dem Fachfremden damit unnötige Hürden bzw. Stolpersteine in den Weg. Ist es denn gar so unschicklich, unzumutbar oder unwissenschaftlich, die Findstelle für Rabanus Maurus, *De universo,* für die sich eventuell auch ein wissenschaftshistorisch arbeitender Naturwissenschaftler interessieren könnte, mit VIII, vi (*PL,* CIX, 248) zu verschlüsseln und nicht direkt im Klartext nach üblichen Gepflogenheiten (Migne, J.P., Patrologia Latina, Band 59, S. 248) zu benennen?

6.4.1   Zitate aus Zeitschriften

Eine kurze Umschau in einer beliebigen Zeitschriftenauswahl ergibt weite Grenzen der genauen Ausgestaltung einer Bibliographie, aber alle Quellenverzeichnisse in seriösen Publikationsorganen halten sich an das oben benannte Minimalprofil. Die folgenden Beispiele für die Gestaltung von Quellenangaben stammen aus der aktuellen Praxis etablierter naturwissenschaftlicher Zeitschriften:

- Biologie in unserer Zeit:
  I. Sherameti, S. K. Sopory, A. Trebicka, T. Pfannschmidt, R. Oelmüller, Photosynthetic electron transport determines nitrate reductase gene expression and activity in higher plants. J. Biol. Chem. 2002, 277, 46594–46600.
- Endocytobiology and Cell Research:
  Storey CC, Lusher M, Richmond SJ, Bacon J, 1989. Further characterization of a bacteriophage recovered from an avian strain of *Chlamydia psittaci.* J gen Virol 70: 1321–1327.
- European Journal of Phycology:
  Keats, D. W. & Maneveldt, G. (1994). *Leptophytum foveatum* (Rhodophyta, Corallinales) retaliates against competitive overgrowth by other encrusting algae. *J. Exp. Mar. Biol. Ecol.* 175, 24–251.
- Die Naturwissenschaften:
  Aitken, MJ (1992) Optical dating using infrared diodes: young samples. Quaternary Science Reviews 11: 147–152
- Naturwissenschaftliche Rundschau:
  K.-U. Hinrichs et al., Nature 398, 802 (1999).
- Phycologia:
  Turner, S. 1997. Molecular systematics of oxygenic photosynthetic bacteria. *Plant Syst. Evol.* 11: 13–52.
- Plant Biology:
  Groover, A., DeWitt, N., Heidel, A., and Jones, A. (1997): Programmed cell death of plant tracheary elements differentiating in vitro. Protoplasma 196, 197–211.

- Spektrum der Wissenschaft:
  Gene Silencing in Mammals by Short Interfering RNAs. Von Michael T. McManus und Philip A. Sharp in: Nature Reviews Genetics, Bd. 3, S. 737, Oktober 2002.
- Zeitschrift der deutschen Gesellschaft für Geowissenschaften:
  Siedel, H. & Klemm, W. (2000): Sulphate salt efflorescence at the surface of sandstone bedrock in outcrops – natural or anthropogenic? – Geologica Saxonica 46/47: 203–208, Dresden.

Der Direktvergleich zeigt: Jede der angeführten Zeitschriften kultiviert für den Einsatz von Satzzeichen und Typographie ihr jeweils eigenes Ritual, aber die notwendigen Basisangaben zum Auffinden der benannten Literaturstelle bieten alle diese Zitatformen unterschiedslos. Diesen Sachverhalt werden wir hier für eine praktikable Lösung nutzen.

Da die Kurzbelege im Lauftext nach den oben erläuterten Empfehlungen die Grundform (Hinz 1998) oder (Hinz und Kunz 1999) haben, baut man zur deutlichen Steigerung der Wiederfundrate auch die Vollbelege im Literaturverzeichnis entsprechend auf und fügt alle übrigen Profildaten an. Für die Quellenangaben in einer studentischen Semester- oder Abschlussarbeit empfiehlt sich das folgende, im Werk überall einheitlich einzuhaltende Profil:

Beispiel 1

Zeitschriftenbeitrag mit einem Autor
    Kasperek, G. (2001): Landschaftsökologische Aspekte von Braunkohlentagebau und Rekultivierung im Rheinischen Revier. Geographische Rundschau 9 (1), 28–33.◀

Beispiel 2

Zeitschriftenbeitrag mit zwei Autoren
    Mundry, M., Stützel, T. (2003): Morphogenesis of male sporangiophores of *Zamia amblyphyllida* D.W. Stev. Plant Biology 5, 297–310.◀

Beispiel 3

Zeitschriftenbeitrag mit mehr als zwei Autoren und Heftzählung
    Selbitschka, W., Keller, J. M., Tebbe, C. C., Pühler, A. (2003): Freisetzung gentechnisch veränderter Bakterien. Biologie in unserer Zeit 33 (3), 162–175.◀

Unterschiedliche Zeitschriften handhaben die typographische Behandlung der Vornamenkürzel unterschiedlich: Jung, C.G. unterscheidet sich von Jung, C. G. lediglich durch ein Leerzeichen (Space) zwischen den beiden Initialen. Welcher Form man zuneigt, ist letztlich Ansichtssache, nur muss sie werkeinheitlich sein.

Die Sache stellt sich aber generell anders dar, wenn man ein Manuskript zur Veröffentlichung in einer bestimmten Zeitschrift vorbereitet und einreicht. Dann müssen die Kurzzitate nach der Harvard-Konvention und die Vollbelege im Literaturverzeichnis exakt den Usancen des betreffenden Publikationsorgans entsprechen. Die Details dazu erfährt man aus den Autorenrichtlinien bzw. *instructions for authors,* die in jedem Einzelheft der ins Auge gefassten Zeitschriften am Ende des redaktionellen Teils abgedruckt sind. Sollte ein Manuskript zur Veröffentlichung bei einer Zeitschrift eingereicht werden, muss sich dessen formale Gestaltung ohnehin auch den übrigen Konventionen des betreffenden Blattes anpassen, die man ebenfalls den jeweiligen Autorenrichtlinien entnimmt. Das gilt auch für die zunehmend übliche Publikation in nur noch elektronisch erscheinenden Zeitschriften (E-Journals).

▶   **PraxisTipp Zeitschriftenzitat** Empfohlenes Format:

> Autor, V[orname(n) als Initiale(n) mit Punkt und einfachem Zwischenraum]. (Erscheinungsjahr): Genauer Titel mit Beachtung der Schreibweise für wissenschaftliche Namen und Eigennamen. Zeitschriftentitel im Wortlaut, Bandnummer (Heftnummer), Seitenzahlen.

Bei der Literaturrecherche werden immer wieder die Abkürzungen (Siglen, vgl. Abschn. 3.5) für Zeitschriften oder Serientitel auffallen, die sich möglicherweise nicht direkt, aber nach minimalem Training rasch erschließen, wie die folgenden Beispiele zeigen: Annu Rev Pl Physiol = Annual Review of Plant Physiology, BBA = Biochimica & Biophysica Acta, Biochem J = Biochemical Journal, J Exp Bot = Journal of Experimental Botany, Mar Ecol = Marine Ecology, Pl Physiol = Plant Physiology oder Proc Natl Acad Sci NY = Proceedings of the National Academy of Sciences New York. Die Praxis der Abkürzung erfolgt natürlich nicht willkürlich, sondern im Konsens mit der *World List of Scientific Periodicals* (in jeder Hochschulbibliothek einzusehen) oder bedeutenden Referierorganen *(Biological Abstracts, Chemical Abstracts, Index Medicus).* In vielen anderen Fällen zitiert man Zeitschriftentitel, besonders wenn sie nur aus einem Begriff bestehen, im vollen Wortlaut. Beispiele sind *Biochemistry, Decheniana, Mycorrhiza, Nature, Naturwissenschaften, Phycologia, Planta, Protistology, Protoplasma, Science, Tuexenia* oder *Willdenowia.*

Die im Bibliothekswesen weit verbreitete Praxis, Serientitel nur noch mit den Anfangsbuchstaben der tragenden Begriffe und mit Siglen zu benennen (Beispiel: BPP = Beiträge zur Physiologie der Pflanzen) bringt eine gewisse Platzökonomie, muss aber auch für einen in anderen Subsegmenten des eigenen Faches trainierten Leser wie die Schwelle zu einem verbotenen Paradies vorkommen. Siglen bzw. Akronyme schaffen oft nur Ärgernisse und sind deswegen nicht generell zu empfehlen. Im Bedarfsfall empfiehlt sich jedoch vor der Literaturauflistung ein eigenes Siglenverzeichnis.

Um den Problemen mit den möglicherweise befremdend wirkenden oder nicht mehr zu rekonstruierenden Kurzformen der Zeitschriftentitel aus dem Wege zu gehen, führen Sie sie in Ihren studentischen Arbeiten sicherheitshalber immer im vollen Wortlaut auf.

Nicht unwichtig: Manche Publikationsorgane setzen hinter dem Vollzitat im Literaturverzeichnis einen Schlusspunkt, andere nicht. Handhaben Sie das in Ihrer Abschlussarbeit werkeinheitlich und gegebenenfalls in Anlehnung an ein etabliertes Publikationsorgan. Im Hause Springer Nature hat man sich schon vor geraumer Zeit für eine satzzeichenökonomische und bemerkenswert übersichtliche Zitierform ohne Komma- und Punktorgien festgelegt. Was sieht Ihrer Meinung nach besser aus?

- Richarz, K., Kremer, B.P. (2007): Was macht der Maikäfer im Juni? Alltägliches und Rätselhaftes über Pflanzen und Tiere. Franckh-Kosmos-Verlag, Stuttgart

oder

- Richarz K, Kremer BP (2007) Was macht der Maikäfer im Juni? Alltägliches und Rätselhaftes über Pflanzen und Tiere. Franckh-Kosmos, Stuttgart

6.4.2 Zitate aus Büchern

Der Kurzbeleg im Lauftext der Arbeit zeigt mit der Angabe (Hinz 1997) noch nicht, ob es sich um einen zitierten Zeitschriftenbeitrag oder ein Buch handelt. Erst das Literaturverzeichnis lässt die genauere Natur der betreffenden Quelle erkennen. In Buchform publizierte Autorenwerke gibt man analog der Zeitschriftenbelege an, aber generell ohne Wiederholung einer Seitenzahl, dafür aber mit der Nennung von Verlag (in dessen Selbstzitation; vgl. die folgenden Beispiele im Springer-Stil) und Verlags(-stand-)ort. Außer bei Akademie- und Universitätsverlagen (Beispiel: Oxford University Press) lässt man den Zusatz „Verlag" üblicherweise weg.

Beispiel 4

Buchzitat mit einem Autor
    Nybakken JW (2006) Marine Biology. An Ecological Approach. HarperCollins College Publishers, New York◄

Beispiel 5

Buch mit einem Autor, Untertitel und Auflagenangabe
    Larcher W (2004) Ökophysiologie der Pflanzen. Leben, Leistung und Streßbewältigung der Pflanzen in ihrer Umwelt. 6. Aufl., Eugen Ulmer, Stuttgart◄

Beispiel 6

Buch mit zwei Autoren
  Lecointre G, Le Guyader H (2006) Biosystematik. Alle Organismen im Überblick. Springer, Heidelberg◄

Beispiel 7

Buch mit körperschaftlichem Urheber
  [BfN] Bundesamt für Naturschutz (2017) Daten zur Natur 2017. Bonn-Bad Godesberg◄

Beispiel 8

Buch ohne personifizierten Autor
  Lexikon der Biologie, Band 11 (2003): Stichwort „positional cloning". Spektrum Akademischer Verlag, Heidelberg◄

Auch für Buchzitate bestehen also einfache, klar strukturierte und eindeutige Zitierformen. Generell gilt demnach die Empfehlung:

► **PraxisTipp Buchzitat** Empfohlenes Format:

  Autor, V[orname(n) als Anfangsbuchstabe(n) mit Punkt und einfachem Zwischenraum]. (Erscheinungsjahr): Genauer Titel mit Beachtung der Schreibweisen. Aufl[age], Verlag, Verlagsort

Überwiegend nur buchhändlerisch relevante Angaben wie die ISBN-Nummer, die Gesamtseitenzahl des zitierten Werkes oder die Bindungsart (broschiert, gebunden, laminiert, Hardcover, Leinen, Leder mit Goldschnitt u. a.), Art und Umfang von Beilagen, das Buchformat (Taschenbuch, Quarto, Folio u. ä., vgl. Abschn. 3.5) oder Preisangaben sind entbehrlich – man verwendet solche für eine etwaige Kaufentscheidung wichtigen Mitteilungen nur in Besprechungen oder Fachkatalogen. Zu beachten ist dagegen noch Folgendes:

- Bei englischsprachigen Buchtiteln werden alle Nomina groß geschrieben, im Zitat englischsprachiger Zeitschriftentitel jedoch nicht. Einige Verlage schreiben die Titel-Nomina allerdings grundsätzlich klein.

- Bei Büchern werden im Literaturverzeichnis alle beteiligten Autoren aufgeführt, auch wenn der Kurzbeleg im Lauftext nur den Erstautor in der Form Meyer et al. (2010) benannte.

6.4.3 Zitate aus Sammelwerken

Häufig werden in naturwissenschaftlichen Arbeiten auch die Quellenbelege für Einzelbeiträge aus Sammelwerken aufzulösen sein, worunter man beispielsweise Festschriften, Kongressberichte oder Sonderausgaben versteht. Der Kurzverweis Mosbrugger (2003) erscheint im Literaturverzeichnis in der folgenden relativ komplexen Form:

Beispiel 9

Beitrag eines Einzelautors aus einem Sammelwerk
    Mosbrugger, V. (2003): Die Erde im Wandel – die Rolle der Biosphäre. In: Emmermann, R., Balling, R., Hasinger, G., Heiker, F. R., Schütt, C., Walther, D., Donner, W. (Hrsg.), An den Fronten der Forschung. Kosmos – Erde – Leben. Verhandlungen der Gesellschaft Deutscher Naturforscher und Ärzte (GDNÄ), 122. Versammlung 21.–24. September 2002 Halle/Saale. S. Hirzel, Stuttgart, S. 137–147◄

▶ **PraxisTipp Sammelwerkzitat** Empfohlenes Format:

Autor, V[orname(n) als Anfangsbuchstabe mit Punkt]. (Erscheinungsjahr): Genauer Titel des Einzelbeitrags mit Punkt. In: Herausgeber, V[orname mit Punkt]., Sachtitel des Sammelwerkes, Angabe der Serie. Verlag, Verlagsort, Seitenzahl des zitierten Einzelbeitrags im Sammelwerk

Sammelwerke, die man im Lauftext als Ganzes und nicht nur mit einem bestimmten Beitrag zitiert hat, behandelt man im Literaturverzeichnis wie Bücher. In diesem Fall wird der Herausgebername mit dem Zusatz (Hrsg.) versehen.

Da die Mitteilungssprache in einer studentischen Arbeit im Allgemeinen Deutsch ist, gibt man für den/die Herausgeber die deutsche Abkürzung (Hrsg.) an und nicht die englische ed./eds. (von *editor*), auch wenn das zitierte Sammelwerk in englischer Sprache erschienen ist. Wird die Abschlussarbeit allerdings – wie zunehmend üblich – in englischer Sprache verfasst, richtet man sich nach den fremdsprachlichen Usancen.

6.4.4 Zitate aus wissenschaftlichen (unveröffentlichten) Arbeiten

Wissenschaftliche Arbeiten wie Dissertationen und Habilitationsschriften, dazu auch Bachelor-, Master-, Diplom- und Staatsexamensarbeiten, die in einer Hochschulbibliothek eingestellt und katalogisiert sind, kann man selbstverständlich nutzen und daraus Sachverhalte zitieren, auch wenn sie nicht in anderer Form (beispielsweise in den Serien *Dissertationes Botanicae* oder *Bibliotheca Phycologica* bzw. bei einem spezialisierten Hochschulschriftenverlag wie etwa Lang/Frankfurt, Shaker/Aachen oder Kovač/Hamburg) erschienen sind. Sie werden im Prinzip nach dem gleichen Muster zitiert wie Bücher, allerdings unter Angabe des Charakters der Arbeit und der betreffenden Hochschule.

Beispiel 10

Zitat einer wissenschaftlichen Einzelarbeit

    Kanz, B. (1998): Konzipierung eines Bewertungsschlüssels zur ökologischen Flächenbewertung auf der Grundlage floristisch-vegetationskundlicher und faunistischer Erhebungen und seine Anwendung. Dissertation, Math.-Naturwiss. Fakultät, Universität zu Köln◄

6.4.5 Zitate aus der Grauen Literatur

Die Graue Literatur ist in naturwissenschaftlichen Arbeiten im Allgemeinen nicht zitierfähig. Dazu gehören vor allem Meldungen aus der Presse (*Bild, Brigitte, Focus, PM, Spiegel, Süddeutsche Zeitung, Stern* u. a.). Journalistische Arbeit in Ehren – aber als Primärquelle eines wissenschaftlichen Sachverhaltes taugen die in den Publikumszeitungen oder -zeitschriften erschienenen Nachrichten nach häufiger Erfahrung wenig bis gar nichts. Oftmals haben sie bereits eine stationenreiche Kaskade hinter sich, bevor sie im Blatt erscheinen, wurden dabei redaktionell bearbeitet und meist stark vereinfacht (entstellt) und entsprechen damit gegebenenfalls nicht mehr der Originalinformation.

    Solche Mitteilungen in Pressediensten oder in der Presse selbst können jedoch unter Umständen ihrerseits Untersuchungsgegenstand sein und müssen dann auch ordnungsgemäß zitiert werden. In diesem Fall behandelt man sie zitiertechnisch wie Zeitschriftenbeiträge. Ähnlich verfährt man auch bei Informationen aus Verbandsmitteilungen (z. B. der Naturschutzverbände), behördlichen oder anderen institutionellen Broschüren (beispielsweise von Nationalparkämtern), Ausstellungskatalogen oder Denkschriften.

    Grundsätzlich nicht zitierfähig sind Vorlesungsskripte, Praktikumsberichte, Vortragsmanuskripte oder andere „nicht flüchtige" Dokumente auf dem Weg zwischen dem gesprochenen und dem zielgenau für die Öffentlichkeit geschriebenen Wort.

6.4.6 Weitere Quellenangaben

Im Zusammenhang mit floristischen, faunistischen oder landschaftsökologischen Untersuchungen, aber auch in der Gentechnik und Reproduktionsmedizin verzahnen sich biologische Fragestellungen und rechtliche Vorschriften im nationalen oder sogar im EU-Rahmen. Im Bedarfsfall sind daher auch die entsprechenden Gesetzeswerke wie das Bundesnaturschutzgesetz, verschiedene Umweltgesetze (etwa Wasserhaushaltsgesetz, Trinkwasserverordnung) oder das Gentechnikgesetz ordnungsgemäß, d. h. anhand der Originalfindstelle (amtliche Gesetz- und Verordnungsblätter, nicht aus der Tagespresse …) zu zitieren.

Beispiel 11

Zitat eines Gesetzestextes

Gesetz über Naturschutz und Landschaftspflege (Bundesnaturschutzgesetz – BNatSchG).

Bundesgesetzblatt (2002) Teil I, Nr. 22, Bonn 29. Juli 2009, S. 2542.◄

Weitere rechtlich relevante Zitate betreffen Urteile, die man aus amtlichen Sammlungen oder juristischen Fachzeitschriften entnehmen kann, oder Patente und Schutzschriften, die vor allem im ingenieurwissenschaftlichen Bereich von Bedeutung sind und deswegen hier nicht weiter erläutert werden müssen. Das gilt auch für audiovisuelles Material oder andere Formate wie Computerprogramme u. ä. Im Zweifelsfall behandelt man sie wie eine (gedruckte) Publikation, benennt den/die Urheber, Erscheinungsjahr und die korrekte Findstelle analog den oben angeführten Mustern.

6.4.7 Digitale Quellen

Das ehrwürdige Papier von Büchern und Zeitschriften ist im elektronischen Zeitalter ein zwar immer noch unentbehrlicher, aber längst nicht mehr der alleinige Informationsträger. Die zahlreich und in jeglicher Qualitätskalibrierung im Internet verfügbaren wissenschaftlichen Informationen und deren Nutzung begründen die Notwendigkeit, diese Materialien analog zu den gedruckten Publikationen im Quellenverzeichnis einer Arbeit ordnungsgemäß zu zitieren.

Bei namentlich gekennzeichneten elektronischen Dokumenten (d. h. mit personifiziertem Urheber) zitiert man die betreffende Quelle im Prinzip wie Schriftgut. Da die im Netz verfügbaren Dokumente jedoch erfahrungsgemäß eine deutlich kürzere „Halbwertszeit" haben als Zeitschriften- oder Buchbeiträge, weil sie in kürzeren Zeitabständen immer wieder aktualisiert werden, gibt man sicherheitshalber das Erstellungsdatum des Dokuments und zusätzlich in jedem Fall das Datum des eigenen Zugriffs an, um den genauen Zeitschnitt der Nutzung zu dokumentieren. Die von mitteleuropäischen Datumsformaten eventuell abweichende Datumsstruktur der Internetdokumente ist zu beachten (vgl. Kap. 10, Stichwort Datum).

Ein über einen üblichen Web-Browser zugängliches Dokument aus dem Internet, meist erreichbar über die Zugriffsart URL-Adresse (Uniform Resource Locator) mit dem Zugriffsprotokoll http (HyperText Transfer Protocol), zitiert man entsprechend der im Beispiel benannten Onlinezitierhilfe folgendermaßen:

Beispiel 12

Dokument aus dem Internet

Harnack, A., Kleppinger, G. (25.10.06): Beyond the MLA Handbook. Documenting electronic sources on the internet. <http://falcon.eku.edu/honors/beyond-mla/> (10.06.2012).◄

Weitere Empfehlungen zum Umgang mit Zitaten von Internet-Material sind nachzulesen unter www.jstor.org/about bzw. www.archive.org sowie den dort angegebenen Links.

▶   **PraxisTipp Internet-Zitat** Empfohlenes Format:

> Autor, V[orname(n) als Initiale(n) mit Punkt und einfachem Zwischenraum]. (Erstellungsdatum in der Struktur JJJJ): Genauer Titel der Quelle. <Zugriffsprotokoll/URL in spitzen Klammern> (Datum des eigenen Zugriffs in der Struktur TT.MM.JJ), Angabe der Serie. Verlag, Verlagsort, Seitenzahl des zitierten Einzelbeitrags im Sammelwerk.

6.5   Sortierung im Literaturverzeichnis

In der auch hier empfohlenen Form der Quellenangaben für die Publikationspraxis in den Naturwissenschaften erscheinen die Namen immer inversiv mit vorgestelltem Nachnamen und nachfolgenden Vornameninitialen. Bei den Namen ostasiatischer Autoren ist allerdings nicht immer einfach erkennbar, welcher Bestandteil der Vor- und Nachname ist. In solchen Fällen übernimmt man die Zitation wie im Original. Im Literaturverzeichnis erfolgt die Sortierung der Autoren aller Quellen alphabetisch nach den Vorgaben für Schriftzeichenfolgen (DIN 5007) bzw. nach DIN 31638 für den bibliographischen Bereich, die beispielsweise auch den Telefonbüchern zugrunde liegen. Die Sortierautomatik der PC-Textverarbeitungsprogramme arbeitet zwar nicht nach DIN, aber entsprechend der Buchstabenfolge im Alphabet. Dabei gilt:

- Die Basis für die Sortierung sind die Grundbuchstaben des lateinischen Alphabets (a b c d e f …).
- Abkürzungen oder Akronyme werden wie normale Wörter behandelt.
- Besondere Namenszusätze (teilweise als ehemalige "Nobilitätsprädikate") wie „de", „von", oder „van" oder auch Gräfin, Freiherr u. ä. (so Bestandteile des Familiennamens) stellt man in der alphabetischen Sortierung jeweils hinter das Nachnamenäquivalent (Dönhoff, M. Gräfin; Putbus, M. Fürst zu; Bohlen und Halbach, O. von), auch wenn sie mit Apostroph abgekürzt sind wie bei Ester, T. A. d'.
- Nur wenn die großgeschriebene Präposition oder ein Artikel mit dem Namen fest verschmolzen sind, wie bei Le Clerk, A., Ten Borgh, P. oder Zur Hausen, W., werden sie entsprechend dem Zusatz alphabetisch einsortiert.

- Mit Bindestrich verbundene Doppelnamen werden nach dem ersten Namensbestandteil behandelt.
- Körperschaftliche Urheber – hier tritt eine Institution oder ein Verband gleichsam als Ersatzautor auf – werden wie normale Autoren behandelt
- Die Umlaute ä, ö und ü werden nach DIN 5007 bei der alphabetischen Sortierung wie die ursprünglichen Einzelbuchstaben ae, oe und ue gewertet und sortiert – entsprechend folgen sie jeweils nach ihren Stammvokalen (a, o, u): Männeken, H. (2009) steht demnach vor Mannequin, P. (2010). Abweichend davon werden in vielen Nachschlagewerken die Umlaute gleich hinter ihren Stammvokalen einsortiert: Hund, Hündchen, Hundeleine …
- Bei Umlauten am Namensbeginn oder innerhalb des Namens wird nicht zwischen Ä und Ae bzw. ä und ae unterschieden, sondern die Sortierung nach dem Folgekonsonant vorgenommen: Nach Aepfelbach, L. D. (1998) folgt demnach Äscht, C. (1986).
- Das Sonderzeichen ß steht hinter ss: Auf Massing (2017) folgt Maßing (2018).
- Akademische (Prof. Dr.) oder sonstige Grade und Titel (Sir) lässt man in der Autorenliste grundsätzlich weg.
- Ist das Ordnungskriterium Nachnamen ausgeschöpft, erfolgt die weitere Sortierung nach den Vornameninitialen sowie an dritter Stelle nach der Chronologie der zitierten Veröffentlichungen wie im Beispiel Fischer, E. (2005), Fischer, W. (2001), Fischer, W. (1993).
- Buchstaben aus nicht lateinischen Alphabeten, dann römische Zahlen und zuletzt arabische Zahlen (vgl. Tabelle unten).

Der folgende Ausschnitt mit Namen aus einem fiktiven Literaturverzeichnis fasst die übliche Sortierungstechnik zusammen:

Adrian, M. U. (2001)

Aepfelbach, L. D. (1998)

Äscht, C. (1986)

Auf der Mauer, K. (2008)

Bohlen und Halbach, O. von (2013)

Bonnie, T., Clyde, M. (1988)

Bundesamt für Naturschutz (2011)

DeClerk, P. (2009)

Dönhoff, M. Gräfin (1992)

Dunk, K. von der (1997)

Ester, T. A. d' (2008)

Fischer, E. (1995)

Fischer, E. (1999)

Fischer, E., Killmann, D. (2010)

Fischer, W. (1989)

Fischer, W. (1998)

Fischer-Kochems, N. (2001)

Grosse-Brauckmann, G. (1997)

Hoeck, F. (1986)

Höck, G. (1998)

Hödel, K. P. (1992)

Hoederath, D. (2012)

Hofe, M. vom (2004)

Jong, C. van (1993)

Jong, E. (1992)

Jong, P. H. E. de (2008)

Jungner, P. (2000)

Jüngner, S.C. (1997)

Landschaftsverband Rheinland (2009)

Lecointre, G., Le Guyader, H. (2006)

Mac Intyre, S. (1983)

McPherson, Y. (1970)

Männeken, H. (1989)

Mannequin, P. (2001)

Massing, D. (2017)

Maßing, K. (2018)

Moeller, B. (1995)

Möller, K. (2007)

Møller, J. (1991)

Muller, H. (1928)

Müller, F. (1974)

O'Connell, F. (1987)

O'Sullivan, P. E. (2003)

St. Claire, M. (2001)

Ten Borgh, P. (1981)

Zehnhoff, A. am (1995)

Zur Hausen, W. (2008)

Im Übrigen gelten die oben benannten Regeln auch für die Erstellung eines Glossars oder eines Sachwortregisters (Index). Daneben sind die folgenden Sonderregeln zu beachten:

- Vor allen übrigen Zeichen (Buchstaben) werden in alphabetischen Listen Leerzeichen, gesprochene und nicht gesprochene Zeichen geordnet, also diakritische Zeichen wie %, ‰, §, €, $, £ sowie – ; , : „ ".
- Buchstaben aus anderen Alphabeten (beispielsweise die im Wissenschaftsbereich häufig verwendeten griechischen Buchstaben) folgen erst nach dem gewöhnlichen lateinischen Alphabet.

- Zuletzt werden römische Ziffern, dann arabische Ziffern und arabische Zahlen aufgeführt.

Ein entsprechendes Sortierbeispiel aus einem fiktiven Stichwortverzeichnis (Index, Register) sollte wie die folgende Auflistung aussehen:

§ 15	z. B
§ 28	zahlen
€-Beträge	Zahl
$-Schwäche	zählen
Abend	Zahnformel
abends	α-Strahlen
Abendstern	β-Strahlen
Air Canada	IV
Airport	VIII
Airbag	XII
Ammoniak	1
Analgese	55
Anästhesie	99
ATP	

Index-/Registereinträge von Verbindungsnamen Für die Aufzählung bzw. Sortierung von Verbindungnamen gilt die Festlegung, dass die betreffenden Begriffe entsprechend der Hauptkomponente angeordnet werden. Ziffern und andere Hilfsbezeichnungen werden bei der Sortierung erst in zweiter Linie berücksichtigt. Die folgende Übersicht benennt einige Beispiele:

D,L-Alanin	1-Methyl-2-amino-phenazin
Benzo[a]pyren	3-Methyl-nonan
1-Buten	2-Methyl-octan
2-Buten	o-Nitro-benzaldehyd
2-Chlor-anilin	p-Nitrophenol
1,4-Dichlor-benzol	$D^{1,4}$-Pregnadien-3,11-dion
6,7-Diethoxy-1-isochinolin	2,3,7,8-TCDD
2,3-Dimethyl-octan	1,1,2-Trichlor-ethan
D,L-Glycin	o-Xylol

Solche Bezeichnungen müssen im Register von Hand eingepflegt werden, da die Sortierungsautomatik der Schreibprogramme sie gewöhnlich nicht korrekt handhaben kann. Im

Zweifelsfall orientiert man sich hinsichtlich der richtigen Schreibweise der systematischen chemischen Namen und ihrer Positionierung in alphabetischen Verzeichnissen an einem gängigen Chemikalienkatalog, beispielsweise der Firmen Merck oder Sigma-Aldrich. Zu beachten ist auch eine werkeinheitliche Nomenklatur der Verbindungen – beispielsweise p-Chlor-anilin *oder* 4-Chlor-anilin und kein ständiger Wechsel.

Ansehnliche Schaustücke: Fotos, Grafiken, Karten und Tabellen

7

Bilder sind des Menschen andere Sprache.

Gerolf Steiner (1908–2009)

Wer sich als Lektüre einen belletristischen Text zur Hand nimmt, erwartet gewöhnlich eine fesselnde Handlung in brillant durchformuliertem Text – eben unterhaltsamen Lesegenuss pur. Bei wissenschaftlichen Abhandlungen steht der reine Lesegenuss üblicherweise nicht primär im Fokus, doch muss auch der reine Wissenschaftstext in der Aufbereitung seines jeweiligen Themas nicht unbedingt die notorische Sprödigkeit eines juristischen Kommentars zum Bürgerlichen Gesetzbuch widerspiegeln.

Naturwissenschaftliche Texte haben nun den enormen Vorzug, dass sich besonders komplexe Sachverhalte statt der rein verbalen Präsentation als Buchstabeneinöde auch mit anderen Mitteln veranschaulichen lassen: Abläufe, Datengruppen, Konstruktionen oder Korrelationen abhängiger und variabler Größen oder Trends, die im Text eine ausführliche und möglicherweise ermüdende Aufzählung mit zahlreichen Einzelerwähnungen benötigen, verpackt man wesentlich ansprechender und verständlicher in Schaubilder und bietet sie dem Textadressaten als visuellen *appetizer* an: Das Schaubild ist immer dann die geeignete Kommunikationsebene, wo ein komplexer Sachverhalt die Wiedergabe in bewegenden Worten kaum oder gar nicht zulässt. Die „schriftliche" Arbeit, wie sie eine Standardformulierung aus vielen Studien- und Prüfungsordnungen benennt, ist günstigenfalls also zumindest anteilig auch ein Bildwerk. Daher sind Fotos, Grafiken, Tabellen oder vergleichbare Formen der Verbildlichung in einem naturwissenschaftlichen Dokument völlig unverzichtbar.

© Springer-Verlag GmbH Deutschland, ein Teil von Springer Nature 2023
B.P. Kremer *Vom Referat bis zur Abschlussarbeit*, https://doi.org/10.1007/978-3-662-65972-4_7

7.1   Mittel der Textveranschaulichung

Abbildungen sind gleichsam schon von Natur aus wesentlich informationsdichter als Wörter und Sätze, aber man versteht sie erstaunlicherweise trotz ihres höheren Informationsgehaltes viel besser als eine vergleichbare Verbalorgie und – wenn sie handwerklich gut zugerichtet und präsentiert sind – auch noch auf den ersten Blick. Bilder sind eben, wie es der bemerkenswert kreative Karlsruher Zoologe Gerolf Steiner in einer seiner Schriften zum bildnerischen Vorgang des Zeichnens zu Recht herausstellte (Steiner 1986), des Menschen andere Sprache (vgl. Eingangszitat). Was sich in Bilder fassen lässt, wirkt in einer ansonsten sachlich distanzierten und somit relativ trockenen Text- und Gedankenwüste immer als willkommene visuelle Oase und – im Wortsinn – auch als Blickfang. Der Mensch ist immerhin ein Augenwesen, das sich primär an Bildeindrücken orientiert. Bezeichnenderweise gehört das lateinische Stammwort *illustrare* in das Begriffsfeld Helligkeit – die Illustration erleuchtet, erhellt, lässt gleichsam ein Licht aufgehen und hebt hervor, wo die bloße Verbalversion eben nur Schatten, bestenfalls in Grauschattierungen, anbieten kann. Sicher entbindet diese Ausgangslage nicht von der Notwendigkeit, den Text einer Studienarbeit klar zu strukturieren und begrifflich konsumfähig zu gestalten. Wo es die Textlösung allein nicht leistet, dass sich jemand bei der Lektüre ein genaueres Bild des Gesagten machen kann, erweitert man einfach das Angebot: Man macht dem Leser von Anfang an buchstäblich ein Bild (oder mehrere …) vom darzustellenden Sachverhalt. Obwohl für eine naturwissenschaftliche Semester- oder Abschlussarbeit im Allgemeinen keine Designerpreise vergeben werden, können Abbildungen und Tabellen auch in ihrer Funktion als Information tragende Bauteile einer Darstellung durchaus Schmuckstücke sein. Was illustrativ ist, wirkt übrigens auch immer dekorativ und trägt zweifellos wesentlich dazu bei, dass man eine Abschlussarbeit als Informationsquelle gerne benutzt.

Außer Fotos oder Grafiken, die ihre zu diskutierenden Sachverhalte in eine andere Formensprache verpacken, sind letztlich auch Karten, Tabellen und Formeln als diskontinuierliche Mitteilungen bedeutsame Elemente der Textveranschaulichung. Aus diesem Grunde gelten die Überlegungen und Empfehlungen in diesem Kapitel auch für diese Typen illustrativer Zugaben.

7.2   Rechtliche Aspekte

Bei jeder etwaigen Übernahme von Bildmaterial aus anderen Quellen, beispielsweise von Fotos auch aus den im Internet verfügbaren Bildgalerien, sind die juristischen Belange des Urheberrechts zu beachten. Alle Bildherkünfte von dritter Seite sind grundsätzlich Fremdquellen und in der eigenen Arbeit als solche ausdrücklich zu kennzeichnen (vgl. Kap. 6). Frei von Urheberrechten sind Abbildungen (Fotos) von Gebäuden oder Statuen, wenn die Objekte älter als 150 Jahre sind – sie gelten dann als gemeinfrei. Weiterhin sind alle Fotos dann gemeinfrei, wenn der Bildautor (Urheber) seit mindesten 70 Jahren verstorben ist.

Vorsicht ist geboten bei allen Übernahmen aus dem Internet, vor allem aus dem größten Portal Wikimedia Commons. Die hier versammelten Angebote stehen großenteils unter Creative-Commons-Lizenzen (CC) oder sind nur nach ausdrücklicher Ansage gemeinfrei. In jedem Fall sind Bildübernahmen aus dem Internet als solche ausdrücklich zu kennzeichnen – am besten schon gleich in der Bildunterschrift oder spätestens im Abbildungsverzeichnis.

Bei Fotos muss der Urheber (Bildautor) die Wiederverwendung genehmigen: Man benötigt dazu die schriftliche Erlaubnis einerseits des Urhebers, aber auch des Verlags, in dessen Buch oder Zeitschrift ein benötigtes Bilddokument erschienen ist. Das gilt letztlich sogar für Briefmarkenmotive. Bei der Wiederverwendung eines bereits publizierten Fotos kontaktiert man rechtzeitig den betreffenden Bildautor, um eine reprofähige Originalvorlage zu bekommen, denn das Einscannen einer gedruckten und deswegen aufgerasterten Vorlage liefert keine qualitativ befriedigenden Ergebnisse.

Bei Diagrammen, Grafiken, Schemata oder vergleichbaren Visualisierungen komplexer Sachverhalte, die man nach Fremdvorlagen selbst anfertigt oder umzeichnet, ist jeweils wie bei einem Textzitat die Originalquelle anzugeben. Meist erfolgt dieser Hinweis als Kurzzitat (vgl. Abschn. 6.4) in der Form „verändert nach Meyer 2012" oder auch nur „nach Meyer 2012".

7.3 Bildschön: Fotografische Dokumente

Fotografische Abbildungen sind in den Zeiten der digitalen Bild(-nach-)bearbeitung zwar keine vorbehaltlos vertrauenswürdigen Dokumente mehr, aber dennoch ein exzellentes Darstellungsmittel. Kein Lehrbuch der Naturwissenschaften, jedenfalls kein ernst zu nehmendes Werk, kommt ohne gut bestückte Bildstrecken aus. Selbstverständlich muss auch eine studienbegleitende wissenschaftliche Arbeit die großartigen Möglichkeiten einer Abbildung nutzen.

Obwohl eine solche Arbeit natürlich kein Fotoalbum und schon gar kein Katalog ist, sollte man den Bildteil nicht als reines schmückendes Beiwerk empfinden und Bilddokumente auch nicht allzu spärlich einsetzen. Eine allgemein zutreffende Empfehlung für ein ausgewogenes Text-Bild-Verhältnis ist allerdings kaum möglich, denn der tatsächliche Bedarf an Illustrationsmaterial hängt unmittelbar vom jeweils bearbeiteten Thema ab. Typische Anlässe für eine fotografische Abbildung in einer Arbeit sind beispielsweise:

Artenporträt Kennen Sie *Tetraselmis roscoffensis*, *Laminariocolax tomentosoides* oder gar *Gracilaria vermiculophylla?* Wenn sich eine wissenschaftliche Untersuchung beispielsweise mit *Cosmarium obsoletum* (Hantsch) Reinsch oder *Cryptomonas borealis* Skuja befasste, die beide in absehbarer Zeit ebenfalls keine deutschen Artnamen erhalten werden und mit Sicherheit nicht allgemein bekannt sind, wird es jeder mit diesen Organismen nicht vertraute Leser äußerst dankbar begrüßen, wenn man ihm die betreffenden Objekte zunächst einmal im Bild vorführt und erläutert: Die gewählten Artbeispiele sind ein- oder mehrzellige Algen. Diese Empfehlung gilt für alle etwas „entlegeneren" Untersuchungsobjekte aus sämtlichen Organismenreichen. Obwohl Fachleute der Flechtenkartierung die empfohlene Artenauswahl für eine stadtklimatische Bewertung natürlich kennen, ist es unbedingt ratsam, die dazu erfassten Arten wie *Hypogymnia physodes* und *Physcia caesia* auch leibhaftig bzw. live im Foto zu zeigen. Das wirkt in jedem Fall frischer und lebendiger als die bloße Namensauflistung. Das Vorstellungsvermögen seiner Leser sollte man auch dann mit einem Artenkonterfei bedienen, wenn es in einer Arbeit um vermeintlich allgemein bekannte Arten geht. So kann beispielsweise eine Analyse der Artbildungsprozesse beim heimischen Feuersalamander, dessen verschiedene geographische Rassen sich offensichtlich in Richtung Speziation entwickeln, auf ein Foto oder eine Fotoserie als Dokument der zu betrachtenden Merkmale einfach nicht verzichten.

Bei einem erläuternden Foto, das eine bestimmte, aber nicht unbedingt allgemein bekannte Art zeigt, ist immer eine Maßstabsangabe nützlich – entweder direkt mitfotografiert auf dem Bild (Euromünze, Bandmaßausschnitt) oder als eingebauter Hinweis in der Bildlegende, wie im folgenden Beispiel: „Die ca. 5 cm große *Xanthoria parietina* ist randlich mit Grünalgen aus dem Formenkreis *Apatococcus lobatus* überwachsen."

Artenumfeld Bei ökologischen Themen, die eventuell auch in einen geowissenschaftlichen Zusammenhang eingebunden sind und sich beispielsweise mit Fragen der Bodenkunde, der Bewuchsmerkmale, der Exposition oder anderer standörtlicher Faktorengruppen befasst, empfiehlt sich selbstverständlich auch die bildliche Einstimmung mit einem Foto der betreffenden Biotope bzw. Habitate. Eine Organismenart oder Artenkollektive bestehen nicht losgelöst von ihrem Lebensraum. Ihre artkennzeichnenden Merkmale, die ein Artenporträt im Foto vermittelt, sind ebenso bedeutsam wie das gesamte landschaftliche (abiotische oder biotische) Umfeld.

Teilansichten Das Mikroskop ist nach wie vor eines der wichtigsten Instrumente nicht nur in der Biologie, das jenseits des Auflösungsvermögens unserer Augen in immer neue Kleinwelten vordringt und damit ständig die Grenzen der Erfahrungswelt verlagert. Sofern eine wissenschaftliche Arbeit die mikroskopischen Strukturebenen eines Organismus weit unterhalb der Grenze des normal Sichtbaren behandelt, sind detaillierte fotografische Abbildungen als Informations- und Dokumentationsmittel völlig unverzichtbar. Das gilt für die klassischen ebenso wie für die modernen Verfahren der Lichtmikroskopie, von der gewöhnlichen Durchlicht- und Fluoreszenztechnik über die konfokale Laserscan-Mikroskopie (CLSM) bis hin zur Raster- (REM) und Transmissionselektronenmikroskopie (TEM), deren Ergebnisse sich sogar ausschließlich auf der Bildebene dokumentieren lassen. Makroskopische und lichtmikroskopische Präparate lassen sich farbig wiedergeben.

Elektronenmikroskopische Aufnahmen sind technisch bedingt „unbunt" schwarzweiß, aber deswegen keineswegs weniger ausdrucks- oder informationsstark.

Damit das Ergebnis nicht zum Suchbild oder ein wichtiger Sachverhalt zum belanglosen Nebenschauplatz wird, wählt man die Gegenstandsweite bereits beim Fotografieren so aus, dass das dargestellte Objekt das Bildformat bei minimaler Umrandung möglichst komplett ausfüllt. Natürlich sind auch Hoch- oder Querformate dem jeweiligen Objekt angemessen einzusetzen. Einen Getreidehalm wird man sinnvollerweise nicht in ein Querformat zwängen.

Auch bei einer digitalen Bildnachbearbeitung, z. B. mit dem Programm *PhotoShop,* schneidet man alle überflüssigen, weil für die Aussageabsicht entbehrlichen Randbereiche weg und „inszeniert" gleichsam das zu zeigende Objekt in der Bildmitte. Solche Bildbearbeitungen muss der begleitende Text (Bildlegende, Lauftext) fairerweise immer erwähnen. Gänzlich unentbehrlich sind solche Hinweise auf eine nachträgliche Bearbeitung bei Aufnahmen mit speziellen mikroskopischen Darstellungsverfahren, beispielsweise bei Anwendung der Auflichtfluoreszenz: Im digital aufgenommenen Original sind die dargestellten Strukturen eventuell nicht genügend deutlich zu erkennen. Ihre optische Präsenz lässt sich durch Bildnachbearbeitung jedoch beträchtlich steigern. Solche nachträglichen Manipulationen müssen Sie allerdings angeben, weil es einfach zur Redlichkeit wissenschaftlichen Arbeitens gehört. Im Zweifelsfall bildet man die unbearbeitete und die aus didaktischen Gründen bearbeitete Version nebeneinander ab.

Bei mikroskopischen Bildern, die gewöhnlich nur Teile von Teilen darstellen, ist ein Maßstabsbalken üblich. Im lichtmikroskopischen Bereich (LM) wählt man je nach Vergrößerung häufig eine Maßstrecke von 10–50 µm, bei elektronenmikroskopischen Bildern (EM) von 1 µm oder kleiner. LM- und EM-Fotos sollten durch Beschriftungsdetails nicht unnötig belastet werden. Hervorzuhebende Einzelheiten bringt man moderat in gut lesbaren Zeichen an (schwarz auf hellem, weiß auf sehr dunklem Bildhintergrund).

Manchmal empfiehlt es sich, eine Doppeldarstellung vorzusehen – links ein unkommentiertes, rechts daneben ein beschriftetes Bild. Alternativ könnte man mit einem Rahmen bestimmte Bildteile markieren und nochmals vergrößernd bzw. erläuternd darstellen.

Labordokumente Da alle analytischen Verfahren der Physiologie und Biochemie letztlich auf eine Visualisierung der Ergebnisse ausgerichtet sind, bietet sich auch hier das Foto als Mittel der Dokumentation an. Die im Foto festgehaltene Bandenbildung einer vergleichenden Flachbett-Gelelektrophorese, eines Southern oder Western Blot oder ein dem Foto vergleichbares Autoradiogramm veranschaulichen äußerst wirksam und sind gleichzeitig wichtige Beweismittel.

Ob man die vorgesehenen Fotografien als Bilddateien mit hoher Auflösung (> 300 dpi) direkt über einen leistungsstarken Drucker im Dokument ausgeben lässt oder sie als klassische farbige bzw. schwarzweiße Fotopapierkopien mit der Oberflächenausrüstung „Hochglanz" in die fertige Version der Arbeit einklebt, ist letztlich nur eine Frage der jeweils verfügbaren Wiedergabetechnik und kein grundsätzliches Problem, das hier zu erörtern wäre (vgl. auch Kap. 10).

▶   **PraxisTipp Foto** Eine Fotografie soll das abzubildende Objekt jeweils formatfüllend und kontrastreich darstellen.

Nicht immer erfüllt der eigene Schnappschuss die formal-ästhetischen Voraussetzungen einer gelungenen Darstellung. Sofern die betreffenden Bilddokumente digitalisiert vorliegen (direkt aufgenommen mit einer Digitalkamera bzw. der Fotofunktion eines leistungsfähigen Mobiltelefons oder nach Digitalisierung mithilfe eines speziellen Dia-Scanners), bieten moderne Bildbearbeitungsprogramme wie *PhotoShop* u. a. die einzigartige Möglichkeit der beeindruckenden kosmetischen Aufwertung. Der handwerkliche Umgang mit diesen z. T. komplexen Programmen kann nicht Gegenstand dieser Einführung sein. Insofern begnügen wir uns hier mit dem ausdrücklichen Hinweis, auch diese Möglichkeit der Bildgestaltung bei Bedarf unbedingt einzusetzen. Die Möglichkeit der nachträglichen Bearbeitung eröffnet allerdings auch einer unzulässigen Manipulation die Tür. Um alle etwaigen Zweifel auszuräumen, behält und zeigt man auch das unbearbeitete Original, damit ein Bild auch tatsächlich ein Dokument bleibt.

7.4   Kartenmaterial

Kartenausschnitte, die das Untersuchungsgebiet einer ökologisch oder geowissenschaftlich orientierten Arbeit darstellen, sind ein exzellentes und geradezu unverzichtbares Mittel der Veranschaulichung. Per Internet steht ein überwältigend vielfältiges Material mit Detail- oder Übersichtsdarstellungen zur Verfügung – und dies großenteils sogar kostenfrei.

Topographische Karten Die derzeit genaueste Geländewiedergabe bieten die amtlichen topographischen Karten in den Maßstäben 1:25.000 (TK25) oder 1:50.000 (TK50). Eingescannte Ausschnitte (von gedruckten/gefalteten Karten) sind im Wiedergabeergebnis oft ebenso unbefriedigend oder allenfalls als Arbeitsvorlage tauglich wie die in der Auflösung nicht so recht überzeugenden Kartenversionen auf (den nicht mehr vertriebenen) CD-ROMs. Zudem durfte man bis vor kurzem Ausschnitte aus einem definierten Kartenblatt für eine schriftliche eigene Arbeit gegenüber dem Original im Maßstab nicht verändern. Diese Vorschrift besteht nicht mehr.

Die mit der Geobasisinformation befassten Landesbehörden (früher: Landesvermessungsämter) bieten mit ihren digitalen ATKIS-Versionen (amtliche topographische Karten-Informationssystem) überaus brauchbare Arbeitshilfen. Hier gibt es außer hochauflösenden Luftbildern und Karten von Grundstücken und Straßen auch die Darstellungen kompletter Landschaften – und dies auch in Form digitaler Geländemodelle. Das betreffende Landesamt für Nordrhein-Westfalen bietet jedem Interessenten die Möglichkeit, diese unter www.open.nrw.de herunterzuladen und frei zu nutzen. Für die übrigen bundeslandspezifischen Dienststellen der Geobasisinformation gilt das Gleiche; teilweise empfiehlt sich eine vorherige Anfrage.

Meist findet sich auf der jeweiligen Homepage unter *Open Data* ein Link, der das kostenfrei nutzbare Material ansagt. Falls kostenpflichtiges Spezialmaterial für eine wissenschaftliche Arbeit benötigt wird, bieten die betreffenden Landesbehörden nach Vorlage einer Bescheinigung des betreuenden Hochschulinstituts auch beträchtliche Rabattierungen an.

Wichtig Grundsätzlich ist Folgendes zu beachten: Die Copyrights für ein digital genutztes Kartenwerk verbleiben generell beim Urheber. Die als Open Data extrahierten Karten(ausschnitte) entbinden außerdem nicht von der Pflicht zum exakten Herkunftshinweis. Wenn Sie in Ihrer Arbeit Kartenmaterial oder sonstige relevante Geoinformationen verwenden, geben Sie bereits in der Bildlegende unter der betreffenden Abbildung eine genaue Herkunftsbezeichnung an, eventuell mit dem Zusatz „Mit freundlicher Genehmigung von…"

Landkartenwerke Eine weitere geradezu unglaubliche Fülle an kartographisch wiedergegebenen erdbezogenen Spezialdarstellungen zu besonderen thematischen Inhalten und weitere interessante Datensätze findet man u. a. bei

- Institut für Angewandte Geodäsie (www.IfAG.de) in Frankfurt
- Bundesamt für Kartographie und Geodäsie (Kartenwerke im Maßstab 1: 100.000 oder größer; www.bgk.bund.de), hier unter der benutzerfreundlichen Rubrik *Open Data*, ebenfalls in Frankfurt/M.
- Bundesanstalt für Geowissenschaften und Rohstoffe (www.bgr.de) in Hannover
- www.geoportal.de

Geologische Karten sind normalerweise nicht über die jeweiligen Landesämter für Geobasisinformation beziehbar, sondern bei den bundeslandspezifischen Geologischen Diensten (Landesämter für Geologie). Bei diesen Behörden lagern auch eventuell ergiebige sonstige Materialquellen, beispielsweise Bohrprotokolle, Prospektionsunterlagen oder Datensätze zur Geothermik sowie Seismik einer Region, die auf besondere Anfrage verfügbar sind.

Geoinformationssysteme Unter der Bezeichnung ArcGIS oder einfach GIS firmieren die verschiedenen Produkte des in den USA angesiedelten Unternehmens ESRI (Environmental Systems Research Institute) – darunter ArcGIS, ArcView, ArcEditor, ArcMap u. a.) – als Geoinformationssysteme. Die Nutzungs- und Profildetails sind den entsprechenden Websites des Unternehmens zu entnehmen,

Seekarten Ein Spezialsegment der amtlichen Kartographie sind Seekarten, die für die professionelle Schifffahrt küstennahe bzw. küstenferne Meeresgebiete darstellen, etwa zur

Ansteuerung von Helgoland. Solche Karten bzw. Kartenausschnitte sind beim Bundesamt für Seeschifffahrt und Hydrographie (BSH; Hamburg sowie Rostock) auch als Datensätze erhältlich. Über die Gebührenpflichtigkeit informiert ein vorheriger Anruf.

OpenStreetMaps Eine empfehlenswerte Materialquelle sind die unter OpenStreetMaps (OSM) seit 2004 zunehmend verfügbaren und fortlaufend verbesserten Kartendarstellungen. Die Kartenbilder sind an die amtlichen Topographischen Karten angelehnt, gut lesbar und hinreichend detailgetreu. Die Nutzung ist kostenlos, und man kann ausgewählte Kartenausschnitte auch lizenzfrei weiterverwenden. Bei Google Maps ist die Nutzung zwar ebenfalls kostenfrei, aber man darf sie nicht für eigene Zwecke vervielfältigen.

Für die Weiterverarbeitung eines Kartenausschnitts empfiehlt sich mitunter eine gewisse Vereinfachung des Kartenbildes – etwa dann, wenn es nur auf die Wegeführung oder einzeln hervorhebenswerte topographische Details ankommt. In solchen Fällen legt man mit einem geeigneten Zeichenprogramm ein selbst entworfenes Overlay über den ausgewählten Kartenbereich (vgl. Abschn. 7.5.3). Das erfordert ein wenig Übung, ist aber leicht leistbar.

7.5   Grafiken

Unter Grafiken verstehen wir hier alle Bilddarstellungen, die nicht auf fotografischem Wege entstanden sind, sondern als Strichzeichnungen, Diagramme oder ähnliches entweder mithilfe von Zeichenprogrammen digital – oder in traditionellerer Weise „von Hand" – erstellt wurden. Gegebenenfalls gehören dazu auch Kartendarstellungen zu bestimmten Themen, wie sie beispielsweise im Zusammenhang mit gewässerökologischen Untersuchungen, bei Vegetationsaufnahmen oder bei Untersuchungen zum Kulturlandschaftswandel sinnvoll sind (vgl. Abschn. 7.3). Grafiken können in wenigen Umrissen komplexe Sachverhalte veranschaulichen.

7.5.1   Zeichnungen

Streng mathematisch gesehen ist ein Strich als Linie zeichnerisch gar nicht darstellbar, weil er die Dimension 1 aufweist und in der Umsetzung auf einem Zeichengrund bestenfalls eine sehr schmale Fläche ist (vgl. Ebel und Bliefert 1990). Dennoch verstehen wir hier unter einer Strichzeichnung eine aus dünneren oder kräftigeren Liniengefügen und durchaus mit Vollflächen erstellte Grafik beliebigen Inhalts, die ohne Koordinatensystem auskommt.

Eine Zeichnung kann im Unterschied zum üblichen Foto durch die Kombination mehrerer Abtastebenen ähnlich wie das Rasterelektronenmikroskop auch räumliche Tiefe ohne Weiteres wiedergeben und zudem durch das Verschieben des Objektes fehlende

Anteile außerhalb des Sehfeldes berücksichtigen. Die Zeichnung bietet außerdem überall dort klare Konturen, wo das Foto lediglich ein Liniengewirr darstellt. Jede zeichnerische Darstellung ist in gewissem Umfang eine vereinfachende, idealisierende, aber besser verständliche und in hohem Maße auch interpretierende Wiedergabe des Gesehenen. Wo selbst ein technisch perfektes Foto erbarmungslos Beugungssäume, etwaige Präparationsartefakte, staubfeine Verunreinigungen oder das Liniengefüge anderer Schärfeebenen festhält, kann die Zeichnung die notwendige Abstraktion oder Klärung leisten und den Blick auf das hervorhebenswerte Wesentliche lenken. Für eine brauchbare Zeichnung benötigt man also nicht unbedingt ein brillantes Präparat, sondern kann die besonderen Akzentuierungsmöglichkeiten auch dann nutzen, wenn einmal keine optimale Ausleuchtung vorliegt, irgendwelche Luftblasen trotz aller Mühe nicht aus dem Objekt zu vertreiben sind oder ein von Hand ausgeführter Schnitt schlicht zu dick ausfiel. Ein noch überzeugenderes Argument für die selbst gefertigte Zeichnung ist, dass sie ohne nennenswerten apparativen Aufwand mit einfachen Hilfsmitteln zu erstellen ist.

Strichzeichnungen abstrahieren also gewöhnlich sehr stark und bieten eine in gewissem Maße schematische, meist gewollt vereinfachende Darstellung. Häufig sind Zeichnungen daher erstaunlicherweise viel besser als ein flaues Foto mit geringer Tiefenschärfe und vielen nebensächlichen Bildinhalten: Sie können nämlich die zu fokussierenden Besonderheiten betonen oder sogar eigens herausstellen. Damit dienen sie, wie die Beispiele in diesem Kapitel zeigen (Abb. 7.1, 7.2), u. a. der (erläuternden) Habitusdarstellung kleiner Organismen und werden in diesem Fall nach der mikroskopischen Beobachtung angefertigt. Sie können aber auch zytologische, histologische oder anatomische Zusammenhänge veranschaulichen. Zeichnungen sind überdies ein exzellentes Darstellungsmittel geowissenschaftlicher Sachverhalte, beispielsweise von interpretierenden Landschaftsausschnitten oder geodynamischen Prozessen. Eine bemerkenswerte Beispielsammlung sowie gängige Verfahren ihrer Erstellung finden sich bei Meyer (1982). Schließlich stellt man auch Konstruktionspläne von Versuchsanordnungen (Versuchsaufbauten in Schnittbilddarstellung) in Form einer Strichzeichnung dar.

Für die Erstellung einer Strichzeichnung bieten sich grundsätzlich zwei Wege an. Entweder erstellt man die vorgesehene Grafik mit einem Zeichen- bzw. Grafikprogramm am Computer oder arbeitet klassisch-handwerklich mit entsprechendem Zeichengerät

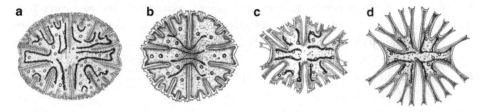

Abb. 7.1 a–d Beispiel einer von Hand ausgeführten Strichzeichnung: Zieralgen (*Desmidiaceae*, Zygnematophyceae) überraschen mit einer besonders ansprechenden Zellmorphologie. **a** *Micrasterias denticulata*, **b** *Micrasterias rotata*, **c** *Micrasterias americana* und **d** *Micrasterias crux-melitensis*

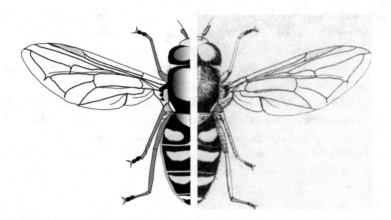

Abb. 7.2 Beispiel einer per PC *(linke Hälfte)* und von Hand *(rechte Hälfte* mit konventionellem Zeichengerät/Tuschefüller) ausgeführten Zeichnung: Habitusbild eines Männchens der Schwebfliege *Syrphus ribesii* (Diptera, Syrphidae)

(Zeichenbrett DIN A3 oder A4, Schablonen, Tusche, Tuschefüller unterschiedlicher Strichstärkenfestlegung). Beide Wege haben ihre spezifischen Vorteile und erfordern eine gewisse Erfahrung, sofern die Ergebnisse nicht allzu holperig aussehen sollen. Im Unterschied zu weit verbreiteten Befürchtungen erfordert dieses Zeichnen allerdings keine künstlerischen Spezialbegabungen, sondern ist erlernbar wie das Titrieren einer Säure oder das photometrische Ermitteln einer Enzymkinetik. Eine immer noch sehr empfehlenswerte Einführung in das wissenschaftliche Zeichnen in der Biologie sowie in allen nahe stehenden Arbeitsfeldern bieten beispielsweise Honomichl et al. (1982).

7.5.2   Strichzeichnungen von Hand

Von den oft nur mäßig beliebten Zeichenübungen Ihrer Mikroskopie- oder Histologiekurse haben Sie vermutlich eine gewisse Vorerfahrung in der zeichnerischen Umsetzung eventuell ziemlich detailreicher Strukturen. Zeichnungen für eine wissenschaftliche Arbeit legt man üblicherweise nicht in Bleistift an, sondern spätestens in der Endausfertigung immer in Tusche. Nur die Vorzeichnung fertigt man mit einem weichen, restlos radierbaren Bleistift (Gradation HB oder 1B). Idealer Zeichengrund ist sogenanntes Entwurfpapier (festes, glattes Transparentpapier, ca. 95 g/m²). Auf diesem Material kann man kleinere Fehler der Linienführung durch Wegschaben mit einem normalen Skalpell auch dann noch korrigieren, wenn die Tusche bereits unwiderruflich angetrocknet ist. Folgende Tipps sind vermutlich hilfreich:

- Man zeichnet die geplante Darstellung nicht in der Größe des benötigten Endformats, sondern in einem deutlich größeren Maßstab (ca. 3 : 1 bis 5 : 1). Für die Fertigstellung der Arbeit verkleinert man sie fotomechanisch per Kopierer auf die gewünschte Endgröße oder scannt sie skalierbar ein. Nach DIN 15 sind normengerechte Verkleinerungsmaßstäbe 70 %, 50 %, 35 % und 25 %. Die Verkleinerung verbessert häufig die Qualität des Originals. Die Platzierung einer Zeichnung im Seitenlayout behandelt Kap. 10.
- Optional ist der Ausdruck auf einem Laser- oder einem Tintenstrahldrucker. Die heute ohnehin reichlich antiquierten bzw. kaum noch eingesetzten Nadeldrucker liefern dagegen keine akzeptablen Ergebnisse.
- Die Strichstärke (Linienbreite) wählt man so, dass sie nach der Verkleinerung auf Endformat noch mindestens 0,15 mm beträgt. Alles was dünner gerät, bewegt sich unterhalb des natürlichen Auflösungsvermögens unserer Augen und wird unwillkürlich zum Sehtest. Im Zeichenfachhandel sind Tuschefüller mit maßhaltiger Röhrchenfeder für nahezu beliebige (größere) Strichstärken erhältlich. Zu einer sinnvollen Basisausstattung gehören die Stärken 0,3, 0,5, 0,7 und 0,9 mm.
- Wenn Beschriftungselemente vorgesehen sind, müssen diese im Endformat typographisch (nach Schriftart und Schriftgrad, vgl. Kap. 8) unbedingt zum Lauftext und zur Bildlegende passen. Nichts sieht im fertigen Dokument schlimmer aus als typographisch unstimmige Buchstabenhöhen.
- Buchstaben und Ziffern kann man in der benötigten Typographie per PC oder Mac drucken und in eine von Hand gefertigte Strichzeichnung einkleben, die in den meisten Fällen ohnehin kopiert wird. Die technisch sehr einfach zu handhabenden Anreibezeichen beispielsweise von Alfac oder LetraSet hat der CAD-Betrieb leider weitgehend entbehrlich gemacht – sie sind kaum noch im Handel erhältlich. Die Buchstabengestaltung mit Normschriftschablonen, wie sie der Zeichenfachhandel ebenfalls anbietet, ist vor allem im ingenieurwissenschaftlichen Bereich immer noch weit verbreitet. Von schwungvollen Freihandbeschriftungen, wie sie früher unter anderem in der Architektenbranche üblich waren, ist allerdings in jedem Fall abzuraten, weil sie fast immer mit der Typographie der übrigen Textgestaltung heftigst kollidieren.
- Für die ausfüllende Flächendarstellung gab es bislang die Möglichkeit, Anreibefolien mit der passenden Rasterung oder Schraffur aufzukleben. Diese Zeichenmaterialien sind allerdings ebenso wie die *instant-lettering*-Werkzeuge bedauerlicherweise fast komplett vom Markt verschwunden oder bestenfalls in Restbeständen erhältlich. Einen Ausweg bieten hier nur die (professionellen) Computerzeichenprogramme. Schraffuren oder Netzlinien gelingen per Lineal von Hand nur in den seltensten Fällen in befriedigender Qualität.
- Hinweislinien, die zu bestimmten Elementen einer Strichzeichnung führen, dürfen sich grundsätzlich nicht überkreuzen und eine Zeichnung auch nicht wie einen Seeigel erscheinen lassen. Man ordnet sie immer so an, dass sie parallel zu den randlich außerhalb der Zeichnung angebrachten Kurzerläuterungen führen (vgl. Abb. 7.3 bis 7.5). Für ausführlichere Erläuterungen nutzt man die zugehörige Bildlegende (vgl. Kap. 10).

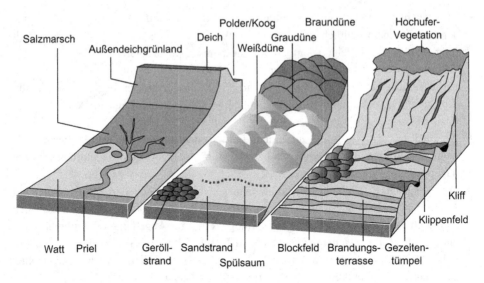

Abb. 7.3 Beispiel für landschaftsmorphologische Skizze bzw. Themenkarte, am PC erstellt (aus Kremer und Gosselck 2012). Zur Zeichentechnik siehe Abb. 7.6

7.5.3 Strichzeichnungen per PC

Mit den zum normalen Programmpaket eines Computers gehörenden Zeichenfunktionen, beispielsweise im Rahmen der Programme *CorelDraw, PowerPoint* oder selbst von neueren *Word*-Versionen, kann man bei geschickter Anwendung erstaunlich viele Darstellungsprobleme bewältigen (vgl. Abb. 7.4 bis 7.6). Abb. 7.6 erläutert schrittweise die Erstellung einer PC-Grafik am Beispiel eines einfachen Kalottenmodells von n-Hexan.

Öffnen Sie dazu eine leere *PowerPoint*-Folie und klicken Sie das Schaltfeld „Zeichnen" auf der Standardsymbolleiste an. Nach dem Anklicken öffnet sich an der Basis des Programmfensters eine neue Symbolleiste, über die man variable geometrische Objekte (= Autoformen wie Kreis, Ellipse, Recht- und Dreiecke, Blockpfeile), ferner Textfelder und Linien auswählt. Mit weiteren Schaltsymbolen bestimmen Sie Füll-, Linien- und Schriftfarben, die Strichstärke von Linien, Art und Richtung von Pfeilspitzen, Schattierungen, 3D-Effekte und andere Darstellungsmittel. Zur Darstellung der Grafikelemente in Abb. 7.6a–g gehen Sie jetzt folgendermaßen vor:

a) Liniensymbol (Schrägstrich) auf der Zeichenlinie anklicken.

b) Strich durch einfachen Mausklick aktivieren, unter „Zeichnen" die Option „Punkte bearbeiten" wählen.

c) Die gerade Linie jetzt per linker Maustaste abschnittsweise in beliebige Richtungen verbiegen.

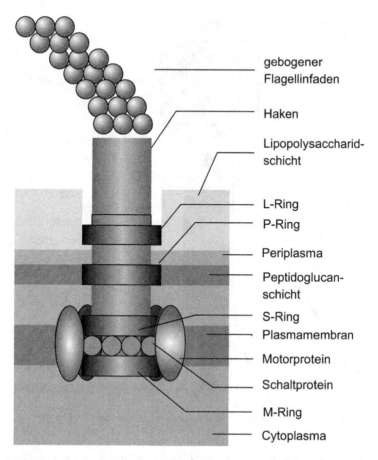

gebogener
Flagellinfaden

Haken

Lipopolysaccharid-
schicht

L-Ring

P-Ring

Periplasma

Peptidoglucan-
schicht

S-Ring

Plasmamembran

Motorprotein

Schaltprotein

M-Ring

Cytoplasma

Abb. 7.4 Der kleinste Motor der Welt: Strukturschema einer Bakteriengeißel (PC-Grafik). Zur Zeichentechnik siehe Abb. 7.6

d) Linienenden mit der gedrückten linken Maustaste zum benötigten Flächenumriss zusammenführen.

e) Die so gewonnene Fläche per Mausklick über das Farbfeld (Symbol Farbeimer) schwarz ausfüllen.

f) Danach über das Farbfeld die Option „Fülleffekte" aktivieren, Menükarte „Graduell" wählen, dann Schaltfeld „zweifarbig" und „diagonal unten" anklicken; von den vier angebotenen Alternativen die linke obere wählen: Das Fünfeck füllt sich wie in Abb. 7.1f. Ein bindendes C-Atom des Hexans ist damit fertig.

g) Da spiegelbildliche Elemente benötigt werden, das fertige C-Fünfeck kopieren, unter „Zeichnen" die Option „Drehen oder Kippen" wählen und die horizontale Spiegelung veranlassen.

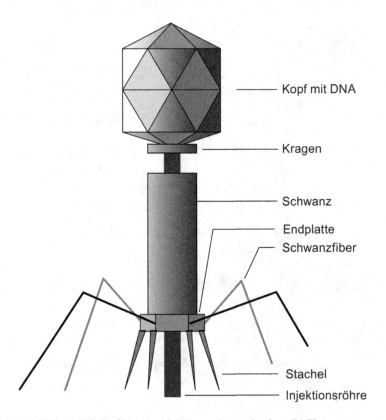

Abb. 7.5 Modellskizze (PC-Grafik) zur molekularen Anatomie eines T4-Phagen

Nachdem Sie analog ein kreisförmiges H-Atom für die Kalottendarstellung mit der gewünschten Schattierung zum Raumgebilde umgeformt haben, werden alle Elemente zusammengeführt:

- Kopien der H-Atome per *drag-and-draw* an das endständige C-Atom heranführen,
- Feinpositionierung durch „Strg + Pfeiltaste" vornehmen,
- über „Zeichnen" → „Reihenfolge" → „in den Hintergrund" die H-Atome hinter das C-Atom stellen und
- alle übrigen Elemente jeweils kopieren und wie beschrieben positionieren.

Word behandelt eine aus *PowerPoint* importierte Zeichnung und ebenso die aus *CorelDraw* importierten Objekte wie einen Textabschnitt. Um eine separat als eigenes Dokument erstellte Grafik in den Lauftext eines anderen Dokumentes zu importieren, markiert man sie, legt sie in den Zwischenspeicher (Strg + C) und fügt sie daraus an der gewünschten Stelle ein (Strg + V). Die unter *PowerPoint* oder *CorelDraw* erstellten Grafiken sind frei skalierbar (Beispiele in Abb. 7.6).

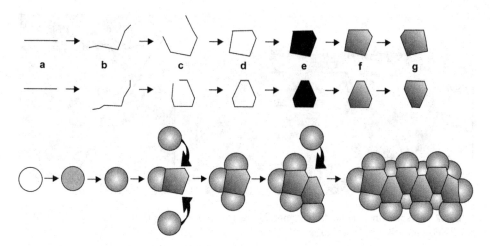

Abb. 7.6 Arbeitsablauf zur Erstellung eines einfachen Kalottenmodell von n-Hexan. Die einzelnen Arbeitsschritte a–g sind im Text erläutert. Das fertige Modell lässt sich in nahezu beliebiger Skalierung in den Lauftext einbauen

Bei Themenkarten oder sonstigen komplexeren Darstellungen (vgl. Abb. 7.3 und 7.7) ist Freihandarbeit auf dem Monitor nahezu unmöglich. Hier hilft meist das folgende Vorgehen: Man scannt eine geeignete Kartenvorlage als jpg-Format ein und importiert sie auf eine leere *PowerPoint*-Präsentationsfolie. Mit den innerhalb dieses Programms verfügbaren Zeichenwerkzeugen kann man nun Grenzverläufe, Höhenlinien, Flussbiegungen oder sonstige topographische Details als *overlay* anlegen. Wenn alle Linien und Bezugspunkte festliegen, löscht man die verwendete jpg-Vorlage und geht nun an die grafische Feingestaltung mit farbigen oder abgestuften Füllflächen, unterschiedlichen Linienstärken oder sonstigen benötigten Details (Abb. 7.7). Die als *PowerPoint*-Dokument gesicherte Grafik importiert man anschließend in das betreffende *Word*-Dokument. Jetzt lassen sich die grafischen Einzelheiten nicht mehr verändern, aber dafür kann man die gesamte, nunmehr vektorisierte Darstellung in fast beliebige Formate bringen und so dem Satzspiegel anpassen.

Manche zeichnerischen Optionen scheitern jedoch schlicht daran, dass das Programm mit seinen nur begrenzt veränderbaren Standardformen und deren Bearbeitbarkeit deutliche Grenzen festlegt. Erweiterte Möglichkeiten bieten natürlich die professionellen Zeichenhilfen, beispielsweise die Vollversionen von *CorelDraw* oder entsprechender Programme wie Illustrator u. a. Für Darstellungen, die nicht nur rechte Winkel und gerade Linien benötigen, sind die unterdessen auch durchaus erschwinglichen elektronischen Zeichentableaus (z. B. von Wacom) zu empfehlen, die im Freihandverfahren entworfene Skizzen sofort digital und skalierbar umsetzen. Während Tuschezeichnungen am Klemmbrett im Allgemeinen nur schwarze Linien liefern, bieten die PC-Zeichenprogramme

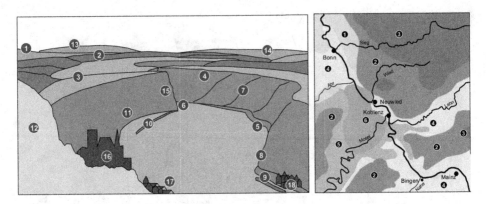

Abb. 7.7 Beispiel für eine landschaftsmorphologische Skizze bzw. Themenkarte, am PC erstellt. Zur Zeichentechnik vgl. Abb. 7.6

nahezu beliebige Farbfassungen oder Grauabstufungen von Linien oder Flächen. Abgestufte Grauwerte sind jedoch nur bei Ausgabe der betreffenden Grafik durch einen leistungsfähigen Laser- oder Tintenstrahldrucker empfehlenswert. Wird eine solche Vorlage durch übliche Bürokopierer vervielfältigt, rutschen Graunuancen gewöhnlich in undifferenzierte Wolkigkeit ab.

Für die Zwecke einer studentischen Arbeit reichen die obigen Empfehlungen im Allgemeinen aus. Wenn ein Manuskript für die Veröffentlichung in einer wissenschaftlichen Zeitschrift eingereicht wird, stellen die betreffenden Redaktionen gewöhnlich höhere Ansprüche an die technische Qualität einer Vorlage. Für diese Zwecke ist es ratsam oder sogar nötig, wegen der besseren Einlesbarkeit in die üblichen Satzprogramme (etwa InDesign, QuarkExpress oder L^AT_EX) ein professionelles Grafikprogramm zu nutzen, beispielsweise

- *Harvard Graphics Chart*
- *Illustrator*
- *Sigma Plot*
- *Visio*

sowie

- *bioDraw oder*
- *chemDraw*
- *ChemSketch*
- *ISISDraw*

Die Anschaffung eines dieser wunderbaren elektronischen Hilfsmittel ist meist nicht erforderlich, denn vermutlich benutzt man in Ihrer Ausbildungsstätte die eine oder andere neuere Variante eines dieser Programme und ist Ihnen dann auch bei der Erstellung Ihrer speziellen Abbildungen behilflich. Nutzen Sie unbedingt diesen Erfahrungsschatz. Eventuell beschäftigt das betreffende Institut sogar einen eigenen Mediengestalter mit entsprechendem Knowhow.

7.5.4 Formeln und Versuchsgeräte

Ein Spezialfall von Strichzeichnungen sind Strukturformeln komplexerer chemischer Verbindungen (beispielsweise der Steroide sowie Flavonoide) oder die Wiedergabe eines bestimmten Versuchsaufbaus zur experimentellen Klärung einer bestimmten Fragestellung. Für beide Darstellungsoptionen bieten sich zeichnerische Lösungen von Hand ebenso wie spezielle Computergrafikprogramme an.

Auch für das Zeichnen üblicher Laborgeräte (Becherglas, Erlenmeyerkolben, Bürette, Liebigkühler, Bunsenbrenner etc.) in Schnittdarstellung gibt es spezielle Schablonen, mit denen nach einiger Übung durchaus ansehnliche Ergebnisse zu erreichen sind. Ungleich eleganter und vielseitiger sind aber auch die für dieses spezielle Einsatzgebiet verfügbaren Zeichenprogramme. Gegebenenfalls kommt die eigene Improvisation bei Ausschöpfung der Standardmöglichkeiten der im *Office*-Paket eines PC vorhandenen Zeichenoptionen auch hierbei zu durchaus vorzeigbaren Ergebnissen (vgl. Abb. 7.4 bis 7.6) – unabhängig davon, ob es Versuchsapparaturen, Laborgeräte oder Formeln sind.

Anspruchsvoller und wesentlich teurer sind die auch professionellen Ansprüchen genügenden Spezialsoftwarepakete beispielsweise von *ChemDraw, ChemSketch, ISISDraw* oder die Spezialoptionen des komplexen Satzprogramms $L^A T_E X$. Über die Details dieser Produktpalette und ihre genauere Handhabung informieren die betreffenden Firmenwebsites im Internet und der Fachhandel.

Chemische Strukturformeln kann man als gewöhnliche Abbildungen auffassen und im Text entsprechend aufgreifen: „... (vgl. Formeldarstellung in Abbildung x.yz)". Im Layout behandelt man sie hinsichtlich Platzierung und Legende entsprechend (vgl. Kap. 10). Eine werkeinheitliche Handhabung ist unbedingt erforderlich.

Bei Reaktionsgleichungen mit Strukturformeln empfiehlt sich dagegen eher eine eigene Bezeichnungsebene. Eine Gleichung leitet man mit dem in Klammern gesetzten Hinweis (Gl. x.yz) ein oder schließt sie damit ab (vgl. auch Kap. 11, Stichwort Nummerierungen) (Abb. 7.8, 7.9, 7.10).

Mathematische Formeln, von Außenstehenden oft als blanker Sadismus empfunden, aber nicht nur in den Naturwissenschaften wegen ihrer Eineindeutigkeit und Klarheit schlicht unentbehrlich, sind mit dem gewöhnlichen Schreibprogramm nicht zu bewältigen, es sei denn, die Formelaussage beschränkt sich auf einfache Zeichenfolgen vom Typ $A = \sin a/2$. Komplexere Formeln mit Operatoren außerhalb der Grundrechenarten sind

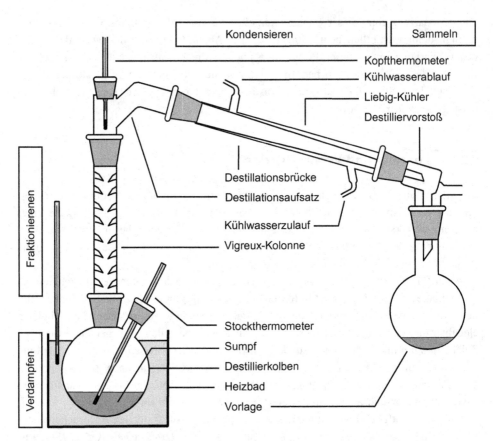

Abb. 7.8 Mit einem speziellen Zeichenprogramm für chemische Apparaturen lassen sich die einzelnen Komponenten sehr einfach gruppieren

nur mit einem besonderen Formel-Editor darstellbar (Abb. 7.11). Sofern man nicht mit *AMS-L^{A}T$_E$X, Mathetype* oder einem artverwandten Formelprogramm arbeitet, bietet der standardmäßig in *Word* verfügbare Formeleditor eine recht komfortable Lösung. Man ruft ihn über die Menüoption „Einfügen/Objekt" auf und konstruiert die benötigte Formelgestalt mithilfe der angebotenen Elemente aus der Aussagenlogik. Außerdem finden sich bei gezielter Nachsuche auch recht brauchbare Free- und Sharewareangebote.

Auch mathematische Ausdrücke haben je nach Komplexität eher Abbildungs- oder Gleichungscharakter. Im laufenden Text zitiert man sie analog den chemischen Formelangaben. Fragen der Formelplatzierung im Seitenlayout behandelt Kap. 10.

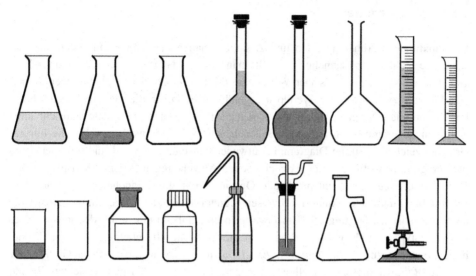

Abb. 7.9 Für Versuchsbeschreibungen zeichnet man die benötigten Geräte selbst. Die Abläufe entsprechen den in Abb. 7.6 dargestellten Schritten

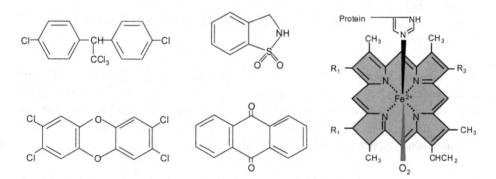

Abb. 7.10 Die dargestellten Formeln wurden mit den Zeichenoptionen von *PowerPoint* angelegt

$$x = \sum_{i=0}^{n} \frac{1}{\sqrt[5]{\sqrt{2x_i + p)}}} \qquad a = \frac{1}{\sqrt{2\pi\varpi}} \int_{z}^{x} \exp\left[-\frac{1}{2}\left(\frac{x-\mu}{2}\right)^2\right] + dt \qquad \cos\alpha = \frac{\sin\frac{\pi\tau}{2}}{\sin\frac{\tau}{2}} \cdot \frac{i \cdot \sin\frac{\eta\tau}{2} + \cos\frac{\eta\tau}{2}}{i \cdot \sin\frac{\tau}{2} + \cos\frac{\tau}{2}}$$

Abb. 7.11 Die dargestellten Formeln wurden mit dem *Word*-Formeleditor 3.0 erstellt

7.5.5   Diagramme

Die funktionalen Abhängigkeiten und Zusammenhänge mehrerer Kenngrößen, die verschiedene Zahlenwerte annehmen, stellt man immer dann in einem Diagramm bzw. Graphen dar, wenn mehr als vier Wertepaare direkt miteinander verglichen werden sollen. Für nur zwei oder drei Wertepaare genügt fast immer die verbale Beschreibung. Für die optimale Verdeutlichung wählt man je nach gewünschter Aussageabsicht unter mehreren Diagrammtypen aus (vgl. Beispiele in Abb. 7.13 bis 7.15). Wie die übrigen Grafiken zeichnet man die Diagramme entweder konventionell von Hand oder per Computerprogramm, wofür es in den verschiedenen Anwendungen (beispielsweise *Winword*, *PowerPoint, Excel* u. a.) entsprechende Optionen gibt. Ihre Handhabung ist nach kurzer Einübung und Entdeckung der diversen Menüoptionen zur Ausgestaltung meist recht unproblematisch: Man trägt die Einzelwerte in eine Tabelle ein, wählt den gewünschten Diagrammtyp an und lässt das Programm die grafische Umsetzung ausführen. Detaillierte Hinweise zur Umsetzung von *Excel*-Datentabellen in verschiedene Grafiktypen, die den Rahmen dieser Darstellung sprengen, finden sich beispielsweise bei Ravens (2004). Manche Diagrammoptionen verführen allerdings zu einer gewissen barocken Fülle der Darstellungen, die fallweise die beabsichtigte Klarheit der Botschaft nicht immer unterstützt (vgl. die Alternativen in Abb. 7.13).

Die zur Veranschaulichung in Naturwissenschaften und Technik üblichen Diagramme teilt man ein in:

Kartesianische Koordinatensysteme Sie weisen jeweils eine y-Achse (Ordinate, senkrecht) und eine x-Achse (Abszisse, waagerecht) auf. Die Zahlenwerte der experimentell frei veränderten Variablen stellt man üblicherweise auf der x-Achse dar, die davon abhängigen experimentellen Ergebnisse auf der y-Achse. Beide Achsen sind numerisch mit kontinuierlichen Zahlenintervallen eingerichtet.

Kurvendiagramm Folgen von Wertepaaren, auch Datenreihen genannt, erzeugen im Koordinatensystem eine charakteristische Kurve. Daher nennt man diesen Darstellungstyp auch Kurvendiagramm. Er zeigt beispielsweise konzentrationsabhängige Prozesse (Dosis-Effekt-Kurve) oder zeitabhängige Verläufe (Kinetik) gemessener Parameter. Nicht nur bei diesem Diagrammtyp ist auf die optimale Skalierung der y- und der x-Achse zu achten. Abb. 7.12 zeigt ein reichlich misslungenes Beispiel – die Darstellung wirkt unübersichtlich und überladen. Hier hätte man die Kurven besser auf zwei separate Diagramme verteilen sollen. Beim Eintragen zahlreicher Wertepaare mit größerer Schwankungsbreite beispielsweise aus Geländeprojekten ergeben sich „Messpunktwolken" und damit Punkte- oder Scatterdiagramme. Aus grafischen Gründen kann man die Fläche unter einem Kurvenzug auch gefüllt darstellen – auf diese Weise erhält man ein Flächendiagramm.

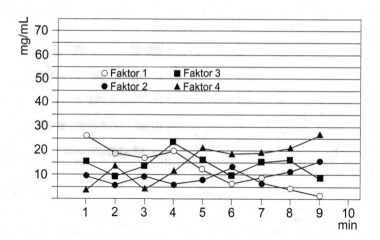

Abb. 7.12 So sollte ein Kurvendiagramm nicht aussehen: Wegen ungeschickter Achsenteilung erschweren einzelne Kurvenzüge die genaue Ablesung. Zudem sind unnötige Leerräume oben und rechts zu vermeiden

Balken- oder Säulendiagramme sind meist nur in der y-Achse numerisch skaliert, während die x-Achse mehrere Probengruppen beispielsweise Arten oder Bezugsräume als diskrete Parameter nebeneinander stellt. Wertepaare erzeugen in diesem Diagrammtyp Balken oder Säulen und erleichtern damit den Direktvergleich. Manche Anwendungen unterscheiden zwischen Balkendiagrammen mit horizontalen und Säulendiagrammen mit senkrechten Rechtecken. Im Folgenden sind immer nur die senkrechten Flächen gemeint. Anstelle der Balken lassen sich die Funktionswerte auch als gestaffelte Wände oder Flächen darstellen. Verbindet man die Funktionswerte eines Balkendiagramms ohne Zwischenräume auf der x-Achse miteinander, erhält man ein Histogramm, früher auch Treppenpolygon genannt.

Balkendiagramme sind besonders vielseitig einsetzbar. Die Optionen unter *PowerPoint* bieten überdies verschiedene Möglichkeiten einer dreidimensionalen Ausgestaltung (vgl. Abb. 7.12c und d). Solche Darstellungen sind gewöhnlich recht hübsch, aber bei genauerem Hinsehen keineswegs besonders hilfreich, weil sie eine genauere Werteablesung arg erschweren. Verwenden Sie daher im Zweifelsfall lieber die deutlich schlichtere, aber als Botschaft exaktere zweidimensionale Darstellung. Bitte bedenken: Sie bekommen für Ihre wissenschaftliche Arbeit keinen Designerpreis, sondern eine am Gehalt und der Klarheit der Mitteilung orientierte Bewertung.

Kreis- oder Tortendiagramme stellen prozentuale Verteilungen als farbig oder in Schwarz-/Weiß-/Grauwerten gekennzeichnete Kreissegmente („Tortenstücke") dar. Diese Diagrammform empfiehlt sich am ehesten für Präsentationen und Vorträge. Sie zeigen zwar Teilmengen(-verhältnisse) recht eindrucksvoll, lassen aber eine genauere Werteablesung

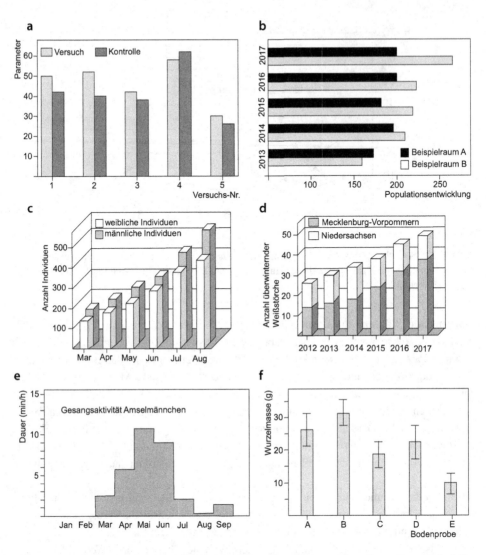

Abb. 7.13 a–f Beispiele für verschiedene Diagrammtypen. Die gewählten Darstellungen sind fiktiv. **a** Säulendiagramm, **b** Balkendiagramm, **c** 3D-Säulendiagramm, **d** Stapelsäulendiagramm, **e** Pyramidendiagramm, **f** Säulendiagramm mit Angabe der Werteabweichung

meist nicht zu. Eine nur bedingt empfehlenswerte Sonderform sind Ringdiagramme, die man als mehrere übereinander gelegte Kreisdiagramme für jeweils verschiedene Datenreihen auffassen kann.

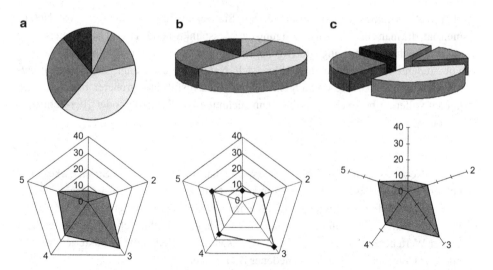

Abb. 7.14 a–c Kreis- **a** und Tortendiagramm **b, c**. Das Zahlenbeispiel vergleicht den prozentualen Anteil von fünf Arten an der Gesamtpopulation von Singvögeln in einem Kölner Stadtpark. Der gleiche Datensatz wurde in Netz- bzw. Polarkoordinaten-Diagramme **d–f** umgewandelt

Polarkoordinatendiagramme bilden die Balken von Wertepaaren skaliert mit Nullpunkt im Zentrum entsprechend einer Windrose ab. Diese Darstellungsform eignet sich beispielsweise zur Wiedergabe von Windrichtungshäufigkeiten oder Richtungswahlhäufigkeiten ziehender Vogelarten.

Flussdiagramme oder Ablaufstrukturpläne verdeutlichen beispielsweise Präparationsschritte, aufeinander folgende Entwicklungsstadien, Behandlungsreihen oder andere Zeitserienangaben. Im ingenieurwissenschaftlichen Bereich sind dazu spezielle Symbole nach DIN 66 001 üblich.

Die für wissenschaftliche Semester- und Examensarbeiten mit Abstand wichtigsten Diagrammtypen sind die Kurven- und Balkendiagramme. Sie stehen hier im Vordergrund der weiteren Betrachtung.

Bei der formalen Gestaltung von Diagrammen berücksichtigt man die folgenden technischen Hinweise:

- Im kartesianischen oder Kurvendiagramm trägt man die unabhängige Veränderliche auf der x-Achse, die abhängige Veränderliche auf der y-Achse ein. Beide Achsen werden mit der jeweils gewählten Größe und ihrer Einheit beschriftet. Auch im Balkendiagramm stellt die y-Achse die abhängige Veränderliche dar.
- Die Skalierung der x- und y-Achse wird als Achsenteilung durch Teilungsstriche eingetragen, die nach außen (x-Achse: nach unten, y-Achse: nach links) oder innen (x-Achse: nach

oben, *y*-Achse: nach rechts) weisen können. Sie stellen eigentlich die Reste von Netzlinien dar, die man zur genauen Eintragung der Messpunkte benötigt. Auf Millimeterpapier sind sie noch in voller Länge durchgezogen und nicht rudimentär verkümmert.

- Für studentische Arbeiten empfehlen sich Netzlinien unbedingt. Allerdings erhalten nicht alle Teilstriche eine eigene Linie – die Ausführung größerer Intervalllinien genügt vollends, beispielsweise die Kennzeichnung von 5er-, 10er- oder 20er-Schritten. Layoutbeispiele zeigt Abb. 7.13.

- Für die Netz-, Achsen- und Kurvenlinien wählt man eine angemessene Strichstärke (Linienbreite). Optimal ist ein Maßverhältnis von Netz zu Achse zu Kurve wie 1 : 2 : 4. Keineswegs dürfen alle Linien in der gleichen Stärke ausgeführt werden.
- Die Achsenkreuzeinteilung nimmt man immer dann logarithmisch vor, wenn ein sehr großer Wertebereich darzustellen ist, beispielsweise die Zelldichte in Bakterienkulturen oder der Chlorophyllgehalt verschiedener Blattgrößen.
- Beim Vergleich von Datenreihen mit stark unterschiedlicher Skalierung (z. B. Datenreihe A in mg/mol und Datenreihe B in kg/m^2) kann man auch zwei deutlich gekennzeichnete *y*-Achsen in entsprechender Achsenteilung nebeneinander stellen.
- Die Achsenteilung richtet sich jeweils nach dem größten Einzeldatenwert. Beträgt der höchste Einzelwert beispielsweise 62 °C, lässt man die betreffende Achse sinnvollerweise bei der Markierung 70 °C enden und nicht erst bei 100 °C, womit man eine Menge Leerraum spart. Wird für eine vergleichende Darstellung etwa nur das Werteintervall

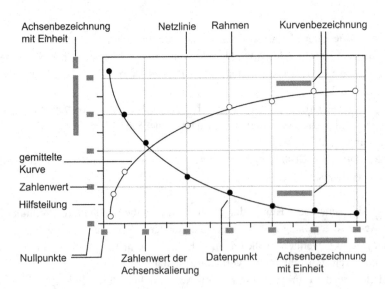

Abb. 7.15 Layoutbeispiel für vollständige Angaben in einem Kurvendiagramm

35–70 °C benötigt, kann man die betreffende Achsenteilung (deutlich!) unterbrochen darstellen und die Skalierung erst mit 30 °C beginnen lassen.

- Den Achsenschnittpunkt markiert man – auch im Fall einer Achsenunterbrechung – immer deutlich mit Null. Sind Achsenabschnitte mit negativen Werten darzustellen, beispielsweise beim Lineweaver-Burke-Diagramm zur Bestimmung der K_M-Werte von Enzymen, wird das Koordinatensystem tatsächlich zum Achsenkreuz. Die Achsenteilung im negativen Bereich wird mit negativem Vorzeichen markiert.

- Kurvenpunkte bzw. Einzelwerte markiert man mit Symbolen, gegebenenfalls auch mit der Standardabweichung der jeweiligen Messwerte. Als Symbole bestens geeignet sind Kreis (○, ●), Quadrat (□, ■) oder Raute (♦), gefüllt oder offen, nach Endvergrößerung möglichst in der Größe des Kleinbuchstabens (o) der verwendeten Schrift. Weniger geeignet, weil nach etwaiger Verkleinerung nicht mehr klar unterscheidbar, sind Kreuz (× oder +), Stern * oder sonstige Symbolangebote aus der Spielzeugkiste eines Schriftfonts (beispielsweise *Wingdings*). Die Kurvenunterscheidung durch verschiedene Messpunktsymbole ist wesentlich besser und lesefreundlicher als durch mehrere nebeneinander verlaufende oder sich überschneidende Linientypen (dickere/dünnere, gestrichelte, gepunktete Linien).

- Enthält ein Kurvendiagramm mehrere Kurven, kennzeichnet man jede einzelne mit dem ihr zugewiesenen Parameter, beispielsweise mit einem Buchstaben oder einer Verweisziffer für die Bildlegende. Ein Diagramm sollte zur Vermeidung von Linienchaos mit „Sauerkrauteffekten" nicht mehr als vier Einzelkurven aufweisen.

- Die in den meisten Grafikanwendungen leicht durchführbare 3D-Darstellung von Kurven-, Balken- oder Kreisdiagrammen ist möglicherweise ein grafischer, aber meist kein informativer Zugewinn. Einzelwerte sind durch solche perspektivischen Verschiebungen wesentlich schlechter abzulesen und kaum direkt zu vergleichen. Räumliche Darstellungen sind erfahrungsgemäß weniger rasch zu erfassen als zweidimensional flächige Graphen.

- Enthält eine Arbeit mehrere Diagramme, behält man das einmal gewählte Basislayout einheitlich im gesamten Dokument bei.

- Umfasst eine Arbeit mehrere Diagramme, erleichtert ein an den Anfang gestelltes Abbildungsverzeichnis hinter der Inhaltsübersicht das rasche Auffinden der mitgeteilten Information.

Für alle Diagrammtypen oder sonstigen Grafiken gilt generell: Eine grafische Abbildung muss zusammen mit der beigefügten Abbildungslegende (vgl. Kap. 10) für sich allein verständlich sein. Ihre Wahrnehmung unterliegt eventuell besonderen Täuschungen oder Routineabläufen, worauf die Gestaltpsychologie unter Hinweis auf folgende bedenkenswerte Aspekte aufmerksam gemacht hat:

Prägnanz   Nur harmonische, klar gegliederte Abbildungen ziehen die Aufmerksamkeit auf sich und gelten als glaubwürdige Mitteilung,

	während unübersichtliche, chaotische Muster nicht gerne gesehen werden.
Nähe	Was in direkter Nachbarschaft zueinander steht, nimmt der Betrachter auch zusammen wahr und interpretiert die räumliche Nähe als sachliche Zusammengehörigkeit.
Geschlossene Figur	Von Linienführungen umschlossene Figuren bilden jeweils eine Wahrnehmungseinheit.
Ähnlichkeit	Was gleich oder sehr ähnlich aussieht, fasst die Wahrnehmung zu einer Figur oder einem Muster zusammen.
Erfahrung	Der Betrachter liest aus unübersichtlichen Mustern die ihm aufgrund seiner Vorerfahrung bekannten Bildmotive heraus.

7.6   Tabellen

Ebenso wie Abbildungen sind auch Tabellen als sogenannte diskontinuierliche Textsorte bedenkenswerte Hilfen zur umfangsökonomischen Mitteilung stark verdichteter Informationen. Mit einer gut gestalteten Tabelle lassen sich lange, aufzählende und eventuell ermüdende Textpassagen vermeiden. Während Grafiken überwiegend mit bildlichen Mitteln arbeiten, bestehen Tabellen aus übersichtlichen Anordnungen verbaler oder numerischer Teile. Die Redundanz einer doppelten Dokumentation identischer Inhalte in einer Abbildung und gleichzeitig in einer Tabelle sollte man immer vermeiden.

Je nach mitzuteilendem Inhalt haben Tabellen unterschiedliche Formen. Die einfache Auflistung einer Geräte- oder Materialliste für ein Experiment oder eine Geländeuntersuchung stellt sich entsprechend anders dar als eine Tabelle mit überwiegend verbaler oder numerischer Mitteilung (Abb. 7.16).

Vergleichbar einem kartesianischen Koordinatensystem (vgl. Abschn. 7.3) sieht auch die übliche Tabellenlogik feste Bezugsachsen vor (Abb. 7.15). Jede Eintragung in die Tabelle ist somit durch zwei Ortskoordinaten festgelegt. Die horizontalen Mitteilungsfelder nennt man Tabellenzeilen, die vertikalen Tabellenspalten oder -kolonnen. Die von den einzelnen Zeilen und Spalten definierten Tabellenfächer mit ihren jeweiligen Werte- bzw. Begriffspaaren bezeichnet man vereinfacht auch als Zellen.

Tabellen behandelt man schreibtechnisch wie einen normalen Textsatz (Kap. 10). Für die Tabellenerstellung wählt man jedoch nicht – wie früher bei der konventionellen Schreibmaschine ausschließlich machbar – die Tabulatorfunktion, sondern formatiert sie mit der Menüoption Tabelle aus dem jeweils verwendeten Textverarbeitungsprogramm, die hinsichtlich der benötigten Gestaltungsmöglichkeiten der Tabulatoraktion bei Weitem überlegen ist. Spezielle Programme wie etwa *Excel* für die Tabellenkalkulation benötigt man zum Einrichten einer Standardtabelle kaum. Sie bewähren sich eher bei sehr aufwendigen Datensätzen oder beispielsweise auch bei der Berechnung

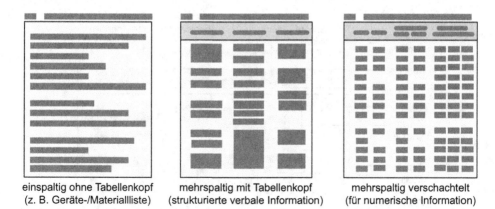

| einspaltig ohne Tabellenkopf | mehrspaltig mit Tabellenkopf | mehrspaltig verschachtelt |
| (z. B. Geräte-/Materialliste) | (strukturierte verbale Information) | (für numerische Information) |

Abb. 7.16 Unterschiedliche Inhalte bedingen verschiedene Tabellenformen

linearer bzw. logarithmischer Regressionen. In biologischen Texten lässt sich damit sehr elegant eine vergleichende Flächenstatistik (Waldflächenanteil in den verschiedenen Bundesländern vs. Gesamtwaldfläche in Deutschland) darstellen, in geowissenschaftlichen beispielsweise die Korngrößenverteilung eines Lockersediments in Abhängigkeit von der Strömungsgeschwindigkeit.

Rein formal stellt man einer in den Text integrierten Tabelle jeweils eine Tabellenüberschrift voran (Abb. 7.16). Sie besteht aus der innerhalb des Dokuments nur einmal vergebenen Tabellennummer und der Tabellenlegende, die den Tabelleninhalt per Titelzeile ankündigt (vgl. Abschn. 10.6.7). Der Tabellenkopf ist gleichsam die Abszisse einer Tabelle: Die oberste Zeile bezeichnet in prägnanter Form die verbalen oder numerischen Inhalte der einzelnen Spalten. Um sie optisch aus der übrigen Zeilenfolge herauszuheben, setzt man sie gewöhnlich zwischen zwei durchgezogene Linien (oben Kopflinie, als Grenze zum Tabellenfeld Halslinie) oder hebt sie durch eine auffällige Hintergrundeinfärbung hervor. Die am weitesten links stehende Spalte entspricht der y-Achse eines Koordinatensystems. Sie liefert die Ordinatenposition für die einzelnen Tabellenfelder.

Je nach Tabelleninhalt kann man auch die Leitspalte in thematisch zusammengehörende Zeilengruppen und übergeordnete Adressen gliedern. Ansonsten sind beide Leserichtungen, die in Spalten- und die in Zeilenrichtung, innerhalb der Tabelle gleichwertig. Welche Größen man in die Spalten und welche in die Zeilen verpackt, lässt sich nicht grundsätzlich festlegen – schmale, hohe Tabellen sehen ebenso ungünstig aus wie kurze breite. Innerhalb des normalen Satzspiegels (vgl. Abschn. 10.3) sollte man höchstens fünf bis sieben Spalten nebeneinander anordnen. Reicht das nicht aus, müsste man vielleicht den gesamten Tabelleninhalt reorganisieren und die mitzuteilende Information auf zwei kleinere, thematisch getrennte Tabellen verteilen. Ein Beispiel für ein übersichtliches Tabellenlayout zeigt die Abb. 7.17.

Auch die folgenden technischen Hinweise sind bei der Tabellengestaltung zu beachten:

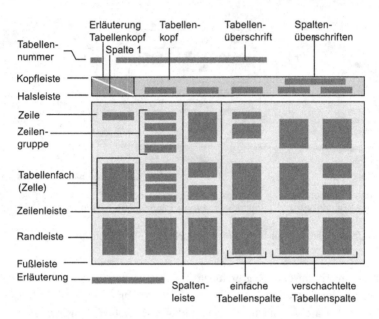

Abb. 7.17 Elemente eines übersichtlichen Tabellenlayouts

- Im gleichen Dokument wählt man möglichst ein einheitliches Tabellenlayout.
- Einheiten und Einheitensymbole tauchen nur im Tabellenkopf auf, nicht in den einzelnen Zellen. Diese enthalten immer nur die betreffenden Zahlenwerte.
- Tabellenzellen zäunt man nicht unnötig durch Linien zwischen allen Spalten und Zeilen ein. Ein genügend breiter vertikaler Abstandsstreifen zwischen den Eintragungen lässt die einzelnen Spalten auch ohne starre Fenstervergitterung klar genug unterscheiden.
- Ein variabler Zeilenabstand ist ein weiteres empfehlenswertes Gestaltungsmittel für die verbesserte Lesbarkeit einer tabellarisch angelegten Mitteilung. Eine gut gestaltete Tabelle bildet willkommene Leseeinheiten durch die bloße geschickte Anordnung der Textelemente und nicht durch zusätzlich eingezogene Linien.
- Die Tabelleneintragungen setzt man in der gleichen Schrift (Schriftart, Schriftgröße, Schriftschnitt, vgl. Kap. 9) wie den Grundtext eines Dokumentes, gegebenenfalls aber auch einen Schriftgrad kleiner (so in diesem Buch gehandhabt).
- Zahlenkolonnen ordnet man in den Tabellenspalten grundsätzlich so an, dass die entsprechenden Dezimalstellen exakt untereinander stehen (vgl. Kap. 11; Stichwort Zahlen). Nur so kann man auf den ersten Blick feststellen, ob die Tabelle größere mit relativ kleinen Zahlenwerten vergleicht.
- Während Fußnoten gewöhnlich kein brauchbares Textelement darstellen (vgl. Abschn. 10.6.10), können Tabellenfußnoten ausnahmsweise sinnvoll sein, um etwaige leere einzelne (!) Tabellenfelder zu erklären (Daten nicht verfügbar; Aussage nicht sinnvoll; Einzelwerte geschätzt u. ä.).

Aus anderen Werken übernommene Tabellenwerte sind in der eigenen Arbeit jeweils Fremdmaterialien und analog zu Textzitaten unbedingt als solche zu kennzeichnen. Vergleicht man in einer Tabelle verschiedene aus der Literatur übernommene Einzeldaten, muss ganz rechts eine besondere Tabellenspalte für die betreffenden Kurzbelege entsprechend den Empfehlungen in Kap. 5 eingerichtet werden.

Umfasst eine Arbeit mehrere Tabellen, erleichtert ein an den Anfang gestelltes Tabellenverzeichnis hinter der Inhaltsübersicht das rasche Auffinden der mitgeteilten Information.

Abb. 7.18 zeigt den Einfluss des gewählten Tabellengitters auf die rasche Wahrnehmbarkeit der Tabelleninhalte. Allzu dominant vergitterte Tabellenfelder erschweren die Lesbarkeit. Generell empfiehlt sich also ein sparsamer Umgang mit Linienanzahl und Strichstärken. Beispiel c entspricht am ehesten der in diesem Buch umgesetzten Form. Aber auch ein minimalistisches Linienkonzept (Beispiel d) kann ein kommunikativer Gewinn sein.

Beispiel a

Taxon	Artenzahl in Deutschland	Artenzahl weltweit	Anteil an der Weltfauna (%)
Fische	264	29.300	0,9
Amphibien	21	5918	0,4
Reptilien	13	8240	0,2
Vögel	314	9934	3,2
Säugetiere	91	5416	1,7
Wirbeltiere insgesamt	703	58.808	1,2

Beispiel b

Taxon	Artenzahl in Deutschland	Artenzahl weltweit	Anteil an der Weltfauna (%)
Fische	264	29.300	0,9
Amphibien	21	5918	0,4
Reptilien	13	8240	0,2
Vögel	314	9934	3,2
Säugetiere	91	5416	1,7
Wirbeltiere insgesamt	703	58.808	1,2

Abb. 7.18 Das gewählte Tabellengitter beeinflusst die Wahrnehmung der Tabelleninhalte[1]

Beispiel c

Taxon	Artenzahl in Deutschland	Artenzahl weltweit	Anteil an der Weltfauna (%)
Fische	264	29.300	0,9
Amphibien	21	5918	0,4
Reptilien	13	8240	0,2
Vögel	314	9934	3,2
Säugetiere	91	5416	1,7
Wirbeltiere insgesamt	703	58.808	1,2

Beispiel d

Taxon	Artenzahl in Deutschland	Artenzahl weltweit	Anteil an der Weltfauna (%)
Fische	264	29.300	0,9
Amphibien	21	5918	0,4
Reptilien	13	8240	0,2
Vögel	314	9934	3,2
Säugetiere	91	5416	1,7
Wirbeltiere insgesamt	703	58.808	1,2

[1]Die Angaben sind entnommen aus Bundesamt für Naturschutz (Hrsg.), Daten zur Natur, Bonn 2008

Abb. 7.18   (Fortsetzung)

Die Dinge beim Namen nennen – Größen und Bezeichnungen

8

> Nichts ist so einfach, wie es zunächst aussieht.
>
> Ed Murphy (1918–1990)

Die exakten Naturwissenschaften und damit auch die Biologie haben sich die Aufgabe gestellt, die Erscheinungen der Natur qualitativ zu beschreiben und zu ordnen, um sie besser erklären zu können. Für diese sortierende Gesamtinventur benötigt man Ordnungsgefüge (Taxonomien) ebenso wie eine passende, einheitliche und eindeutige Begrifflichkeit. Das Erfassen der Biodiversität durch die systematisch arbeitende Biologie oder von Geodiversität durch die Aufnahme des Schichtenbaus einer Region sind dafür ebenso einleuchtende Beispiele wie das unterdessen nahezu abgeschlossene Anfüllen des Periodensystems der Elemente, die Kollektion von Bausteinen der Materie auf der subatomaren Ebene oder die exakte Kartierung der stellaren Umgebung von ε Lyrae im Sternbild Leier. Ein zweiter bedeutsamer Ausgangspunkt in der Motivation naturwissenschaftlicher Forschung ist es konsequenterweise, die Natur auch quantitativ darzustellen. Dazu benötigt man einerseits hinreichend genaue Messverfahren und eine zuverlässig arbeitende Instrumentierung, andererseits aber definierte, brauchbare und vor allem allgemein verbindliche Messgrößen oder Dimensionen.

8.1 SI-Einheiten

Der geniale Carl Friedrich Gauß (1777–1855) schlug erstmals 1832 ein Absolutsystem für Masse, Länge und Zeit vor und stellte fast 20 Jahre später zusammen mit dem Physiker Wilhelm Eduard Weber (1804–1891), ebenfalls einer der seinerzeit aufmüpfigen „Göttinger Sieben", eine Anzahl von Einheiten zusammen, die auf Millimeter, Milligramm und Sekunde basierten. Weitere 20 Jahre später wählte man das so bezeichnete CGS-System

© Springer-Verlag GmbH Deutschland, ein Teil von Springer Nature 2023
B.P. Kremer *Vom Referat bis zur Abschlussarbeit*, https://doi.org/10.1007/978-3-662-65972-4_8

mit den Basiseinheiten Zentimeter, Gramm und Sekunde. Nach nahezu 100 Jahren wurde
es 1960 schließlich durch das heute verbindliche Système International d'Unités abgelöst,
kurz Système International (SI) genannt. Es gilt in allen Ländern und in allen Sprachen, in
Deutschland seit 1969 (aktuelle Neufassung: Gesetz über Einheiten im Messwesen vom
22. Februar 1985; umgesetzt in DIN 1301).

Diesem System liegt die überaus erstaunliche Feststellung zugrunde, dass man
zur Quantifizierung der Natur tatsächlich nur sieben Basisgrößen benötigt. Das SI-
Einheitensystem legt dafür auch die entsprechenden Einheiten und ihre Symbole (Einhei-
tenzeichen) fest (Tab. 8.1). Unabhängig davon wurden die Basiseinheiten immer genauer
definiert. Als Prototyp des Meters gilt längst nicht mehr das 1791 in Paris deponierte
Urmeter aus Platin (=10^{-7} ter Teil eines Erdquadranten), sondern die Strecke, die ein
Lichtstrahl in 1/299.792.458 s durchläuft. Die Bestimmung der Distanz ist damit auf die
Messung einer Zeitspanne zurückgeführt.

Basisgrößensymbole werden jeweils kursiv gesetzt, Dimensionssymbole halbfett in
einer serifenlosen Schrift (vgl. Kap. 9) und Einheitensymbole normal in der jeweiligen
Grundschrift. Solche Feinheiten sind zu beachten, wenn etwa zwischen der Basisgröße m
(für die Masse) und der Basiseinheit m (Meter) bzw. zwischen Gramm (g) und Gravitation
(g) zu unterscheiden ist.

Von diesen Basisgrößen lassen sich die zahlreichen übrigen in den Naturwissenschaften
verwendeten Größen und ihre Einheiten ableiten, von denen in den zahlreichen Spezi-
alsparten des Wissenschaftsbetriebes und der Technik unterdessen mehrere hundert in
Gebrauch sind. Einige auch für die Biologie relevante abgeleitete Einheiten und ihre Symbole führt Tab. 8.2 auf. Während sich die Einheitennamen in den verschiedenen Sprachen
geringfügig unterscheiden können (*mètre, meter, metro,* Meter), sind die Symbole selbst
grundsätzlich unveränderbar. Die Größensymbole setzt man üblicherweise kursiv. Alle

Tab. 8.1 Basisgrößen und Basiseinheiten

Basisgröße (Dimension)	Basiseinheit	Symbol der Basisgröße	Symbol der Dimension	Symbol der Basiseinheit (Einheitenzeichen)
Länge	Meter	l	**L**	m
Masse	Kilogramm	m	**M**	kg
Zeit	Sekunde	t	**T**	s
Elektrische Stromstärke	Ampere[1]	I	**I**	A
Thermodynamische Temperatur	Kelvin	T	**Θ**	K
Stoffmenge	Mol	n	**N**	mol
Lichtstärke	Candela	I	**J**	cd

[1] Die Basiseinheit Ampere schreibt man in diesem Anwendungszusammenhang immer ohne Akzent
(Gravis), obwohl sie an den französischen Physiker André Marie Ampère (1775–1836) erinnert

Tab. 8.2 Abgeleitete Einheiten mit ihren Namen und Symbolen (Auswahl)

Größe	Symbol der Größe	Name der abgeleiteten SI-Einheit	Symbol (Einheitenzeichen)	Ableitung aus SI-Basiseinheiten
Aktivität einer radioaktiven Substanz	A	Bequerel	Bq	s^{-1}
Elektrische Ladung	Q	Coulomb	C	s A
Celsius-Temperatur	Θ	Grad Celsius	°C	K
Frequenz	f	Hertz	Hz	s^{-1}
Energie, Arbeit	E	Joule	J	$m^2\ kg\ s^{-2}$
Beleuchtungsstärke	E	Lux	lx	$cd\ sr\ m^{-2}$
Druck	P	Pascal	Pa	$m^{-1}\ kg\ s^{-2}$
Elektrische Spannung	U	Volt	V	$m^2\ kg\ s^{-3}\ A^{-1}$
Leistung	P	Watt	W	$m^2\ kg\ s^{-3}$
Ebener Winkel	a, b usw	Radiant	rad	

abgeleiteten Einheiten sind als Potenzprodukte der Basisgrößen darstellbar (vgl. Tab. 8.6). Als Einheitenzeichen wählte man sowohl Klein- als auch Großbuchstaben. Da das Alphabet für die Vielzahl notwendiger Einheitenzeichen nicht ausreicht, gibt es fallweise auch mehrbuchstabige Symbole, allerdings immer nur mehrere Kleinbuchstaben (lx, rad) oder eine Kombination aus nur einem Groß- mit einem Kleinbuchstaben (Bq, Hz).

Als zusätzliche Einheiten lässt das SI weiterhin einige Messgrößen und Symbole (Einheitenzeichen) zu, von denen die meisten für Messungen der Dimensionen Länge und Zeit verwendet werden. Etliche davon erweisen sich als Konzessionen an lange vertraute Alltagsgrößen. Tab. 8.3 listet einige davon auf.

Für die Volumenangabe in Liter hat die International Union of Pure and Applied Chemistry (IUPAC), die für die Genfer Konventionen chemischer Bezeichnungen zuständig ist, in Übereinstimmung mit dem SI das Einheitenzeichen L (Großbuchstabe) festgelegt. Üblicherweise liest man in Versuchsvorschriften oder Berichten auch (noch) Volumenangaben mit dem Kleinbuchstaben l, die man zugunsten des korrekten einheitlichen Gebrauchs aufgeben sollte.

In der Wissenschaftspraxis bestehen einige Einheiten, die innerhalb des SI keinen Platz haben, jedoch weit verbreitet sind und den Rechtsstatus von gesetzlichen Einheiten tragen. Mit diesen Einheiten darf man nur in speziellen Anwendungsbereichen zusammengesetzte Einheiten mit SI-Einheiten bilden. Einige weit verbreitete Beispiele sind in Tab. 8.4 zusammengestellt.

Tab. 8.3 Zusätzliche Einheiten sowie weitere Ableitungen mit ihren Namen und Symbolen (Einheitenzeichen) (Auswahl)

Größe	Symbol der Größe	SI-Einheit	Weitere Ableitung und Namen
Winkel	a, b, g	rad	Grad (°), $1° = 1$ rad $\times$ p/180
			(Winkel-)Sekunde ($''$), $1'' = 1'$/60
			(Winkel-)Minute ($'$), $1' = 1°$/60
Fläche	A	m^2	Ar (a), 1 a $= 100$ m^2
			Hektar (ha), 1 ha $= 10.000$ m^2
Volumen	V	m^3	Liter (L), 1 L $= 10^{-3}$ m^3
Zeit	t	s	Minute (min), 1 min $= 60$ s
			Stunde (h), 1 h $= 60$ min
			Tag (d), 1 d $= 24$ h
			Jahr (a), 1 a $= 365$ d
Druck	P	Pa	Bar (bar),
			1 bar $= 10^5$ Pa $= 10^2$ kPa
Aktivität einer radioaktiven Substanz	A	Bq	Curie (Ci), 1 Ci $= 3,7 \times 10^{10}$ Bq

Tab. 8.4 Einheiten außerhalb des SI mit eingeschränktem Geltungsbereich

Größe	Symbol der Größe	Einheitenname	Definition
Längen in der Astronomie	AE	Astronomische Einheit	1 AE $= 1,495\,98 \times 10^{11}$ m
	Lj (deutsch), Ly (englisch)	Lichtjahr	1 Lj $= 0,946\,05 \times 10^{16}$ m
	pc	Parsec	1 pc $= 3,085\,7 \times 10^{16}$ m
Blutdruck	mmHg		1 mmHg $= 133,322$ Pa
Leistung	PS	Pferdestärke	1 PS $= 735,49.875$ W
Druck	atm	Physikalische Atmosphäre	1 atm $= 101,325$ kPa $= 1,013\,25$ bar
	at	Technische Atmosphäre	1 at $= 98,066\,5$ kPa $= 0,980\,656\,5$ bar
	Torr	Torr	1 Torr $= 0,133\,322\,4$ kPa
Wärmemenge	cal	Kalorie	1 cal $= 4,1868$ J
Aktivität einer radioaktiven Substanz	Ci	Curie	1 Ci $= 3,7 \times 10^{10}$ Bq

8.1.1 Teile und Vielfache von Einheiten

Durch besondere Vorsätze (Präfixe) zu den Einheitenzeichen lassen sich von allen Einheiten dezimale Vielfache oder Teile bilden (Tab. 8.6). Diese Präfixe setzt man ohne Zwischenraum an das zugehörige Einheitenzeichen. Beispiele sind:

2 Ma = 2×10^6 Jahre (Geologie)

3,5 ka = $3,5 \times 103$ Jahre (Archäologie)

1 ms = 1 Millisekunde

5 μg = 0,005 mg = 5 Mikrogramm

Dabei ist ferner zu beachten:

- Ein Einheitenzeichen darf man allerdings nie mit zwei Präfixen versehen, um besonders kleine oder große Teiler zu kennzeichnen: Die Schreibweise 1 mμm („Millimikrometer") für 10^{-9} m ist also unzulässig.

- Ein Präfix darf nicht alleine stehen. Die etwas nachlässige Angabe 1 μ für eine Strecke von 1 μm Länge ist demnach nicht zulässig.

- Zwischen Zahlenangabe (Multiplikator) und Einheitenzeichen steht immer ein einfacher Zwischenraum: 5 mm, 3 d, 125 Ci, 27 ha, 1,035 hPa.

- Verwenden Sie am besten routinemäßig geschützte Leerzeichen (erreichbar über Strg + Shift + Leertaste), damit Zahl und Einheit beim automatischen Zeilenumbruch nicht getrennt werden können.

- Durch die Kombination eines dezimalen Präfixes mit dem Einheitenzeichen entsteht gleichsam ein neues Symbol, das man ohne Klammer zur Potenz erheben kann: km^2, mL^3, ns^{-2} .

- Früher übliche Schreibweisen wie 5 ccm für 5 mL oder 2,4 qkm anstelle 2,4 km^2 sind nicht mehr zulässig.

- Es ist unzulässig, ein Einheiten- oder Basisgrößensymbol in einer Auflistung, Tabellenlegende o. ä. mit einem Gleichheitszeichen (=) und einer nachfolgenden Begriffserklärung zu verknüpfen, also nicht h = Planck'sches Wirkungsquantum oder R = Allgemeine Gaskonstante.

- Das Prozentzeichen (%) kann man als mathematischen Operator auffassen, der die Anweisung „Multipliziere mit 0,01 oder 10^{-2}" gibt. Kleinere Operatoren sind Promille (‰; 10^{-3}), ppm (*parts per million;* 10^{-6}), ppb (*parts per billion;* 10^{-9}) und ppt (*parts per trillion;* 10^{-12}). Die unterschiedliche Benennung von 10^9 mit Billion/Milliarde und 10^{12} mit Trillion/Billion in verschiedenen Sprachräumen (Frankreich/USA vs. Deutschland) ist zu beachten.

Da die Naturwissenschaften in immer größere bzw. kleinere Dimensionen vordringen, hat die Conférence Générale des Poids et Mesures (CGPM) unlängst für die Größenordnungen jenseits >10^{18} und <10^{-18} je zwei weitere Multiplikatoren eingeführt (Tab. 8.6).

Für viele Benennungen und Bezeichnungen (auch) im Einheitenwesen sind Klein- oder Großbuchstaben aus dem griechischen Alphabet üblich, beispielsweise bei den Elementarteilchen (γ = Photon, ν = Neutrino, σ = Sigmateilchen) oder zur Angabe der Wellenlänge (λ). Für solche Anwendungen bietet Tab. 8.7 eine über a, b und g hinausgehende Übersetzungshilfe. Die Buchstaben Epsilon/Eta sowie Omikron/Omega haben im gesprochenen Wort unterschiedliche Lautwerte. Für den Gebrauch im Einheitenwesen sind diese jedoch unerheblich. Der Kleinbuchstabe Sigma wird im Wort und am Wortende unterschiedlich geschrieben. In Formeln oder sonstigen Angaben verwendet man nur das Binnen-σ.

8.1.2 Besondere Schreibweisen

Für die eindeutige und korrekte Schreibweise sind folgende Hinweise zu beachten:

- Hinter Einheitenzeichen steht niemals ein Punkt. Ausnahme ist das reguläre Satzzeichen, wenn ein Symbol der letzte Buchstabe in einem Satz ist.
- Bei Einheitenprodukten setzt man zwischen den Einzelangaben einen Zwischenraum: N m.
- Ein Zwischenraum trennt auch die Bestandteile von Bruchzahlen, beispielsweise 2 1/2 oder 5 3/4 bzw. 2 ½ sowie 5 ¾.
- Divisionen gibt man mit Schrägstrich oder – vorzugsweise – negativem Exponenten an: m/s oder besser m s^{-1}.
- Bei mehr als zwei Divisionen wie Milligramm pro Kilogramm pro Stunde verwendet man immer die Exponenzialangabe: statt mg/kg/h grundsätzlich mg $\cdot$ kg^{-1} $\cdot$ h^{-1} oder aus Gründen der besseren Lesbarkeit mit typographischem Multiplikationszeichen: mg $\times$ kg^{-1} $\times$ h^{-1}.
- Das typographische Multiplikationszeichen ($\times$) unterscheidet sich vom normalen Kleinbuchstaben x der jeweils verwendeten Grundschrift und findet sich z. B. im *Word*-Zeichensatz Symbol. Hier findet sich auch der hochgesetzte Punkt als alternatives Multiplikationszeichen.
- Bei Divisionen von Einheitenprodukten setzt man die zusammengehörenden Ausdrücke wegen der notwendigen Eindeutigkeit gegebenenfalls in eine Klammer: W/(m $\cdot$ K) oder W $\cdot$ (m $\times$ K)$^{-1}$.
- Aus Gründen der Eindeutigkeit verwendet man zwischen zwei Einheitenzeichen ein typographisches Multiplikationszeichen ($\times$), wenn die Angabe missverständlich sein könnte: Bedeutet nun die Angabe ms Millisekunde oder Meter $\times$ Sekunde? Die Schreibweise m $\times$ s schafft sofort Klarheit.
- Eine Messwertangabe wählt man möglichst so, dass der zu benennende Zahlenwert zwischen 0,1 und 1000 liegt und man die Einheit anstelle ihres dezimalen Teilers oder Vielfachen verwenden kann: 0,7 L statt 70 cL oder 700 mL, 5 mL statt 0,005 L, 3 mL statt 0,003 mL.

Tab. 8.5 Umrechnung einiger angloamerikanischer Einheiten

Größe	Zeichen	Einheitenname	Umrechnung in SI-Einheit
Länge	in ($''$)	inch	$1\,in = 25{,}4 \times 10^{-3}\,m = 0{,}0254\,m$
	ft ($'$)	foot	$1\,ft = 0{,}304\,8\,m$
	Yd	yard	$1\,yd = 0{,}914\,4\,m$
	mile	Mile	$1\,mile = 1609{,}344\,m$
	n mile	nautical mile	$1\,nmile = 1853{,}2\,m$ (UK) $= 1852\,m$ (int.)
Volumen	gal (UK)	gallon (UK)	$1\,gal = 4{,}546\,09 \times 10^{-3}\,m^3$
	gal (US)		$= 3{,}785\,41 \times 10^{-3}\,m^3$
	barrel (US)	barrel	$1\,barrel = 0{,}158\,987\,m^3$
Masse	oz	ounce	$1\,oz = 28{,}349\,5\,g$
	lb	pound	$1\,lb = 453{,}593\,g$
Temperatur	°F	Fahrenheit	$T = 0{,}556\,t_F + 255{,}37$

- Zu bevorzugen ist jeweils auch die Exponenzialangabe, wenn ansonsten „unhandliche" Zahlen drohen: $5{,}8 \times 10^9$ Bakterien/mL statt 580.123.235.011 Bakterien/mL.
- Bei Zahlen mit mehr als 4 Stellen links oder rechts vom Komma bzw. Dezimalpunkt schreibt man von dort beginnend vorzugsweise in Dreiergruppen (Triaden): 12.480,57 statt 12480,57; 1.386 569 statt 1.386569; 3,141 75 statt 3,14175; 5,660 3 statt 5,6603 (vgl. auch Beispiele in Tab. 8.5).
- Expertziffern wie hochgestellte Angaben (Superskripte) oder Basiszahlen (Subskripte, Indices) formatiert man möglichst nicht über die voreingestellte Menüoption x^2 bzw. x_2 aus der Steuerleiste, weil sie dadurch meist zu unlesbaren Winzlingen degenerieren. Typographisch ansprechendere Bilder ergibt folgendes Verfahren: Man setzt die betreffenden Zahlen um 2 pt kleiner als die Laufschrift und positioniert sie dann mit der Menüoption „Höherstellen" bzw. „Tieferstellen" aus Format/Zeichen/Schrift/Abstand/Position um den Betrag 2 oder 3 pt, wie beispielsweise 3H, 14C (gegenüber ^{3}H, ^{14}C) oder H2SO4 (gegenüber H_2SO_4).

8.1.3 Mengenangaben in der Chemie

Eine häufige Quelle der Verwirrung sind die nach der SI-Regelung in der Chemie üblichen Stoffmengenangaben. Nach Aussage von Tab. 8.1 verwendet man als Einheit für die Stoffmenge das Mol mit dem Einheitenzeichen mol. Der Stoffmenge ordnet man den Kleinbuchstaben n zu. Für 5 mol Kohlenstoff (C) gilt also

$$n(C) = 5\,mol$$

Tab. 8.6　Vorsätze zur Bezeichnung von dezimalen Vielfachen und Teilen von Einheiten

Vorsatz	Zeichen	Zahlenwert des Multiplikators	
Yotta	Y	1 000 000 000 000 000 000 000 000	10^{24}
Zetta	Z	1 000 000 000 000 000 000 000	10^{21}
Exa	E	1 000 000 000 000 000 000	10^{18}
Peta	P	1 000 000 000 000 000	10^{15}
Tera	T	1 000 000 000 000	10^{12}
Giga	G	1 000 000 000	10^{9}
Mega	M	1 000 000	10^{6}
Kilo	k	1 000	10^{3}
Hekto	h	100	10^{2}
Deka	da	10	10^{1}
		1	10^{0}
Dezi	d	0,1	10^{-1}
Zenti	c	0,01	10^{-2}
Milli	m	0,001	10^{-3}
Mikro	m	0,000 001	10^{-6}
Nano	n	0,000 000 001	10^{-9}
Pico	p	0,000 000 000 001	10^{-12}
Femto	f	0,000 000 000 000 001	10^{-15}
Atto	a	0,000 000 000 000 000 001	10^{-18}
Zepto	z	0,000 000 000 000 000 000 001	10^{-21}
Yocto	y	0,000 000 000 000 000 000 000 001	10^{-24}

Tab. 8.7　Das griechische Alphabet

Bezeichnung	Buchstabensymbol	Transliteration	Bezeichnung	Buchstabensymbol	Transliteration
Alpha	A, α	A, a	Ny	N, ν	N, n
Beta	B, β	B, b	Xi	Ξ, ξ	X, x
Gamma	Γ, γ	G, g	Omikron	O, o	O, o
Delta	Δ, δ	D, d	Pi	Π, π	P, p
Epsilon	E, ε	E, e	Rho	P, ρ	R, r
Zeta	Z, ζ	Z, z	Sigma	Σ, σ	S, s
Eta	H, ε	H, h	Tau	T, τ	T, t
Theta	Θ, ϑ	Th, th	Ypsilon	Y, υ	Υ, υ
Iota	I, τ	I, i	Phi	Φ, φ	Ph, ph
Kappa	K, κ	K, k	Chi	X, χ	C, c
Lambda	Λ, λ	L, l	Psi	Ψ. ψ	Ps, ps
My	M, μ	M, m	Omega	O, o	Ω, ω

Von der Stoffmenge (Bruchteile oder Vielfaches eines Mols, vgl. Tab. 8.1) ist begrifflich die Stoffportion konsequent zu trennen: Die Stoffportion m(X) ist die Grammangabe des betreffenden Stoffes X. Zur Angabe einer Stoffportion gehören die qualitative Bezeichnung des Stoffes und die quantitative Bezeichnung durch Masse, Volumen, Teilchenanzahl oder Stoffmenge. Für 5 mol C schreibt man entsprechend:

$$m(C) = 60\,g$$

Für die Atommasse eines Stoffes X, der man den Kleinbuchstaben m_a (X) zuordnet, ergibt sich folgendes Beispiel für den Kohlenstoff

$$m_a(X) = 60/5 = 12$$

Man drückt sie in der atomaren Masseneinheit *(atomic mass unit)* amu $=$ u (g mol^{-1}; 1 amu $=$ 1 u $= 1{,}660.540\,2 \times 10^{-27}$ kg) aus, lässt aber aus Gründen der Vereinfachung das Symbol u oft auch weg. Entsprechend gilt

$$g = u \times mol \ bzw. \ 1u = 1g \times mol^{-1}$$

Früher bezeichnete man die atomare Masse vereinfachend als Atomgewicht, was heute nicht mehr üblich und daher nicht zu empfehlen ist. Die ebenfalls mit m_A bezeichnete und in der Einheit u angegebene Molekülmasse (mM) ist die Summe der Atommassen aller Atome in einer Verbindung. Die dafür früher übliche Bezeichnung Molekulargewicht ist ebenfalls obsolet.

In der Biochemie spielen häufig Verbindungen mit sehr großen Molekülmassen eine Rolle. Die Masse solcher Makromoleküle, beispielsweise Proteine, gibt man traditionell in Dalton (Da) bzw. Kilodalton (kDa) an. Die Einheit 1 Da ist identisch mit der atomaren Masseneinheit u.

Die Stoffmenge 1 mol enthält immer die gleiche Teilchenanzahl (Atome, Moleküle, Ionen u. a.). Diese Anzahl benennt die Avogadro'sche Konstante N_A wieder, auch Avogadro-Zahl oder – fast nur in Deutschland – Loschmidt'sche Zahl genannt:

$$N_A = 6{,}0220943 \times 10^{23} \text{ Teilchen (meist vereinfacht auf } 6{,}022 \times 10^{23})$$

Für den Stoffmengenanteil eines Stoffes (X) in einem Stoffgemisch verwendet man die Angabe k(X). Ihr hundertfacher Wert gibt an, wie viele von je 100 Teilen einer Mischung zur Stoffart X gehören. Für diese Angabe war früher die heute ebenfalls nicht mehr gebräuchliche Größe Mol-% üblich. Auch die analogen Bezeichnungen Gewichts-% (Gew.-% bzw. % g/g) oder Volumen-% (Vol.-% bzw. % v/v) sind im Prinzip unzulässig, weil man einen mathematischen Operator (%) nicht mit einer Größe zu einer neuen Einheit verkuppeln darf. Die Anteile benennt man korrekterweise daher folgendermaßen:

Stoffmengenanteil x(X) $= 0{,}2$ mol/mol $= 0{,}2 = 20\,\%$

Tab. 8.8 Vergleich der wichtigsten Stoffmengen und Stoffmengenkonzentrationsmaße

Angabe	Symbol (X = Stoff)	Einheit	Erläuterung
Atommasse	$m_a(X)$	u	1 u entspricht etwa der Masse von 1 Proton bzw. 1 Neutron
Molekülmasse	$m_a(X)$	u	u ist bezogen auf 1/12 der Masse des Kohlenstoffisotops C
Stoffmenge	$n(X)$	mol	1 mol enthält N_A Teilchen
Stoffportion	$m(X)$	g	bezeichnet die wägbare Größe in der Küchen- oder Laborpraxis
Stoffmengenkonzentration	$c(X)$	$mol\ L^{-1}$	die frühere Angabe M für Molarität ist veraltet und nunmehr unüblich

Massenanteil $w(X) = 0,2$ g/g $= 0,2 = 20\,\%$

Volumenanteil $v(X) = 0,2$ L/L $= 0,2 = 20\,\%$

Die Stoffmengenkonzentration $c(X)$ eines Stoffes X in einer Lösung ist der Quotient aus der Stoffmenge $n(X)$ und dem Volumen V der betreffenden Lösung. Man gibt sie in mol L^{-1} bzw. mol/L an. Eine Kochsalzlösung mit der Stoffmengenkonzentration $c(NaCl) = 0,2$ mol L^{-1} enthält mithin 0,2 mol NaCl in 1 L Lösung. Früher war für die Stoffmengenkonzentration in 1 L Lösung die Bezeichnung Molarität (abgekürzt M) verbreitet.

Die Tab. 8.8 stellt die für die Stöchiometrie heute üblichen Angaben vergleichend zusammen.

8.2   Zahlen und Ziffern

Während man in allen Sprachen auch große Zahlenangaben mit entsprechenden Wortungetümen verbal ausdrücken bzw. wiedergeben kann, erleichtern Zahlzeichen die Ökonomie einer Mitteilung ungemein. Zahlenvorstellungen sind schon aus der jüngeren Steinzeit bekannt. Sie dokumentieren das Bedürfnis der Menschen, verschiedene Mengen gleichartiger Dinge aus dem täglichen Lebensumfeld miteinander zu vergleichen bzw. zu quantifizieren. Durch Zählen erhält man die ganzen oder natürlichen Zahlen. Die Ergebnisse des Abzählens (= Grund- oder Kardinalzahlen) hielt man durch Einkerben auf Knochen oder Holzstäben fest („etwas auf dem Kerbholz haben"). Später stellte man die Zahlen von 1 bis n durch besondere Ziffern (= Zahlzeichen) dar.

Tab. 8.9 Additive römische Zahlschrift

Einer	Zehner	Hunderter
1 I	10 X	100 C
2 II	20 XX	200 CC
3 III	30 XXX	300 CCC
4 IV	40 XL	400 CD
5 V	50 L	500 D
6 VI	60 LX	600 DC
7 VII	70 LXX	700 DCC
8 VIII	80 LXXX	800 DCCC
9 IX	90 XC	900 CM
		1000 M

8.2.1 Zahlensysteme

Im antiken Griechenland verwendete man ein alphabetisches Zahlensystem, das wegen seiner vergleichsweise eingeschränkten Tauglichkeit heute keine Rolle mehr spielt. Das im Römischen Reich verwendete Zahlensystem ist dagegen in vielen Spezialsegmenten des Wissenschaftsbetriebes immer noch verbreitet, beispielsweise bei der Paginierung umfangreicher Vorworte oder Einleitungen oder in der Geschichtswissenschaft. Die vermutlich von den Etruskern übernommenen Zeichen 1 bis 5 sind offenbar vom Abzählen der Finger der linken Hand abgeleitet: I, II und III stehen für die drei Linksaußenposten vom Kleinen bis zum Mittelfinger, IV für den Zeigefinger neben dem V, dem abgespreizten Daumen. Daraus entstand mit späteren Erweiterungen ein System, das seine Zahlenangaben aus abwechselnd geschachtelten Fünfer- und Zweierbündeln bildet (quibinäres System):

$$5 \times I = V[5]$$
$$2 \times V = X[10]$$
$$5 \times X = L[50]$$
$$2 \times L = C[100, \text{von } centum \text{ für hundert}]$$
$$5 \times C = D[500]$$
$$5 \times D = M[1000, \text{von } mille \text{ für tausend}]$$

Gleiche Ziffern nebeneinander und kleinere nach größeren werden dabei addiert: XX = 20; XXI = 21. Kleinere Zahlen vor größeren werden dagegen subtrahiert: IX = 9, XC = 90. Die Jahreszahl 2009 stellt sich folglich als MMIX dar und setzt sich additiv zusammen aus M + M + IX (1000 + 1000 + 9). Arithmetische Operationen waren in diesem System ziemlich schwierig und vermutlich eine häufige Quelle von Fehlern.

In den Geowissenschaften bzw. im Vermessungswesen haben sich römische Zahlzeichen zur Bezeichnung der Maßstäbe von amtlichen topographischen Karten erhalten: Die Kartenblätter im Maßstab 1:25.000 tragen nur eine Blattnummer und einen Blattnamen nach dem größten erfassten Ort, z. B. 5409 Linz am Rhein. Die Kartenblätter 1:50.000 erhalten in der Blattnummer den Zusatz L (= römische 50, Beispiel: L 5310 Altenkirchen), die im Maßstab 1:100.000 ein C (= römische 100, beispielsweise C 5910 Koblenz), und diejenigen im Maßstab 1:200.000 die Kennung CC (= römische 200 wie im Fall von CC 5502 Köln).

In älterem Schriftgut findet sich gelegentlich anstelle der üblichen Schreibweise mit großbuchstabigen Zeichen (I, V, X) auch die Verwendung der entsprechenden Kleinbuchstaben, beispielsweise für einen Gliederungspunkt 3 die Angabe iii oder die Seite 8 einer Einleitung in der Form viii. Für die aktuelle Verwendung ist diese Form nicht mehr empfehlenswert.

Das heute im Wissenschaftsbetrieb generell übliche, auf indisch-arabischen Zeichen beruhende dezimale Positionssystem ist hybrid – es verwendet eine (insbesondere nach der Erfindung der Null mögliche) alphanumerische Notation mit gemischter Multiplikation und Addition (2009 = $2 \times 1000 + 9$). Seine Grundzahl ist 10. Für übergeordnete Zahlengruppen (Zehner, Hunderter, Tausender) benutzt es jedoch nicht wie im römischen Zahlensystem ein neues Zeichen, sondern der Wert einer Ziffer ist durch ihre Stellung innerhalb der Zahl bestimmt.

Eine Fortentwicklung dieses Zahlensystems ist das Dual- oder Zweiersystem (dyadisches = Binärsystem) mit der Basis 2, das für die elektronische Datenverarbeitung von besonderer Bedeutung ist. In diesem System lassen sich alle Zahlen nur durch zwei Ziffern (0 und 1) darstellen, denen je ein elektrischer Schaltzustand (Spannung vs. keine Spannung) entspricht. In dieser Schreibweise stellen sich die Zahlen von 1–10 entsprechend Tab. 8.10 dar.

Tab. 8.10 Schreibweise der Dezimalzahlen 1–10 in vier Dualziffern

Stellenwert Dezimalzahl	$2^3 = 8$	$2^2 = 4$	$2^1 = 2$	$2^0 = 1$	Ziffernfolge
1	0	0	0	0	0000
2	0	0	0	0	0001
3	0	0	1	0	0010
4	0	1	0	0	0100
5	0	1	1	0	0101
6	0	1	1	0	0110
7	0	1	1	1	0111
8	1	0	0	0	1000
9	1	0	0	1	1001
10	1	0	1	0	1010

Die Zahl 9 (Ziffernfolge 1001) ergibt sich demnach zu $1 \times 2^3 + 0 \times 2^2 + 0 \times 2^1 + 1 \times 2^0$. Die größte mit nur vier Dualziffern darstellbare Zahl ist 15 (Ziffernfolge 1111; entsprechend $1 \times 2^3 + 1 \times 2^2 + 1 \times 2^1 + 1 \times 2^0$. Eine 0/1-Entscheidung bezeichnet man mit 1 bit (binary digit). Ein Byte steht (meist) für 8 bit. Für 2^{10} Byte = 1024 Byte verwendet man die nicht ganz korrekte Bezeichnung Kilobyte (KB).

8.2.2 Ziffern im Lauftext

Zahlen lassen sich in Ziffern (3, 4, 5) oder in Buchstaben (drei, vier, fünf) schreiben. In literarischen Texten verfährt man gewöhnlich nach einer alten und aus heutiger Sicht nicht mehr recht begründbaren typographischen Konvention: Zahlen bis zwölf sind danach in Buchstaben und ab 13 in Ziffern zu setzen. Ausnahmen sind Dezimalzahlen <12 wie 2,5 oder 4,8, die in der Buchstabenversion sehr unhandliche Wortgebilde ergäben.

In naturwissenschaftlichen Arbeiten oder vergleichbaren Sachtexten darf man die überkommene Regel „… elf, zwölf, 13" immer dann übergehen, wenn sie der Kürze und Klarheit dient. Die Alltagspraxis verwendet Zahlenangaben als Kennziffern ohnehin immer nur als kurze Attribute: Seite 6, Nummer 7, Folge 8, Zimmer 9, Tor 10.

Bei technischen Aufzählungen wirkt die Wortversion von Zahlenangaben ohnehin veraltet, eher umständlich und befremdend. Gegenüber der Mitteilung „… fünf Reagenzgläser, sechs Pipetten und sieben Erlenmeyerkolben" ist die prägnante Angabe „… 5 Reagenzgläser, 6 Pipetten und 7 Erlenmeyerkolben" ein echter Gewinn.

In textlichen Schilderungen numerischer Veränderungen stören verschränkte Mischformen erheblich den Lesefluss: „Der Anteil der geschädigten Bäume im untersuchten Waldstück ging von 15 auf zwölf Prozent zurück, während der Totholzanteil von sieben auf 9,5 % stieg." Klarer stellt sich also folgende Aussage dar: „Im überprüften Bestand waren 3 von 8 Exemplaren der Spezies A noch nicht in Blüte, während bei Spezies B bereits 6 von 11 Exemplaren fruchteten".

Mit Ziffern im Text sollte man keine größere Genauigkeit suggerieren, als tatsächlich gegeben ist: Wenn man 25 mm meint, schreibt man auch 25 mm und nicht 0,025 m. Das gilt auch für einschränkende Angaben wie „ungefähr 25 mm" oder „etwa 25 mm".

8.3 Korrektes Benennen von Organismen

Die laufende Inventur der fossilen und rezenten Organismen hat bislang eine nur noch von Spezialisten beherrschbare Arten- resp. Formenfülle dokumentiert, und täglich werden es mehr. Zudem erfolgen mit jeder Neuauflage einer der eingeführten Standardfloren Neuzuweisungen und Umbenennungen, die einen ständigen Lernprozess erfordern. In der Faunistik sieht es vergleichbar aus.

Die Biologie verwendet gerne die Namen erinnerungswürdiger Zeitgenossen für die wissenschaftliche Benennung von Bakterien, Pflanzen, Pilzen und Tieren. Mit der südafrikanischen Paradiesvogelblume *Strelitzia,* die eigenartigerweise zur Wappenblume von Los Angeles avancierte, fühlte sich ihre Durchlaucht Charlotte Prinzessin von Mecklenburg-Strelitz vermutlich durchaus geschmeichelt. Bei der Tannenwurzellaus *Pemphigius poschingeri,* die nach einem österreichischen Forstentomologen benannt ist, mögen Zweifel erlaubt sein.

8.3.1   Beginn der wissenschaftlichen Nomenklatur

Begonnen hat diese besondere Art von Personenkult mit dem schwedischen Botaniker Carl von Linné (1707–1778). Er entwickelte die heute allgemein übliche zweiteilige Benennung der Lebewesen (binäre oder binominale Nomenklatur), die sich jeweils aus einem substantivischen Gattungsnamen und einem die Art kennzeichnenden Zusatz (oft adjektivisches Epitheton) zusammensetzt. Für die Pflanzen verwendete Linné dieses Benennungsverfahren erstmals 1753 in seinem Grundlagenwerk „Species plantarum" (Pflanzenarten), für die Tiere ab 1758 in der zehnten Auflage von „Systema naturae". Zuvor glichen die wissenschaftlichen Pflanzennamen eher einer kompletten Artbeschreibung und stellten sich entsprechend umständlich dar. Was ein Bestimmungsbuch heute unter *Gentianella ciliata* (Fransen-Enzian) aufführt, las sich in der Fachliteratur vor Linné beispielsweise als *Gentiana angustifolia autumnalis minor floribus ad latera pilosis* – kleiner, schmalblättriger, im Herbst blühender Enzian mit Blüten, die an den Seiten behaart sind. Solche Begriffsreihungen waren natürlich wenig praktikabel und als Verständigungsmittel schon gar nicht besonders brauchbar. Linnés neues Benennungsverfahren brachte dagegen mit einfachen Mitteln erstmals Ordnung und Klarheit.

In den „Species plantarum" benannte Linné rund 5900 Pflanzenarten. Damit stand er verständlicherweise vor dem Problem, genügend Begriffe für die Namenbildung zur Auswahl zu haben. Wo immer möglich, schöpfte er die bei den antiken Autoren wie Dioskurides, Theophrast oder Plinius verwendeten Benennungen aus, beispielsweise *Anthyllis* für Wundklee, *Cyclamen* für Alpenveilchen oder *Lamium* für Taubnessel. Eine weitere reichhaltige Fundgrube war die griechische Mythologie. Vom zyprischen Frühlingsheros *Adonis* über *Artemisia, Daphne, Dryas, Hebe, Heracleum, Mercurialis, Paeonia* und *Paris* bis zu *Tagetes* (ein Enkel Jupiters) findet sich eine beachtliche Bandbreite sagenhafter Herkünfte und Zuständigkeiten, die Linné auch für die wissenschaftliche Namensgebung nutzte. Auch für die tatsächliche Tierwelt griffen Linné und viele Nomenklatoren nach ihm auf die Mythen der Antike zurück. *Aphrodite* ist heute ein (zugegebenermaßen sehr hübsch anzusehender) Meeresringelwurm, *Cassiopea* ein Coelenterat, *Doris* eine Hinterkiemerschnecke, *Iphimedia* ein Kleinkrebs, *Maja* eine Seespinne, *Pelops* eine Milbe und *Venus* eine Meeresmuschel. So wird manches Gattungsregister einer regionalen Flora oder Fauna unversehens zum Ausflug in die Sagenwelten des Altertums.

Schließlich nahm Linné auch erwähnens- oder erinnerungswerte Persönlichkeiten ins Visier. Bescheiden wie er war, berücksichtigte er zunächst einmal sich selbst – das mit dem Holunder verwandte Moosglöckchen *(Linnaea borealis)* muss ihm besonders am Herzen gelegen haben. Dann waren verdiente frühere Kollegen an der Reihe. Die damals in Europa schon bekannte südamerikanische *Brunfelsia* benannte er nach dem pflanzenkundigen Mainzer Pfarrer Otho Brunfels (1488–1534). *Fuchsia* erinnert an den Tübinger Botaniker Leonhart Fuchs (1501–1566), *Lonicera* (Heckenkirsche) an den Frankfurter Arzt und Mathematiker Adam Lonitzer (1528–1586). Auch alle seine Schüler von Clas Alströmer *(Alstroemeria)* bis Pehr Thunberg *(Thunbergia)* erhielten ihren eigenen Gattungsnamen.

Die auch in der Ära nach Linné in Artnamen verewigten Personen bieten interessante Einblicke. Bei *Copernicia, Darwinia, Goethea* oder *Franklinia* ist der Bezug noch klar. Bei anderen kann man nur mithilfe eines detaillierten Lexikons in die neuere Kulturgeschichte abtauchen. Der Blutrote Seeampfer *Delesseria,* eine schmucke Meeresrotalge, trägt den Namen eines reichen Pariser Bankiers. Die imposante pazifische Braunalge *Postelsia,* der Alfred Hitchcock eine sekundenlange Großeinstellung in „Vertigo" gönnte, ehrt den deutschen Pflanzenmaler Alexander Philipp Postels. *Molinia* (Pfeifengras) erinnert an einen spanischen Missionar, *Matteucia* (Straußfarn) an einen italienischen Unterrichtsminister. *Hagenia* (tropischer Regenwaldbaum) bewahrt den Namen eines preußischen Chemikers, *Kickxia* (Tännelkraut) den eines belgischen Apothekers, und für *Sequoia* (Mammutbaum) stand ein Cherokee-Häuptling Pate. Da heute wohl die meisten Arten großer, auffälliger und attraktiver Lebewesen entdeckt und beschrieben sind, bleiben den modernen Nomenklatoren oft nur kleine Organismen – wie die erst kürzlich benannte Kieselalge *Fragilaria guenter-grassii* aus der Danziger Bucht.

Maliziös bis hintergründig verfahren indessen manche Entomologen, die mit der Inventur ihrer Artenheere am wenigsten fertig sind. Sie lösen sich verständlicherweise auch zunehmend vom eurozentrischen Kulturimperialismus, wie er von Linné und seinen Nachfolgern lange Zeit praktiziert wurde. So verwundert es nicht, wenn bei neueren Insektennamen die gesamte Palette zwischen Belustigung und Beleidigung vertreten ist. *Dinohyus hollandii* ehrt auf den ersten Blick den langjährigen, bei Kollegen aber nicht uneingeschränkt beliebten Direktor des Carnegie-Museums, doch lässt die freie Übersetzung auch eine weniger schmeichelhafte Lesart zu („Holland ist ein schreckliches Schwein"). Der britische Entomologe George Kirkaldy führte für Wanzen eine Gattung *Peggichisme* („Peggy kiss me") ein, sein Kollege Arnold Menke für einen überraschend entdeckten Bodenkäfer den Artnamen *Aha ha.* Carl Heinrich, Schmetterlingsfachmann beim amerikanischen Landwirtschaftsministerium, breitete einst eine ganze Liebesgeschichte in Insektennamen aus *(Gretchena dulciana, G. amatana, G. concubitana).* Selbst Humphrey Bogarts legendärer Satz in *Casablanca* „Here's looking at you" („Schau mir in die Augen, Kleines") taucht, phonetisch stark verschliffen, im wissenschaftlichen Namen der Dipterenart *Heerz lukenatcha* auf. Der amerikanische Entomologe John Epler, glühender Verehrer der Rockgruppe „The Grateful Dead", benannte eine 1994 neu entdeckte Zuckmücke konsequenterweise *Dicrotendipes thanatogratus* (vom griechischen *thanatos,* Tod, und lateinisch *gratus,* dankbar). Um in dieser Szene zu bleiben: Die Rock-Ikone Frank Zappa wurde nomenklatorisch zum kleinen Fisch mit dem Artnamen *Zappa confluentis.*

Heute kann man seinen eigenen Namen übrigens unter www.biopat.de gegen eine Spende in einen Naturschutzfonds für eine Neubeschreibung reservieren lassen. Klassisch, komisch oder kurios – wissenschaftliche Artbenennungen sind ein kulturgeschichtliches Kaleidoskop voller Überraschungen.

8.3.2   Umgang mit wissenschaftlichen Artnamen

Der rein formale Umgang mit den wissenschaftlichen Artnamen unterliegt einem komplexen Regelwerk. Die Benennung von Pflanzen, Algen und Pilzen erfolgt nach den Vorgaben des bis 2011 *International Code of Botanical Nomenclature* (ICBN) genannten Grundlagenwerkes. Die neueste, 2017 beschlossene Ausgabe heißt jetzt *International Code of Nomenclature for Algae, Fungi, and Plants* (abgekürzt ICN). Die Praxis der Tiernamen regelt das Werk der International Commission on Zoological Nomenclature (Hrsg.) (1999), *International Code of Zoological Nomenclature* (ICZN). Die Bakteriennomenklatur folgt Sneath, P. H. A. (Hrsg.) (1992), *International Code of Nomenclature of Bacteria* (ICNB), American Society for Microbiology, Washington. Künftig wird dieses Werk *International Code of Nomenclature of Prokaryotes* heißen. Die jeweils gültigen Artnamen entnimmt man einer wissenschaftlichen Flora oder Fauna für den biogeographischen Bezugsraum. Die deutschen und wissenschaftlichen Namen der Gefäßpflanzen sind aufgeführt in Wisskirchen R, Haeupler H (1998) Standardliste der Farn- und Blütenpflanzen Deutschlands. Eugen Ulmer, Stuttgart sowie in Erhardt W et al. (2008) Zander Handwörterbuch der Pflanzennamen, 19. Aufl. Eugen Ulmer, Stuttgart.

In jeder wissenschaftlichen Dokumentation müssen die untersuchten oder sonst wie benannten Arten in jedem Fall korrekt zitiert werden. Dazu ist akribisches Arbeiten erforderlich, zumal die Schreibweise von Pflanzen- (bzw. Pilz-) und Tiernamen nicht einheitlich gehandhabt wird. Folgende Besonderheiten sind in der Praxis zu beachten:

- Zum deutschen Artnamen gehörende adjektivische Zusätze werden im Unterschied zu sonstigen kennzeichnenden Attributen immer groß geschrieben.

Beispiel

- Der nicht essbare Zinnoberrote Prachtbecherling *Sarcoscypha coccinea*
- Der abstehend behaarte Schlitzblättrige Storchschnabel *Geranium dissectum*
- Die seltene Große Rohrdommel *Botaurus stellaris*

- In experimentellen Arbeiten gehören zum korrekten Zitat des Artnamens auch die standardisierten Kürzel der jeweiligen Autorennamen oder bei Mikroorganismen die genaue Bezeichnung der Stammnummer sowie der Lieferadresse (Kulturensammlung):◄

Beispiel

- Salz-Steinklee *(Melilotus dentatus)* (W. et K.) Pers.
- Braunstieliger Streifenfarn *(Asplenium trichomanes* ssp. *inexpectans* Lovis)
- *Closterium ehrenbergii* Meneghini ex Ralfs SAG B131.80
- *Tetracystis diplobionticoidea* (Chantanachat et Bold) Archibald et Bold UTEX 1234
- *Cryptomonas gyropyrenoidosa* Hoef-Emden und Melkonian CCAC 0108
- Die Autorennamen zitiert man immer nur bei der Ersterwähnung der untersuchten Arten, beispielsweise im Methodenteil der Arbeit oder in der Kurzfassung (vgl. Abschn. 4.5)
- Die wissenschaftlichen Pflanzennamen setzt man im Manuskript nach den Gepflogenheiten fast aller wissenschaftlichen Publikationsorgane jeweils kursiv. Der ICN gibt dazu keine Empfehlungen. Die Bezeichnungen taxonomischer Rangstufen (Familie, Ordnung, (Unter-)Klasse, Abteilung bzw. Stamm) werden im Allgemeinen nicht kursiviert. In der in diesem Feld führenden Fachzeitschrift Taxon ist die Kursivierung der höheren systematischen Einheiten in das Belieben der Autoren gestellt◄

Beispiel

- Herbst-Löwenzahn *Leontodon autumnalis,* Asteraceae, Asterales, Rosidae, Magnoliophyta vs.
- *Herbst-Löwenzahn Leontodon autumnalis, Asteraceae, Asterales, Rosidae, Magnoliophyta*
- Mit den wissenschaftlichen Tiernamen verfährt man analog:◄

Beispiel

- Schneuzender Schniefling *Emunctator sorbens,* Rhinocolumnidae, Rhinogradentia, Mammalia (Stümpke 1961)
- Bei den deutschen Pflanzennamen ist jeweils die korrekte Handhabung des Bindestriches im Artnamen zu berücksichtigen: Die Schreibweise Rot-Buche *(Fagus sylvatica)* benennt eine definierte Art der Gattung *Fagus* = Buche, und Gewöhnliche Hainbuche *(Carpinus betulus)* dagegen eine mit der Buche nicht näher verwandte Art der Gattung *Carpinus* = Hainbuche. Eine vergleichbare Regelung besteht für Tiernamen nicht (vgl. Schwarzdrossel, Singdrossel, Rotdrossel)

- Ist das Artepitheton aus zwei Begriffen zusammengesetzt, wird es bei den wissenschaftlichen Pflanzen- und Pilznamen mit Bindestrich geschrieben, bei Tiernamen dagegen zusammen◄

Beispiel

- Gewöhnliches Hirtentäschelkraut *Capsella bursa-pastoris*
- Gewöhnlicher Nadelkerbel, Venuskamm *Scandix pecten-veneris*
- Pelikansfuß *Aporrhais pespelecani* (nicht *A. pes-pelecani*)
- Kegelschnecke *Conus gloriamaris* (nicht *C. gloria-maris*)
- Zweiundzwanzigpunktmarienkäfer *(Thea vigintiduopunctata)* (nicht *Th. 22-punctata*)
- Dagegen C-Falter *Polygonia c-album,* denn „*calbum*" wäre etymologisch nicht erkennbar)
- Bei wissenschaftlichen Pflanzennamen werden Zusätze zur Kennzeichnung infraspezifischer Sippen (ssp. = subspecies, auch abgekürzt subspec., var. = varietas, f. = forma) im wissenschaftlichen Artnamen nicht kursiviert◄

Beispiel

- Gewöhnliche Strandkamille Tripleurospermum maritimum ssp. maritimum
- Rotkohl Brassica oleracea ssp. oleracea var. capitata f. rubra
- Analog verfährt man auch, wenn die genaue Artzugehörigkeit eines Organismus unklar ist. In diesem Fall versieht man den Gattungsnamen (kursiv) mit dem Zusatz „sp." oder „spec." (von species) wie im Beispiel Brombeere (Rubus sp.). Die Pluralform dazu (spp.) muss man allerdings kritisch von der Angabe Unterart (ssp.) unterscheiden: Die Angabe Fucus-Arten (Fucus spp.) meint etwas anderes als eine Fucus-Unterart (Fucus distichus ssp. anceps)
- In wissenschaftlichen Tiernamen sind Gattungsname und Epitheton mitunter identisch (Tautonymie): Kiebitz Vanellus vanellus, Bison Bison bison, Sumpfdeckelschnecke Viviparus viviparus. Für Pflanzennamen schließt der ICBN solche Benennungen aus
- Zur Bezeichnung infraspezifischer Taxa bei Tieren lässt man Zusätze wie „ssp." weg. Fallweise ergeben sich dann für geographisch unterscheidbare Unterarten trinominale Bezeichnungen wie Natrix natrix natrix oder Salamandra salamandra salamandra, die man im Folgetext zu N. n. natrix bzw. S. s. salamandra abkürzen darf, sobald die Vollform erwähnt war
- Bei Bakterien sind zur Bezeichnung infraspezifischer oder subinfraspezifischer Sippen je nach unterscheidendem Merkmalsbereich Zusätze wie „biovar", „chemovar", „morphovar", „phagovar" oder „serovar" üblich, möglichst in Verbindung mit einer Stammnummer aus einer Kulturensammlung◄

Beispiel

- *Staphylococcus aureus* phagovar 81
- *Escherichia coli* (Migula 1895) Castellani und Chalmers 1919, DMSZ K12 JM103 (plasmid UC1)
- In wenigen Fällen sind botanische und zoologische Gattungsnamen identisch (Homonymie) oder zumindest sehr ähnlich:◄

Beispiel

- Braunelle (*Prunella* [Blütenpflanze] vs. Heckenbraunelle *(Prunella)* [Singvogel]
- Wasserfenchel *(Oenanthe)* [Blütenpflanze] vs. Steinschmätzer *(Oenanthe)* [Singvogel]
- *Bougainvillea* [Blütenpflanze] vs. *Bougainvillia* [Anthomeduse]
- Sortenbezeichnungen von Kultur- und Zierpflanzen setzt man jeweils in einfache Anführungszeichen. Diese meist nur im gartenbautechnischen resp. gärtnerischen Umfeld üblichen Zusätze zum wissenschaftlichen Namen werden nicht kursiviert:◄

Beispiel

- *Fagus sylvatica* 'Atropunicea' (Blutbuche)
- *Quercus robur* 'Fastigiata' (Säulenform der Stiel-Eiche)
- *Corylus avellana* 'Contorta' (Korkenzieherhasel)
- Die Kursivierung unterbleibt auch, wenn die Sortenbezeichnung keinen lateinischen Ausgangsbegriff hat wie bei der Strauch-Aster *Aster dumosus* 'Professor Kippenberg'
- Pflanzenbastarde kennzeichnet man mit dem typographischen Multiplikationszeichen ($\times$), nicht mit dem Kleinbuchstaben x). Die hybride Form wird als Kreuzungsbastard der beteiligten Elternarten dargestellt oder sie erhält einen eigenen Artnamen, wobei nach neuerer Schreibpraxis das Multiplikationszeichen ohne Leerzeichen direkt vor dem Artepitheton steht, was allerdings die Lesbarkeit meist erheblich stört◄

Beispiel

- Gelbe Narzisse *(Narcissus pseudonarcissus)* $\times$ Weiße Narzisse *(Narcissus poeticus)* = Narcissus $\times$ incomparabilis
- Sommer-Linde *(Tilia platyphyllos)* $\times$ Winter-Linde *(Tilia cordata)* = Holländische Linde *(Tilia $\times$ vulgaris)*

- Bei Gattungsbastarden (intergenerischen Bastarden) verfährt man analog. Es heißt also konsequenterweise Gewöhnlicher Strandhafer *(Ammophila arenaria)* × Land-Reitgras *(Calamagrostis epigejos)* = Baltischer Bastardstrandhafer *(× Calammophila baltica)*◄

8.4   Eponyme

Maler leben in ihren Bildern fort, Dichter in unsterblichen Versen. Für kriegerische Gewalttäter gab es früher eherne Standbilder, und heute erscheinen Politiker fallweise auf Sonderbriefmarken. Was bleibt den Naturwissenschaftlern? Ampère, Einstein, Faraday, Gauß, Ohm, Siemens, Tesla, Watt und viele andere Physiker oder Techniker sind ruhmreich in Messgrößen und SI-Einheiten verewigt. Von der Albers-Schönberg- zur Creutzfeldt-Jakob-Krankheit, vom Euler-Cauchy-Verfahren zum Pasteur-Effekt oder vom Edison-Gewinde zur Tscherenkow-Strahlung und Van't-Hoff-Gleichung ist in der Wissenschaftssprache eine ansehnliche Liste verdienter Forscherpersönlichkeiten angemessen gewürdigt (vgl. Abschn. 8.1). Das ist mindestens so honorig, wie im Panthéon oder in der Westminster Abbey beigesetzt zu sein.

Fachbegriffe, die von bedeutenden Wissenschaftlern abgeleitet sind, nennt man Eponyme. Sie sind in allen Teilbereichen der Naturwissenschaften üblich und zahlreich vertreten. Berühmte Zeitgenossen aus der Wissenschaftsszene, die anerkanntermaßen und vielleicht sogar Bedeutsames, Grundlegendes bzw. Unvergängliches und vor allem Nachwirkendes geleistet haben, treten uns gewöhnlich nicht in ehernen Standbildern entgegen und recht selten auch in Bezeichnungen von Gebäuden, Plätzen, Straßen oder sonstigem städtebaulich Hervorhebenswertem. Allenfalls finden sich an ihren Geburts- oder Wohnhäusern versteckte informierende Erinnerungstafeln, in der Heidelberger Innenstadt etwa als konkreten Hinweis auf den bedeutenden Chemiker Robert Bunsen. Umso häufiger erscheinen ihre verdienstvollen Namen jedoch in naturwissenschaftlich besonders hervorhebenswerten Abläufen, Effekten, Phänomenen, Strukturen und sonstigen bedeutenden Sachverhalten. Auch etliche der in Labors bis heute gebräuchlichen Gerätschaften tragen zu Recht den Namen eines besonders praktisch veranlagten wissenschaftlichen Genius vergangener Tage, der die Forschung mit einer wichtigen technisch-apparativen Innovation deutlich vorangebracht hat. Zu erinnern wäre in diesem Kontext an Bunsenbrenner, Erlenmeyerkolben oder Petrischale, die jeder zumindest dem Namen nach aus dem Schulunterricht kennen sollte.

Außer den letzteren drei benannten und besonders bekannten Beispielen kennt die moderne Alltagssprache nur relativ wenige bis gar keine Begriffe, in denen bedeutende Forscherpersönlichkeiten früherer Zeiten sozusagen verewigt sind. In der (natur)wissenschaftlichen Kommunikation sind solche Notierungen jedoch immer noch weithin und häufig in Gebrauch: In allen Sparten der Naturwissenschaften von der Astronomie bis zur Zoologie finden sich tatsächlich überraschend zahlreiche Beispiele, die den

Namen eines Entdeckers, Erfinders, Entwicklers oder sonstwie ergebnisreich und glücklich Forschenden zum ehrenden Gedenken bewahren. Vielfach werden aber selbst die in
der Szene aktiv Tätigen kaum erläutern können, um welche Forscherpersönlichkeit es sich
im konkreten Fall tatsächlich handelt, worin deren jeweilige spezifische Leistung besteht
und was der so ausdrücklich benannte Sachverhalt eigentlich bedeutet.

> **Beispiele**
>
> - Astronomie: Cassini'sche Teilung, Fraunhofer'sche Linien, Kepler'sche Gesetze,
>   Halley'scher Komet
> - Biologie: Caspary'scher Streifen, Darwin'scher Knoten, Dollo'sches Gesetz,
>   Elton'sche Pyramide, Lieberkühn'sche Krypten
> - Chemie: Brønsted'sche Theorie, Diels-Alder-Kondensation, Fehling'sche Probe,
>   Lugol'sche Lösung
> - Geowissenschaften: Brunhes-Epoche, Mercalli-Skala, Mohorovicic-Diskontinuität,
>   Riedel-Scherflächen, Wegener'sche Theorie
> - Physik: Heisenberg'sche Unschärferelation, Laplace'scher Dämon, Ohm'sches
>   Gesetz, Newton'sche Ringe◄

Oft werden die nach einem verdienten Naturwissenschaftler benannten Sachverhalte
einfach an seinen Familiennamen angehängt. Beispiele, welche zugleich die begriffliche Bandbreite verdeutlichen (auch für den Selbsttest des eigenen Kenntnisstan-
des geeignete…), sind Compton-Effekt, Curie-Temperatur, Faraday-Konstante, Feulgen-
Reaktion, Golgi-Apparat, Hadley-Zelle, Hasselbalch-Hendersen-Beziehung, Hertzsprung-
Russell-Diagramm, Lorentz-Kraft, Lyman-Serie, Michaelis–Menten-Kinetik, Pauli-
Verbot, Purkinje-Zelle, Schellbach-Streifen, Tyndall-Phänomen u. v. a.

Die meist gewählte Schreibweise mit Apostroph ist formal völlig in Ordnung.
An Benennungen wie Abbe'sches Gesetz, Fresnel'sche Stufenlinse, Hund'sche Regel,
Liebig'sches Gesetz oder Olbers'sches Paradoxon ist insofern nichts auszusetzen.

Die in vielen naturwissenschaftlichen Werken verwendete alternative Schreibung ohne
Apostroph ist ebenfalls akzeptabel. Beispiele sind Bunsenscher Absorptionskoeffizient,
Kirchhoffsche Regeln, Lorenzinische Ampullen, Leydigsche Flasche u. a.

Absolut gewöhnungsbedürftig (wenn nicht sogar generell abzulehnen und geradezu eine Verhunzung der betreffenden Wissenschaftlernamen) sind die von der neuen
deutschen Rechtschreibung (vgl. Duden oder Wahrig) ausdrücklich zugelassenen adjektivischen Nennungen wie etwa eulersche Zahl, einsteinsche Relativitätstheorie, keplersches
Fernrohr, mendelsche Regeln, wilsonsche Nebelkammer etc.

Eine zulässige Ausnahme bilden nur solche Begriffe, die als einwandfreie Adjektive vom Familiennamen der betreffenden Persönlichkeit abgeleitet sind, wie euklidi-
sche Geometrie (von Euklid, ca. 365–ca. 300 v. Chr.) oder plinianische Eruption (nach
Plinius d. Ä., 24–79 n. Chr.).

In der Medizin werden Eponyme, die nach verbreiteter internationaler Einschätzung einen kritisch hinterfragten Eurozentrismus transportieren, zunehmend von anderen Termini verdrängt. Den Botalli-Gang (Ductus Botalli) wird man also in medizinischen Fachpublikationen künftig kaum noch finden. Auch die eustachische Röhre (Tuba Eustachii) wird wohl ersetzt. Benannt ist sie nach dem italienischen Arzt Bartolomeo Eustachi (1520–1574), die adjektivische Form wäre völlig in Ordnung, aber sie ist nach den gültigen Ausspracheregeln als „eustakische" Röhre zu zitieren. Hören Sie sich dazu doch mal in Ihrem Bekanntenkreis um …

Ansprechend verpacken: das Thema Schrift

> Über Groß- und Kleinbuchstaben für den
>
> schriftlichen Ausdruck verfügen zu können,
>
> scheint uns eine Bereicherung von höchstem
>
> Wert zu sein.
>
> Adrian Frutiger (1928–2015)

Die Geschichte der Schrift spiegelt die Geschichte der menschlichen Kultur. Vor diesem Hintergrund gibt dieses Kapitel nicht nur einige praxisorientierte Tipps für den Umgang mit Schrift(en), sondern unternimmt auch einige Abstecher in typographische Themenfelder, die für die Wahrnehmung des Phänomens Schrift von Belang sind.

Vor dem Beginn des digitalen Zeitalters hatte man als bleibendes bzw. einigermaßen dauerhaftes Darstellungsmittel für die eigenen Gedanken außer der von den Adressaten mehr oder weniger gut mitvollziehbaren Handschrift bestenfalls eine mechanische und entsprechend lautstarke Schreibmaschine in den Schrifttypen *Pica* oder *Perl*. Die damit erzeugten Schriftdokumente waren gegenüber Gänsekiel oder Bleistift, Kugelschreiber und Tintenroller zwar zugegebenermaßen ein deutlicher Fortschritt, muten aber das schriftverwöhnte Auge heute ein wenig seltsam und geradezu Mitleid erregend antiquiert an – insbesondere, wenn man eine anrührend mit Kohlepapier erzeugte Durchschrift älteren Datums in Händen hält. Seitdem Personal Computer und die damit realisierbaren Basistechniken des Desktop-Publishing Allgemeingut sind, kommen auch immer mehr Menschen mit Fragen der Schriftbildgestaltung bzw. Typographie in Berührung.

Ursprünglich verstand man unter typographischem Tun schlichtweg die handwerkliche Fertigkeit, vorgefertigte Einzelelemente (= bleierne Lettern oder Typen) aus dem reich bestückten Setzkasten zu Zeilen und Textblöcken zusammenzufügen und diese

© Springer-Verlag GmbH Deutschland, ein Teil von Springer Nature 2023
B.P. Kremer *Vom Referat bis zur Abschlussarbeit*, https://doi.org/10.1007/978-3-662-65972-4_9

anschließend drucken zu lassen. Heute sieht man die Typographie nicht mehr allein als handwerklich-technische Dimension des Druckgewerbes, sondern begreift sie deutlich umfassender – etwa als Architektur der Schrift bzw. skulpturales Gestalten von Ideen und damit letztlich fast als expressive Kunst. Immerhin soll das gestaltete Schriftbild des fertigen Dokuments gerade in seiner gekonnten formalen Ausführung dem darin verpackten gedanklichen Gehalt angemessen sein und diesen optimal wiedergeben. Tatsächlich bestimmt die Gestalt einer Botschaft nachhaltig die Wahrnehmung ihres Inhalts durch den Leser. Immerhin spricht man heute auch in diesem Zusammenhang von Kommunikationsdesign. Eine gelungene Typographie schafft insofern geistige Räume, in denen sich der lesende Schriftadressat möglichst ohne unnötige Blockaden oder andere Hindernisse in der Zeichenumsetzung gerne bewegen kann. Die Schriftgestaltung, in die man die Ergebnisse des eigenen gedanklichen Bemühens einfließen lässt, ist daher keineswegs unerheblich oder nebensächlich, sondern erfordert einen ebenso gekonnten Umgang wie alle anderen Teilfelder des wissenschaftlichen Arbeitens. In die Tastatur greifen und Drauflosschreiben liefert erwartungsgemäß noch keine brauchbaren Ergebnisse. Fast ist es so wie beim Kochen: Tüte auf, Wasser dazu und rein in die Mikrowelle ergibt fast immer nur ein Instantmenü für die eher bescheidene kulinarische Anspruchsebene. Was schreib- und schrifthandwerklich besser aussehen soll, erfordert eben einen deutlich sorgfältigeren Umgang. Selbstverständlich profitiert auch eine wissenschaftliche Arbeit vom notwendigen Aufwand, den man in die ansprechende Schriftform investiert.

Notation Das Werkzeug der Typographie ist die Notation (Willberg 2003). Darunter versteht man ein spezielles grafisches System zur Umsetzung von Information in einen Symbolcode, das man etwas weniger aufgebläht auch Schrift nennt. In den meisten Kulturen ging die Notation der Sprache in der Gestalt von Schrift mithilfe von Buchstaben und vergleichbaren Zeichen den anderen Notationen wie etwa denen von Tönen, Musik oder Kartendarstellungen ziemlich lange voraus. Der heute üblicherweise verwendeten Notation liegt das lateinische Alphabet zugrunde, wie es die Römer aus älteren etruskischen Zeichen entwickelten. Aus deren mit insgesamt 26 Zeichen bestücktem Symbolvorrat entlehnten sie insgesamt 21 Buchstaben. Dreizehn Zeichen, nämlich A, B, E, H, I, K, M, N, O, T, X, Y und Z stimmen – zumindest formal – mit dem auf die Phönizier zurückgehenden griechischen Alphabet überein, während die acht Zeichen C, D, G, L, P, R, S sowie V für den römischen Gebrauch verändert und die beiden frühgriechischen Buchstaben F und Q neu eingeführt wurden. J, U und W (eigentlich ein Doppel-V mit dem Lautwert w sowie u und daher im Englischen bis heute ein „double-u"; raffinierte Händler verlängerten die Striche von V zu einem X und machten ihren Kunden dabei „ein X für ein U vor") kamen im römisch-lateinischen Alphabet nicht vor, sondern sind Zutaten aus viel späterer Zeit.

   Von nachhaltiger Bedeutung nicht nur für die mittelalterlichen oder neuzeitlichen, sondern erstaunlicherweise auch für die modernen Buchstabenformen war die immer noch erstaunlich frisch wirkende *Capitalis quadrata*, wie man sie auf der berühmten Trajanssäule in Rom (errichtet um 114 n. Chr.) bewundern kann. Quadrat, Halbquadrat, Voll-und

Halbkreis sowie andere Teilungen lieferten die Basisgeometrie ihrer Buchstabenstruktur, die ausschließlich aus Großbuchstaben besteht. Erst im 9. Jahrhundert entstand in den französischen Klosterschreibschulen der Loire-Gegend um die Stadt Tours unter benediktinischem Einfluss eine recht flüssige, offenbar mit stärker angewinkelter Feder geschriebene Schrift, die man heute als Karolingische Minuskel bezeichnet. Sie leitet den zunächst noch zögerlichen, dann aber immer häufigeren Parallelgebrauch von zwei Alphabeten mit Groß- und Kleinbuchstaben ein, die heute die Grundlage der westlichen Sprachen sind. Die Entwicklung der Kleinbuchstaben (Minuskeln) hat die vorgegebenen Großbuchstaben (Majuskeln) fallweise nur geringfügig verändert, wie der Vergleich von C/c, K/k, O/o, P/p, S/s oder X/x zeigt – die Kleinbuchstaben sind also sozusagen verkleinerte Majuskel. Bei anderen Buchstaben erfolgte im Laufe der Zeit ein viel stärkerer Abschliff der Formen, wie etwa die Beispiele A/a, B/b, D/d, R/r oder Q/q zeigen.

Die mithilfe dieser Zeichensysteme geschaffene Möglichkeit, Gedanken und Sprache aufzuzeichnen und auf diese Weise die Zeiten überdauernd zu bewahren, ist zweifellos einer der wesentlichen Motoren für die kulturelle Evolution des Menschen gewesen. Zudem korrelieren auch Schriftgestalt und Kulturepochen (Willberg 2003).

9.1 Schnellkurs in Typographie

Ziel einer jeglichen Schriftgestaltung des zu druckenden Textes und damit einer ausgereiften Typographie ist die optimale Lesbarkeit der solchermaßen codierten Information. Lesbarkeit steht dabei nahezu gleichbedeutend auch für die Geschwindigkeit, mit der ein Adressat einen geschriebenen bzw. gedruckten Text lesen und in seiner Botschaft erfassen kann. Die üblichen Zeichenvorräte in der Menüoption „Zeichen" am PC oder Mac erlauben mancherlei wichtige, aber auch spielerische Gestaltungsmöglichkeiten, die für die Zwecke einer wissenschaftlichen Arbeit jedoch deutlich einzuschränken sind. Bevor wir in eine empfehlende Rezeptur für ein gelungenes oder zumindest zumutbares Schriftbild einsteigen, unternehmen wir hier zunächst einmal eine kurze orientierende Umschau in den Grundlagen der Typographie.

Das schriftliche Deutsch verwendet nur 26 alphabetische Zeichen, obwohl das gesprochene Deutsch – natürlich zusätzlich mit deutlichen regionalen resp. regiolektischen Abweichungen – meist mehr als 40 verschiedene Phoneme aufweist (vgl. ch in Dach und Dichter oder das e in nett und kneten). Diese 26 üblichen Zeichen gruppiert die Typographie in:

Großbuchstaben (Majuskeln, Versalien) wie A, B, C, D. Sie erstrecken sich im Druckbild bei unterschiedlicher Breite (vgl. Abschn. Laufweite) zwischen zwei parallel verlaufenden Linien, der Grundlinie (Unterkante) und der Versalhöhe (Oberkante) (Abb. 9.1).

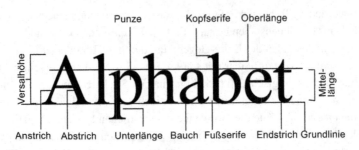

Abb. 9.1 Typographisch wirksame Bestandteile von Groß- und Kleinbuchstaben am Beispiel von *Times New Roman*

Kleinbuchstaben (Minuskeln, Gemeine) sind in ihrem Erscheinungsbild von drei Proportionen bestimmt. Ihre sogenannte Mittellänge entspricht der Höhe des Kleinbuchstabens x und wird daher auch x-Höhe genannt. Innerhalb der Mittellänge laufen beispielsweise die Kleinbuchstaben a, c, e, m, n, o, r oder s. Die Kleinbuchstaben b, d, h oder l ragen dagegen mit der Oberlängenhöhe über die Mittellänge hinaus. Die Oberlänge kann bei manchen Schriftarten sogar die Versalhöhe geringfügig übertreffen. Bei g, p, q oder y wird die Grundlinie entsprechend um den Betrag der Unterlänge unterschritten (Abb. 9.1).

Kapitälchen sind Großbuchstaben, die im fertigen Satzbild allerdings wie Kleinbuchstaben wirken. Man verwendet sie (durch Formatierung normal geschriebener Buchstaben über die Menüoption Format/Zeichen/Kapitälchen) oder einen entsprechenden Shortcut auf der Tastatur eventuell zur typographischen Hervorhebung (Auszeichnung) von Eigen- bzw. Autorennamen, wie in diesen Beispielen: IMMANUEL KANT formulierte den Kategorischen Imperativ, die KEPLER'schen Gesetze erläutern die Himmelsmechanik, und MURPHYS Gesetz macht auch den Novizen der Autorenzunft zunächst einmal das Leben schwer. Die stattdessen im Schriftgut gelegentlich zu erlebende Hervorhebung von Eigennamen durch Versalien (Großbuchstaben) wirkt dagegen leicht brutal, wie die Beispiele MAXWELL'sche Gleichungen oder LEIDENFROST'sches Phänomen zeigen.

Ziffern Die in den Computerzeichensätzen vorhandenen Zahlzeichen sind gewöhnlich genauso hoch wie die Versalhöhe der entsprechenden Schriftart und heißen daher Versalziffern. Sie genügen den Anforderungen an die Textklarheit einer begleitenden oder abschließenden Schriftform im Studium vollauf. Der elegante Buchsatz bevorzugt zur Verbesserung der Lesbarkeit sowie als dekorative Zutat häufig allerdings die dafür eigens gestalteten Mediävalziffern mit Unterlängen (bei 3, 4, 5 und 9) und Oberlängen (bei 6 und 8), während die Ziffern 0, 1 und 2 meist nur in der Mittellänge laufen.

Expertziffern Als Expertziffern bezeichnet man Sonderziffern, die in den Naturwissenschaften für Exponent (bzw. Superskript, z. B. 10^2) oder Index (bzw. Subskript, z. B.

H_2O) verwendet werden. Die üblichen Computerfonts nutzen dafür allerdings elektronisch geschrumpfte Normalziffern (Versalziffern). Die in den Symbolleisten vordefinierten Exponenten oder Indices werden oft so stark elektronisch gequetscht, dass sie nicht mehr gut lesbar sind (10^2, H_2O). Empfehlenswert erscheint es deshalb, die Expertziffern über die Menüoption Format/Zeichen/Effekte in lesbarer Größe (1 bis 2 pt kleiner als die Grundschrift) selbst einzurichten.

Ein Sonderfall betrifft die korrekte Bezeichnung von Elementen oder deren Isotopen: Links oben steht als Superskript jeweils die Neutronenzahl (Massenzahl), links unten als Subskript die Ordnungszahl (Protonenzahl). Mit den üblichen Werkzeugen der Textverarbeitungsprogramme sind Superskript und Subskript nicht an der gleichen Stelle vor dem Elementsymbol zu platzieren. In *Microsoft Word* gelingt es über die Menüoption „Einfügen/Formel", in *OpenOffice* über „Einfügen/Objekt/Formel". Das Ergebnis stellt sich dann mit $_7^{14}N$, SO_4^{2-} typographisch korrekt dar. Nur zur Not ist außerhalb professioneller Satzprogramme der folgende Kompromiss zulässig – man schreibt einfach $^{14}_7N$. Das gleiche Problem betrifft die stöchiometrische Angabe und die Anzahl der Elementarladungen bei einem komplexeren Ion wie im Fall von PO_4^{3-}.

Sonderzeichen Für Texte und sonstige Mitteilungen naturwissenschaftlichen Inhalts ist eine Anzahl weiterer Zeichen üblich, beispielsweise ein Pfeil ($\rightarrow$) zur Formulierung chemischer Reaktionen, Rechenzeichen wie das Ungleichzeichen, besondere Dimensionsangaben wie Promille (‰) oder Maßeinheiten wie Grad Celsius (°C) oder Ångström (Å). Während das Paragrafen-Zeichen (§) für den juristischen Gebrauch wegen seiner offenbar unentbehrlichen Bedeutung im öffentlichen Raum bereits auf der normalen Tastatur verankert ist, sind die in der Biologie häufig benötigten Symbole für weiblich (♀) und männlich (♂) im Sonderzeichenvorrat oft nur nach längerer Suche zu finden. Hinweise auf weitere Sonderzeichen finden Sie unter diesem Stichwort in Kap. 11.

Diakritische Zeichen sind spezifische Zeichen aus anderen Alphabeten oder Schriften. In den Naturwissenschaften weit verbreitet und völlig unentbehrlich sind die Buchstaben aus dem griechischen Alphabet (Kap. 8), beispielsweise im Formelwesen bei der korrekten Benennung organischer Verbindungen (α-L-Phenylalanin, β-D-Glucose, γ-Aminobuttersäure) oder bei bestimmten Größen (Physikochemie: δ-^{13}C-Wert, Thermodynamik: $\Delta GO'$). Gewöhnlich beschränken sich diakritische Zeichen jedoch auf die authentische Wiedergabe von geographischen Bezeichnungen (dänische Insel Rømø, Meeresenge Øresund) oder für Eigennamen (Ångström) bzw. davon abgeleitete Einheiten (Å). Die gelegentlich aufzufindenden Behelfsschreibweisen Römö oder Öresund sind nicht offiziell und zu verwerfen.

Schriftbild Das Erscheinungsbild eines gedruckten Textes (Schriftsatz) bestimmen im Wesentlichen nur die drei Merkmalsbereiche Schriftart, Schriftgröße und Schriftschnitt

(Schriftlage). Eine Schrift ist immer dann optimal lesbar, wenn das Verhältnis von Buchstabenhöhe und Linienstärke bei etwa 5: 1 liegt. Weitere typographisch relevante Kennzeichen wie Laufweite, Zeichenweite und Schriftauszeichnung lassen wir hier zunächst einmal außer Acht – sie gehören eher in die Aufgabenfelder des professionellen Satzbetriebs.

9.2   Schriftart

Die Einladung zu einer Geburtstagsfeier ist nicht nur inhaltlich eine grundsätzlich andere Botschaft als eine Zeitschriftenannonce, die für ein neues Waschmittel wirbt, oder die Veröffentlichung eines neuen Gesetzestextes im Bundesgesetzblatt. Die betreffenden Schriftdokumente verwenden daher zu Recht eine speziell auf ihren jeweiligen Inhalt und die Adressatengruppe abgestimmte Schriftgestaltung.

Unabhängig von der zu erstellenden Textsorte (beispielsweise Exkursionsbericht, Ausarbeitung eines Referates oder fertige Bachelor- bzw. Masterarbeit o. ä., vgl. Kap. 4) sind die Mitteilungen im Wissenschaftsbetrieb im Allgemeinen eher sachlicher Natur und erfordern insofern ein Schriftbild, das eine gewisse, dem Inhalt angemessene kühle Distanz transportiert. Das zwar ansprechende, aber eigenwillige Design ausgefallener Schriftarten wie beispielsweise *Juliet, Lazybones* oder *Playbill* ist dafür mit Sicherheit keine geeignete Lösung. So bleiben von den schätzungsweise weit mehr als 50.000 Schriftarten, die man in den Druckwerken seit der berühmten Gutenberg-Bibel finden kann, nur vergleichsweise wenige übrig, die das Lesen auch längerer Texte nicht unnötig blockieren oder erschweren. Empirische Untersuchungen zeigten es immer wieder: Form und Gestalt einer Schrift beeinflussen wesentlich das Leseverhalten und damit letztlich auch den Lesegenuss.

Erstaunlich ist indessen, dass selbst erklärte Buchfans und trainierte Vielleser die Schrift als besonderes Gestaltungselement oder ein bemerkenswert gelungenes, typographisch ausgereiftes Satzbild nur selten bewusst wahrnehmen. Sie unterscheiden die vielen verschiedenen Gesichter der geschriebenen Botschaft somit kaum und können sie schon gar nicht korrekt benennen. Dabei kann man die Schriftarten anhand ihrer Merkmale fast ebenso einfach bestimmen wie Pflanzen-, Pilz- und Tierarten. DIN 16518 gliedert die Druckschriften in elf verschiedene Klassen ein (vgl. Karow 1992).

Für unsere Zwecke genügt allerdings nur die Unterscheidung zweier großer Gruppen, der Serifen- oder Antiqua-Schriften (Klassen I bis V) und der serifenlosen Linear-Schriften (Klasse VI). Die übrigen fünf Klassen betreffen Schreibschriften, Gebrochene Schriften (wie Fraktur, Gotisch, Schwabacher) sowie Fremde Schriften (Bilderschriften, außereuropäische Alphabetschriften). Die letzteren Schriftgruppen eignen sich für wissenschaftliche Werke nicht (mehr).

Alphabet Alphabet
Alphabet Alphabet

Abb. 9.2 Beispiele für Serifenschriften (*oben links* 45 pt *Times, unten links* 45 pt *Garamond*) sowie Groteskschriften (*oben rechts* 40 pt *Arial, unten rechts* 40 pt *Futura*)

Antiqua-Schriften sind in den Printmedien heute wohl die am häufigsten verwendeten Grundformen. Die Buchstaben dieser großen Schriftart-Familie verfügen über sogenannte Serifen – ihre Kopf- und Fußenden sind mit kleinen Endstrichen („Füßchen") unterschiedlicher Strichstärke versehen. Fachleute unterscheiden danach die etwas vornehmer wirkenden Haken- oder Schnabelserifen von den sehr wuchtig auftretenden Balkenserifen und etlichen anderen Ausformungen. Eine der am häufigsten in Computerzeichensätzen vorrätigen Serifenschriften ist die äußerst erfolgreiche und als Gebrauchsschrift heute wohl am weitesten verbreitete *Times New Roman* von Stanley Morison aus dem Jahre 1931. Auch die Lehrbücher des Springer-Verlags sind mit einer Serifenschrift gedruckt; Hausschrift ist seit 1995 die der *Times* im Erscheinungsbild sehr ähnliche *Minion* von Robert Silmbach (entwickelt 1990). Serifen, die schon die besonders formschönen Buchstaben der Capitalis quadrata von der römischen Trajanssäule zierten, mögen manchem zwar etwas barock erscheinen, sind jedoch wichtige und wirksame Hilfen zum sicheren Buchstabenerkennen bzw. -unterscheiden. Da sie außerdem die Grundlinie betonen, bilden sie in ihrer Gesamtheit eine recht willkommene „visuelle Leitplanke", die das lesende Auge über die jeweilige Zeile lenkt (Abb. 9.2).

Groteskschriften wie die *Helvetica* (1957), *Futura* (Paul Renner, 1928) oder die bei Typographen außerordentlich geschätzte *Frutiger* (Adrian Frutiger, 1976) kennzeichnen dagegen die serifenlosen Schriftarten. Man nennt sie daher auch serifenlose Linear-Antiqua. Sie wirken zunächst etwas sachlicher, frischer und moderner als die leicht geschnörkelten Serifenschriften. Als sie erstmals im 19. Jahrhundert in Gebrauch kamen, mochten sich die Leser dennoch an die Serifenlosen offenbar so gar nicht gewöhnen – sie lehnten die gesamte Schriftfamilie schlichtweg als „grotesk" ab. Die Buchstaben sehen jedoch nach heutigem Empfinden ausgesprochen harmonisch aus. Allerdings besteht bei manchen Buchstabenkombinationen die Gefahr, dass man die Einzelelemente verwechselt (beispielsweise das große I und die beiden kleinen l in Illusion) oder nicht ausreichend trennt (r und n verlaufen zu m, vv zum w). Fallweise kann wegen des Fehlens von Serifen auch die Zeilenbildung erschwert sein. Die 1990 von Robin Nicholas und Patricia Saunders gestaltete *Arial* mit leicht betonter Mittellänge ist die heute vor allem in Computerfonts verbreitetste Schriftart dieser Familie.

Die generellen Empfehlungen zur Wahl einer geeigneten Schriftart für eine wissenschaftliche Arbeit im Studium tendieren daher eher zu einer Schrift der Antiqua-Gruppe, vorzugsweise der weit verbreiteten *Times New Roman*. Grundsätzlich ist aber auch nichts gegen eine typische Computerschrift aus der Groteskgruppe einzuwenden. Im Zweifelsfall überprüft man einen in den verschiedenen vorrätigen Fonts ausgedruckten Probetext auf seine Lesetransparenz und ästhetische Gesamtwirkung (vgl. Beispiele im Abschn. 9.6).

9.3   Schriftschnitt

In der Grund-, Werk- oder Brotschrift eines gedruckten Textes stehen die senkrechten Linien der einzelnen Buchstaben wirklich senkrecht und bilden mit der Grundlinie jeweils einen rechten Winkel. Dieser Schriftschnitt (auch Schriftlage genannt) heißt bei den Typographen „gewöhnlich" und in den Computermenüs „normal". Für besondere textliche Hervorhebungen (Auszeichnungen), in Mitteilungen biologischen Inhalts, beispielsweise für die wissenschaftlichen Artnamen (Gänseblümchen *Bellis perennis*) und ihrer systematischen Zuordnung (Familie *Asteraceae*) (vgl. Kap. 8), verwendet man vorzugsweise die entsprechenden *Kursivschnitte* der jeweiligen Schrift. Üblicherweise erzeugen die Textverarbeitungsprogramme von PC oder Mac die benötigten Kursivzeichen auf digitalem Wege durch verschiebende Verschrägung aus dem normalen Zeichenvorrat. Im professionellen Buchsatz bestehen die Kursivschnitte dagegen immer aus Zeichen, die der jeweilige Schriftgestalter dazu eigens entwickelt hat.

Ebenso verhält es sich bei der Veränderung der Strichstärke: Zur textlichen Hervorhebung sehen die Fonts im Computer nur die Option **fett** (Menüoption **F**, normal oder *kursiv*) vor, die man meist zur Hervorhebung von Überschriften einsetzt. Für den professionellen Bereich stehen die üblichen und häufig eingesetzten Schriftarten dagegen in mehreren Strichstärken zur Verfügung, für die es ein eigenes, allerdings uneinheitliches Bezeichnungsrepertoire von *extra light*/fein über *light plain*/leicht bis *medium*/halbfett und *extra black*/extrafett gibt.

Wenn Satzteile oder mehrere Begriffe (halb-)fett zu setzen sind, werden die zugeordneten Verbindungszeichen wie Schrägstriche und Klammern im Prinzip ebenfalls verändert. Aus gestalterischen Gründen kann man von dieser Regel jedoch abweichen.

PostScript-Computerschriften umfassen jeweils drei getrennte Dateien: Der Drucker-Font (= PFM) erzeugt die Schriftgestalt, die Bitmaps setzen diese für die Bildschirmanzeige in Pixel um und die AFM-Datei enthält die Anweisungen für die jeweils gewählten Schriftschnitte. Bei TrueType-Schriften sind alle Gestaltmerkmale der gewählten Schrift gesamthaft in nur einer Datei enthalten.

9.4 Schriftgrad

Mit dem Schriftgrad, oft auch Schriftgröße genannt, bezeichnet man die Vertikalausdehnung einer Schrift. Man gibt sie wie in den Zeiten des traditionellen Handsatzes immer noch in typographischen Punkten an, weil sich die metrischen Einheiten wie der Millimeter in diesem Fall nicht einheitlich durchsetzen konnten. In Deutschland und Frankreich misst man traditionell mit dem im 19. Jahrhundert eingeführten Didot-Punkt (abgekürzt p): Im Jahre 1771 gründete François-Ambroise Didot eine Schriftgießerei und wählte das damals in Frankreich gültige Längenmaß (= „pied du roi") als Basisgröße für seine Lettern. Seit 1879 ist der Didot-Punkt als 1/2660 eines Meters festgelegt.

Im angloamerikanischen Bereich verwendet man dagegen den 1886 in der Schriftgießerei Mackellar, Smith & Jordan in Chicago eingeführte Pica-Punkt (abgekürzt pt). Seit der Mitte des 20. Jahrhunderts gilt er als Standard der Bürokommunikation und beherrscht also solcher unterdessen auch alle gängigen Textverarbeitungsprogramme. Unterdessen arbeitet man heute im gesamten IT-Bereich eher mit dem DTP-Punktsystem (von Desktop Publishing), fallweise auch PostScript-Punkt genannt, typographischen Punkte (= DTP-Punkt). Die unterschiedlichen Abmessungen und die zugehörigen Umrechnungen zeigt die folgende Tab. 9.1.

Die gebrochenen Millimeterabmessungen der jeweiligen Punktgrößen erklären sich daraus, dass sie ursprünglich auf die Maßeinheit Zoll bezogen wurden: 72 pt ergeben 1 Zoll *(inch)*. Professionelle und entsprechend komplexe Satzprogramme wie *QuarkXPress* oder *InDesign* erlauben jegliche Bemessung der Schriftgröße. Die üblichen Textverarbeitungsprogramme von PC oder Mac schränken die freie Skalierbarkeit auf wenige Schriftgrade ein.

Ein in der Typographie häufig verwendetes Maß ist der Schriftgrad *Cicero* – er ist 12 Didot-Punkte oder 4,5 mm bzw. 0,1776 Inch hoch. Der Name stammt von der erstmals 1467 erschienenen (in 12 pt) gedruckten Ausgabe der *Epistulae familiares* von Marcus Tullius Cicero (104–43 v. Chr.).

Tab. 9.1 Umrechnung der Punktgrößen von Schriftgraden

Maßeinheit	Abkürzung	Größe
Millimeter	mm	0,1 cm; 0,3937 Inch; 28,35 DTP-Punkte
Zentimeter	cm	26,66 Didot-Punkte
Inch (Zoll)	In oder ″	25,4 mm; 72 Pica-Punkte (pt)
DTP-Punkt	pt	1/72 Inch; 0,3527 mm
Pica-Punkt	pt	1/72 Inch; 0,351 mm
Didot-Punkt	dd	0,376 065 (meist vereinfacht zu 0,376) 0,0148 Inch

Glücklicherweise muss man sich bei der Wahl einer geeigneten Schriftgröße für das eigene Manuskript bzw. Typoskript um die etwas unhandlichen Umrechnungen nicht weiter kümmern, sondern kann gleich die folgende Empfehlung umsetzen: Ein zumutbarer und im Unterschied zum Kleingedruckten im Bausparvertrag gut lesbarer Buchdruck verwendet im Allgemeinen Schriftgrade um 10 pt. Für eine wissenschaftliche Arbeit empfiehlt sich vor allem die 12 pt *Times New Roman* (vgl. Kap. 10).

Was allerdings unbedingt zu berücksichtigen ist: Das im ausgedruckten Text sichtbare Buchstabenbild entspricht in seinen tatsächlichen Abmessungen nicht dem vorgewählten Schriftgrad. Der Großbuchstabe A aus der 12 pt *Times New Roman* ist nicht 12 × 0,351 mm = 4,212 mm hoch, sondern deutlich kleiner. Der aus der betreffenden Menüoption vorgewählte Schriftgrad nennt nämlich nicht die genaue Bemessung der tatsächlichen Versalhöhe, sondern des Kegels (vgl. Abb. 9.3). Daher können unterschiedliche Schriftarten bei gleichem Schriftgrad durchaus verschiedene Buchstabenhöhen aufweisen, wie man durch Vergleich leicht feststellen kann: Eine 10 pt *Arial* läuft etwa so wie eine 12 pt *Times*. Generell kann man also nicht unbedingt sagen, dass eine 11-pt-Schrift in jedem Fall lesefreundlicher ist als ein Schriftsatz in 9 pt oder 10 pt, denn eine einheitliche Abmessung „11 pt" existiert wegen der unterschiedlichen Kegelgrößen nicht. Schriftgrößenempfehlungen sind daher nur in Verbindung mit der Benennung der auszuwählenden Schriftart sinnvoll.

Möchte man sich hinsichtlich der Schriftgrößen an einer typographisch gelungenen Vorlage orientieren und steht kein spezielles Typometer zur Verfügung, wie es die Verlagshersteller benutzen, so genügt folgende angenäherte Bestimmung mit einem gewöhnlichen Lineal:

$$\text{Versalhohe (in mm)} : 0,351 = \text{Schriftgrße(in pt)}$$

Über empfehlenswerte Schriftarten, -grade und -schnitte für die verschiedenen Textbaustellen Ihres Manuskriptes orientiert die Tab. 9.2. Weitere Details zur Schriftwahl im Layout verschiedener Seitentypen erläutert Kap. 10.

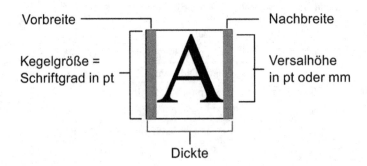

Abb. 9.3 Buchstabengröße und Schriftgrad sind nicht dasselbe

Tab. 9.2 Schriften und ihre Einsatzgebiete: Die empfohlene Verwendung ist durch Unterlegung hervorgehoben

Anwendungsbereich	Serifenschrift	Groteskschrift	Schriftgrad (pt)	Schriftschnitt
Haupttitel	**Times**	**Arial**	18	**h'fett**
Untertitel	**Times**	**Arial**	**16**	**h'fett**
Überschrift 1. Ebene	Times	Arial	14	normal
Überschrift 2. Ebene	**Times**	**Arial**	**12**	**h'fett**
Überschrift 3. Ebene		Arial		
Lauftext	Times		12	normal
Lauftext	Times	Arial	11	normal
Bild-/Tabellenlegende	Times	Arial	10	normal
Beschriftungselemente in Grafiken	Times	Arial	9	normal

9.5 Laufweite

Die Breite eines Buchstabens nennt man typographisch seine Dickte – gemessen ebenfalls in Pica-Punkt (pt) oder mm. Die genaue Buchstabenbreite setzt sich dabei zusammen aus dem jeweiligen individuellen Abstand zum vorangehenden (Vorbreite) und zum nachfolgenden Buchstaben (Nachbreite) (vgl. Abb. 9.3). In einem digitalen Font weist das Schreibprogramm jedem Buchstaben automatisch seine passende Breite zu. Alle Buchstaben eines fertig gesetzten Textes sind daher unterschiedlich breit, was die Lesbarkeit und die Ausgewogenheit des Schriftbildes erheblich verbessert. Nur bei der mechanischen Monospace-Schreibmaschine aus Großvaters Büro sind alle Buchstaben gleich breit – das extrem schlanke i nimmt im damit erzeugten Schriftbild den gleichen Raum ein wie das wuchtige m.

Durch elektronische Modifikation, wie sie die heutigen Textverarbeitungsprogramme erlauben, lässt sich die Laufweite einer vorgewählten Schrift allerdings abwandeln – ein Stilmittel (bzw. Spielzeug), das man nur äußerst sparsam oder am besten überhaupt nicht einsetzen sollte, weil hier eventuell Schriftbilder aus der typographischen Gruselkammer drohen:

- DigitalstärkergequetschteSchriften (wieindiesemBeispiel) nenntmanunterschnitten (hier um 0,8 pt, erzeugt mit der Menüoption Format/Zeichen/Abstand)
- s o l c h e m i t d e u t l i c h l i c h t e r e r L a u f w e i t e g e s p e r r t (im vorliegenden Fall um 3 pt; erreichbar mit der gleichen Option). Eines der wenigen Einsatzgebiete der gesperrten Laufweite sind die Binnengruppierungen eventuell unübersichtlicher Zahlenfolgen, etwa von 123456789 zu 1 234 567 890. Die Laufweite wurde im vorliegenden Fall um 2 pt vergrößert.

Generell gilt die Empfehlung, eine Satzauszeichnung (Hervorhebung) in Überschrift, Legenden oder Lauftext nur mit einem (!) typographischen Mittel vorzunehmen, also nicht gleichzeitig einen größeren Schriftgrad in Verbindung mit Fettdruck, anderem Schriftschnitt, anderer Laufweite und/oder Unterstreichung vorzunehmen – Stilmerkmale aus der eher bescheidenen Schreibmaschinen-Typographie der Großeltern, die als einziges Auszeichnungsmittel nur Sperrungen und Unterstreichungen kannte. Das hier wiedergegebene und vermutlich nachhaltig

$$a\,b\,s\,c\,h\,r\,e\,c\,k\,e\,n\,d\,e\,B\,e\,i\,s\,p\,i\,e\,l$$

zeigt die typographisch verheerende Wirkung mehrerer gleichzeitiger Hervorhebungen. Auch eine reine Großbuchstabenschrift sowie Konturschriften, Schreibschriften oder schattierte Schriften sind für Sach- und Wissenschaftstexte nicht einmal für die Titelgestaltung zu empfehlen. Man garniert damit höchstens – wenn überhaupt – die Einladung zur nächsten Grillparty.

▶ **PraxisTipp Texthervorhebung (Satzauszeichnung)** Grundsätzlich nur größerer Schriftgrad **oder** andere Laufweite **oder** Unterstreichung **oder** Kursivsatz

9.6 Zeilenabstand

Aus der möglicherweise doch nicht so guten alten Zeit der selbst gegossenen (weil ziemlich giftigen) Bleilettern stammt der Begriff „Durchschuss". Er bestimmt den zeichenfreien Spalt zwischen der untersten Unterlänge einer Zeile und der obersten Oberlänge der nachfolgenden und entspricht damit dem tatsächlichen Vertikalabstand der einzelnen Drucktypen. Heute versteht man unter Zeilenabstand (oft abgekürzt durch ZAB) die Vertikaldistanz zwischen zwei aufeinander folgenden Grundlinien (vgl. Abb. 9.4). Wie bei den Schriftgraden gibt man auch den Zeilenabstand in Pica-Punkt (pt) an. Optional sollte er bei 110 bis 120 % des jeweils verwendeten Schriftgrades liegen, bei einer 10-pt-Schrift also rund 12 pt betragen (angegeben mit 10/12, gesprochen 10 auf 12), um ein harmonisches Gesamtbild zu erzeugen. Viele Druckerzeugnisse, darunter das zu Recht gefürchtete Kleingedruckte aus der Lebensversicherungspolice, verstoßen (absichtlich?) gegen diese Grundregel. Ein zu großer Zeilenabstand lässt das Textbild dagegen ausgemagert und dürftig erscheinen.

Obwohl Computer heute die altehrwürdigen mechanischen und auch die „elektrischen" Schreibmaschinen mit Typenrad oder Kugelkopf weitgehend ersetzt haben, kommen sie fallweise bei der Manuskripterstellung immer noch zum Einsatz. Ältere mechanische Schreibmaschinen sind durchweg mit der Maschinenschrift *Pica* (12 pt) ausgestattet, gelegentlich auch mit der etwas gefälligeren Elite (10 oder 12 pt). Elektrische Schreibmaschinen mit Kugelkopf oder Typenrad verwenden meist die Maschinenschrift *Courier*

Zwei Zeilen folgen
aufeinander

— Durchschuss

— Zeilenabstand (ZAB)

Abb. 9.4 Durchschuss und Zeilenabstand bezeichnen unterschiedliche Buchstabendistanzen

(10 pt). Bei allen diesen Schreibmaschinen ist der Zeilenabstand durch die Rastungen der Schreibwalze vordefiniert, über die der eingespannte Papierbogen läuft. Ein einfacher Zeilenabstand mit zwei Walzenrastungen bietet im Allgemeinen noch keine gute Augenführung. Deutlich besser wird das Zeilenbild der verfügbaren Schriftgrade erst bei 1,5fachem Zeilenabstand mit drei Walzenrastungen. Probleme gibt es auch dann jedoch mit den in naturwissenschaftlichen Texten häufigen und nur durch jeweils eine Walzenrastung einstellbaren Subskripten (= tief gestellte Zahlen bzw. Indizes, zum Beispiel $CaCl_2$) und den damit in der Folgezeilen zusammentreffenden, ebenso erzeugten Superskripten (= hoch gestellte Zahlen, Exponenten, beispielsweise Ladungsangaben bei Ionen wie Ca^{2+}). Um diese extrem unschönen und den Lesefluss eventuell erheblich störenden Zeichenkollisionen zu vermeiden, empfiehlt sich bei der Verwendung konventioneller Schreibmaschinen ein doppelter Zeilenabstand mit vier Schreibwalzenrastungen.

Die von den mechanischen Schreibmaschinen früherer Zeiten in die heutigen Schreibprogramme übernommenen Standardeinstellungen (einfacher, 1,5-zeiliger und 2-zeiliger = doppelter Zeilenabstand) entsprechen bei einer 10-pt-Schrift 12, 18 bzw. 24 pt Abstand und folgen damit einer wichtigen typographischen Grundregel: Der Zeilenabstand beträgt jeweils das 1,2–1,4fache der verwendeten Schriftgröße. Der Zeilendurchschuss (vgl. Abb. 9.4) entspricht dann dem durchschnittlichen Wortabstand, der mit der Leertaste *(space)* voreingestellt ist. Professionelle Satzprogramme (*InDesign, QuarkXPress* u. a.) lassen hier erstaunliche Varianten zu. Weil die mit einem Computer erzeugten Sub- und Superskripte üblicherweise in einem anderen Schriftgrad (Schriftgröße) gesetzt werden, ist die Gefahr einer verwirrenden Zeichenverhakung schon bei 1,5fachem Zeilenabstand weitgehend gebannt. Für die im Studium erzeugten eigenen Druckschriften wählt man daher sicherheitshalber gewöhnlich einen 1,5-zeiligen Abstand. Außerdem ist zu berücksichtigen, dass auch in einem elektronisch gesetzten Manuskript zwischen den Zeilen grundsätzlich Raum für redigierende oder korrigierende Angaben bleiben muss.

Beispiel 1: 10/12 pt Arial
Dieser Blindtext dient lediglich dazu, einige typographische Besonderheiten des Schriftbildes sichtbar zu machen. Der schriftgestalterische Umbau einer handschriftlichen Vorlage („Manu"skript) in ein satztechnisch ansprechendes und befriedigendes Druckwerk ist eine hohe Kunst, für die übliche Computertextverarbeitungsprogramme nur vereinfachte Lösungen anbieten. Die Probe aufs Exempel zeigt, ob eine Zeichenfolge mit Subskripten wie $A^1B^2C^3a^4b^5c^6$ mit etwaigen Superskripten in der folgenden Zeile wie $A^1B^2C^3a^4b^5c^6$ visuell kollidiert.

Beispiel 2: 10/15 pt Times New Roman
Dieser Blindtext dient lediglich dazu, einige typographische Besonderheiten des Schriftbildes sichtbar zu machen. Der schriftgestalterische Umbau einer handschriftlichen Vorlage („Manu"skript) in ein satztechnisch ansprechendes und befriedigendes Druckwerk ist eine hohe Kunst, für die übliche Computertextverarbeitungsprogramme nur vereinfachte Lösungen anbieten. Die Probe aufs Exempel zeigt, ob eine Zeichenfolge mit Subskripten wie $A^1B^2C^3a^4b^5c^6$ mit etwaigen Superskripten in der folgenden Zeile wie $A^1B^2C^3a^4b^5c^6$ visuell kollidiert.

Beispiel 3: 10/18 pt Arial
Dieser Blindtext dient lediglich dazu, einige typographische Besonderheiten des Schriftbildes sichtbar zu machen. Der schriftgestalterische Umbau einer handschriftlichen Vorlage („Manu"skript) in ein satztechnisch ansprechendes und befriedigendes Druckwerk ist eine hohe Kunst, für die übliche Computertextverarbeitungsprogramme nur vereinfachte Lösungen anbieten. Die Probe aufs Exempel zeigt, ob eine Zeichenfolge mit Subskripten wie $A^1B^2C^3a^4b^5c^6$ mit etwaigen Superskripten in der folgenden Zeile wie $A^1B^2C^3a^4b^5c^6$ visuell kollidiert.

Die gewählten Beispiele zeigen eindeutig, wo die Vor- und Nachteile der jeweils gewählten Schriftart und der Zeilenabstände liegen. Eine brauchbare Empfehlung für die Typographie des eigenen Schriftstückes gibt daher dieser PraxisTipp:

▶   **PraxisTipp Schriftwahl** Die Schrift der Wahl für die Lauftexte der meisten studienbedingten Textsorten und auch für publikationsreife Manuskripte ist die auf allen Computern vorhandene und bewährte 12 pt *Times New Roman* im Schriftschnitt „normal" bei 1,5-zeiligem Abstand.

Im Unterschied zur klassischen Schreibmaschine mit ihren definierten Walzenrastungen und zu den Standardeinstellungen in den Symbolleisten (einfach, 1,5fach, doppelt) im Schreibprogramm lassen sich die Zeilenabstände (Durchschuss) in weiten Grenzen variieren. Die Menüoption „Format/Absatz" ermöglicht eine relativ freie Wahl. Gegebenenfalls stellt man den Abstand über die Abstandsoption „genau" in den benötigten typographischen Punkten exakt ein. Vergleichbare Optionen gibt es bei der Anlage von Grafiken, wenn der Abstand von Beschriftungselementen zu wählen ist. Schauen Sie sich dazu im Programm *PowerPoint* die Wahlmöglichkeiten unter „Format/Zeichen/Zeilenabstand" genauer an und erproben Sie sie an Textbeispielen aus Ihrer Arbeit.

Ansichtsachen: Layout und Seitengestaltung 10

Oft ist das Denken schwer,

indes das Schreiben geht auch ohne es.

Wilhelm Busch (1832–1908)

Für eine bestimmte Schachtel Pralinen entscheidet man sich erfahrungsgemäß vor allem dann, wenn ihre äußere Aufmachung schlicht und ergreifend „anknipst" sowie mit verführerischem Motiv etwaige Gegenargumente (Zucker, Zähne, Zahnarzt …) schon im Ansatz erstickt. Auch ein Schriftstück braucht sein spezifisches, durch eine gelungene Gestaltung getragenes Appeal und sollte also nicht aussehen wie ein Einkaufszettel oder eine in aller Eile zu Papier gebrachte Mitteilung an die Putzhilfe. Immerhin gilt auch hier die bewährte Regel, wonach die Form der Funktion zu folgen hat. Bei Printmedien – Zeitschriften ebenso wie Büchern – verwenden die Hersteller im Allgemeinen viel Sorgfalt auf die Kosmetik ihres Erzeugnisses, damit sich das Resultat gut präsentiert und gerne angesehen wird. Auch hier gilt, ähnlich wie bei der Typographie (vgl. Kap. 9), dass nichts so einfach ist, wie es letztlich im fertigen Ergebnis aussieht. Leser, die ein Druckwerk zur Hand nehmen und sich mit dessen Inhalt intensiv beschäftigen, sollten eigentlich auch einen einigermaßen trainierten Blick für das harmonische räumliche Mit- und Nebeneinander der bedruckten Flächen einer Doppelseite und ihrer Textelemente entwickeln. Die Erfahrung zeigt jedoch, dass ein erstaunlich hoher Anteil der Printmediennutzer die Qualitäten eines gelungenen Seitenlayouts allenfalls unterschwellig wahrnimmt und selbst grobe Gestaltungsfehler kaum registriert. Dieser eher ernüchternde Befund darf nun keinesfalls dazu verleiten, die Seitengestaltung einer wissenschaftlichen Arbeit unbedacht, nachlässig oder gänzlich regellos zu handhaben. Daher verdient auch eine wissenschaftliche Arbeit, die sich zugegebenermaßen nicht primär als Designleistung versteht, eine ansprechende und gefällige Formgebung – zumal sie das Ergebnis einer eventuell mit beträchtlichem

© Springer-Verlag GmbH Deutschland, ein Teil von Springer Nature 2023   215
B.P. Kremer *Vom Referat bis zur Abschlussarbeit*, https://doi.org/10.1007/978-3-662-65972-4_10

Aufwand betriebenen Studie oder Untersuchung darstellt. Man wählt schließlich auch keine Verlobungsringe aus Kunststoff …

10.1 Papierformat

Schauen Sie doch einmal in Ihr Bücherregal: Bei den Buchrückenhöhen gibt es so gut wie kein verbindliches Gardemaß (vgl. Abschn. 3.5) und oft nicht einmal Einheitlichkeit innerhalb titelreicher Verlagsprogramme. Anders ist es bei den „betrieblichen Papieren", die Sie während des Studiums produzieren oder als krönenden Abschluss des akademischen Lernens vorzulegen haben: Hier ist die Bogengröße DIN A4 schlicht überall Standard.

Ein DIN-A4-Blatt misst genau 210 mm (Breite) $\times$ 297 mm (Höhe) und entspricht damit exakt auch der internationalen ISO-Norm für A-Papierformate, die auf die deutsche Industrienorm vom August 1922 zurückgehen. Die zunächst bemerkenswert „krumm" erscheinenden Seitenmaße leiten sich vom A0-Blatt ab, das 841 $\times$ 1189 mm groß ist und damit – bei tolerabler Abweichung um <0,5 % – angenähert 1 m^2 groß ist. Die Proportionen der schmalen zur längeren Seite verhalten sich bei den A-Formaten wie die Grundseite eines Quadrates zu seiner Diagonalen und damit 1:1,414 (= Quadratwurzel aus 2) (Abb. 10.1). Das nächstkleinere Format behält dieses Seitenverhältnis jeweils bei. Das DIN-A1-Blatt ist nur halb so groß wie A0, ein A4-Bogen doppelt so groß wie ein A5-Schreibblock oder vierfach so groß wie eine A6-Post- bzw. Karteikarte. Die Diagonale beispielsweise des Seitenformats DIN A5 ist identisch mit der Breite von DIN A4 (Abb. 10.1, Tab. 10.1).

Die abweichenden amerikanischen bzw. britischen Papiergrößen im Crown-Format weisen dagegen ein Seitenverhältnis von 2:3 auf, ergeben halbiert eine Seitenrelation von 3:4 und erneut halbiert wiederum von 2:3.

▶ **PraxisTipp Formatvorgabe** Für alle studientypischen Manuskripte vom Exkursionsbericht bis zur Examensarbeit verwendet man die standardisierte Papiergröße DIN (ISO) A4.

10.2 Papierqualität

Im Wesentlichen bestehen auch die besonders hochwertigen Druckpapiere immer aus aufbereiteter pflanzlicher Biomasse. Vergleichsweise einfache analytische Mittel – die Kleinstprobe eines aufgeweichten Papierfetzchens im Mikroskop betrachtet – lassen Haare, Fasern, Parenchyme und andere Komponenten pflanzlicher Histologie erkennen (vgl. Ilvessalo-Pfäffli 1995). Die technisch ebenso vielseitige wie spannende naturstoffliche Thematik „Papier" ist für die vorliegende Übersicht allerdings weniger relevant.

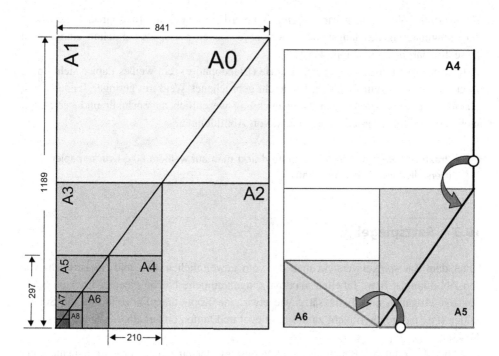

Abb. 10.1 Bei den Standardpapierformaten der DIN-Reihe stehen die Seiten zueinander in festgelegten Relationen: Die Proportionen der schmalen zur längeren Seite verhalten sich bei den A-Formaten wie die Grundseite eines Quadrates zu seiner Diagonalen *(rechts)*

Tab. 10.1 Abmessungen (in mm) von DIN-Papierformaten

Format	Reihe ASchreibpapiere	Reihe CUmschläge
0	841×1189	917×1297
1	594×841	648×917
2	420×594	458×648
3	297×420	324×458
4	210×297	229×324
5	148×210	$162\ 229$
6	105×148	114×162
7	74×105	81×114

Heutige Druckerpapiere haben wie frühere Schreibmaschinenpapiere gewöhnlich eine leicht angeraute Oberfläche. Als Maß für die Papierstärke und damit für die Reißfestigkeit ebenso wie für die im Prinzip nicht wünschenswerte Transparenz verwendet man das Papiergewicht: Die Angabe „80 g" benennt jeweils das Gewicht eines A0-Bogens (1 m²). Papiere dieser Gewichtsklasse genügen allen Anforderungen eines ansprechenden

Manuskriptes. Weiße 80-g-Papiere gibt es unterdessen auch als Ressourcen schonendes Recyclingmaterial, das längst nicht mehr so aussehen muss, als sei schon einmal eine Tasse Tee darüber ausgekippt worden.

Im Übrigen ist ein durch Zuschlagstoffe (Blancophore) rein weißes Papier nicht unbedingt besonders augenfreundlich. Ein leicht gebrochenes Weiß mit geringer Tendenz zum Chamois ist bei heller Umgebungsbeleuchtung wesentlich angenehmer und beeinflusst auch keineswegs die Wiedergabequalität von Abbildungen.

▶ **PraxisTipp Papierwahl** Manuskripte druckt man auf weißem 80-g-Druckerpapier (Herstellerhinweis beachten) aus.

10.3 Satzspiegel

Unter dem Satzspiegel versteht man die vom gewöhnlichen Text und (meist auch) von den Abbildungen bzw. Tabellen maximal eingenommene Fläche einer bedruckten Seite. Sonstige Angaben und Textzusätze wie etwa eine Kopf- oder Fußzeile und die Seitenzahlen (Pagina) gehören nicht zum Satzspiegel und laufen außerhalb dieses Raumes (vgl. Abschn. 3.5).

Abb. 10.2 zeigt die Benennung und Verteilung der einzelnen Strukturelemente einer Seite in einer Bachelor- oder Masterarbeit. Der gewählte Satzspiegel bleibt innerhalb des Druckwerkes oder Dokumentes auf allen Seiten und bei allen Seitentypen unverändert. Lediglich das Feinlayout innerhalb der vom Satzspiegel definierten Fläche ist variabel, wie die nachfolgenden Gestaltungsbeispiele zeigen.

Bei dem für Examensarbeiten mit Prüfungs(-Komponenten-)Charakter üblichen bzw. sogar vorgeschriebenen Papierformat DIN A4 wählt man den linken Rand (Bundsteg) 4 cm breit, für den Kopfsteg 2 cm, den Fußsteg etwa 3 cm und den Seitenrand 2 cm. Bei dieser Zumessung beträgt der Satzspiegel etwa 149×246 mm. Er entspricht damit nicht ganz genau den Proportionen des Goldenen Schnitts bzw. des Villard'schen Teilungskanons (vgl. Abschn. 3.5), sieht aber dennoch gut aus. Das fertig gebundene Exemplar wird nach dem Bindevorgang meist an drei Seiten nochmals beschnitten. Somit gehen eventuell wenige Millimeterbeträge der Randgestaltung verloren.

Institutionsspezifische Vorgaben können von dieser Empfehlung eventuell abweichen, vor allem hinsichtlich des rechten Seitenrandes (Seitenstegs), der genügend Raum für Anmerkungen oder Korrekturen durch die Gutachter bieten muss. Die folgenden technischen Details der Satzspiegelgestaltung sind von Bedeutung und daher zu beachten:

- Die Seiten einer studentischen wissenschaftlichen Arbeit werden üblicherweise nur einseitig bedruckt. Ein gespiegeltes Layout für die jeweils linke und rechte Seite (wie in Abb. 3.3) entfällt daher.
- Das gilt auch für Dissertationen sowie für Habilitationsschriften.

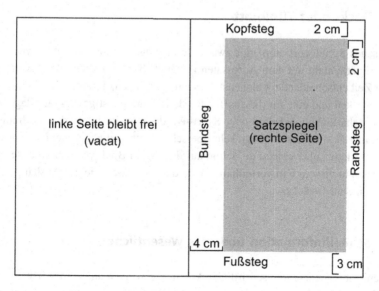

Abb. 10.2 Seitenaufbau und Satzspiegel einer Examensarbeit bei einseitiger Bedruckung (nur der rechten Seite)

- Die Seitenzahl (Pagina) erscheint am rechten oberen Rand außerhalb des Satzspiegels. In dieser Positionierung erreicht das suchende Auge sie am ehesten.
- Die Pagina-Angaben wählt man jeweils aus der verwendeten Grundschrift (Brotschrift).
- Titel- bzw. Deckblatt werden bei der Seitennummerierung nicht mitgezählt und folglich auch nicht paginiert.

Gestalterische Abwandlungen einer Seitenangabe sind die zentrierte Position im Kopfsteg zwischen Gedankenstrichen (z. B. – 35 –), sofern man dort keinen lebenden Kolumnentitel einrichtet, oder halbfett mit einem unterlegten Rasterfeld rechts oben (beispielsweise **35**). Die exakte Positionierung der Seitenzahl erreicht man in den gängigen Textverarbeitungsprogrammen über die Menüoption „Ansicht/Kopf- und Fußzeile". Die Seitenzahl mit anschließender automatischer Fortzählung fügt man über das Schaltfeld mit dem Symbol # ein. Die typographische Gestaltung der Seitenzahl nimmt man mit den üblichen Werkzeugen für Schriftzeichen vor. Bei zweiseitigem Druck finden sich die geraden Seitenzahlen immer auf der linken, die ungeraden auf der rechten.

▶ **PraxisTipp Randbegrenzung** Mindestmaße: Seitenränder links 4 cm, rechts 2 cm; oberer Rand (Kopfsteg) 2 cm, unterer Rand (Fußsteg) 3 cm.

10.4   Deck- oder Titelblatt

Ein britisches Sprichwort empfiehlt zwar „Don't judge a book from its cover", aber die für den Primärkontakt mit dem Adressaten gestaltete Titelseite eines Druckwerks muss in kürzester Zeit entscheidende Weichenstellungen vornehmen, darunter vor allem das Leserinteresse wecken und eine für die anschließende Lektüre günstige Ausgangslage schaffen. Die wissenschaftlichen Arbeiten oder Schriften, die man im Laufe des Studiums produziert, zirkulieren zwar nur in einem sehr überschaubaren und gegebenenfalls sogar höchst elitären Leserkreis, aber eine nette, schon auf den ersten Blick vereinnahmende Frontwirkung ist auch in diesem Fall vorteilhaft, ist sie doch so etwas wie das Aushängeschild des betreffenden Schriftstücks.

10.4.1 Schnellinformation über das Wesentliche

Auch wenig- bis mehrseitige schriftliche Arbeiten gewinnen an Gebrauchswert durch ein spezifisches Deckblatt, das wie bei Buch oder Broschüre die Funktion einer Titelseite übernimmt. Folglich enthält es alle notwendigen Angaben, die der Adressat Ihrer Arbeit (Bewerter, Gutachter, Prüfer) mit nur einem raschen Blick erfassen soll. Dazu gehört vor allem der Kontext des Dokumentes, das man ihm in die Hand gedrückt oder in die papierenen Wanderdünen auf den Schreibtisch gelegt hat.

   Quetschen Sie diese wichtigen Basisinformationen also nicht als Eckensteher in irgendeinen Seitenwinkel, sondern verteilen Sie diese tragenden Angaben großzügig über die Titelseite. Bei den üblicherweise relativ umfangreichen und schon von daher vielseitigen Bachelor- und Masterarbeiten bis Dissertationen sehen die jeweiligen hochschulspezifischen Prüfungsordnungen eventuell eine besondere und somit verbindliche Form des Deck- oder Titelblattes vor. Informieren Sie sich darüber rechtzeitig, weil die Akzeptanz einer Arbeit bereits von solchem formalen Kleinkram abhängen kann. Anderenfalls können Sie die Eingangsseite Ihrer Arbeit mit den notwendigen Angaben nach dem folgenden verbreiteten Muster relativ frei gestalten (Abb. 10.3).

   Notwendige Angaben auf dem Titelblatt sind:

Beispiel 1

   Universität zu Köln
      Mathematisch-Naturwissenschaftliche Fakultät
      Institut für Biologie und ihre Didaktik
      Schriftliche Hausarbeit für einen Leistungsnachweis
      im Studiengang Biologie (HR) I/Modulelement C3◄

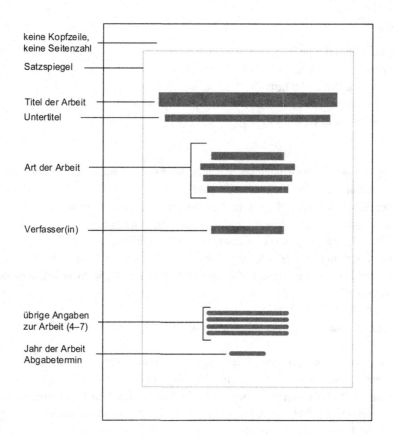

Abb. 10.3 Basislayout für das Titelblatt einer Examensarbeit

Beispiel 2

Universität zu Köln
  Mathematisch-Naturwissenschaftliche Fakultät
  Institut für Biologie und ihre Didaktik
  Projektbericht
  zur Biologisch-Ökologischen Exkursion
  im Nationalpark Schleswig-Holsteinisches Wattenmeer
  19.–24.08.2017◄

Beispiel 3

Abschlussarbeit
  im Studiengang Bachelor of Science
  der Mathematisch-Naturwissenschaftlichen Fakultät
  der Universität zu Köln◄

Beispiel 4

Inaugural-Dissertation
zur
Erlangung des Doktorgrades
der Mathematisch-Naturwissenschaftlichen Fakultät
der Universität zu Köln◄

1. Thema der Arbeit (vollständiger, genauer, höchstens zweizeiliger Sachtitel, je nach Themennatur fallweise auch mit Untertitel)
2. Art der Arbeit (Referat, Haus- oder Seminararbeit, Laborbericht u. a.)
3. Verfasser(in), eventuell zusätzlich Matrikelnummer und Adresse
4. Institution (Hochschule sowie Institut, Seminar, Abteilung u. ä.)
5. Lehrveranstaltung, mit der die Arbeit in Zusammenhang steht (nur bei studienbegleitenden Arbeiten aus Exkursion, Praktikum, Seminar u. ä., nicht bei Abschluss- bzw. Examensarbeiten)
6. Dozent (Prüfer, Gutachter)
7. Jahr (Examensarbeiten) oder Abgabedatum (Berichte, Protokolle, Referate)

Exkursions- und Laborberichte, Protokolle, Praktikumsausarbeitungen, Portfolios und vergleichbare Semesterarbeiten kleineren Umfangs erhalten ebenfalls ein Deckblatt mit den benannten technischen Angaben. Das Titellayout kann sich im Wesentlichen an die oben gezeigte Deckblattgestaltung einer Examensarbeit anschließen. Eine mögliche gestalterische Lösung zeigt Abb. 10.4.

10.4.2 Schriftgestaltung der Titelseite

Die Schriftsetzer beispielsweise der berühmten frühneuzeitlichen Kräuterbücher von Hieronymus Bock (1498–1554), Leonhart Fuchs (1501–1566) oder Adam Lonitzer [Lonicerus] (1528–1586) haben sich speziell auf der Titelseite typographisch geradezu ausgetobt: Für deren aus heutiger Sicht ohnehin stark überladenen Titelformulierungen, die fast schon Inhaltsangaben darstellten, nahmen sie jeweils zeilenweise andere Schriftarten und Schriftgrößen. Ein solcher Wirrwarr an Schriftgestaltung war bei Konzert- und Theaterprogrammen noch bis ins 19. Jahrhundert üblich und findet sich bei Werbeanzeigen in der Tagespresse immer noch. Heute legt man dagegen mehr Wert auf eine transparente Botschaft und eine klare gestalterische Linie als auf eine typographische Musterkollektion.

Verwenden Sie auf dem Deck- oder Titelblatt daher möglichst nur ein oder zwei Schriftarten. Das Thema der Arbeit kann man in einer von der Grundschrift (Brot- bzw.

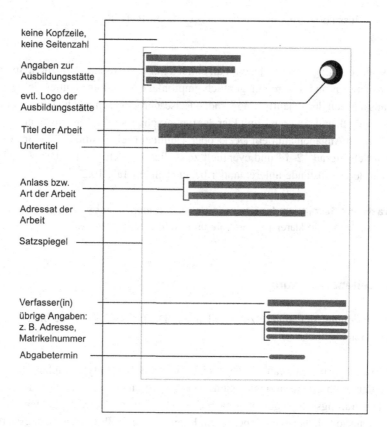

Abb. 10.4 Basislayout für das Titelblatt einer Semesterarbeit

Werkschrift) abweichenden Schriftart setzen, beispielsweise in einer serifenlosen Linearschrift, sofern die übrigen Werkteile in einer Serifenantiqua gestaltet sind (vgl. Kap. 9).
Auch die umgekehrte Lösung ist denkbar, wobei die gewählten Schriftarten allerdings
in ihrem Grundcharakter zueinander passen müssen. Ein gut harmonierendes und in
fast allen Textverarbeitungsprogrammen vorhandenes Fontpaar bilden beispielsweise die
Schriftarten *Times New Roman* und *Helvetica.* Für die Haupttitelzeile des Deckblatts generell empfohlen ist der Schriftgrad 16 bis 18 pt im Schriftschnitt halbfett. Für den Untertitel
wählt man vorteilhaft den Schriftgrad 14 pt (vgl. Tab. 10.2).

Bei der Schriftgestaltung drohen allerdings mancherlei Klippen. Selbst wenn man zur
Titelseitengestaltung vorteilhaft zwei miteinander harmonierende Schriftarten einsetzen
darf, müssen sonstige Spielereien mit Schriftauszeichnungen klar unterbleiben. Unter
keinen Umständen sollten Sie die Titelzeile(n)

- nur in GROSSBUCHSTABEN (VERSALIEN) oder in Kapitälchen setzen
- oder zusätzlich G E S P E R R T auszeichnen

- und überflüssigerweise auch noch bei G E S P E R R T E M Versaliensatz unterstreichen.

Ergebnis und Wirkung wären in jedem Fall einfach nur katastrophal. Versalien, Sperrungen, Unterstreichungen und andere gelegentlich empfohlene Gestaltungsmittel sind eindeutige Relikte aus der Zeit der schaurig klappernden Reiseschreibmaschine, die keine andere Auszeichnung zuließ, und gehören somit klar der typographischen Vergangenheit an.

Alle übrigen Angaben auf dem Deck- oder Titelblatt (vgl. Positionen 2–7 in Abb. 10.3) werden in Schriftgrad 12–14 und eventuell zusätzlich halbfett gesetzt. Die Verteilung der Zeilen und deren Abstände untereinander benennt Ihnen Tab. 10.2.

▶ **PraxisTipp Gestaltung der Titelzeile** Unbedingt empfehlenswert ist eine schnörkellose Ansage in klarer Typographie und ohne Worttrennungen.

10.4.3 Zeilenanordnung

Für die Anordnung der abgesetzten Zeilen auf Deck- bzw. Titelblatt bieten sich zwei Alternativen an:

- Bei Examensarbeiten wählt man meist die Mittelachsentypographie, bei der die Textzeilen zentriert ausgerichtet sind. Etwaige verbindliche Vorgaben hochschulspezifischer Prüfungsordnungen oder nach Corporate-Design-Gesichtspunkten entwickelte Gestaltungsvorschläge sind zu beachten. Fragen Sie in in Ihrer Ausbildungsstätte nach.
- Für sonstige studentische Arbeiten aus dem laufenden Studienbetrieb (Exkursionsberichte, Referate, Versuchsprotokolle u. a. (vgl. Kap. 4), bietet sich eher die anaxiale Typographie an: Man setzt die entsprechenden Zeilen wie im gewöhnlichen Lauftext einheitlich linksbündig.

Der zusätzliche Einbau von Schmuckelementen, beispielsweise kleinformatigen Fotos oder Grafiken, ist denkbar. Behörden und andere Institutionen zieren die Titelblätter ihrer Hausmitteilungen, Presseberichte oder sonstiger Schriften aus Gründen des Corporate Designs routinemäßig mit ihrem spezifischen Logo.

10.5 Inhaltsverzeichnis

Als selbstverständliche Serviceleistung für den Adressaten gehört zu jeder Arbeit ein Inhaltsverzeichnis, auch wenn sie als Protokoll oder Bericht vielleicht nur 10–15 Druckseiten umfassen sollte. Eine Inhaltsübersicht bietet auf den ersten Blick eine Information über den Aufbau und die inhaltlich-formale Strukturierung einer Darstellung. Mit den konkreten Seitenangaben sind für den Leser alle wesentlichen Informationspakete nachvollziehbar und rasch aufzufinden, wie sie der Hauptteil im Detail ausbreitet.

- Alle Angaben im Inhaltsverzeichnis müssen mit den einzelnen Teilen des Lauftextes wörtlich und in der Positionierung exakt übereinstimmen.
- Das Inhaltsverzeichnis folgt unmittelbar auf das Titel- oder Deckblatt. In älteren Büchern findet man vor dem Inhaltsverzeichnis gelegentlich noch ein Vor- oder Geleitwort, doch gehört dieses – wenn es denn überhaupt vorzusehen ist – seinem Anspruch nach zum Inhalt.
- Hinter den einzelnen Kapitel- oder Abschnittüberschriften stehen keine Satzzeichen.
- Alle Kapitel- oder Abschnittüberschriften erhalten zur nachvollziehbaren Verortung genaue Seitenangaben, auch wenn im Hauptteil der Arbeit mehrere kleinere Unterpunkte auf einer Textseite abgehandelt werden.
- Die Seitenangaben setzt man im Inhaltsverzeichnis an den rechten Rand des Satzspiegels, nicht flatternd an die jeweiligen Zeilenenden der Überschriften (vgl. Abb. 10.5). Diese Gestaltung erreicht man beispielsweise dadurch, dass man das Inhaltsverzeichnis als zweispaltige Tabelle anlegt und deren rechte Spalte für die Seitenzahlen vorlegt. Die Tabellenlinien werden mit dem Zeichenwerkzeug für weiße Striche einfach visuell gelöscht, sodass sie im Druckbild nicht mehr erscheinen.
- Die Zeilenenden des Inhaltsverzeichnisses und die Seitenangaben füllt man mit Punktreihen, um die Zeilentreue beim Aufsuchen der jeweiligen Seite zu erleichtern.

10.5.1 Gliederungstechnik

Als Hilfe zur raschen Orientierung muss ein Inhaltsverzeichnis übersichtlich und logisch gegliedert sein und gleichsam die Taxonomie der zu erwartenden Mitteilungen abbilden. Bei Abhandlungen aus dem sogenannten geisteswissenschaftlichen Bereich findet man gewöhnlich eine Gliederungstechnik nach dem gemischten System, bei dem für die verschiedenen Überschriftenkategorien bzw. Gliederungsebenen jeweils Großbuchstaben, römische Zahlen und Kleinbuchstaben verwendet werden. Ein solches Gliederungsbeispiel könnte sich etwa folgendermaßen darstellen:

A Einleitung
B Kapitelüberschrift 1. Ebene
  I Abschnittüberschrift 2. Ebene

  a) Unterabschnittüberschrift 3. Ebene
  b) Unterabschnittüberschrift 3. Ebene

  II Abschnittüberschrift 2. Ebene

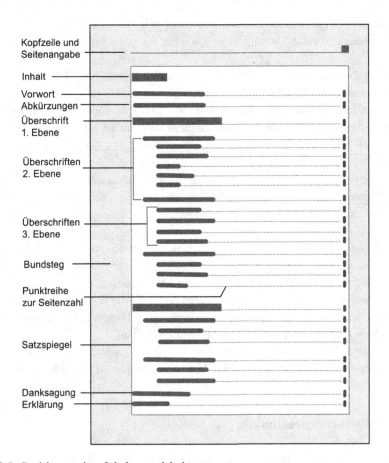

Abb. 10.5 Basislayout eines Inhaltsverzeichnisses

a) Unterabschnittüberschrift 3. Ebene
b) Unterabschnittüberschrift 3. Ebene

Dieses heute etwas antiquiert erscheinende Verfahren ist in technisch-naturwissenschaftlichen Texten nur selten zu finden und letztlich nicht zu empfehlen. Formal ungleich befriedigender ist die unterdessen weit verbreitete klassifizierende Gliederung nach dem dezimalen bzw. dekadischen System, wie es das folgende Beispiel zeigt:

- Die Gliederung beginnt immer mit der Ziffer 1 und nicht mit 0.
- Dabei erhalten die Endziffern der Klassifikation keine Punkte (also keinesfalls 1.; 2.1.; 3.3.2., sondern jeweils 1; 2.1; 3.3.2).

- Wer A (oder 1.1) sagt, muss auch B (und damit 1.2) sagen: Wenn ein Binnenabschnitt auf der zweiten oder dritten Ebene gegliedert ist, muss in diesem Textbereich mindestens ein weiterer Gliederungspunkt des gleichen hierarchischen Ranges folgen.

Im folgenden Beispiel darf der Gliederungspunkt 3.1 also auf keinen Fall allein stehen:

3   Energiespeicher
3.1   Fette
4   Biochemische Energieumwandlung

Dieses Beispiel müsste sich daher mindestens so darstellen:

3   Energiespeicher
3.1   Fette
3.2   Kohlenhydrate
4   Biochemische Energieumwandlung
4.1   ...
4.2   ...
4.3   ...

Die Überschriften der tieferen Gliederungsschritte sollten keine unveränderten Wiederholungen von Ankündigungen der nächsthöheren Ebene sein. Statt

2.3   Oxidation von Fettsäuren
2.3.1   Oxidation
2.3.2   Fettsäuren

formuliert man die Überschriften passend und angemessen um:

2.3   Biologische Energiegewinnung
2.3.1   Oxidativer Komplettabbau
2.3.2   Substratbeispiel Fettsäuren

Ein nach diesen Aspekten angelegtes Inhaltsverzeichnis könnte dann folgendermaßen aussehen:

1 **Einleitung**
2 **Kapitelüberschrift 1. Ebene**
    2.1 Abschnittüberschrift 2. Ebene
        2.1.1 Unterabschnittüberschrift 3. Ebene
        2.1.2 Unterabschnittüberschrift 3. Ebene

      2.1.3 Unterabschnittüberschrift 3. Ebene
  2.2 Abschnittüberschrift 2. Ebene
      2.2.1 Unterabschnittüberschrift 3. Ebene
      2.2.2 Unterabschnittüberschrift 3. Ebene
3 Kapitelüberschrift 1. Ebene
  3.1 Abschnittüberschrift 2. Ebene
  3.2 Abschnittüberschrift 2. Ebene
  3.3 Abschnittüberschrift 2. Ebene
      3.3.1 Unterabschnittüberschrift 3. Ebene
      3.3.2 Unterabschnittüberschrift 3. Ebene

Sofern die Textteile der ersten Gliederungsebene (Kapitel) nicht allzu detailliert untergliedert sind und vielleicht nur 5–7 Positionen umfassen, setzt man die Einzelüberschriften wie im obigen Beispiel alle mit dem gleichen Einzug (= Abstand vom linken Zeilenbeginn). Die textliche und inhaltliche Hierarchie mit ihren Über-, Gleich- und Unterordnungen ist allerdings eine wichtige Vorinformation und wird wesentlich besser erkennbar, wenn man für die Gliederungsebenen jeweils verschiedene Einzüge wählt und sie entsprechend ihrer dekadischen Numerik an vertikalen Fluchtlinien anordnet. Das obige Beispiel, nach dieser Vorgabe umgeformt, zeigt den Unterschied (vgl. auch die typographische Gestaltung des Inhaltsverzeichnisses in diesem Buch):

1 Einleitung
2 Kapitelüberschrift 1. Ebene
  2.1 Abschnittüberschrift 2. Ebene
    2.1.1 Unterabschnittüberschrift 3. Ebene
    2.1.2 Unterabschnittüberschrift 3. Ebene
  2.2 Abschnittüberschrift 2. Ebene
    2.2.1 Unterabschnittüberschrift 3. Ebene
    2.2.2 Unterabschnittüberschrift 3. Ebene
3 Kapitelüberschrift 1. Ebene
  3.1 Abschnittüberschrift 2. Ebene
  3.2 Abschnittüberschrift 2. Ebene
  3.3 Abschnittüberschrift 2. Ebene
    3.3.1 Unterabschnittüberschrift 3. Ebene
    3.3.2 Unterabschnittüberschrift 3. Ebene

Je Gliederungspunkt schreibt man mindestens eine halbe, besser eine ganze Textseite. Nicht zu empfehlen ist, nach der Kapitelüberschrift (1. Ebene) sofort die nächste Abschnittüberschrift (2. Ebene) folgen zu lassen und erst dazu einen Text anzubieten (vgl. Abb. 10.6).

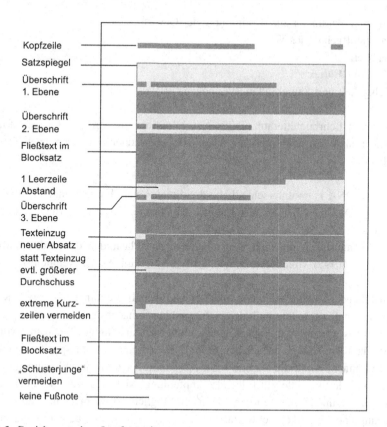

Kopfzeile

Satzspiegel

Überschrift
1. Ebene

Überschrift
2. Ebene

Fließtext im
Blocksatz

1 Leerzeile
Abstand

Überschrift
3. Ebene

Texteinzug
neuer Absatz

statt Texteinzug
evtl. größerer
Durchschuss

extreme Kurz-
zeilen vermeiden

Fließtext im
Blocksatz

„Schusterjunge"
vermeiden

keine Fußnote

Abb. 10.6 Basislayout einer Lauftextseite

10.5.2 Schriftgestaltung im Inhaltsverzeichnis

Die Typographie des Inhaltsverzeichnisses soll und muss sogar die im Gliederungssystem abgebildete Hierarchie visuell unterstützen. Für Überschriften der ersten Ebene wählt man daher wie im hier gezeigten Beispiel den Schriftschnitt halbfett – eventuell aus einer serifenlosen Linearschrift (z. B. Helvetica), wenn der Grundtext in einer Serifenschrift (z. B. aus der Times-Familie) gesetzt wurde. Die Überschriften gleichrangiger Gliederungsebenen hebt man voneinander durch einen größeren Zeilenabstand ab: Vor einer Kapitelüberschrift schaltet man eine Leerzeile ein. Vor einer Überschrift der zweiten Ebene vergrößert man wie im oben gezeigten Beispiel den Zeilenabstand gegenüber dem normalen Lauftext um 2 bis 3 pt. Die gleichen Zeilenabstände wählt man auch für die Überschriften- und die Lauftextfolge im Hauptteil der Arbeit.

In naturwissenschaftlichen Texten ist es eher unüblich, einzelne Kapitel- oder Abschnittsüberschriften als Frage zu formulieren. Unbedingt wünschenswert sind dagegen klare, knappe, eindeutige und treffsichere Ansagen vom folgenden Typ:

3.3   Wichtige Parameter zur Bestimmung der Gewässergüte
3.3.1 Sauerstoffgehalt des Wassers
3.3.2 pH-Wert
3.3.3 [Gesamt-]Härte
3.3.4 Kalkgehalt und Säurebindungsvermögen (SBV)

In der neueren Lehrbuchliteratur finden sich allerdings zunehmend Beispiele für Kapitelüberschriften in Form kompletter Sätze oder markanter Aussagen nach folgendem Beispiel:

10.2.4   Die DNA kann unterschiedliche dreidimensionale Formen annehmen (vgl. Nelson D, Cox M, (2001) Lehninger Biochemie. 3. Aufl. Springer, Heidelberg) oder

6.5.14   Die meisten Viren sind wahrscheinlich aus Plasmiden entstanden (Alberts B. et al. (1995) Molekularbiologie der Zelle, 3. Aufl. VCH, Weinheim).

Eine feststellende Aussage wie „Die antarktische Eisdiatomee Langnesia frigida Kirst vermehrt sich lebhaft auch unterhalb des Gefrierpunktes" macht deutlich neugieriger als die vielleicht etwas schnarchige Ankündigung „Temperaturabhängiges Wachstum von Langnesia frigida Kirst". Auch in solchen Fällen, die durchaus ihren spezifischen Charme aufweisen können, erhält die Kapitel- oder Abschnittüberschrift jeweils keinen Punkt.

Für die Gliederungstiefe gilt folgende Empfehlung: Mehr als drei oder höchstens vier textliche Gliederungsebenen sollten Sie nach Möglichkeit vermeiden, weil sie in der Handhabung und Lesbarkeit schwerfällig wirken, vor allem bei Querverweisen innerhalb des Textes (abschreckendes Beispiel: Vergleiche die Darstellung unter 4.1.2.7.3 mit den Aussagen in 5.4.3.8.3). Mehr als drei Ebenen verwischen zudem die begrifflichen oder inhaltlichen Hierarchien, wie der folgende Ausschnitt aus einem Inhaltsverzeichnis zeigt:

5   Die Lebensansprüche der Pilze
5.1   Die Ernährung
5.1.1   Der Aufschluß der Nährstoffe
5.1.2   Ernährungsphysiologische Wechselbeziehungen
5.1.2.1   Saprobiosen
5.1.2.2   Parasiten
5.1.2.3   Symbiosen zwischen Pilzen und anderen Organismen
5.1.2.3.1 Mykorrhiza
5.1.2.3.2 Symbiosen zwischen Pilzen und Thallophyten
5.1.2.3.3 Pilzsymbiosen mit tierischen Organismen
5.1.2.3.4 Flechten
5.2   Einfluß der Umwelt auf Wachstum und Entwicklung
5.2.1   Temperatur

(aus Schwantes HO (1996) Biologie der Pilze. UTB 1871, Stuttgart)

Reicht eine dreistufige dekadische Gliederung beim besten Willen nicht aus, markiert man noch tiefere Gliederungsränge innerhalb eines Unterkapitels der dritten Ebene vorteilhaft mit arabischen Zahlen in runden Klammern oder mit sogenannten Spitzmarken (vgl. Abschn. 10.6.3). Nach letzterem Verfahren geht fallweise auch das vorliegende Buch vor.

▶   **PraxisTipp Inhaltsverzeichnis** Kapitelüberschriften halbfett setzen und Gliederungsränge möglichst nur bis zur 3. Ebene

10.6   Seitenlayout im Innenteil

Für alle Standardseiten im Innenteil einer Arbeit mit dem fortlaufenden Text der eigentlichen Abhandlung (daher auch Lauftext genannt) bieten sich ebenfalls einige gestalterische und konsistent einzuhaltende Grundregeln an, damit das Seitenbild nicht zur Buchstabenwüste degeneriert.

10.6.1 Zeilenlänge

Bei der oben empfohlenen Typographie für den Grundtext (12 pt Serifenantiqua bei 15 pt Zeilenabstand = 1,5-zeiliger Abstand) kann das Auge angenehm an der Unterkante der Zeilen entlanggleiten. Beim flüssigen Lesen nimmt es jedoch keine Einzelbuchstaben oder einzelne Wörter wahr, sondern erfasst – übrigens immer ruckartig – an sich nur Wortgruppen. Für die ermüdungsfreie Lektüre haben sich maximal etwa 65 Zeichen je Zeile als besonders vorteilhaft erwiesen. Für einen maschinengeschriebenen Text nach DIN empfahl man früher ca. 60 Zeichen je Zeile und 30 Zeilen je Seite; mithin umfasste die Standardmaschinenseite rund 1800 Anschläge einschließlich der Leerzeichen, eine auch für die Umfangsberechnung eines Textdokuments wichtige Größe. Als günstiges Zeilenmaß gilt heute eine Gesamtlänge von

45 bis 75 Buchstaben in einer Zeile. Der Lauftext in diesem Buch weist durchschnittlich 70 Zeichen je Zeile (einschließlich Leerzeichen) auf.

Über die Zeilenlänge und den vorgesehenen Satzspiegel definiert sich die Anzahl der Textspalten. Für studentische wissenschaftliche Arbeiten, die nicht (unmittelbar) in Buchform verlegt werden, wählt man generell den einspaltigen Satz wie im Beispiel der Abb. 10.6.

10.6.2 Zeilenausrichtung

Grundsätzlich bestehen vier Möglichkeiten, wie man in einem Textblock die einzelnen Zeilen zueinander ausrichtet: Sie stehen linksbündig, rechtsbündig, zentriert oder im Blocksatz. Der linksbündige Satz entspricht unserem normalen Schreibverhalten. Dennoch setzte man ihn bis weit in das 20. Jahrhundert für die Textgestaltung in Druckerzeugnissen kaum ein, weil man die unterschiedlichen Zeilenlängen selbst bei ausgleichender Silbentrennung als unschön empfand. Heute ist der linksbündige Satz mit rechts „flatterndem" Rand (daher Flattersatz oder bei sehr ungleicher Zeilenlänge auch Rausatz genannt) längst im Buchdruck eingeführt und sicherlich kein Affront der Formalästhetik mehr.

Bei rechtsbündigem Satz liegt der Zeilenanfang bei jeder Zeile anders, ist daher für das Auge nur mühsam zu orten und behindert somit den Lesevorgang. Für den üblichen Lauftext verwendet man diese Zeilenausrichtung daher überhaupt nicht – er eignet sich allenfalls für besonders ausgefallene Designerlösungen kleinerer Textelemente oder für links neben einer Abbildung positionierte Bildlegenden. Der zentrierte Satz (Mittelachsentypographie) bleibt in wissenschaftlichen Texten nur den Titelseiten vorbehalten. Nur Formeln oder Reaktionsgleichungen setzt man aus Gründen der visuellen Hervorhebung zentriert (vgl. auch Abschn. 7.5.4).

Seit Gutenbergs Bibeldruck (um 1450), der gleichsam das typographische Zeitalter eröffnete, ist der Blocksatz die übliche und zweifellos auch besonders ausgewogen erscheinende Zeilenausrichtung. Moderne Textverarbeitungsprogramme ermöglichen das automatische Ausschließen, die ausgleichende Änderung von Wort- und oft auch von Buchstabenabständen. Dabei passiert es aber immer wieder, dass einzelne Zeilen oder Zeilenteile unnatürlich gedehnt werden oder sogar wie gesperrt erscheinen. Dadurch entstehen im Textblock innerhalb der Zeilen und dazwischen fallweise größere Leerräume, die den abgesetzten Text löchrig wie einen Schweizer Käse erscheinen lassen („Emmentaler-Satz"). Ansatzweise zu beheben ist dieses Problem durch Füllwörter oder Wortumstellungen innerhalb am ärgsten betroffenen Sätze. Mitunter hilft aber auch die Verwendung der Menüoption „automatische Silbentrennung". Allerdings ist die Trennautomatik mit Vorsicht zu genießen, denn sie zerrupft manche Begriffe erbarmungslos wie im Beispiel Elekt-ron; der korrekt getrennte Begriff stellt sich natürlich als Elek-tron dar. Insofern ist die visuelle Kontrolle beim Korrekturlesen unentbehrlich. Professionelle Satzprogramme sehen für das Ausschließen besondere Möglichkeiten der Abstandsdefinition vor. Solche Feinabstimmungen sind für die Belange einer studentischen Arbeit allerdings weitgehend entbehrlich.

▶ **PraxisTipp Zeilenausrichtung** Texte im einspaltigen Blocksatz, ggf. auch linksbündigen Satz und immer mit Silbentrennung gestalten. Mathematische Formeln und Reaktionsgleichungen zentriert setzen.

10.6.3 Absatzgestaltung

Im Hauptteil einer wissenschaftlichen Arbeit beginnt man mit den Kapiteln der ersten Gliederungsebene jeweils auf einer neuen Seite. Beim Seitenumbruch können sich auf der vorangehenden Seite minimale Zeilenüberhänge beispielsweise in Viertel- oder Halbzeilen ergeben – im Insiderjargon der Satztechniker Hurenkinder oder Schusterjungen genannt. Schusterjunge nennt man die vereinsamte erste Zeile eines neuen Absatzes am unteren Ende einer Seite; ein Hurenkind ist die letzte Zeile/Halbzeile eines Absatzes einsam und allein am Beginn einer neuen Seite. Solche Probleme sind zu beheben, indem man die betreffenden Textteile bis zur Passung entsprechend umformuliert.

Textabsätze repräsentieren gedankliche Einheiten und sollten daher von Folgeabsätzen deutlich getrennt sein. Das einfachste Mittel ist eine Leerzeile zwischen zwei Absätzen. Sie zerlegt einen größeren Textblock jedoch in viele Fragmente, die ihn eventuell wie eine beliebige Zettelsammlung aussehen lassen.

Der *hard return* (harter Umbruch) am Zeilenende ist ein besseres Mittel, hat allerdings den Nachteil, mit dem stumpfen Beginn der nachfolgenden Zeile die Absatzgrenzen nicht deutlich genug hervortreten zu lassen, wenn der Absatz mit einer (fast) vollen Zeile endet.

Die am wenigsten problematische Methode, den Beginn eines neuen Textabsatzes zu markieren, ist der Einzug, der auch in diesem Buch praktiziert wird: Man rückt die erste Zeile des neuen Absatzes um den Betrag des Zeilenabstandes ein – nicht durch eine entsprechende Anzahl von Leerzeichen, sondern einheitlich über eine vorgewählte Tabulatorfunktion (Tabstop) bzw. über die Linealfunktion. Aus gestalterischen Gründen unterbleibt der Zeileneinzug immer am Beginn eines Kapitels nach einer Hauptüberschrift.

Natürlich besteht auch (wie bei diesem Kurzabschnitt praktiziert) die Möglichkeit, die Binnenkapitel jeweils durch einen etwas größeren Durchschuss (keine komplette Leerzeile!) voneinander abzusetzen. Die Veränderung des Durchschusses der Abschlusszeile eines Binnenabschnitts nimmt man über die Menüoption Format/Absatz/Abstand vor.

Spitzmarken sind in den laufenden Text eingebaute Worthervorhebungen, fallweise auch in einer eigenen Zeile, die ebenfalls der Absatzbildung und damit der visuellen Textgliederung dienen.

Einen negativen oder hängenden Einzug kann man für durchnummerierte Textabschnitte wählen, die aufzählenden Charakter haben:

Beispiel 1

Die wesentlichen Bauteile eines Lichtmikroskops sind

1. die Bild gebenden Linsensysteme am oberen und unteren Tubusende, wobei man die dem Auge zugewandte Linsengruppe Okular, die dem Objekt zugewandte Objektiv nennt;
2. der Kondensor unter dem Objekttisch, der mit seiner variablen Aperturblende die Lichtführung auf das Objekt reguliert und damit die Bildqualität bestimmt;
3. das Stativ mit der üblicherweise in den Stativfuß integrierten Beleuchtungs-vorrichtung.◄

Sofern eine solche Aufzählung keine besondere Rangfolge aufweist, setzt man anstelle der laufenden Nummerierung einen Spiegelstrich (–), der typographisch immer der Länge eines Gedankenstrichs und nicht des Trennstrichs (-) entspricht, oder andere klare Mar-kierungen wie ○, ■, □ bzw. ▶ aus dem Zeichenvorrat für Sonderzeichen (Menüoption Einfügen). Die Art der verwendeten Zeichen muss innerhalb des gleichen Textdokuments einheitlich sein. Eine nicht konsistente, buntscheckige Gestaltung mit abweichenden typo-graphischen Lösungen in verschiedenen Kapiteln eines Textes wirkt unprofessionell, hilflos oder nachlässig. Einsatz und gestalterische Wirkung solcher Zeichen zeigt das bereits zuvor verwendete Textbeispiel.

Beispiel 2

Die wesentlichen Bauteile eines Lichtmikroskops sind

● die Bild gebenden Linsensysteme am oberen und unteren Tubusende, wobei man die dem Auge zugewandte Linsengruppe Okular, die dem Objekt zugewandte Objektiv nennt,
● der Kondensor unter dem Objekttisch, der mit seiner variablen Aperturblende die Lichtführung auf das Objekt reguliert und damit die Bildqualität bestimmt,
● das Stativ mit der üblicherweise in den Stativfuß integrierten Beleuchtungs-vorrichtung.◄

▶ **PraxisTipp Textabsätze** Absätze im Lauftext ohne Leerzeile, aber durch vergrö-ßerten Durchschuss oder einen Einzug markieren

10.6.4 Bildmaterial

Alle Textelemente, die einen gegebenenfalls längeren Textblock gliedern und damit die horizontweite Buchstabenwüste optisch anreichern, haben neben ihrer informierenden auch eine gestalterische Funktion. Abbildungen, die entweder Fotos oder Grafiken in Schwarzweiß, Halbtönen oder Farbe sind (vgl. Kap. 6), dienen zwar primär der Dokumentation einer Textaussage und sind fast immer ein Informationsmittel, aber sie beleben das Seitenbild ungemein. Abbildungen haben gegenüber der verbal-textlichen Darstellung den unglaublichen Vorteil, dass man sie besser erfassen kann, obwohl sie von Natur aus wesentlich informationsdichter sind als ein Text („Ein Bild sagt mehr als tausend Worte").

Das Layout der meisten verlagsseitig bzw. professionell gestalteten Druckwerke arbeitet mit erstaunlich wenigen vordefinierten Bildformaten. Die Bildbreite entspricht beim zweispaltigen Satz üblicherweise der Spalten- oder Satzspiegelbreite und soll beim einspaltigen Satz, wie er in vielen wissenschaftlichen Arbeiten üblich ist, ebenfalls den Satzspiegel nicht überschreiten – auch dann nicht, wenn etwa Kartenausschnitte oder Konstruktionsdetails verwendeter Apparaturen dargestellt werden. Die Bildhöhe ist motivabhängig in größeren Grenzen variabel.

Ein spielerischer Umgang mit Bildformaten und Bildanordnungen wie beispielsweise in Kunst- oder Fotomagazinen ist für eine wissenschaftliche Dokumentation nicht angeraten. Auch freigestellte Bilder ohne Hintergrund und von Kontursatz umflossen, haben in einer wissenschaftlichen Arbeit keinen Platz. Dennoch ist auch mit festen Bildgrößen und wiederkehrenden Bildplatzierungen ein lockeres, lesefreundliches und ansprechendes Layout zu erreichen.

Für die übliche DIN-A4-Seite einer Examensarbeit oder die vergleichbare Dokumentation ist das fotografische Normalformat (10 × 15 cm) oder das Idealformat (11 × 17 cm) in den meisten Fällen schlichtweg ein Optimum. Querformatige Fotos montiert man auf der Textseite in den Fließtext und dabei zentriert (mittig) in den Satzspiegel. Bei Hochformaten wählt man die Bildbreite möglichst so, dass zwei Bilder mit geringem Abstand – die trennende, sogenannte Lichtlinie beträgt dann einheitlich etwa 1–2 mm – innerhalb des Satzspiegels nebeneinander stehen können.

Bei Themen, die üblicherweise eine ausführlichere bildliche Dokumentation erfordern wie Feinstrukturuntersuchungen, stellt man je vier oder sechs Einzelfotos innerhalb des Satzspiegels zu einer eventuell ganzseitigen Bildtafel zusammen. Auch hierbei sind feine Lichtlinien zwischen den Bildern als visuelle Trennhilfe unbedingt empfehlenswert, vor allem dann, wenn die verwendeten Motive einen vergleichbaren Kontrastumfang aufweisen. Ohne Lichtlinie wären dann die Bildgrenzen nicht deutlich genug erkennbar.

Ein wichtiges Kriterium ist neben der technischen Bildqualität (alles scharf abgebildet?) die Auflösungsqualität. Für Druckzwecke sollten die vorgesehenen Bilder eine Auflösung von 600 dpi aufweisen (dpi = dots per inch; Bildpunkte je Zoll), wenn sie nicht für eine doppelseitige Wiedergabe gedacht sind. Halbtonbilder (Fotos) sollten das Dateiformat .jpg oder .tiff aufweisen.

10.6.5   Bildnummern

Bildmaterial und Bildbenennung bilden eine untrennbare Informationseinheit. Die erläuternde Anmoderation einer Abbildung steht deswegen unmittelbar darunter – und heißt deswegen auch Bildunterschrift (im Insiderjargon häufig als BU zitiert oder auch BZ = Bildzeile bzw. Legende genannt). Die Bildunterschrift beginnt jeweils mit einer Bildnummer. Vorteilhaft ist eine zweiteilige Nummerierung, die auch den Bildstand in einem bestimmten Kapitel erkennen lässt, also in der Form Abb. 3.8 (= Bild Nr. 8 im Kap. 3) oder, weniger empfehlenswert, in der Kurzform Abb. 3.8.

Das vorliegende Buch folgt bei den Abbildungen abweichend von den obigen Empfehlungen den Buchgestaltungsvorgaben des Verlages mit abgekürzten Hinweisen. Diese Art der kapitelweise vorgenommenen Nummerierung hat gegenüber der fortlaufenden von 1 bis n den entscheidenden Vorteil, dass man erforderliche Änderungen, Umstellungen oder Ergänzungen praktisch bis zur letzten Minute vor dem Druck vornehmen kann, ohne dass das Zahlenwerk des gesamten Textes nachzuredigieren ist.

Steht bei der Platzierung einer Abbildung (oder Tabelle, vgl. Abschn. 10.6.7) in einem Manuskriptteil deren individuelle Nummer noch nicht fest, markiert man die fehlende Bezeichnung in der betreffenden Legende oder in einem Textverweis mit einer Blockade, beispielsweise mit ■■ aus dem Zeichenvorrat Sonderzeichen bzw. Symbole der Menüoption Einfügen. Solche Blockaden fallen beim späteren Korrekturlesen eher auf als leer gebliebene Klammern ().

Im Lauftext, der auf einen bestimmten Bildinhalt Bezug nimmt oder eine vorhandene Abbildung erstmals erwähnt, verweist man gewöhnlich im vollen Wortlaut, analog dem folgenden Beispiel: „Abb. 3.8 zeigt die Membranstationen der Lactoseaufnahme in *Escherichia coli.*" Auch bei Rückverweisen wählt man vorzugsweise die Vollform, beispielsweise in der Form (siehe auch Abb. 3.8). Soweit es der Umbruch technisch zulässt, stehen Bild und Bildlegende immer möglichst textnah zu dem Textabschnitt, in dem auf den betreffenden Bildinhalt verwiesen wird. Alle in den Text eingebauten Abbildungen müssen zwingend auch im Text erwähnt und in die textliche Darstellung kommentierend eingebunden sein.

Zwischen einer Abbildung und dem einschließenden Lauftext beträgt der Abstand oben mindestens 1,5 Leerzeilen der verwendeten Grundschrift (oder etwa 5 mm) und zum folgenden Lauftextblock zwei Leerzeilen. Ist für eine bestimmte Seite nur eine Einzelabbildung vorgesehen oder vorhanden, platziert man sie nicht an das untere Seitenende, sodass die Bildunterschrift fast zur Fußnote wird, sondern möglichst im oberen Seitendrittel. Hier fällt sie buchstäblich am besten ins Auge. Spätestens an dieser Stelle wird beim Gestalten einer Examensarbeit bewusst, dass ein ansprechender Seitenaufbau mit Text- und Bildanteilen etwas völlig anderes ist als bloßes Unterbringen von Illustrationsmaterial. Genießen Sie unter diesem Aspekt einmal die meist sehr gelungenen Gestaltungsbeispiele aus naturwissenschaftlichen Lehrbüchern oder von Natursachbüchern.

Trotz erstaunlicher technischer Möglichkeiten der Bildwiedergabe auf einem Tintenstrahl-oder Laserdrucker ist es in Examensarbeiten durchaus (noch) üblich und möglich, (Farb-) Fotos nach dem erfolgten Seitendruck einzeln einzukleben. Dazu definiert man schon beim Textsatz entsprechende Freiräume durch einen genügend groß bemessenen Platzhalter. Deutlich besser sieht eine gedruckte Examensarbeit aus, wenn das Illustrationsmaterial als Dateien in das Gesamtskript eingebunden wird. Die in den Kopierläden verfügbaren Hochleistungs-drucker setzen dieses in ein ansehnliches Schaustück um.

Extrem unschön ist es, Fotoabbildungen mit einem schwarzen Rahmen zu versehen. Auf diese Weise eingezwängt, wird selbst das überzeugendste Bilddokument zur Trauerdrucksache.

10.6.6 Bildlegenden

Außer der Bildunterschrift, die lediglich eine erste Kurzinformation ähnlich einer Kapitelüberschrift bietet, ist bei komplexeren Bildinhalten auch eine erläuternde Bildlegende sinnvoll. Der Begriff „Legende" leitet sich vom lateinischen *legere* = lesen ab und versteht sich damit als Leseanleitung, wie man einen Bildinhalt zu sehen und zu verstehen hat. Erst im Zusammenhang mit dieser ergänzenden Information beginnt ein Bild, seinen Betrachter „anzusprechen" und gegebenenfalls zu faszinieren.

Wenn das ausgewählte Foto einen kompletten Organismus oder nur einen mikroskopischen Ausschnitt davon darstellt, erwähnt die Bildunterschrift jeweils immer zuerst den korrekten deutschen (wenn vorhanden) und wissenschaftlichen Namen der gezeigten oder untersuchten Art. Bei mikroskopischen Aufnahmen sind außerdem die Angabe des Vergrößerungsfaktors (Endvergrößerung der gedruckten Abbildung) und das verwendete Darstellungs- bzw. Kontrastverfahren erforderlich. Und ebenfalls wichtig: Etwaige per Computer vorgenommene Bildbearbeitungen unbedingt erwähnen!

Beispiel 1

Abb. 3.8 Klatsch-Mohn *(Papaver rhoeas)*. Querschnitt durch eine Anthere. Die spangenförmigen Verstärkungselemente des Endotheciums heben sich von den übrigen Zellwandbereichen kontrastreich ab (Polarisation, Vergrößerung 350:1).◄

Beispiel 2

Abb. 10.12 Potenzielle natürliche Vegetation und Feinrelief der Mittelterrasse am südlichen Niederrhein bei Köln. Darstellung der älteren Flutmulden verändert nach Meyer (2012).◄

In Bildlegenden zu Schemata, Diagrammen oder anderen grafischen Darstellungen, in die man Informationen oder besondere Darstellungsweisen aus fremden Quellen bzw.

Vorlagen übernommen hat, muss entsprechend den textlichen Entlehnungen ein klarer und nachvollziehbarer Hinweis auf das Original erfolgen. Meyer (2005) ist darin eine Kurzzitatform, die mithilfe des Literaturverzeichnisses zum Vollzitat aufgelöst werden muss (vgl. dazu Kap. 6).

Bildunterschrift und Bildlegende setzt man linksbündig, eventuell einen Schriftgrad kleiner als die Grundschrift oder auch werkeinheitlich in einer anderen, nur den Legendentexten vorbehaltenen Schriftart (vgl. die Handhabung in diesem Ratgeber). Die Zeilenlänge richtet sich jeweils nach der Bildbreite und darf nur dann die volle Satzspiegelbreite beanspruchen, wenn das betreffende Bild satzspiegelbreit ist. Die Bildnummer erhält im Allgemeinen keine eigene Textzeile, sondern wird in die erste Legendenzeile integriert. Satzzeichen sind in einer Bildlegende immer dann entbehrlich, wenn es sich nur um eine kurze Erläuterung handelt.

Beispiel 3

Abb. 7.10. Schema eines Cotransportsystems mit Kationen-Gradienten
   Nur bei längeren Bildlegenden, die eventuell mehrere selbstständige erläuternde oder beschreibende Sätze umfassen, schließt der Legendentext mit einem Punkt ab.◄

Beispiel 4

Abb. 7.10 Das Cotransportsystem ermöglicht das Eindringen von Hydrogencarbonat-Ionen in die Erythrozyten, ohne dass sich das elektrische Membranpotenzial verändert. Seine Aufgabe besteht darin, die Kapazität des Blutes zur CO_2-Aufnahme zu erhöhen◄

▶   **PraxisTipp Abbildungen** Mindestens 1,5 Leerzeilen Abstand zum Lauftext, kapitelweise nummerieren und alle mit eigener Bildunterschrift versehen

10.6.7 Tabellen

Satztechnisch behandelt man Tabellen in den üblichen Textverarbeitungsprogrammen wie Fließ- bzw. Lauftext (vgl. Kap. 7), aber im Layout wie Abbildungen. Das betrifft die Bemessung und Platzierung ebenso wie die notwendigen Abstände zum vorangehenden oder folgenden Fließtext. Im Unterschied zur Abbildung erhalten Tabellen eine Überschrift, die man analog der Bildlegendennummer mit Kapitelbezug bildet (z. B. Tab. 4.1). Das ohnehin schon griffige Wort Tabelle verstümmelt man tunlichst nicht zur Abkürzung „Tab." Die Tabellenlegende und der Tabellenhinweis im Lauftext verwenden jeweils den vollen Wortumfang.

Beispiel 5

Tab. 4.1 erläutert den Zusammenhang von Biomasse, Bestandsgliederung und Brutto-primärproduktion an Felsküsten der gemäßigten Breiten◄

10.6.8 Andere Textelemente

Häufig verwendete Textelemente im Fließtext einer wissenschaftlichen Arbeit sind außer Abbildungen und Tabellen Reaktionsgleichungen oder Berechnungsformeln. Man setzt solche Zeilen generell zentriert und versieht sie links oder rechts mit einer eigenen (eventuell halbfett gesetzten) Nummer analog den Abbildungs- und Tabellenbezeichnungen. Zur Schreibung der Hochzahlen und Indices vgl. die Angaben in Abschn. 8.2 (Expertziffern) und Kap. 11.

Beispiel 6

$$6CO_2 + 12\,H_2O \rightarrow C_6H_{12}O_6 + 6H_2O + 6\,O_2 \tag{10.1}$$

$$\delta_{13}C = \left({}^{13}C/{}^{12}C\right)_{Probe} - \left({}^{13}C/{}^{12}C\right)_{Standard} \times 1000 / \left({}^{13}C/{}^{12}C\right)_{Standard} \tag{10.2}$$

Den Zeilenumbruch von längeren chemischen Formeln nimmt man entsprechend DIN 1338 jeweils nach dem Reaktionspfeil vor. Sofern eine Gleichungsnummer verwendet werden soll, ergeben sich eventuell Schwierigkeiten in der genauen Platzierung der Bestandteile. In solchen Fällen setzt man die Gleichung in eine zweispaltige Tabelle, deren Rahmenlinien jedoch nicht ausgeführt werden. Im folgenden Beispiel sind sie nur aus Demonstrationsgründen schwarz angelegt:◄

Beispiel 7

$$6CO_2 + 12\,H_2O + 12\,NADPH + 18\,ATP \rightarrow C_6H_{12}O_6 + 6O_2 + 12\,H_2O + 12\,NADP +$$
$$+ 18\,ADP + 18\,P_i$$

$$\tag{10.3}$$

Für mathematische Gleichung gilt die Vorschrift, die Zeile im Bedarfsfall vor dem Gleichheitszeichen zu umbrechen:◄

Beispiel 8

$$(a + b)^2 = (a + b)(a + b)$$
$$= a^2 + 2ab + b^2$$

Bei längeren mathematischen Ausdrücken umbricht man jeweils vor einem Pluszeichen:◄

Beispiel 9

$$x + n = (x + 3)(y - 3x + 1)$$
$$+ 4(x^2 + 3xy + y^2)$$

Wörtliche Zitate aus anderen Textquellen sind zwar für einen naturwissenschaftlichen Text eher ungewöhnlich, aber nicht ausgeschlossen. Zur besseren und deutlichen unterscheidenden Kennzeichnung vom Grund- oder Fließtext setzt man das Zitat eingerückt auf die Mitte und mit einfachem Zeilenabstand, sofern es eine längere Textpassage aus einem Originalwerk umfasst.◄

Beispiel 10

Mir wurde immer deutlicher, daß sich die Biologie als Wissenschaft erheblich von den physikalischen Wissenschaften abhob; ihr Gegenstand, ihre Geschichte, ihre Methoden und ihre Philosophie waren grundlegend anders. Zwar sind alle biologischen Vorgänge mit den Gesetzen der Physik und Chemie vereinbar, aber lebende Organismen ließen sich nicht auf diese physikochemischen Gesetze reduzieren.
(Mayr E (1998) Das ist Biologie. Heidelberg, S. 17)◄

Kürzere Zitate, die nur etwa 1–3 Textzeilen füllen, setzt man dagegen integriert in den Lauftext. Zitierte Texte in der älteren Rechtschreibung (vor 1998) wie im obigen Beispiel stellt man nicht auf neue Rechtschreibgepflogenheiten um. Alle übrigen Fragen des Umgangs mit Literaturzitaten behandelt Kap. 6.

Die folgende Tab. 10.2 fasst die bisherigen Angaben und Empfehlungen zur Schrift- bzw. Satzgestaltung zusammen:

10.6.9 Literaturverzeichnis

Alle Textzitate von gedruckten, zitierfähigen Medien führt das Literaturverzeichnis (Referenzliste) so zusammen, dass der Leser mit den jeweiligen Angaben jede einzelne zitierte

Tab. 10.2 Details der Zeilenbelegung auf Deck- oder Titelblättern	Angabe	Zeile im Satzspiegel	mm vom oberenRand
	Titel/Untertitel der Arbeit (1)	15	ca. 60
	Typ der Arbeit (2)	25	ca. 120
	Verfasser(in) (3)	30	ca. 145
	übrige Angaben (4–7)	ab 45	ca. 210

Quelle selbst finden kann und den Kontext des Zitates überprüfen kann. Die Ordnungskriterien für die Vollbelege im Literaturverzeichnis behandelte bereits Kap. 6. Das Layout dieses Verzeichnisses muss ein rasches Auffinden der immer nach Autorennamen sortierten Findstellen ermöglichen. Dieses Erfordernis erfüllt am ehesten der sogenannte negative oder hängende Einzug, wie er auch in vielen professionell gestalteten Büchern und Zeitschriften praktiziert wird (vgl. Literaturverzeichnis in diesem Buch). Die in Kap. 6 als Beispiele benannten Kurzbelege stellen sich dann so dar:

Kasperek, G. (2001): Landschaftsökologische Aspekte von Braunkohlentagebau und Rekultivierung im Rheinischen Revier. Geographische Rundschau 9(1), 28–33.
Larcher, W. (1994): Ökophysiologie der Pflanzen. Leben, Leistung und Streßbewältigung der Pflanzen in ihrer Umwelt. 5. Aufl., Eugen Ulmer, Stuttgart.
Mosbrugger, V. (2003): Die Erde im Wandel – die Rolle der Biosphäre. In: Emmermann, R., Balling, R., Hasinger, G., Heiker, F. R., Schütt, C., Walther, D., Donner, W. (Hrsg.), An den Fronten der Forschung. Kosmos – Erde – Leben. Verhandlungen der Gesellschaft Deutscher Naturforscher und Ärzte (GDNÄ), 122. Versammlung 21.–24. September 2002 Halle/Saale. S. Hirzel, Stuttgart, S. 137–147.
Mundry, M., Stützel, T. (2003): Morphogenesis of male sporangiophores of *Zamia amblyphyllida* D.W. Stev. Plant Biology 5(3), 297–310.
Nybakken, J. W. (1993): Marine Biology. An Ecological Approach. Harper Collins College, New York.
Plattner, H., Hentschel, J. (1997): Taschenbuch der Zellbiologie. Georg Thieme, Stuttgart.
Wittig, R. (2002): Siedlungsvegetation. Eugen Ulmer, Stuttgart.

10.6.10 Fuß- und Endnoten

Kommentierende Textanmerkungen, die man früher in Wissenschaftstexten als Fußnoten(-Ansammlungen) anbrachte, erfreuen niemanden, weder den Autor und schon gar nicht den Leser. Sie stören den Lesefluss, lenken die Aufmerksamkeit ständig auf Nebenschauplätze und sind auch für ein ausgewogenes Seitenbild eher nachteilig. Die ausgesprochene Vorliebe mancher Fachdisziplinen für ausgiebige oder gar ausufernde Fußnoten vermag ein um Klarheit und Ordnung bemühter Naturwissenschaftler daher kaum zu teilen. Bei manchen Texten ist seitenweise kaum zwischen Haupt- und Nebenschauplatz zu unterscheiden: Es lassen sich in entsprechenden Werken von Philosophen, Theologen oder Philologen durchaus Beispiele finden, auf denen nur etwa 20 % Lauftext auf der gleichen Druckseite rund 80 % Anmerkungen in Fußnoten gegenüber stehen. Warum sich gerade die Autoren in den geisteswissenschaftlichen Disziplinen so häufig in diese Darstellungstechnik verrennen und sie mit erbarmungsloser Ausgiebigkeit kultivieren, ist kaum nachvollziehbar.

Als man die Endversion schriftlicher Arbeiten noch mit der klappernden Schreibmaschine erledigte, war jede Seite mit anzufügenden Fußnoten ein fast verlorener Kampf mit dem Layout. Moderne Textverarbeitungsprogramme haben die Fußnotenverwaltung mit glattem Seitenumbruch zwar segensreich vereinfacht, aber der Textbaustein Fußnote als solcher bleibt dennoch in unseren Kontexten äußerst fragwürdig. Fußnoten als zusätzliche Mitteilungsform sind in einem wissenschaftlichen Sachtext gänzlich unnötig und werden hier sogar ausdrücklich tabuisiert.

Fußnoten sind im Lauftext einer naturwissenschaftlichen Arbeit demnach generell entbehrlich. Wenn ein mitzuteilender Sachverhalt für den geschilderten Zusammenhang als Zusatzinformation oder Erläuterung tatsächlich wichtig ist, baut man ihn konsequenterweise in den Grundtext ein. Erfüllt er diese Voraussetzung nicht, braucht man ihn auch nicht auf den Sonderparkplatz zu verlagern. „Fußnoten [sind] oft nur eine Müllkippe für unreife Gedanken, überflüssige Anmerkungen und redundante Besserwisserei und ein stilistisches Brechmittel noch dazu. Sie lenken vom eigentlichen Thema ab, fördern scheinwissenschaftliche Geschaftlhuberei, fressen Zeit und Platz, sind technisch schwierig zu verarbeiten und in aller Regel nur ein fauler Kompromiss von Autoren, die nicht recht wissen, ob das dort Gesagte wirklich wichtig ist" (Krämer 1999, S. 116).

Dieser klaren Diagnose ist lediglich hinzuzufügen, dass man schmerzfrei auch auf Endnoten am Kapitelabschluss oder am Ende einer Arbeit verzichtet. Die einzige akzeptable Ausnahme sind Tabellenfußnoten mit Angaben, die einen Tabellenkopf oder einzelne Mitteilungsfelder innerhalb der Tabelle unnötig aufblähen würden, aber wichtige Sachverhalte erläutern (vgl. Abschn. 7.5.6).

10.7   Formatvorlage

Wer mit einer computerunterstützten Textverarbeitung ebenso selbstverständlich wie kompetent umgehen kann, vermag sich kaum noch die frühere Realsatire akademischer Schreibstuben vorzustellen: Eine Klinikausstattung mit TippEx bzw. Korrekturlack war neben der „Schreibmaschine" das wichtigste Utensil, und jeder aufzunehmende Texteinschub wurde angesichts endloser Neutipporgien zur Gratwanderung zwischen heller Verzweiflung und tiefer Depression. Der heutige Texterstellungsstandard hat zwar auch seine Tücken, aber mit dem mühsamen Handbetrieb früherer Jahrzehnte ist er nicht einmal mehr in Ansätzen vergleichbar.

Sobald Sie die in diesem Kapitel empfohlenen bzw. mit Ihrem Betreuer abgestimmten formalen Details zum Layout Ihrer Arbeit festgelegt haben, erstellen Sie sich praktischerweise eine Formatvorlage (in manchen Branchen auch Style-Sheet genannt). Die Formatvorlage verankert gleichsam die einmal gewählte Grundstruktur Ihres Manuskriptes hinsichtlich Papierformat, Seitenrändern (Satzspiegel), Schriftarten/Schriftgrade der Überschriften und Grundtexte, ferner Zeilenabstände und Absatzgestaltung. Sie richten sich damit also eine Textmaske ein, in die Sie nun die gesamte laufende Textproduktion eingeben. Die Textverarbeitung, beispielsweise Word, erledigt dann automatisch alle notwendigen Formatierungen. Die erforderlichen Einstellungen nehmen Sie über die Menüoptionen „Datei" sowie „Format" vor. Die einzelnen Handgriffe und Click-Abfolgen, die in den derzeit verfügbaren neueren Word-Versionen etwas unterschiedlich sind, entnehmen Sie Ihrem Handbuch oder beispielsweise der deutlich verdaulicheren Anleitung für die neueren Word-Versionen von Schröder und Steinhaus (2003).

Informieren Sie sich rechtzeitig, ob es an Ihrer Hochschule, in Ihrem Institut oder Ihrer Arbeitsgruppe eventuell bereits fertige, erprobte und ausgereifte Formatvorlagen gibt, die Sie adaptieren könnten.

Parallel und unabhängig von der nützlichen Formatvorlage ist es ratsam, bereits mit dem Beginn der Textproduktion eine Hilfsliste anzulegen, in der Sie die gewählten Schreibweisen bestimmter Begriffe, Abkürzungen oder vergleichbarer Standards festlegen, damit Werkeinheitlichkeit gewährleistet ist. Vertrauen Sie solche Einzelheiten nicht (ausschließlich) der automatischen Rechtschreibüberprüfung Ihrer Textverarbeitung an.

► **PraxisTipp Zur Sicherheit** Sichern Sie Ihre jeweiligen Textfortschritte täglich nicht nur bordintern auf der Festplatte, sondern auch in mindestens zwei externen Speichermedien! Denken Sie an Systemabstürze, HD-Crash oder sonstige Szenarien des Unsäglichen kurz vor Abgabetermin …

10.8 Einband und Umschlag

Bisher ging es nur um die Layoutgestaltung im Innenteil Ihrer Arbeit. Jedes Werk hat aber auch seine dem Betrachter zugewandte Außenfassade, die für die erste kontaktierende Gesamtwirkung mindestens so wichtig ist wie die letztlich maßgebenden „inneren Werte" einer Projektdarstellung.

Im Unterschied zum gesamten Printmedienbereich einschließlich wissenschaftlicher Zeitschriften und Lehrbücher braucht eine studentische Arbeit keine aufwendige Umschlaggestaltung mit Bindung in Schweinsleder und Prägung mit Goldschnitt. Berichte, Protokolle, Referate und sonstige aus einer Semesterveranstaltung hervorgegangene mehrseitige Schriftstücke gibt man in einer farbigen Clip- oder Klemmmappe bzw. gelocht in einem Schnellhefter ab. Diese Mappen sollten immer einen transparenten Vorderdeckel haben, damit der Adressat das jeweilige Œuvre auch gleich nach Titel und Verfasser zuordnen kann. Eine Spiralbindung ist nicht ratsam.

Für Examensarbeiten jeglicher Kategorie schreiben die jeweiligen Prüfungsordnungen üblicherweise einen festen Einband vor, der die gesamte Seitenfolge unlösbar zusammenhält. Immer und somit fast generell empfehlenswert ist ein einfarbig schwarzer oder bestenfalls dunkelblauer Hardcover-Einband, der schon vom Gesamtbild her eine gewisse Solidität in Form und Inhalt signalisiert. Softcover-Einbände sind dagegen immer eine Notlösung – im Regal verbiegen sie sich schon nach kurzer Zeit unweigerlich zum notorischen Wegrutscher. Bindearbeiten erledigt man gewöhnlich nicht selbst, sondern gibt die Arbeit dazu nach der letzten technischen Endkontrolle (vgl. Kap. 12) in jedem Fall in einen Fachbetrieb. Vielfach sind die topographisch in Standortnähe zur Hochschule angesiedelten Kopierfachbetriebe auf diese Anforderungen optimal vorbereitet. Sinnvoll und je nach Vorschrift der Prüfungsordnung sogar notwendig ist ein im oberen Drittel der vorderen Umschlagseite – eventuell in eine Prägevertiefung – aufgeklebter bzw. eingelegter Zettel (ca. DIN A6) mit Titel und Anlass der Arbeit, Verfasser- und Gutachternamen. Informieren Sie sich zu den Details der Covergestaltung rechtzeitig bei Ihrem zuständigen Prüfungsamt oder Prüfer, denn es gibt in dieser Frage mit Sicherheit gänzlich unterschiedliche Fangemeinden.

10.9   Präsentationen

Der moderne Wissenschaftsbetrieb trägt mitunter die Züge von Breitensport: Konnten sich zu Zeiten von Ernest Rutherford und Niels Bohr die Fachleute eines engeren Teilgebietes noch an einem größeren Wohnzimmertisch versammeln, benötigt man heute für Fachtagungen riesige Kongresszentren. Auch in der Vermittlung der Ergebnisse hat sich die Praxis gewandelt. Die wissenschaftliche Arbeit, als Einzelstück (Monographie) oder Zeitschriftenbeitrag veröffentlicht, hatte als Zielgruppe im Prinzip den individuellen Leser, der sich zur genüsslichen Lektüre zusammen mit einem Glas Rotwein in seinen Arbeitszimmersessel zurückzog.

Zu den heute weit verbreiteten Vermittlungsformen in der Wissenschaft und Wirtschaft gehören dagegen auch Präsentationen. Der Autor richtet sich nicht mehr ausschließlich an einsame Leser, sondern dezidiert an ein Kollektiv von Zuhörern, die gleichzeitig Zuschauer sind. Nicht nur die schriftliche Version einer Ausarbeitung fördert die Kommunikation innerhalb der Wissenschaftsgemeinde, sondern selbstverständlich auch das gesprochene Wort – *audio, video, disco* (ich höre, sehe und lerne; Nichtlateiner haben bei dieser Sentenz eventuell ganz andere Assoziationen ...). Studentische Auftritte vor einem Auditorium beschränken sich zunächst auf Kolloquien oder Arbeitsgruppenbesprechungen sowie Status- und Ergebnisseminare. Eventuell kommen weitere Anlässe hinzu, etwa Tagungen und Kongresse sowie – in zeitgemäß sprachpanscherischer Ausdrucksweise – Events, Hearings und Workshops. Hier ist das gesprochene Wort möglichst von geschickten Visualisierungen zu flankieren, um der Person und den Botschaften des Vortragenden buchstäblich einen starken Auftritt zu verschaffen. In jedem Fall gewinnt ein solcher Vortrag zu einem möglicherweise komplexen und den Zuhörern vermutlich noch weitgehend unbekannten Sachverhalt enorm durch eine gelungene visuelle Unterstützung. Die Overheadfolie oder die *PowerPoint*-Präsentation digitaler Dokumente haben die klassische Diaprojektion fast ganz und die kreidezeitlichen Tafelanschriebe zum größten Teil abgelöst. Eine neue Variante gegenüber der herkömmlichen grünen oder schwarzen Tafel sind die WhiteBoards, die aber angesichts des ständigen Verbrauchs an Filzstiften nicht unbedingt als umweltfreundlich einzustufen sind

10.9.1 Overhead und Beamer

Obwohl sie zweifellos aus einem anderen Zeitalter stammen, haben die geduldigen Lowtech-Visualisierungsmedien Hörsaaltafel und Pinnwand noch keineswegs ausgedient. Immerhin funktionieren diese Medien auch dann, wenn kein Verlängerungskabel zur Hand ist, die Projektorbirne durchknallt oder die zu Hause vorbereitete CD-ROM bzw. der USB-Stick partout nicht mit dem vorhandenen PC kooperieren. Zu diesen eher handwerklich betriebenen Medien gehört auch das FlipChart, eine Art ins Gigantische gesteigerter und für alle Teilnehmenden einer Diskussionsgruppe einsehbarer Notizblock, den man mit Filzstiften beschreibt.

Im Gegensatz dazu bieten ein Overheadprojektor (OHP) und der zum zeitgemäßen Hightech-Arsenal zählende Beamer allerdings deutlich bessere Möglichkeiten. Folien für die Overheadprojektion (apropos *over head:* wie sonst – wenn nicht über die Köpfe der Zuhörerschaft hinweg – sollte man Bilder projizieren?) stellt man mit den üblichen Grafikwerkzeugen (vgl. Kap. 7) selbst zusammen und druckt sie mit einem leistungsfähigen Farbdrucker aus. Bei Vortrag oder Referat bleiben sie in ihrer glasklaren Aktenhülle, damit sie sich unter der Wärmewirkung der Projektorlampe nicht aufwölbend verbiegen und damit zunehmend aus dem Fokus geraten. Diese Schutzhülle lässt sich während der Präsentation zudem mit Folienstiften beschriften, sofern erläuternde Hinweise und Hervorhebungen oder Diskussionszusätze anzubringen sind.

Die fallweise leidvolle Erfahrung aus Seminaren, Kolloquien und selbst von internationalen Kongressen zeigt, dass die als visuelle Medien eingesetzten OHP-Folien mitunter erbarmungslos missraten sind. Ein ansonsten brillanter Vortrag kommt dann schon allein deswegen weniger gut an, weil sein flankierendes Feuerwerk zu wünschen übrig lässt („Allein der Vortrag macht des Redners Glück; ich fühl' es wohl, ich bin noch weit zurück", bekennt Famulus Wagner freimütig im Faust I). Mit wenigen Gestaltungsmaßnahmen ist zumindest das Folien-Layout wirkungsvoll zu verbessern. Mit den folgenden Tipps verhelfen Sie Ihrem Vortrag zu einem starken Auftritt (vgl. Abb. 10.8):

- Auch wenn materialökonomische Gründe eher dagegen zu sprechen scheinen: Überladen Sie eine OHP-Folie nicht mit Information. Mehr als 7–12 Textzeilen einschließlich der Überschrift oder etwa 30 Wörter sind generell ungesund.

- Vermeiden Sie es immer, die mitzuteilenden Einzelinformationen oder Informationspakete erst durch sukzessives Aufdecken einzelner Textabschnitte der Folie auf den Betrachter einwirken zu lassen.
- Stellen Sie auf einer Folie möglichst nur einen homogenen Sachverhalt bildlich bzw. textlich dar.
- Bei OHP-Folien ist die tatsächlich nutzbare Fläche deutlich kleiner als DIN A4. Lassen Sie daher rundum einen Rand von 2–3 cm von jeglicher Text- oder Bildbestückung frei.
- Der Betrachtungsabstand darf maximal dem Sechsfachen der projizierten Bildhöhe entsprechen.
- Die Schriftgestaltung mancher OHP-Folien erinnert häufig an einen Sehtest. Um auch aus etwas größerer Entfernung noch gut lesbar zu sein, muss die Schriftgröße mindestens 14 pt betragen.
- Für Überschriften wählt man möglichst die Größe (Schriftgrad) 16 pt.
- Die gewählte Linienbreite der Buchstaben, Ziffern und Grafiken darf 0,5 mm nicht unterschreiten.
- Es ist unakzeptabel, Texte, Tabellen oder Grafiken aus einer Originalveröffentlichung im gleichen Format direkt auf die Folie zu kopieren: Das Dargestellte verschwimmt schon für die Betrachter in der zweiten Reihe zu einer homogenen und schlimmstenfalls auch noch grauen Masse.
- Verwenden Sie daher zur Folienbestückung – wenn überhaupt – nur genügend vergrößerte und von sonstigen nicht zur Mitteilung gehörenden Zutaten befreite Kopien.
- Auf farbig gestalteten Folien legt man Schrift und Linien möglichst in Schwarz, Dunkelblau oder Dunkelgrün an. Schriftelemente in Gelb- und Orangetönen gehen nach aller Erfahrung im grellweißen Projektionshintergrund hoffnungslos unter.
- Die meisten Zuhörer/Zuschauer empfinden bei Präsentationen eine kräftig gelbe Schrift auf dunkelblauem Hintergrund als besonders augenschonend und angenehm.
- Vermeiden Sie bei Ihrem Vortrag umfassende Folienorgien oder -filme, die dem Zuhörer/Betrachter jeweils nur ultrakurze Wahrnehmungszeiten einräumen. Der Betrachter sollte für das Erfassen einer Folie mindestens 2–3 min Zeit haben. Das begrenzt innerhalb der Ihnen zugestandenen Vortragszeit die Anzahl der vorzusehenden Folien. Bei mehr als 50 Folien in einem 30-minütigen Vortragen hat der Redner mit Sicherheit jegliches Augenmaß verloren und erzeugt tatsächlich nur noch wirkungslose „Overhead"-Effekte.
- Manchmal geht es nicht ohne mathematische Formeln. Überladen Sie jedoch Ihre Folie auch mit diesen nicht – es droht eventuell der sichere Overkill der Zuhörerschaft. Es ist auch unnötig, die eigene mathematische Hochbegabung durch reichlichen Gebrauch unübersichtlicher Formeln penetrant zur Schau zu stellen. Den Ausdruck $\ln(e) + \sin^2 x + \cos^2 x = \sum 2^{-n}$ kann man schließlich auch ergreifend einfach und somit sehr schlicht durch die Angabe $1 + 1 = 2$ darstellen.

Gestaltungstechnisch gelten für die mit Beamer oder vergleichbaren Gerätschaften projizierten Darstellungen die gleichen Vorgaben wie für eine OHP-Folie (Abb. 10.8), unter
anderem auch das immer empfehlenswerte KISS-Prinzip („keep it short and simple").
PowerPoint-Folien sind im Unterschied zur gewöhnlichen OHP-Folie im Querformat
angelegt (Abb. 10.7).

- Wenn Sie für eine *PowerPoint*-Präsentation eine dunklere Hintergrundeinfärbung wählen, muss sich die Schrift davon genügend kontrastreich abheben: Eine sympathische
  Wirkung mit wirksamer Schonung der Augen Ihres Audi- bzw. Visitoriums entfalten
  hier kräftig gelbe Schriften auf blauem Hintergrund.
- *PowerPoint* erlaubt eine Menge Gestaltungseffekte für Überschriften. Aber Vorsicht:
  Sie erinnern mitunter an den schrecklichen Comicstil von ClipArt und ähnlichen
  konfektionierten Lösungen. Es ist vermutlich eher kontraproduktiv, bereits den Vor-
  tragstitel in 3D-Buchstaben mit Schattenriss, zusätzlich gespiegelt und auch noch in

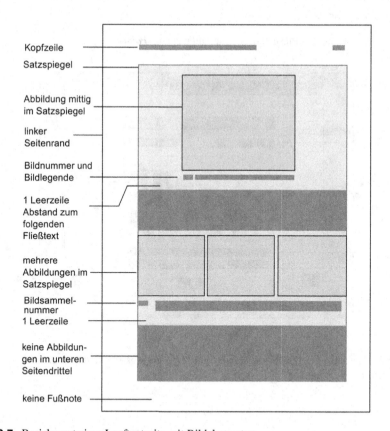

Abb. 10.7 Basislayout einer Lauftextseite mit Bildelementen

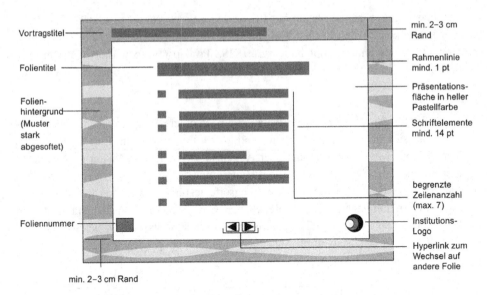

Abb. 10.8 Gestaltung von Präsentationsmaterialien (*PowerPoint*-Seite)

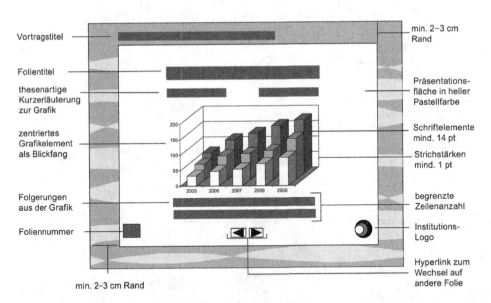

Abb. 10.9 Jede einzelne PowerPoint-Folie muss eine gut dosierte und klar fassliche Botschaft transportieren

Schrägperspektive auftreten zu lassen. Vermeiden Sie solchen Schnickschnack der besseren Wirkung Ihrer eigentlich Botschaften wegen.

- Setzen Sie bei *PowerPoint*-Präsentationen auch möglichst nur eine begrenzte Anzahl von Animationseffekten ein. Wenn jede abzurufende Überschrift oder ein neuer Sachbegriff jeweils per Pirouette in das Bild fliegt oder unentwegt eine Ameisenstraße aktiviert wird, lenkt man den Zuhörer wirksam und zuverlässig vom eigentlichen Inhalt ab.

- Verwenden Sie für alle zusammengehörenden Präsentationsmaterialien ein einheitliches Layout mit einer Kopfleiste, die Thema und Standort innerhalb Ihrer Vortragsgliederung angibt.

- Bei *PowerPoint*-Präsentationen zu besonderen Anlässen ist an das institutstypische Corporate Design zu denken.

- Eine zusätzliche Nummer erleichtert bei der anschließenden Diskussion das rasche Wiederauffinden einer bestimmten Darstellung.

Weitere Angaben zur Gestaltung und vor allem zur Vortragstechnik einschließlich Körpersprache, die hier nicht unser Thema sein kann, finden Sie beispielsweise bei Apel (2002), Schwab (1999), Seifert (2001) und Seimert (2005).

10.9.2 Poster

Hatten wissenschaftliche Kolloquien wie das berühmte Cold Spring Harbor Symposium auf Long Island/New York in ihren Anfängen eher den Charakter eines Familientreffens, so kommen die Teilnehmenden an heutigen internationalen Wissenschaftlertreffen gar nicht mehr alle zu Wort. Damit sie aber dennoch ihre Ergebnisse möglichst wirksam präsentieren können, finden bei fast allen größeren Kongressen spezielle Poster-Präsentationen (Postersessions) statt, bei denen die Kommunikation im Wesentlichen nur noch über plakativ aufgemachte Schautafeln abläuft. Poster-Präsentationen weisen insofern zwar gewisse Züge von Thesenanschlägen an Kirchentüren wie bei Martin Luther (1517 in Wittenberg) auf, stellen aber eine eingeführte zeitgemäße und effiziente Art der Wissenschaftskommunikation dar. Für Neulinge in der Wissenschaft bieten sie oft die erste Möglichkeit, mit der übrigen Wissenschaftsgemeinde in Kontakt zu treten.

Die Tagungsorganisatoren stellen dafür im Allgemeinen besondere Stellwände in Foyers oder sonstigen Haupt- und Nebenräumen des Kongressgeschehens zur Verfügung. Mit der Einladung zu solchen Zusammenkünften werden auch die vorgesehenen zulässigen Postergrößen benannt (meist Hochformat DIN A0 oder bis 75 × 100 cm) – der Rest ist eine Frage der individuellen Ausgestaltung und bedarf daher sorgfältiger gestalterischer Überlegungen. Im Einzelnen ist dabei zu bedenken (vgl. Abb. 10.10). Immerhin: Ihr

Poster soll nicht nur einfach irgendwelche Daten vorstellen, sondern auch von der Qualität Ihrer Arbeit überzeugen – und eventuell den weiteren Weg in die Wissenschaftswelt ebnen. Dazu gelten folgende adressatenadäquate Empfehlungen (vgl. Tab. 10.4):

- Die Buchstaben des Postertitels müssen mindestens 30 mm hoch sein, sodass man sie schon aus etwa 4 m Distanz lesen kann.
- Alle Mitteilungen auf Ihrem Poster müssen aus etwa 2–3 m Leseabstand klar erkenn- bzw. lesbar sein.
- Bilddarstellungen müssen daher mindestens die Größe DIN A4 aufweisen.
- Autorenname(n) und Angabe der Institution(en) erscheinen in 20–35 mm hohen Buchstaben.
- Für alle Textteile sowie Bildbeschriftungen und Tabellen sind ca. 7 mm hohe Zeichen empfehlenswert.

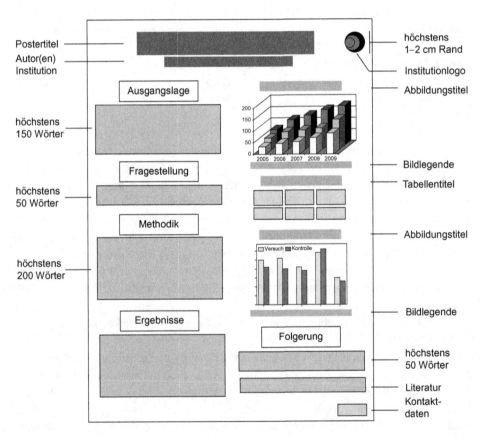

Abb. 10.10 Layoutvorschlag für ein übersichtlich gestaltetes Poster

Tab. 10.3 Typographie der verschiedenen Textelemente im Überblick

Textelement	Schriftgröße (pt)	Schriftschnitt	Anmerkungen und Hinweise
Titelseite: Thema	16	fett	keine Worttrennungen; zentriert
Titelseite: Untertitel	14	fett	keine Worttrennungen, zentriert
Titelseite: Institution	12	fett	keine Worttrennungen, zentriert
Titelseite: andere Angaben	12	fett	keine Worttrennungen, zentriert
Inhaltsverzeichnis 1. Ebene	11	fett	linksbündig, Punktreihe zur Seitenangabe
Inhaltsverzeichnis 2. Ebene	11	normal	linksbündig, Punktreihe zur Seitenangabe
Inhaltsverzeichnis 3. Ebene	11	normal	linksbündig, Punktreihe zur Seitenangabe
Kopfzeile	10	normal	linke Seiten linksbündig, rechte Seiten rechtsbündig
Seitenzahl	11	fett	linke Seiten linksbündig, rechte Seiten rechtsbündig
Überschrift 1. Ebene	16	fett	keine Worttrennungen, linksbündig
Überschrift 2. Ebene	14	fett	keine Worttrennungen, linksbündig
Überschrift 3. Ebene	12	fett	keine Worttrennungen, linksbündig
Lauftext	11	normal	Worttrennungen, Blocksatz
Formeln und Gleichungen	11	normal	zentriert
Tabellen- und Bildnummern	10	fett	mit Punkt abschließen
Tabellen- und Bildlegenden	10	normal	Punkt nur bei vollständigen Sätzen
Tabellentext	10	normal	Textteile zentriert, Zahlenangaben rechtsbündig

Tab. 10.4 Empfohlene Typographie der Textelemente eines Posters im Überblick

Einsatzbereich	Schriftart	Schriftgrad (pt)	Buchstabenhöhe (mm)
Postertitel	*Arial, Verdana*	72–120	mind. 30
Autor(en)/Institution	*Arial, Verdana*	30–56	etwa 25
Abschnittüberschrift	*Arial, Verdana*	36–48	etwa 20
Lauftext	*Times New Roman*	24–36	7–10 ara>
Bildlegenden	*Arial, Verdana*	20–24	6–8
Sonstiges (Literatur, Kontaktdaten)	*Times New Roman*	18–22	etwa 7

- Farbe ist als Gestaltungsmittel grundsätzlich erwünscht – bei Abbildungen ebenso wie als Tabellenhintergrund. Die Schriftelemente eines Posters setzt man dagegen vorzugsweise in konventionellem Schwarz.
- Mit Texthervorhebungen unbedingt sparsam umgehen. Unterstreichungen oder Fettdruck wirken meist ziemlich penetrant. Folgen Sie den Empfehlungen in Kap. 9.
- Auch ein Poster darf man nicht mit Information überladen. Mehr als 500 Wörter sollte man nicht vorsehen. Schließlich dient es der raschen und wirksamen Information des Betrachters. Der Impact Factor Ihres Posters für Profil und Prestige ergibt sich aus der Informationsdichte und den eingesetzten Eyecatchern, nicht aus der Zeichenmenge.
- Zum Poster gehören natürlich eine knappe Literaturliste sowie die Autorenkontaktdaten (vgl. Abb. 10.10).

Ein Poster bedient seinen Betrachter immer mit einem Kurztext zur Fragestellung bzw. Ausgangslage des bearbeiteten Problems und mit konzisem Ergebnisteil im Stil einer dpa-Nachricht (mit bildlicher Dokumentation) – fast so, wie bei der Frühstückslektüre der Tageszeitung. Auch hier gilt uneingeschränkt der von Jean Paul (1763–1825) überlieferte Aphorismus „Sprachkürze zeigt Denktiefe". Eine thesenartige Zusammenfassung sowie eine Auflistung der wichtigsten Originalliteratur runden die Darstellung ab. Vermeiden Sie daher unbedingt, die aus Ihrer Sicht mitteilenswerten Ergebnisse auf der definitiv und geradezu erbarmungslos begrenzten Posterfläche in enzyklopädischer Fülle auszubreiten.

10.10 Zum Abhaken – Checkliste „Formale Gestaltung"

Für die formale Gestaltung Ihrer Arbeit bestehen an Ihrem Institut oder in Ihrer Arbeitsgruppe eventuell spezifische Vorgaben, die von den Empfehlungen in diesem Ratgeber abweichen könnten. Mitunter gibt es auch besondere Vorlieben oder Wünsche der Betreuer (Prüfer, Gutachter, Zweitleser), die man aus naheliegenden Gründen schon weit im Vorfeld klären muss. Stimmen Sie daher – anhand der folgenden Checkliste – alle wichtigen Details rechtzeitig mit dem Betreuer Ihrer Arbeit ab. Bevor Sie Ihre Arbeit einreichen, ist eine rigorose Selbstprüfung Ihres Manuskriptes ratsam, indem Sie nach den Empfehlungen dieses Ratgebers den gesamten Text noch einmal (oder zum wiederholten Male …) nach etwaigen formalen Fehlern durchkämmen. Bedenken Sie auch Folgendes: Mit einer formal ordentlichen Arbeit ersparen Sie Ihrem Gutachter eine Menge Schreibarbeit, denn auch formale Mankos müssen jeweils begründet werden – und solche Gutachten zu schreiben, erinnert eher an eine Strafexpedition …

Ansprechpartner/Kontaktdaten

Thema der Arbeit (Haupt-/Untertitel)

....

....

....

Titel ist	☐ Arbeitstitel ☐ verbindliche Formulierung

Umfang	optional .... maximal ... Seiten

Gliederung	☐ dekadisch	☐ anders, nämlich .....
Fußnoten	☐ ja, unbedingt	☐ nein, besser nicht
Schriftart	☐ Serifenschrift	☐ serifenlose Schrift
Schriftgröße	... pt	

Zitate	☐ im Text als Kurzbeleg (Harvard-Notation)
	☐ Vollzitat nach welcher Konvention?

Internet-Quellen	☐ als Druckerprotokoll zur Einsicht bereithalten
	☐ als *downloads* auf Diskette bereithalten
	☐ der fertigen Arbeit als Anlage beifügen

Fertigstellung	☐ Entwurf abstimmen am ....
	☐ Endfassung abliefern am ....

Sonstiges:

Für die Schreibwerkstatt: Tipps fürs Tippen 11

Ich kann freilich nicht sagen,

ob es besser wird, wenn es anders ist,

aber so viel kann ich sagen,

es muss anders werden,

wenn es gut werden soll.

Georg Christoph Lichtenberg (1742–1799).

Welche Anführungszeichen sind richtig? Wie geht man kompetent mit Einheiten und Formelbildern um? Welche Nummerngliederung ist empfehlenswert? Auch nach dem Durcharbeiten der vorangehenden Kapitel stellen sich im Schreibprozess unentwegt mancherlei formale Fragen. Daher bietet Ihnen die folgende nach Stichworten gegliederte und alphabetisch sortierte Übersicht eine (hoffentlich wirksame) Hilfe zum Nachschlagen im Notfall. Sie versteht sich allerdings ausdrücklich nicht als kompletter Abriss der mit Wirkung vom 1. August 2006 verbindlichen Neufassung der deutschen Rechtschreibung redigierte Fassung des amtlichen Regelwerks 2017, veröffentlicht im Januar 2018, auch wenn daraus die eine oder andere Empfehlung eingeflossen ist. Über den Sinn und die gelegentlichen logischen Abwege der empfohlenen neueren Schreibweisen ist an anderer Stelle und von berufenen Schriftgelehrten bereits ausführlich diskutiert und kritisiert worden. Fallweise gebraucht man von diesem Regelwerk bemerkenswerte und recht praktikable Modifikationen, zumal etliche Nebenformen bzw. Varianten zulässig sind. Manche großen Buch- und Zeitungsverlage haben ihre hauseigene, nicht in allen Punkten mit den Standardwörterbüchern wie Duden oder Wahrig konforme Rechtschreibung festgelegt. Aber: Entwickeln Sie bitte nicht Ihre alternative individualtypische Orthographie!

© Springer-Verlag GmbH Deutschland, ein Teil von Springer Nature 2023
B.P. Kremer *Vom Referat bis zur Abschlussarbeit*, https://doi.org/10.1007/978-3-662-65972-4_11

Die hier vorgenommene Zusammenstellung versammelt aus langjähriger Erfahrung an der schreibenden Front eine Anzahl Empfehlungen, Hinweise, Konventionen, Regeln und Vorschriften, mit denen man die vielen denkbaren und tatsächlich vorhandenen Stolperstellen eines naturwissenschaftlich-technisch betonten, daher unvermeidlich komplexen Wissenschaftstextes erfolgreich bewältigen kann – also eine Art Navigationshilfe für sicheres Fahrwasser in den zweifellos klippenreichen Gewässern der deutschen (Wissenschafts-)Sprache. Insofern stellt die anschließende Ansammlung eher eine Art Erste-Hilfe-Kasten dar, aus dem man im Bedarfsfall die benötigte Information rasch, unkompliziert und zuverlässig entnimmt.

Im Unterschied zu einem geisteswissenschaftlichen Essay, der seinen Gegenstand rein verbal seziert und mit der dann fälligen Detailbetrachtung eventuell in unübersichtliche Satzbaudickichte gerät, verwenden (die oftmals ungleich sympathischeren) naturwissenschaftlichen Texte oft codierte und daher besonders informationsdichte Bausteine wie Einheiten, Formeln, Kürzel oder Zahlen. Deren Verwendung erfolgt natürlich nicht beliebig, sondern ebenfalls nach festen, oft jedoch weniger bekannten Satz- bzw. Schreibregeln. Entsprechende Fallbeispiele sind hier ebenfalls berücksichtigt (vgl. Kap. 8).

▶   **Wichtig:** Lesen Sie die folgenden Eintragungen am besten gründlich durch, noch bevor Sie in die eigene finale Manuskriptgestaltung einsteigen – dann haben Sie die etwaigen Problemfelder bereits deutlich vor Augen und können kompetent (re)agieren.

Abkürzungen

- Zwischen den einzelnen Elementen einer Abkürzung wird ein Leerzeichen gesetzt: 2800 m ü. d. M.
- Aus ästhetischen Gründen kann man den Zwischenraum etwas unterschneiden (Abstandverringerungen um 1–1,5 pt, vgl. Kap. 9):

statt	eventuell
z. B.	z. B.
u. v. a. m.	u. v. a. m.
i. d. R.	i. d. R.
u. dergl.	u. dergl.

- Folgende häufig verwendete Standardabkürzungen versieht man immer mit einem Punkt:

Tel.	(Telefon)
Bd.	(Band) – Bde. (Bände)

Jh.	(Jahrhundert; auch Jhdt.)
lfd. Nr.	(laufende Nummer)
Mio.	(Million)
Mrd.	(Milliarde)
S. 25 f.	(Seite 25 und die folgende)
S. 25 ff. Plinius d. Ä.	(Seite 25 und die folgenden)

- Generell ohne Punkt bleiben:
  - Maßeinheiten: m, mm, g, kg, s, A (vgl. Kap. 8)
  - Himmelsrichtungen: SW (= Südwest), NNO (Nordnordost; auch in deutschen Texten als englischsprachiges Akronym NNE)
  - die Angabe NN (= Normalnull), aber: ü. NN (über NN), heute vorzugsweise als NHN (Normalhöhennull) angegeben (vgl. Stichwort Höhenangaben).
- Akronyme: ATP, BSE, DNA, F-1,6-bP, pH, RNA, alle chemischen Symbole wie C, N, Ca, Fe, Si u. a.
- Aufzählungen in Listen:
  1 Teclu-Brenner.
  5 Pipetten.
  8 Reagenzgläser.
  3 Erlenmeyerkolben.
- Bei Abkürzungen bildet man den Plural durch Verdoppelung des letzten Buchstabens ff. (für viele folgende Seiten)
  spp. für *species* = (mehrere) Arten (vgl. Abschn. 8.2).
  Das entsprechende Kürzel spp. nicht mit ssp. = *subspecies* (Unterart) verwechseln!
- Bei Akronymen bildet man den Plural durch ein angehängtes kleines s:
  RGs Reagenzgläser
  RNAs Ribonukleinsäuren
  UVPs Umweltverträglichkeitsprüfungen
  HDs Festplatten
- Nach der nur vorsichtig einzusetzenden Abkürzung d. h. (das heißt), die unnötigerweise die tragende Hauptsache in den folgenden Nebensatz auslagert, schreibt man ohne Komma weiter.
  (vgl. auch Stichwort Maßzahlen und Maßeinheiten).

Adjektive in Artnamen In deutschsprachigen zusammengesetzten Artnamen von Pflanzen, Pilzen oder Tieren werden die adjektivischen Zusätze grundsätzlich groß geschrieben:

- Kriechender Hahnenfuß
- Horngrauer Rübling
- Roter Milan

Nur adjektivische Zusatzkennzeichnungen außerhalb des zusammengesetzten Artnamen werden klein geschrieben:

- der kräftig gelbe Kriechende Hahnenfuß
- der schwer erkennbare Horngraue Rübling
- der fluggewandte Rote Milan

Adjektive in substantivischen Wortgruppen In bestimmten Fällen werden die Adjektive groß geschrieben, obwohl streng genommen keine Eigennamen und keine Ableitungen von geographischen Bezeichnungen vorliegen:

- Zweiter Hauptsatz der Thermodynamik
- Jüngere Steinzeit
- Oberer Jura

(vgl. auch Stichwort Eigennamen bzw. Eponyme)

- In idiomatisierten Begriffen schreibt man den adjektivischen Teil immer groß, wie in Dritte Welt, Erste Hilfe, Schwarzes Brett, Zweiter Weltkrieg etc.

Akronyme
Als Akronyme bezeichnet man die nur aus den Anfangsbuchstaben der mitgeteilten zentralen Begriffe bestehenden Termini. Sie sind im Alltagsdeutsch ebenso weit verbreitet (etwa DB = Deutsche Bahn) wie im wissenschaftlichen Sprachgebrauch (Beispiel: PSE = Periodensystem der Elemente). Fallweise sind auch Mischlösungen aus Groß- und Kleinbuchstaben üblich (StPO = Strafprozessordnung).

Alle in einer wissenschaftlichen Arbeit verwendeten Akronyme müssen aus Verständnisgründen in einem gesonderten Verzeichnis alphabetisch gelistet werden, auch wenn es sich dabei um vermeintlich allgemein bekannte bzw. generell eingeführte Termini (wie ATP oder DNA) handelt. (Vgl. auch Kap. 5).

Alphabetische Ordnung
Bei schriftlichen Arbeiten mit Literaturverzeichnis und Register (Index) sind die Regeln zur alphabetischen Ordnung nach DIN 5007 unbedingt einzuhalten, der auch die Sortierung in Lexika und Telefonbüchern folgt. Zur Namensortierung vgl. Abschn. 6.5.

- Die Buchstabenfolge richtet sich generell nach dem deutschen Alphabet.
- Großbuchstaben werden den Kleinbuchstaben gleichgesetzt, wie im Beispiel
    Lese
    lesen
    Leser

Bei gleichem Wortlaut steht das Kleingeschriebene jedoch vor dem Großgeschriebenen, wie bei

pflanzen

Pflanzen

- Die Umlaute ä, ö und ü werden wieder in ihre ursprünglichen Komponenten getrennt (ae, oe, ue) und entsprechend hinter ad, od bzw. ud einsortiert, also etwa

Adsorption

Asche

Äsche

- Auch das diakritische Zeichen ß wird aufgelöst und steht dann nach ss wie im Beispiel

Masse

Maße

- Zahlen sind den Buchstaben immer nachgeordnet. Römische Zahlzeichen werden vor den arabischen einsortiert, also

X-Chromosom

Yukon

Zentralarchiv

II

VI

MDC

5

38

Anforderungen an ein Manuskript Für die optimale Lesbarkeit der Mitteilungen in einer wissenschaftlichen Abschluss- bzw. Examensarbeit gilt:

- Format DIN A4,
- nur einseitig bedruckt,
- mindestens 1,5facher Zeilenabstand,
- ausreichend breiter Korrekturrand rechts,
- korrekte Silbentrennung,
- Blocksatz oder linksbündiger Satz,
- Kapitel, Unterkapitel und Textabschnitt durch eine Leerzeile trennen,
- alle Überschriften durch eine andere Typographie als solche kennzeichnen, beispielsweise durch Auszeichnen halbfett oder einen anderen Schriftgrad.

Für die Ablieferung eines digitalen Manuskriptes zur Veröffentlichung in einem E-Journal oder Printmedium gilt:

- keine Silbentrennung,
- kein Blocksatz,

- manuelle Zeilenschaltung *(hard return)* nur am Abschnittende,
- keine Einzüge,
- nur ein Leerzeichen als Wortzwischenraum,
- Zitation dem betreffenden Publikationsorgan anpassen.

Anführungszeichen Im Deutschen verwendet man nach den Amtlichen Regeln die Anführungszeichen der Form „…" (Gänsefüßchen; Merkhilfe: 99 unten/66 oben).

- Die Anführungszeichen stehen ohne Zwischenraum vor und nach den von ihnen eingeschlossenen Textteilen.
- Verschiedene Schreibprogramme sehen dafür fallweise auch die aus anderen Sprachen übernommenen Formen "… "…" oder '…' vor.
- Spitze Anführungszeichen wie in »Begriff« (Spitzen nach innen) oder «Begriff» (Spitzen nach außen) nennt man Guillemets. Die letztere Form ist vor allem in Frankreich und in der Schweiz üblich.
- Die Verwendung des Zollzeichens (") ist immer falsch.
- Halbe Anführungszeichen (Apostroph) schreibt man ohne Leerzeichen innerhalb einer Anführung: Die Frage lautete: „Kann man hier auch die Modelle ‚Alster' sowie ‚Rhein' sehen?"
- Ein halbes Anführungszeichen setzt man auch bei Sortennamen von Kultur- bzw. Zierpflanzen:
  Fagus sylvatica ‚Atropunicea'
  Liriodendron tulipifera ‚Aureomarginatum'
  Prunus persica ‚Purpurea'

Die eingeführten Sortenbezeichnungen werden nicht kursiv geschrieben.

Apostroph

Der Apostroph (') zeigt gewöhnlich eine Buchstabenauslassung in einem Wort an wie im eher umgangssprachlichen Satz: 's war'n ständ'ger Prozess.

Einen Apostroph setzt man:

- bei Eigennamen im Genitiv, deren Nominativ mit einem s-Laut endet: Aristoteles' Schriften und Helmholtz' Wirbelsätze statt die Schriften des Aristoteles und die Wirbelsätze von Helmholtz;
- vor dem adjektivischen Suffix -sch: Bernoulli'sche Gleichungen, Einstein'sche Relativitätstheorie, Kant-Laplace'sche Theorie, Langerhans'sche Inseln, Leydig'sche Zwischenzellen, Liebig'sche Elementaranalyse.

Die von Duden und Wahrig empfohlenen Schreibweisen bernoullische Gleichungen, einsteinsche Relativitätstheorie etc. sind für den Wissenschaftsgebrauch nicht akzeptabel.

(vgl. Stichwort Eigennamen bzw. Eponyme).

Aufzählungen Verbreitet sind die folgenden Aufzählungsformen, die innerhalb eines Werkes einheitlich gehandhabt werden:

1.	1)	(1)	a)	(a)
2.	2)	(2)	b)	(b)
3.	3)	(3)	c)	(c)
4.	4)	(4)	d)	(d)

Mischformen wie 1.) oder unsinnige Aufzählungsformen wie a., b. etc. vermeiden!

Auslassungspunkte

- Zur Kennzeichnung einer Auslassung in einem Zitattext verwendet man drei Punkte zwischen runden oder eckigen Klammern: (…): Meyer (2011) behauptet, die Reaktion (…) könne so gar nicht stattfinden.
- Vor und nach den Auslassungspunkten setzt man jeweils ein Leerzeichen: Hunde, Katzen, Bären … gehören zu den Raubtieren.
- Am Satzende folgt auf die Auslassungspunkte kein weiterer Schlusspunkt: Der Redner fand wieder einmal kein Ende …
- Innerhalb eines Satzes folgt ein weiteres erforderliches Satzzeichen ohne Leerzeichen: Es ergab sich aus …, dass …
- Bei Auslassung eines Wortteils stehen die Auslassungspunkte ohne Leerzeichen am Wortrest: Textdateien tragen oft die Bezeichnung …doc.
- Zu ergänzende Jahreszahlen werden nur durch zwei Punkte gekennzeichnet: 19..

Auszeichnen bedeutet das Hervorheben bestimmter Einzelbegriffe, Sätze oder Textteile durch typographische Mittel. Die harmonische Auszeichnung

- verwendet statt der Grundschrift fallweise den *Kursivsatz,*
- oder wechselt zu Kapitälchen. Längere Textteile sollte man nicht in Kapitälchen setzen, weil darunter deren Lesbarkeit stark (bis zu 40 %) leidet.

Für die kontrastierende Auszeichnung bieten sich an:

- der halbfette Satz,
- oder die Unterlegung mit einem Graufeld.

Beugung von Adjektiven – parallel oder schwach
Stehen zwei gleichrangige Adjektive ohne vorangehenden Artikel bei einem Substantiv (Maskulinum oder Neutrum) im Dativ Singular, dann werden sie gewöhnlich parallel gebeugt:

Eine Schnitzerei aus helle*m*, feste*m* Holz
Eine Schnitzerei aus helle*m* und feste*m* Holz◄

Fehlen dagegen Komma oder Konjunktion, wird das zweite Attribut schwach gebeugt:

Er schwärmte von wunderbare*m* italienische*n* Rotwein.◄

Bindestrich Den Bindestrich (= den typographischen Trenn- oder Mittestrich bzw. das Divis der jeweiligen Schrift) setzt man ohne Leerzeichen zwischen die zu verbindenden und dann gekuppelten Begriffe:

- GPS-Einmessung
- Natrium-Chlor-Verbindung
- CD-ROM-Laufwerk
- NMR-Spektroskopie
- UKW-Sender
- UV-Messung
- pH-Wert-Bestimmung
- Rh-Faktor
- x-Achse

Ansonsten ist die richtige Verwendung des Bindestriches ein etwas komplexes Unterfangen:

- Zwischen Zahlen und zugeordneten Wortteilen setzt man einen Bindestrich:
  - 40-jährig
  - 7,5-Tonner
  - 1980er-Jahrgang
  - 4-silbig
  - 8-gliedrig
  - 5-kg-Packung
  - 10er-Gruppen
- Bei Buchstaben-Wort-Verbindungen setzt man ebenfalls einen Bindestrich:
  - S-Kurve,
  - β-Strahlung
  - n-Eck
- Wird die Zahl dagegen ausgeschrieben, entfällt der Bindestrich:
  - vierzigjährig
  - dreisilbig

- – sechseckig
- – achtgliedrig
- Vor Suffixen, die mit einem Einzelbuchstaben verbunden sind, setzt man einen Bindestrich:
  - – die n-te Potenz
  - – zum x-ten Mal
- Bei Ableitungen, die eine Zahl enthalten, entfällt der Bindestrich dagegen:
  - – 100 %ig
  - – 3,4 %ig
  - – eine 1000stel-Sekunde
  - – das 3,5fache
  - – 10^4 fach
  - – das 10^{-4}fache
  - – 12mal

  Achtung: Der Duden weicht von dieser im Wissenschaftsgebrauch üblichen Handhabung fallweise ab.
- Der nominale Teil einer gemischten Ableitung wird immer klein geschrieben:
  - – das 2fache, aber das Zweifache

- Zur Aneinanderreihung von mehreren Bestimmungswörtern mit einem Grundbegriff zu einem Kuppelwort verbindet man alle Teilbegriffe mit einen Bindestrich:
  - – 85-kW-Maschine
  - – 2-mL-Pipette
  - – 1-L-Erlenmeyerkolben
  - – 500-g-Portion
  - – 5-Cent-Münze

  Diese Regelung erleichtert zudem die begriffliche Klarheit: 5-Cent-Münzen sind etwas anderes als 5 Centmünzen.
- In mehrgliedrigen Kuppelwörtern steht zwischen allen Einzelbegriffen ein Bindestrich: 90-kW-Otto-Motor, Hermann-von-Helmholtz-Platz, Oswald-von-Nell-Breuning-Straße, DIN-A4-Seite.
- Einen Bindestrich setzt man aus Gründen der begrifflichen Eindeutigkeit in potenziell unübersichtlichen Wortzusammensetzungen:
  - – Druck-Erzeugnis vs. Drucker-Zeugnis
  - – Gummistiefel-Sohle vs. Gummi-Stiefelsohle
  - – Nitrat-Ionen-Konzentration (Nitrat-Ion klingt ähnlich wie Titration)
- Bindestriche sind auch üblich in Wortbildungen, die nach Forscherpersönlichkeiten benannt sind: Compton-Effekt, Karl-Fischer-Reagenz, Henderson-Hasselbalch-Gleichung, Higgs-Bosonen, Hubble-Konstante, Hertzsprung-Russell-Diagramm, Friedel-Crafts-Acylierung, Schmidt-Cassegrain-Reflektor.
- Als Ergänzungsstrich steht der Bindestrich ohne Leerzeichen vor oder hinter dem zu ergänzenden Wortbestandteil:

– Nadel- und Laubbäume
– Bodendichte und -temperatur
(vgl. auch Stichwort bis-Strich und Gedankenstrich).

bis-Striche

- In Strecken- und Zeitangaben verwendet man als bis-Striche die Binde- bzw. Trennstriche
  (Divis) der betreffenden Schrift ohne Leerzeichen:
  von Köln bis Bonn Köln–Bonn
  Abbildung 3a bis 3d Abb. 3a–d
  Bände 9 bis 12 Bde. 9–12
  Seite 28 bis 33 S. 28–33
  von 14 bis 17 Uhr 14–17 Uhr
- Die Verwendung des längeren Gedankenstrichs ist dennoch möglich, muss aber werk-
  einheitlich erfolgen. Manche Typographien empfehlen zusätzlich die Verwendung eines
  unterschnittenen Zwischenraums (= schmales Leerzeichen zwischen den Zeichen; vgl.
  Kap. 9):
  Bde. 9–12:   kurzer bis-Strich
  Bde. 9–12:   Gedankenstrich ohne Leerzeichen
  Bde. 9–12:   Gedankenstrich mit Leerzeichen
  Bde. 9–12:   Leerzeichen um 1,5 pt kürzer
- Bei begrifflichen Wiederholungen schreibt man das verbindende bis immer aus: 4- bis
  7-mal

C, K oder Z? Während für Copyright, Courage und Cuvée wegen der klar erkennbaren
fremdsprachlichen Herkunft die C-Schreibweise unverändert gilt und auch die CD vorerst
nicht zur K(ompakt)S(cheibe) mutiert, sieht die neue deutsche Rechtschreibung für andere
Fälle analog Kopie und Zentrum die jeweiligen K- bzw. Z-Varianten vor.

In Wissenschaftstexten wird man dennoch die herkömmliche Schreibweise unverändert
beibehalten, weil die eingedeutschten Varianten seltsam verkrampft wirken.

Es bleibt also bei Acetat, Acyl-Rest, Cadmium, Calcit, Calcium, Carbonat, Cellulose,
Cephalopoden, Cerealien, Code, Codein, Colluvium, Cornea, Cortison, Cyanwasserstoff,
Cystein, Cytologie sowie Penicillin u. a.

Chemische Formeln Für die korrekte Schreibweise chemischer Formeln entsprechend den
IUPAC-Vorschriften (IUPAC = International Union of Pure and Applied Chemistry) gibt
es zahlreiche Regeln, von denen hier nur die wichtigsten benannt sind:

- Zahlenangaben in Substanzbezeichnungen werden ohne Zwischenraum gesetzt, aber
  mit Bindestrich (Divis) an die Wortstämme angefügt: 3,4-Dimethyl-pentan, 2-
  Methylheptadienol

- Ein Großbuchstabe steht nur am Beginn des Substanznamens komplexerer Verbindungen, alle weiteren Bauglieder werden in Kleinbuchstaben gesetzt:
  - Eisen(II,III)-oxid
  - 6,7-Diethoxy-1-(3′,4′-diethoxybenzyl)-isochinolin
  - $D^{1,4}$-Pregnadien-17a,20b,21-triol-3,11-dion
  - D,L-Glycyl-L-seryl-D-alanin
  - D,L-Amino-b-(4-methylthiazol-5)-propionsäure

Hinter den Kommata oder Klammern im Substanznamen folgt kein Leerzeichen.

- In chemischen Strich- bzw. Gruppenformeln schreibt man die Einfachbindungen im Allgemeinen mit Trennstrichen (Divis); auch wird zwischen den Baugruppen kein Leerzeichen verwendet:
- $-H_3C-(CH_2)_6-COOH$
- Die Lesbarkeit einer Formel kann aber deutlich besser ausfallen, wenn man die Baugruppen durch Gedankenstriche (ohne Leerräume) trennt:
- $-H_3C–(CH_2)_6–COOH$
- Die Index-Buchstaben n oder x als unbestimmte Größen setzt man in Formeln üblicherweise kursiv: $(C_2H_4)_n$, NO_x.
- Ein satztechnisches Problem tritt auf, wenn in einem Symbol oder Formelzeichen außer einem Exponenten (Superskript) auch noch ein Index (Subskript) anzubringen ist. Da die PC-üblichen Schreibprogramme Index und Exponent nicht direkt übereinander platzieren können, muss man sich auf dem konventionellen PC außerhalb professioneller Satzprogramme mit der nicht gänzlich korrekten Notlösung zufrieden geben, die beide Expertziffern nacheinander anbringt: $SO_4{}^{2-}$, $HCO_3{}^-$, $^{14}{}_7N$;
- Negative Ladungszahlen setzt man ebenso wie ein Minuszeichen als hochgestellten Gedankenstrich, nicht als Trennstrich: $PO_4{}^{3-}$ ist wesentlich besser zu erkennen als $PO_4{}^{3-}$.

Datum Für Geschäfts- oder Privatbriefe, Beobachtungs- und Feldbücher, Laborjournale, Notizkladden u. a. sind verschiedene zulässige Datumsformate in Gebrauch:

- Die herkömmliche Datumsangabe nennt – meist in Kombination mit dem Ort – Tag, Monat und Jahr (TT.MM.JJJJ)ohne Leerzeichen, das Jahr auch ohne Schlusspunkt: Köln, den 14.10.2018.
- Der nachgestellte Datum -Akkusativ wird nicht verändert: Er feiert seinen Geburtstag am Dienstag, *den* 14.10.2018.
- Die Datumsangabe nach DIN 5008:2005 gliedert Jahr, Monat und Tag in dieser Reihenfolge durch Trennstriche (Divis) im Format JJ-MM-TT. Für den 14. Oktober 2018 steht dann 2018-10-14 oder zweistellig 12-10-14.
- Zulässig ist auch die Form mit zweistelligen Angaben in der Struktur TT-MM-JJ: 14-10-18.

- Bei Datumangaben , die man aus dem Internet entnimmt, besteht akute Verwechslungs-
  gefahr wegen der unterschiedlich praktizierten Datumstruktur:
- amerikanische Quellen: MM.TT.JJ;
- der 02.04.12 ist also nicht der 2. April 2012, sondern der 4. Februar 2012.
- Ostasien: meist JJ.MM.TT;
- der 12.04.01 wäre daher der 1. April 2012.
- (vgl. auch Stichwort Zeitangaben).

Divis s. Eintrag Gedankenstrich

Drei Konsonanten Beim Zusammentreffen dreier gleicher Konsonanten in einem zusammengesetzten Wort bleiben alle Buchstaben erhalten. Empfohlen wird jedoch, auch in
solchen Fällen immer dann einen Bindestrich zu setzen, wenn es der besseren Lesbarkeit dient: Brennnessel vs. Brenn-Nessel, Flusssand vs. Fluss-Sand, Genusssucht vs.
Genuss-Sucht. Ausnahmen sind beispielsweise Drittel, Hoheit oder Mittag,

Drei (und mehr) Vokale Treffen bei zusammengesetzten Wörtern (Komposita) drei glei-
che Vokale aufeinander, wird immer ein Bindestrich gesetzt: Kaffee-Ersatz, Tee-Ernte,
See-Elefant, Zoo-Oologe (nicht: Kaffeeersatz usw.). Nach Duden wäre die Schreibweise
Zoooologe allerdings korrekt.

Doppelpunkt Schreibt man nach einem Doppelpunkt eigentlich klein oder groß weiter?
Gemäß der Regel, wonach der Beginn eines Ganzsatzes groß zu schreiben ist, verfährt man
so:

- Folgt nach dem Doppelpunkt ein kompletter Satz, schreibt man groß (Regel: Einen
  Ganzsatz beginnt man mit Großschreibung).

Beispiel

Aus dieser Beobachtung ist abzuleiten: Ionale Bestandteile können die Zellmembran
nicht ungehindert passieren.◄

- Folgt dagegen eine Aufzählung, schreibt man klein weiter.

Beispiel

Die aufgefundene Sammlung umfasst: mehrere Herbarblätter mit seltenen Phaneroga-
men, eine Anzahl Kästen mit Holzproben, eine Mappe mit Fotografien ...◄

(vgl. auch Verhältniszeichen).

Eigennamen (Eponyme)

- Von geographischen Eigennamen abgeleitete Attribute auf -er oder -es schreibt man groß: Berner Alpen, Mecklenburger Seenplatte, Germanisches Becken, New Yorker Zentralpark, Schweizer Käse; Siegener Hauptaufschiebung, Tholeyer Schichten, Rheinischer Schild.
- Von Personennamen abgeleitete adjektivische Zusätze schließt man mit Apostroph an: Einstein'sche Relativitätstheorie, Kant-Laplace'sche Theorie, Liebig'sche Elementaranalyse, Lugol'sche Lösung, Maxwell'sche Gleichungen, van't Hoff'sche Regel, Mohr'sches Spannungsdiagramm, Mohs'sche Härteskala, Ohm'sches Gesetz.
- Eingebürgert und tolerabel ist allerdings auch die Schreibweise ohne Apostroph: Leydigsche Flasche, Köllikersche Grube, Kirchhoffsche Regeln, Loschmidtsche Zahl, Vogtscher Eindeutigkeitssatz, Newtonsche Ringe.
  (vgl. dazu Stichwort Apostroph und Abschn. 8.4).
- Nach der neuen deutschen Rechtschreibung zulässig (§ 49), sind auch die folgenden Schreibweisen: einsteinsche Relativitätstheorie, kant-laplacesche Theorie, liebigsche Elementaranalyse, maxwellsche Gleichungen etc.
- In manchen Sonderbezeichnungen wird der Eigenname von Forscherpersönlichkeiten mit Bindestrich angeschlossen: Avogadro-Zahl, Calvin-Zyklus, Down-Syndrom, Golgi-Apparat, Fermi-Diagramm, Feulgen-Färbung, Hilbert-Raum, Lorentz-Transformation, Mohorovičić-Diskontinuität, Haber-Bosch-Verfahren, Zeemann-Effekt, Sertürner-Medaille, Schwarzschild-Exponent, Tscherenkow-Strahlung.

Fremdwörter (angloamerikanische) Für mehrgliedrige angloamerikanische Fremdwörter gelten folgende Empfehlungen:

- Mit Bindestrich geschrieben werden Zusammensetzungen aus Substantiven: Cash-Flow, Flow-Chart, Science-Fiction, Sex-Appeal;
- zusammengeschrieben werden Begriffe, deren zweiter Bestandteil ein Adverb ist: Blackout, Comeback, Countdown, Layout, Playback;
- Zusammensetzungen aus Adjektiv und Substantiv werden getrennt und (beide) groß geschrieben: Joint Venture, Fast Food, Hot Dog, Soft Drink, Southern Blot.

Fußnoten Sofern das generell nicht besonders glückliche Stilmittel Fußnote wirklich unvermeidbar ist (vgl. Kap. 10), verwendet man heute nur noch hochgestellte Ziffern ohne Klammerzusatz und mit Anschluss ohne Leerzeichen:

Mehrere im Gebiet vorkommende Speisepilzarten[1] haben giftige Verwechslungsarten[2], die erhebliche Probleme im Verdauungstrakt[3] hervorrufen können.[4]

Fußnotenhinweise erscheinen im Lauftext immer unmittelbar hinter dem Stichwort, das in der Note aufgegriffen wird. Bezieht sich der zu verweisende Sachverhalt auf einen ganzen Satz, ist der Fußnotenhinweis das letzte Zeichen hinter dem Satzzeichen:

Bei der Positionierung eines Fußnotenhinweise ist zu berücksichtigen, worauf er sich bezieht:

… Reduktionsäquivalent[1]. betrifft nur den Einzelbegriff,
… Reduktionsäquivalent.[1] dagegen den gesamten vorangehenden Satz oder Kontext.

Gedankenstriche Typographische Gedankenstriche (–) sind länger als gewöhnliche Binde- oder Trennstriche (-) (= Divis) und werden immer mit vorausgehendem sowie folgendem Leerzeichen gesetzt. Moderne Schreibprogramme erledigen die korrekte Strichlänge meist automatisch.

Beispiel

Die Gezeiten nennt man – nach einem niederdeutschen bzw. englischen Wort – auch Tiden. ◄

Gleichungen und Formeln

- In Reaktionsgleichungen oder mathematischen Gleichungen werden die Einzelkomponenten und ihre Operatoren (Rechenzeichen) durch jeweils nur ein Leerzeichen getrennt: $2\,H_2O_2 \rightarrow 2\,H_2O + O_2$
- Als Reaktionspfeil ($\rightarrow$) verwendet man das entsprechende Sonderzeichen aus dem Zeichenvorrat Symbol und nicht das vom Schreibprogramm durch 2 – und 1 > automatisch generierte und etwas klotzig wirkende Symbol —>
- Mathematische, physikalische und chemische Formeln oder Gleichungen stellt man zentriert in eine eigene Zeile, damit zusammenhängende Teile möglichst nicht durch Zeilentrennung (Zeilenumbruch) zerrissen werden:

$$(a + b)^2 = a^2 + 2ab + b^2$$

---

[1] Zum Beispiel Violetter Rötelritterling.

[2] Alle blauvioletten Schleierling-Arten.

[3] Giftnotrufzentralen s. S. 25.

[4] Zur sicheren Artdiagnose empfohlen: Flück M (2009) Welcher Pilz ist das? Franckh-Kosmos, Stuttgart.

- In chemischen Formeln oder Gleichungen kann man die Baugruppen auch durch einen Gedankenstrich verbinden, damit sie als solche besser erkennbar werden:

$$H_2C = CH_2\text{-}CH(CH_3)_2\text{-}(CH)_2\text{-}CH(OH)\text{-}CH_3$$

- Sofern bei längeren Reaktionsgleichungen ein Zeilenumbruch nicht zu vermeiden ist, trennt man nach dem Reaktionspfeil:

$$6\,CO_2 + 12\,H_2O + 12\,NADPH + 18\,ATP \rightarrow$$
$$C_6H_{12}O_6 + 6\,O_2 + 12\,H_2O + 12\,NADP + \; + 18\,ADP + 18\,P_i$$

- Umgeformte Ausdrücke in mathematischen Gleichungen umbricht man nach dem Gleichheitszeichen:

$$(a + b)^2 = (a + b)(a + b)$$
$$= a^2 + 2ab + b^2$$

- Produkte stehen näher als Summen: $ab + cd = e$

Getrennt oder zusammen?

- Die neue deutsche Rechtschreibung empfiehlt bzw. lässt zu, adverbiale Ausdrücke aus einer Präposition und einem Nomen herkunftsgemäß getrennt zu schreiben. Beispiele: in Frage stellen, zu Gunsten von, mit Hilfe von, zu Stande bringen, zu Tage fördern. Im Printbereich praktizieren die Verlage hauseinheitliche Varianten.
- Wenn das Adjektiv in einer Verbindung mit einem Verb steigerbar ist, gilt die Getrenntschreibung als geregelter Normalfall: bekannt machen, fern liegen, gut gehen, nahe bringen, zufrieden lassen.
- Infinitivform eines Verbs und zugehöriges Zweitverb werden getrennt geschrieben: kennen lernen, absetzen lassen, spazieren gehen.
- Wenn beide Bestandteile einer Fügung eigenständig sind und eine Infinitivbildung ohne Umstellung möglich ist, schreibt man getrennt: Laub tragende Bäume (Inf.: Laub tragen), Krebs erregende Substanzen (Inf.: Krebs erregen), Insekten fressende Pflanzen (Inf.: Insekten fressen).
- Dagegen: eisbedeckte Seen (Inf.: von/mit Eis bedeckt sein), krampflösende Medikamente (Inf.: einen/den Krampf lösen),

Gradzeichen

- Bei Temperaturangaben werden die Zahl und die verwendete Temperaturskala durch ein Leerzeichen getrennt. Zwischen Gradzeichen (°) und Temperaturskala steht kein Leerzeichen:
- 37°C
- 110 °F
- Bei Bezug auf die absolute Temperaturskala nach Kelvin verwendet man grundsätzlich kein Gradzeichen: 273 K.
- Winkelgrade und Gradangaben in geographischen Koordinaten werden immer ohne Leerzeichen angegeben:
- Der Brechungswinkel liegt bei 15°.
- Der Dachreiter des Kölner Doms liegt auf 50° 56′ 33″ nördlicher Breite (n. Br.).

Groß oder klein?

- Die substantivierte Form von Adverbien, Adjektiven und Partizipien schreibt man groß.

Beispiele

im Allgemeinen, im Besonderen (aber: insbesondere), auf Englisch, ins Einzelne, im Folgenden, bis ins Kleinste, im Wesentlichen, Blau und Gelb ergeben Grün.◄

- In Überschriften und Inhaltsverzeichnissen schreibt man den erstgenannten Begriff immer groß:
  1.1 Bisheriger Kenntnisstand
  1.2 Olle Kamellen
  1.3 Neuere Forschungsansätze
  1.4 Aktuelle Ergebnisse

- In englischsprachigen Buchtiteln und deren Zitaten werden alle Nomina groß geschrieben:
  Barrow, J.D., Silk, J.: The Left Hand of Creation. Oxford University Press 2003.

- In englischsprachigen Aufsatztiteln aus Zeitschriften werden außer dem Anfangsbuchstaben alle Wörter klein geschrieben:
  Whittacker, R.H.: New concepts of kingdoms. Science 163, 150–160 (1969). (vgl. dazu auch Stichwort Zahlbegriffe).

Heilige(s)

Aus dem kirchlichen Umfeld sind zahlreiche Heiligennamen in Ortsbezeichnungen oder sonstige Benennungen übergegangen. Für deren orthographisch korrekte Handhabung gelten folgende Festlegungen:

- In der Namensbezeichnung und entsprechenden Ortsnamen steht kein Bindestrich: Sankt Elisabeth, Sankt Gallen, Sankt Peter, Sankt Pölten.
- Zulässig ist auch die Schreibung St. Elisabeth, St. Gallen, St. Peter, St. Pölten.
- In manchen regional verbreiteten und nur jahreszeitlich gesungenen Kinderliedern findet sich die Formulierung „Heiliger Sankt Martin" – das ist ein klassischer Pleonasmus und als solcher unzulässig.
- Bei Ableitungen aus Ortsbezeichnungen setzt man einen Bindestrich (Divis): der sankt-gallische Klosterplan. die St.-Andreasberger Bergwerke, die Sankt-Gotthard-Berggruppe, die St.-Marien-Kirche, das St.-Elms-Feuer, der Sankt-Lorenz-Strom.
- Im Italienischen lauten die entsprechenden Bezeichnungen San Alberto, San Lorenzo, San Pellegrino, San Salvatore bzw. Santa Lucia, Santa Monica, Santa Sabina, aber Sant'Agnese oder Sant'Elenora.

Höhenangaben

Die Höhenlage eines festländischen Geländepunktes über dem als Normalnull angenommenen Meeresspiegel verzeichneten Kartenwerke mit der Angabe „xy m ü. NN" oder „xy m ü. N.N". Nach der umfassenden Neueinmessung mit Bezug auf das neue Deutsche Haupthöhennetz 2016 (DHHN2016) verwendet man seit 1993 bei Höhenangaben vorzugsweise den Zusatz NHN. Der Bezug der Höhenmessung auf den mittleren Meeresspiegel (MW bzw. MN) ist keineswegs so einfach, wie man sich das üblicherweise vorstellt, denn die jeweils verwendeten Bezugssysteme (etwa NW-Atlantik vs. Ostsee oder Mittelmeer vs. NW-Atlantik) unterscheiden sich im Dezimeterbereich. Das erklärt die unterschiedlichen Höhenangaben für den Zugspitzgipfel in deutschen und österreichischen Atlanten bzw. Berg(wander)karten. Weitere Details bei Kremer (2021).

Hurenkind

Aus der Drucker- bzw. Setzersprache übernommener Begriff; bezeichnet eine einzelne Zeile, die vom letzten Textabsatz auf die Folgeseite gerutscht ist. Sieht im Satzbild unschön aus und lässt sich durch eine geringe Textaustreibung im Vorangehenden beheben. Vgl. Stichwort Schusterjunge.

Jahreszahl am Satzanfang

- Einen Satz oder Textabschnitt beginnt man grundsätzlich nicht mit Zahlen oder Wortabkürzungen:

statt	besser.
1859 veröffentlichte Charles Darwin sein Hauptwerk *The Origin of Species.*	Im Jahre 1859 veröffentlichte Charles Darwin sein Hauptwerk *The Origin of Species.*
Z. B. wurde im Jahre 2005 …	Zum Beispiel wurde im Jahre 2005 …

Klammern

- Runde () oder eckige Klammern [] schließen ihren Wortinhalt jeweils ohne Leerzeichen ein: (vgl. Abb. 11.3); [siehe Anmerkung 35].
- Runde Klammern haben Priorität vor eckigen Klammern: (Eine kritische Diskussion zu Fragen der säkularen Klimaveränderungen finden sich auch in [12, 15–17]).
- In mathematischen Ausdrücken ist die Rangfolge allerdings umgekehrt: [] haben Priorität vor ().
- Werden in Klammern gesetzte Begriffe halbfett bzw. fett gesetzt, gilt das auch für die Klammern: statt (**Hauptkomponente**) immer **(Hauptkomponente)**.
- Analog verfährt man bei Kursivierungen, beispielsweise von wissenschaftlichen Artnamen: Löwenzahn (*Taraxacum officinale*).

Kommaregeln Nicht wenige Zeitgenossen haben erstaunliche Probleme mit der korrekten Zeichensetzung. „Ohne Punkt und Komma" ist zwar in studentischen Texten selten, aber das eine oder andere fehlende Komma beinahe Standard. Die Fehlerquote lässt sich mit den folgenden wenigen Regeln (Auswahl!) dramatisch verringern.

Ein Komma setzt man:

- zwischen gleichartigen Satzgliedern:
    Der Aufschluss zeigte gebankte, helle, verworfene Schichten.
    Die Früchte sind rundlich, rötlich-gelb, gestielt, behaart und gepunktet.
- vor entgegengesetzten Konjunktionen:
    Der Bestand ist zwar großflächig, aber artenarm.
    Nicht nur die Lösungen, sondern auch die Reaktionsgefäße …
- zwischen Hauptsätzen bei Subjektwechsel:
    Die Wägung ergab 5 mg, die Temperatur betrug 21,5 °C.
- zwischen aufzählenden Satzteilen:
    Einerseits war der Bestand großflächig, andererseits ziemlich artenarm.
    Je niedriger die Temperatur, desto langsamer verläuft die Reaktion.
- vor einem erweiterten Infinitiv (nach als, anstatt, außer, um):
    Es gibt mehrere Theorien, um atmosphärische Ladungen zu erklären.
    Das ergab andere Werte, als aus früheren Versuchen bekannt war.
    Man kann den Ansatz auch schütteln, statt ihn zu rühren.

- nach einem Substantiv, von dem ein Infinitiv abhängt:
  Das Experiment regt dazu an, weitere Untersuchungen vorzunehmen.
- vor und nach einer Apposition:
  Der Fliegenpilz, eine der dekorativsten Arten, ist giftig.
- vor Nebensätzen:
  Der Fliegenpilz, der besonders dekorativ aussieht, ist giftig.
  Der Fliegenpilz ist giftig, auch wenn er besonders dekorativ aussieht.
  Er bekam Probleme, weil er einen Fliegenpilz konsumiert hatte.
  Probleme gab es, nachdem er einen Fliegenpilz konsumiert hatte.
  Man fragte sich, warum er einen Fliegenpilz konsumiert hatte.
  Der korrekte Plural von Komma lautet Kommata, und nicht – wie leider häufig zu lesen – Kommas.

Korrekturzeichen Falls Zweit- oder Drittleser Ihren Text auf Formalia kritisch sichten, sollten diese hilfreichen Geister die üblichen Korrekturzeichen nach DIN 16511 verwenden, denn die schaffen Eindeutigkeit. Die üblichen Korrekturzeichen findet man in den großen Wörterbüchern der deutschen Rechtschreibung.

Leerzeichen auch *blank*, Spatium, *spacer* oder Zwischenraum genannt, werden mit der Leertaste aus der Maschinentastatur geschrieben.

- Man setzt nur ein Leerzeichen hinter jedem Satzzeichen (,.:; ? !), hinter einem Binde- oder Trennstrich (Divis) sowie hinter jedem Wort und der letzten Ziffer einer Zahlenangabe.
- Nur ein Leerzeichen trennt auch eine Maßzahl von der Maßangabe (Einheitensymbol):
  3 m
  5 kg
  10 mL
- Ein Leerzeichen setzt man zwischen Zahl und Bruchzahl:
  2 1/2
  3 3/4
- In komplexeren Substanznamen entsprechend der IUPAC-Nomenklatur unterbleibt das Leerzeichen hinter Komma und Klammer:
  $D^{1,4}$-Pregnadien-17a,20b,21-triol-3,11-dion
  6,7-Diethoxy-1-(3´,4´-diethoxybenzyl)-isochinolin
  1-Methyl-2-amino-8-dimethylamino-phenazin

Legenden

- Abbildungen erhalten neben der Abbildungsnummer (z. B. Abb. 3.14 = Abb. 14 in Kap. 3) immer eine erläuternde Bildunterschrift.
- Tabellen versieht man entsprechend mit einer Tabellennummer und einer zugehörigen Tabellenüberschrift.

- Abbildungs- und Tabellenlegenden kann man in einer von der Grundschrift abweichenden Schriftart setzen, beispielsweise in einer serifenlosen Linearschrift, wenn der Fließtext in einer Serifenantiqua läuft.

Maßzahl und Maßeinheit

- Die Zeichen oder Abkürzungen (Symbole) für Maßeinheiten nach den SI-Vorschriften werden immer mit Leerzeichen hinter der zugeordneten Ziffer gesetzt:
    Durchschnittsgewicht 2,7 kg
    aktueller Luftdruck 1,035 hPa
    Vorsicht! Hochspannung (10 kV)

Kaudruck 22,4 N/m^2

- Bei Prozent- und Promilleangaben wird (meist) kein Leerzeichen gesetzt:
    5%
    0,3%
    35‰

Manche Typographien empfehlen jedoch die Verwendung eines Leerzeichens. In jedem Fall ist Werkeinheitlichkeit erforderlich.

Liter
Üblicherweise bezeichnet man dieses auch im Alltag weit verbreitete Hohlmaß maskulin als *der* Liter. Der Duden lässt jedoch auch die Nebenform *das* Liter zu. Das gültige Einheitenzeichen ist der Großbuchstabe L und keineswegs die leider verbreitete Kleinschreibung mit l. Korrekt heißt es also dL (Deziliter), mL (Milliliter) oder µL (Mikroliter).

Meterangaben
Die Längenangabe Meter leitet sich vom griechischen metros (metros) = Maß ab – das Stammwort ist somit eindeutig ein Maskulinum. Dennoch ist im allgemeinen Sprachgebrauch auch die Neutrumform *das Meter* verbreitet und sogar durch Duden bzw. Wahrig sanktioniert. In Zusammensetzungen wie Millimeter, Dezimeter, Kilometer u. a. ist jedoch durchweg (und zumal in Wissenschaftstexten) die maskuline Form üblich. Die Benennung von Messinstrumenten verwendet dagegen ausschließlich das Neutrum (*das Manometer, das Tachometer, das Thermometer*). Eine Ausnahme bildet dagegen – aus welchen Gründen auch immer – *der Gasometer.*

Nummerierungen
Für jede wissenschaftliche Dokumentation legt man das Nummerierungssystem für alle Bestandteile fest. Für eine Semester- oder Abschlussarbeit empfiehlt dieser Ratgeber die folgenden Formen (Tab. 11.1):

Tab. 11.1
Nummerierungssysteme

Seiten	fortlaufend, arabisch	1, 2, 3 …
Kapitel	dekadisch, nach Gliederungsebenen	1
		1.1
		1.1.1
		…
Aufzählungen	arabisch, in Ordnungszahlen	1., 2., 3. …
Abbildungen	arabisch, kapitelweise	Abb. 1.1 …
Tabellen	arabisch, kapitelweise	Tab. 1.1 …
Formeln	arabisch, kapitelweise	(Gl. 1.1)
Quellen	Nummerierung in []	hier nicht empfohlen
Fußnoten	arabisch, kapitelweise	hier nicht empfohlen

Nummerngliederung

- Im Unterschied zu komplexen Zahlenangaben (vgl. Kap. 8) werden fünfstellige Postleitzahlen nicht gruppiert oder untergliedert: 50.932 Köln.
- In Telefon- und Telefax-Nummern setzt man jeweils eine Leerstelle zwischen Vorwahl- bzw. Netzbetreiberkennziffer.
- Lange Anschlussnummern gliedert man von rechts beginnend in Dreiergruppen (Triaden):

06135 402 201
0190 12 345 678.

- Zentralrufnummern kennzeichnet man durch eine mit Bindestrich angeschlossene Null: 1234-0.
- Anschlussnummern schließt man ebenfalls mit Bindestrich an: 1234-567.
- Für internationale Telefon- oder Faxkontakte stellt man der Landesvorwahl an Stelle von 00 ein + vor und schließt die Ortskennzahl ohne 0 an: + 49 221 1234-567.

(vgl. Stichwort Zahlen)

Prozent- und Promilleangaben Die mathematischen Operatoren % (= multipliziere mit 0,01 bzw. 10^{-2}) und ‰ (= multipliziere mit 0,001 bzw. 10^{-3}) behandelt man wie Maßeinheiten, kann aber entsprechend der typographischen Tradition das Leerzeichen auch weglassen:

Beispiel

Der Ethanolgehalt dieses Rotweins liegt bei 13,5 % (vs. 13,5 %).
Der Salzgehalt der Nordsee beträgt durchschnittlich 33 ‰ (vs. 33 ‰).
Werkeinheitlichkeit ist auch in dieser Frage wichtig.

- Bei Ableitungen entfällt der Zwischenraum in jedem Fall:

0,9%ige NaCl
25%ige HCl
96%iges Ethanol

- Kleinere Operatoren als Prozent und Promille sind die Angaben ppm (*parts per million* [Merkhilfe: „Preußen pro München" " mit dem Faktor 10^{-6}) sowie ppb *(parts per billion)* mit dem Faktor 10^{-9}.

Achtung:
billion ist die amerikanische bzw. französische Angabe für Milliarde (10^9), *trillion* diejenige für Billion (10^{12}).

- Die Genauigkeit einer Prozentangabe soll man nicht übertreiben:

für n < 100 ohne Dezimalstelle: 6 % statt 6,8 %
für n < 1000 nur eine Dezimalstelle: 6,8 statt 6,84
für n > 1000 zwei Dezimalstellen: 6,84 %
Prozentangaben allein geben kein genaues Bild. Empfehlenswert ist daher jeweils die Angabe der genauen Bezugsgröße n, gefolgt von der Prozentzahl in Klammern: 350 Arten (6,8%).

- Werden Prozent oder Promille als Wort ausgeschrieben, schreibt man auch glatte Zahlen unter 12 als Wort: drei Prozent, acht Promille.
- Mischformen wie zwölf % oder vier ‰ sind typographisch unzulässig.
- Zur Angabe des Salzgehaltes im Meerwasser verwendet man – neben dem verbreiteten Promillewert – zunehmend die zahlengleiche *practical salinity unit* (PSU): Der durchschnittliche Salzgehalt der Nordsee liegt bei 33 ‰ entsprechend 33 PSU.◄

Paragraphenzeichen

- Man verwendet das Paragraphenzeichen (§) nur in Verbindung mit einer Zahlenangabe aus einem zugeordneten Text: § 1 BNatSchG [Bundesnaturschutzgesetz].
- Zwischen dem Paragraphenzeichen und der folgenden Zahlenangabe steht immer ein Leerzeichen: § 10 StVO [Straßenverkehrsordnung].
- Beim Zitat mehrerer Paragraphen schreibt man dagegen: §§ 1–5 BNatschG.

Ph(ph) oder F(f)?

- Die neue deutsche Rechtschreibung lässt (leider) zu, dass aus dem Altgriechischen übernommene Fremdwörter bzw. Fachbegriffe mit den Wortbestandteilen -graphie, -phon oder -photo mit f bzw. F geschrieben werden können, wie in Graphik/Grafik, Telephon/Telefon, quadrophon/quadrofon oder auch Delphin/Delfin. Grafik und Telefon sind in der Umgangssprache bereits fest etabliert.
- Mischvarianten wie Fotographie sind ausgeschlossen.
- Bezeichnenderweise behält die *Deutsche Gesellschaft für Photographie* ihre tradtionelle Schreibung bei.
- Die Anlehnung an die Schreibweise in anderen europäischen Sprachen erscheint unnötig: Symphonie vs. sinfonia (ital.)
- Die Unsinnigkeit der neuen Regelung zeigt sich bereits am Beispiel des Fachbegriffs Photosynthese: Wenn man das anlautende, als „F" gesprochene griechische Phi in ein tatsächliches F umbaut, müsste man konsequenterweise auch das Theta im zweiten Begriffbestandteil „-synthese" zum „t" vereinfachen. Das stand aber bislang noch nicht zur Diskussion.
- Für den Wissenschaftsschreibgebrauch empfiehlt sich generell eine klare Abwendung von der seltsamen F/f-Empfehlung. Für Bibliographie, Phon, Photovoltaik, Photometrie, Photosynthese, Geographie, Stratigraphie, Typographie u. ä. behält man in wissenschaftlichen Texten generell die traditionelle Schreibweise bei.
- Für etliche aus dem Altgriechischen übernommene Begriffe gibt es (glücklicherweise) ohnehin keine „eingedeutschten" F/f-Schreibweisen. Beispiele sind Phasen, Phrasen, Phantom, phlegmatisch, Phoresie u. a.

Punkt

- Hinter einem vollständigen Satz steht – auch in Bildlegenden und Tabellenüberschriften – immer ein Punkt . Gedruckte Verlagswerke weichen je nach Haustypographie jedoch davon ab.
- Am Ende von Aufzählungszeilen steht kein Punkt:
- 5 Erlenmeyerkolben mit je 10 mL $CuSO_4$-Lösung
- 3 10-mL-Vollpipetten

Rechenzeichen

- Zwischen den einzelnen Zahlenangaben und die sie verknüpfenden Rechenzeichen der Arithmetik setzt man ein Leerzeichen: $3,5 + 1,7 = 5,2$ (nicht: $3,5+1,7=5,2$).

- Vorzeichen werden dagegen immer ohne Zwischenraum gesetzt:

$55{-}75 = -25$; $3,75 \times 2 = 7,5$; $-78\ {}^\circ\text{C}, + 25\ {}^\circ\text{C}$.

- Als Minuszeichen verwendet man keinen Trennstrich (-), sondern den Gedankenstrich (–):

Gestern Nacht sank die Temperatur auf $-14\ {}^\circ\text{C}$.

- Das typographisch korrekte Multiplikationszeichen ($\times$) aus dem Zeichenvorrat Symbol unterscheidet sich vom hierfür nicht empfohlenen Kleinbuchstaben x.
- Bei Multiplikationen ist der Multiplikationspunkt nur zwischen den Einheiten bzw. Formelzeichen zulässig:

statt   besser
$1{,}23{.}456{.}789 \cdot 10^9\ \text{m} \cdot \text{s}^{-1}$ $1{,}23{.}456{.}789 \times 10^9\ \text{m} \cdot \text{s}^{-1}$

- In physikalischen Formeln ist zwischen der Verwendung eines Multiplikationskreuzes ($\times$; „Kreuzprodukt" für vektorielle Größen) und des hochgestellten Multiplikationspunktes (.) für skalare Größen zu unterscheiden.
- Für die Angabe $\pm$ verwendet man nur das dafür vorgesehene Sonderzeichen aus dem Zeichenvorrat Symbol, nicht das + mit anschließender Unterstreichung zum $\pm$.

- Für die Standardabweichung wird sich künftig die erstmals 2006 empfohlene Kurzform durchsetzen

statt   eher
$N_A = 6{,}022\ 141\ 79 \times 10^{23}\ \text{mol}^{-1} \pm$ $N_A = 6{,}022\ 141\ 79\ (30) \times 10^{23}\ \text{mol}^{-1}$
$0{,}000\ 000\ 30\ \text{mol}^{-1}$

- Mathematische Sonderzeichen finden sich im Zeichenvorrat Symbol, darunter $\neg$ (nicht), $\neq$ (ungleich), $\in$ (Element von), $\cap$ (geschnitten), $\vee$ (oder), $\wedge$ (und), $\Rightarrow$ (wenn …, dann) etc.
- Hochzahlen (Superskripte, Exponenten) werden ohne Leerzeichen an ihre Basiszahl angeschlossen:

10^6, 10^{-9}.

Satzzeichen werden ohne Leerzeichen dem vorangehenden Wort angefügt. Nach einem Satzzeichen folgt immer ein Leerzeichen: ... angefügt. Nach ...

Schachtelsätze
Satzgefüge aus Haupt- und Nebensätzen (und letztere gegebenenfalls in zweiter oder dritter Abhängigkeit) sind lesetechnisch und stilistisch eine absolute Zumutung. Das folgende (fiktive) Beispiel möge der Abschreckung dienen:

Charles Darwin (1809–1882), einer der bedeutendsten Naturforscher des 19. Jahrhunderts, entschloss sich erst relativ spät, nachdem er sich etliche Jahre mit der Zucht von Haustauben befasst und die Entstehung von Farbschlägen und sonstigen Varianten beobachtet hatte, die von ihm – vor allem auch während seiner mehrjährigen Forschungsreise an Bord der' MS Beagle' – zusammengetragenen Notizen, nicht zuletzt gedrängt von befreundeten besorgten Freunden (darunter der Geologe Charles Lyell, 1797–1875 und der Zoologe Thomas Henry Huxley, 1825–1895), welche die Überlegungen seines kongenialen Konkurrenten Alfred Russell Wallace (1823–1913) kannten, seine Erkenntnisse im Jahre 1859 in einem später von der gesamten Wissenschaftsgemeinde (auch im internationalen Kontext) als epochal angesehenen und schon nach wenigen Tagen vergriffenen Werk *The Origin of Species* (schon wenig später auch in deutscher Sprache erschienen) zu veröffentlichen, worin er im bereits ersten Kapitel ausführlich und bezeichnenderweise auf seine oben benannten Erfahrungen mit Haustauben zurückgriff, was Wallace, der den größten Teil seiner wissenschaftlichen Sammlungen aus Südamerika während der Rückreise nach Europa durch einen Schiffsbrand verloren hatte, zu einer bemerkenswert fairen Anerkennung veranlasste.

Diese wissenschaftshistorisch zweifellos interessante Mitteilung schreit geradezu nach Entrümpelung. Entwickeln Sie selbst eine deutlich bessere und zumutbare Version.

Schaltzeichen sind Sonderzeichen, welche die Elektrotechnik und Physik verwenden. Man benötigt sie vor allem in Skizzen zu Versuchsaufbauten oder Messvorrichtungen. Die wichtigsten Schaltzeichen sind

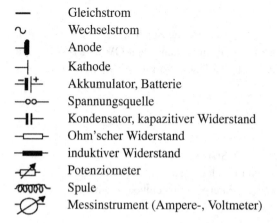

—	Gleichstrom
∿	Wechselstrom
	Anode
	Kathode
	Akkumulator, Batterie
	Spannungsquelle
	Kondensator, kapazitiver Widerstand
	Ohm'scher Widerstand
	induktiver Widerstand
	Potenziometer
	Spule
	Messinstrument (Ampere-, Voltmeter)

Glühlampe

⏚ Erdung

Schrägstrich

Vor und nach einem Schrägstrich steht gewöhnlich kein Leerzeichen, auch wenn er als Rechenzeichen (Bruchstrich) verwendet wird:

- Wintersemester 2022/23
- Aktenzeichen a/LP/15
- 2/3 oder 3/5
- km/h
- Senckenbergmuseum/Frankfurt

Sprachberatung

Für verzweifelt Beratungsbedürftige in Sachen Rechtschreibung etc. bietet die Duden-Redaktion von Mo – Fr (9.00–17.00 h) einen telefonischen Auskunftsdienst an, und zwar unter den Rufnummern

aus Deutschland: 09.001 870 098

aus Österreich: 0900 844 144

aus der Schweiz: 0900 383 360

Eine weitere Hilfe findet sich unter www.wahrig-sprachberatung.de. Kompetente Information erhält man auch beim Leibniz-Institut für Deutsche Sprache (IDS) in Mannheim unter www.IDS-mannheim.de oder 0621–15 81 119.

Schusterjunge

Aus der Drucker- bzw. Setzersprache übernommener Begriff; bezeichnet eine Zeile, die nach dem letzten Absatz auf der Vorseite alleine steht. Lässt sich durch eine geringe Textaustreibung im letzten Abschnitt meist leicht beheben.

Sonderzeichen

Fachspezifisches Schrifttum erfordert häufig fachspezifische Zeichen, die in den normalen Zeichenvorräten der europäischen QWERTZ- oder amerikanischen QWERTY-Tastaturen nicht vorhanden sind. Man findet einen beträchtlichen Vorrat in *MS-Word* unter der Menüoption „Einfügen/Sonderzeichen".

- Beispiele sind:

biologische Zeichen: ♀ weiblich, ♂ männlich, ♃ Staude, ♄ Gehölz

astronomische Zeichen: ♈ Frühlingspunkt (Widderzeichen), ♋ Sommerpunkt (Krebszeichen), ♎ Herbstpunkt (Waagezeichen), ♑ Winterpunkt (Steinbockzeichen)

- Normaler Text:

diakritische Zeichen aus anderen Sprachen wie ý, å, æ, ç, ø und ñ

Hinweis: Werden diakritische Zeichen aus Sprachen benötigt, die im Wissenschaftsgebrauch weniger verbreitet (z. B. Eigennamen aus dem Serbokroatischen oder Polnischen) und unter den Sonderzeichen nicht abrufbar sind, ruft man eine Internetseite in der betreffenden Sprache auf und importiert die benötigten Symbole in den Textkörper:

- Symbol,
- alle griechischen Groß- und Kleinbuchstaben,
- mathematische Operatoren wie $\neq$, $\approx$, $\pm$, $\geq$ und $\leq$,
- sowie das häufig benötigte, aber selten verwendete typographische Multiplikationszeichen ($\times$) anstelle des nicht korrekten Kleinbuchstabens x.

Zusätzliche und eventuell nützliche Zeichen finden sich in den Fonts.

Wingdings

beispielsweise ●, ■, ♦, ☻, ✉, ☎, ☺, ☺ und ☺

Marlett

darunter ◄, ►, ▲, ▼ ▲▼

ss und ß Die neue Rechtschreibung wandelt das nur im Deutschen vorkommende und aus zwei unterschiedlich geschriebenen s-Zeichen (gedrungenes Anfangs-s und schlankes Abschluss-s) zusammengezogenen ß nach jedem kurzen Vokal in ss um:

- Elsass und Russland haben ihr ß zu Gunsten von ss abgegeben.
- Städtenamen wie Haßberge, Haßfurt oder Haßloch bleiben jedoch unverändert.
- Genauso behandelt man Personennamen wie Hans Leo Haßler.
- Mischungen aus Großbuchstaben oder Kapitälchen mit ß sehen nicht nur unschön aus, sondern gelten geradezu als typographische Todsünde. In solchen Fällen schreibt man immer einheitlich ss (GIESSEN statt GIEßEN). In der Schweiz ist das ß als diakritisches Zeichen generell unüblich; hier verwendet man unterschiedslos ss für Strasse, schliessen und Spassvogel.

t oder z? Bei Ableitungen von Substantiven auf „-anz" oder „-enz" sieht die neue deutsche Rechtschreibung als empfohlene Hauptvariante die Schreibweise mit z vor. Beispiele, die auch für (natur)wissenschaftliche Texte relevant sind, wären: essenziell, existenziell, potenziell, Potenzial, substanziell, Reagenz/Reagenzien.

Toleranzbereiche Bei quantitativen Angaben deutet das Zeichen $\pm$ (aus dem Sonderzeichenvorrat "„infügen/Symbol") den Schwankungs- oder Toleranzbereich an.

Beispiel

(12 ± 2) mm meint den Bereich zwischen 10 und 14 mm; die Angabe 12 ± 2 mm ist unkorrekt, da die Einheit für den Bezugswert 12 fehlt. ◄

Trennung Die Silbentrennung wird im Deutschen nach Sprechsilben vorgenommen. Die automatischen Korrektur- und Trennprogramme sollte man jedoch im Zweifelsfall kritisch überprüfen.

* Die Buchstabenkombinationen ch, sch, ph, th und alle Doppelvokale bleiben ungetrennt.
* Beim Zeilenumbruch sind korrekt getrennte, aber vereinsamte Einzelvokale am Zeilenbeginn oder -ende zu vermeiden:
* Der nach Arbeitsschritt 5 gewonnene Ethanolextrakt …

Uhrzeit

* Die Uhrzeit gibt man werkeinheitlich in einem der folgenden Formate an: 11.30 h, 11.30 Uhr, 11:30 h, 11.30 Uhr oder 11 h 30 min.
* Möglich ist auch die sekundengenaue Angabe mit zweistelligen Einheiten im Format 11:30:14.
* Die Schreibweisen 11 h 30 min mit hochgestellten Einheitensymbolen ohne Leerzeichen oder vereinfacht 1130 h ist möglich, aber veraltet.
* In der astronomischen Literatur haben Zeitangaben üblicherweise das folgende Format: Mittlerer Sternentag: 23h56m04,09s Siderisches Jahr: 365d 06h06m10s.

Unterführungszeichen Bei wiederholenden Aufzählungen, Listen oder Registern kann man das Hauptstichwort durch ein Unterführungszeichen ersetzen.

* Das Unterführungszeichen steht jeweils in der Mitte des zu ergänzenden (= zu unterführenden) Begriffs:

Hahnenfuß, Acker-
     „   , Kriechender
     „   , Scharfer
     „   , Zungen-

* DIN 5008:2005 empfiehlt dagegen für den Geschäftsbereich, das Unterführungszeichen unter den ersten Buchstaben des zu wiederholenden Wortes zu setzen:

Köln-Bayenthal	Brauweiler bei Köln	Kartoffel-Ernte
„ Deutz	Wesseling „ „	Kaffee- „
„ Lindenthal	Sürth „ „	Tee- „
„ Nippes	Düsseldorf „ „	Kirsch- „

- Zahlenangaben in Materiallisten werden nicht unterführt:

5 Reagenzgläser 20 mL
  1 Reagenzglasständer
  1 Becherglas 50 mL
  1 „ 100 mL
  1 „ 250 mL
  1 Messzylinder 100 mL
  1 Messpipette 2 mL
  1 „ 5 mL

Verhältniszeichen Der als Verhältniszeichen verwendete Doppelpunkt wird wie ein Rechenzeichen behandelt und durch Leerzeichen abgesetzt:

Maßstab 1 : 25000
Mischungsverhältnis 1 : 3
Ethanol – Eisessig – Wasser = 3 : 1 : 1

Zahlbegriffe Unbestimmte Zahlbegriffe wie einiges, manches, vieles, weniges u. a. schreibt man immer klein, obwohl es sich um substantivische Angaben handelt.

Zahlen

Am Satzbeginn sollten keine Jahreszahlen oder anderen Zahlenangaben stehen:

statt	besser
1953 veröffentlichten Watson und Crick erstmals ihr Strukturmodell der DNA	Watson und Crick veröffentlichten erstmals 1953 ihr Strukturmodell der DNA
0,5 mg Saxitoxin je kg Körpergewicht beträgt die Letaldosis	Die Letaldosis von Saxitoxin beträgt 0,5 mg Saxitoxin je kg Körpergewicht

- Zahlen mit mehr als vier Stellen untergliedert man zur besseren Lesbarkeit, von rechts beginnend, mit Leerzeichen oder Punkt in dreistellige Gruppen (Triaden):

    statt   besser
    12578663451   257 866 345 oder 1.257.866.345

- Lange Zahlen gliedert man entsprechend vor und hinter dem Komma jeweils in Dreiergruppen (Triaden):

  statt   besser
  12345678,87654321   12 345 678,876 543 21

- Bei Geldbeträgen empfiehlt DIN 5008 sicherheitshalber immer die Verwendung von gliedernden Punkten:

  123.456,78 $
  123.456.789,25 €

- Achtung: Im Angloamerikanischen ist es üblich, Dezimalbrüche nicht mit Komma, sondern mit Punkt zu schreiben und eine Null vor dem Komma einer Dezimalzahl eventuell wegzulassen:

  die Angabe   entspricht   nicht empfohlene Schreibweise
  0,257   0.257   .257
  0,801   0.801   .801

- Die Dezimalen und Kommastellen sind für die bessere Vergleichbarkeit so auszurichten, dass das Komma im Kolonnenbild immer an der gleichen Stelle steht:

  715
  62.712
  1.727, 5
  96,3
  0,04
  7,345
  0,314 15

- Zahlenaufstellungen werden immer nach dem letzten Schriftzeichen einer Zahlengruppe ausgerichtet:

Charge	hergestellt am	Kostenaufwand (€)
88/05	25.04.2006	67,06
755/88	13.07.2007	254,05
1277/00	04.06.2008	2.134,80

- Im laufenden Text schreibt man die Zahlen 1 bis 12 als Wort, ab 13 in Ziffern. Diese typographische Regel erscheint allerdings antiquiert und sollte aufgegeben werden,
- Dezimalen schreibt man grundsätzlich in Ziffern: 2,5 L Bier,
- 1,5fach,
- In Texten mit vielen Zahlenangaben ist die Ziffernschreibweise auch bei Zahlen unter 12 vorzuziehen:

Beispiel

Von den 10 aufgefundenen Arten stehen 7 auf der Roten Liste in Kategorie 2, und 5 sind durch die Artenschutzverordnung besonders geschützt.◄

(vgl. auch Nummerngliederung, Prozentangaben und Toleranzbereich).

Zeitangabe Die aus astronomischen Beobachtungen abgeleitete „Weltzeit" (= GMT, Greenwich Mean Time) ist heute durch die Koordinierte Weltzeit (UTC, Universal Time Coordinated) abgelöst. Schaltsekunden, die bei Bedarf jährlich einmal in die UTC-Zeitskala eingefügt werden, lassen die UTC niemals mehr als 1 s von der mittleren Sonnenzeit des Nullmeridians abweichen, auf den die Westeuropäische Zeit (WEZ) bezogen ist.

In Deutschland gilt bislang zwischen einem jährlich festgelegten März- und Oktober-sonntag als gesetzliche Zeit die Mitteleuropäische Sommerzeit (MESZ), in den übrigen Wochen die Mitteleuropäische Zeit (MEZ). Für die Zonenzeitdifferenz zu UTC gilt MEZ = UTC + 1 h sowie MESZ = UTC + 2h. Ob die MESZ künftig beibehalten werden soll, ist seit Jahren Gegenstand – wie üblich – ergebnisloser politischer Diskussionen.

Zeitzonendifferenzen gibt man für die Längengrade westlich von Greenwich mit dem Minuszeichen (–), für Längengrade östlich mit dem Pluszeichen (+) an. Einige Beispiele zeigt Tab. 11.2.

(vgl. Stichwort Datum und Uhrzeit).

Zwiebelfisch
Der aus der Drucker- bzw. Setzersprache übernommener Begriff bezeichnet einen irrtümlich aus einer anderen Schriftart abgesetzten Buchstaben innerhalb der Brotschrift (Grundschrift) des betreffenden Werkes, beispielsweise Buntsπecht oder Kohlμeise.

Tab. 11.2 Zeitzonen
(Auswahl)

Zonenzeitdifferenz	Zeitzone
– 11 h	Aleuten. Samoa
– 10 h	Westliches Alaska, Hawaii
– 9 h	Östliches Alaska
– 8 h	Pacific Time: Westliches Kanada, Weststaaten der USA
– 7 h	Mountain Time: Teile Kanadas, Gebirgsstaaten der USA
– 6 h	Central Time: Teile Kanadas, Zentralstaaten der USA
– 5 h	Eastern Time: Teile Kanadas, östliche USA, Peru, Kuba
– 4 h	Atlantic Time: Teile Kanadas, Brasilien, Chile, Peru
– 2 h	Azoren
– 1 h	Madeira
0	Großbritannien, Irland, Island, Spanien, Portugal
+ 1 h	Mitteleuropäische Zeit: Deutschland, Balkan, Kamerun
+ 2 h	Osteuropäische Zeit: Finnland, Türkei, Israel, Südafrika
+ 9 h 30 min	Zentralaustralien
+ 11 h	Neuseeland

> Genie besteht immer darin, dass einem
>
> etwas Selbstverständliches
>
> zum ersten Mal einfällt.
>
> Hermann Bahr (1863–1934)

Das Zusammenschreiben einer etwas umfangreicheren Arbeit zieht sich gewöhnlich über mehrere Wochen hin, mitunter unterbrochen durch andere ablaufbedingte Intermezzi. Was man auf den ersten Dutzend Seiten zu Papier bzw. PC gebracht hat, gerät dabei naturgemäß wieder aus dem Blick und damit in den Hintergrund – eine für die Einheitlichkeit und Stimmigkeit auch der äußeren Form einer Arbeit mitunter ungute Ausgangslage. Nur durch Routinekontrolle anhand Ihrer Formatvorlage oder Regieliste können Sie stilistische oder formale Brüche verhindern.

- Überprüfen Sie Ihre Texte und Textbausteine (Abbildungen, Grafiken, Tabellen) schon während der Erstellung immer sofort (und immer wieder) auf Einheitlichkeit und Richtigkeit der textinternen Querverweise.
- Lassen Sie jemanden die vorläufige Endfassung Ihres Textes auf formale Unstimmigkeiten lesen: Ein Zweit- oder Drittleser, der sich mit dem Inhalt des Dargestellten nicht einmal sehr differenziert auskennen muss, wird eher Tippfehler, etwaige Formulierungsschwächen, formale Widersprüche oder sonstige Problemzonen Ihres Manuskriptes finden – Ihre Lesehilfe (sie oder er) könnte sich dabei rigoros nach der Checkliste (Tab. 12.1) richten. Außerdem liegen bei solchen hilfreichen Personen die Nerven noch nicht so blank wie bei Ihnen.

© Springer-Verlag GmbH Deutschland, ein Teil von Springer Nature 2023   287
B.P. Kremer *Vom Referat bis zur Abschlussarbeit*, https://doi.org/10.1007/978-3-662-65972-4_12

Tab. 12.1   Prüfliste für die Schlussredaktion Ihrer Arbeit

Problembereich	ok (✓) Aktionsbedarf wo?
Thema	
Alle Aspekte der Aufgabenstellung berücksichtigt?	
Besonderheiten des Themas dargestellt?	
Offene Fragen oder Probleme angesprochen?	
Beschränkung auf Teilaspekte begründet?	
Schwerpunktbildung erläutert?	
Gesamtmanuskript	
Titel und Untertitel korrekt und vollständig?	
Alle Zusatzangaben auf dem Deckblatt?	
Alle Seiten lückenlos durchnummeriert?	
Alle Seiten in der richtigen Reihung?	
Alle vorgesehenen Abbildungen vorhanden?	
Bildnummerierung fortlaufend?	
Bildlegenden vollständig und – wenn erforderlich – immer zweisprachig?	
Alle vorgesehenen Tabellen vollständig oder noch Datenlücken?	
Tabellenlayout einheitlich?	
Tabellennummerierung fortlaufend?	
Tabellenlegenden vollständig und – wenn erforderlich – immer zweisprachig?	
Abbildungen und Tabellen textnah platziert?	
Textverweise auf alle Abbildungen und Tabellen?	
Formeln und Gleichungen vollständig?	
Textverweise auf alle Formeln und Gleichungen?	
Alle vorgesehenen Anhangsteile komplett?	
Kapitelüberschriften im Inhaltsverzeichnis identisch mit dem Lauftext?	
Alle Literaturverweise als Vollzitate im Literaturverzeichnis erfasst?	
Literaturverzeichnis korrekt sortiert?	
Textqualität	
Wortwahl verständlich?	
Alle Abkürzungen erklärt (Abkürzungsliste)?	

(Fortsetzung)

Tab. 12.1 (Fortsetzung)

Problembereich	ok (✓) Aktionsbedarf wo?
Ausschließlich SI-Einheiten verwendet?	
Seltenere Fachausdrücke (auch im Lauftext) erklärt?	
Textwiederholungen?	
Doppeldokumentation?	
Textüberschneidungen?	
Falsche Steigerungen?	
Schachtelsätze?	
Unlogischer Satzbau?	
Unvollständige Sätze?	
Rechtschreibung nach neuer Version ok?	
(Automatische) Silbentrennung überprüft?	
Zeichensetzung?	
Passivkonstruktionen (weitgehend) vermieden?	
Typographisches	
Alle Eigennamen korrekt?	
KAPITÄLCHEN vermieden?	
Wissenschaftliche Organismennamen *kursiv*?	
Wissenschaftliche Zeichen werkeinheitlich?	
Nummerierungssystem(e) konsistent?	
Zahlenschreibweisen werkeinheitlich?	
Gedanken- vs. Bindestriche berücksichtigt?	
Alle Textblockaden (■ ■) aufgelöst?	
Einzüge am Absatzbeginn?	
Schriftgrade/Schriftart der Kapitelüberschriften werkeinheitlich?	
Hurenkinder? (vgl. Kap. 10)	
Schusterjungen? (vgl. Kap. 10)	

Als Autorin bzw. Autor wird man nach Tagen oder gar Wochen der intensiven Auseinandersetzung mit seinem Sujet erfahrungsgemäß zunehmend betriebs- bzw. systemblind – man nimmt etwaige Verständnisklippen einfach nicht (mehr) wahr und übersieht leicht auch formale Fehler.

Auf der Basis der Korrekturvorschläge, die zuverlässige, sorgfältig arbeitende Zweit- oder Drittleser in Ihrem Textentwurf anmerken, nehmen Sie die Schlussredaktion Ihrer Arbeit anhand der obenstehenden Checkliste (Tab. 12.1) vor.

Klären sie außerdem – und das ist extrem wichtig für Ihre weitere psychische Gesundheit – die folgende kritische Anfrage: Gibt es eine oder (besser) zwei Sicherungskopien der jeweils aktuellen Version Ihres fertigen Werkes außerhalb der Festplatte Ihres PCs?

Wenn nun wirklich alles stimmt, lassen Sie die Reinversion aus dem Drucker laufen (liegt eventuell eine neue Patrone oder Kartusche bereit?) und für die benötigte Anzahl von Exemplaren kopieren. Anschließend und auf jeden Fall vor dem Binden empfiehlt sich eine weitere Endkontrolle auf Vollständigkeit. Erst dann können Sie sich mit deutlich hochgezogenen Mundwinkeln in einen gemütlichen Sessel zurückziehen und eine Flasche Rotwein aus einer höheren Preisklasse (etwa einen wunderbaren Frühburgunder aus dem Ahrtal oder einen samtweichen Cabernet Sauvignon) genießen.

Für Ihre Arbeit wünsche ich Ihnen den denkbar besten Erfolg!

▶   **PraxisTipp Schlusswort** Sprechen Sie nun – nachdem Sie Ihr (unterschriebenes) Original beim Prüfer oder Prüfungsamt abgegeben haben – ein deutliches „Amen".

Literatur

Alley M (1996) The Craft of Scientific Writing. Springer, New York

Alsleben B (1998) Deutsch ist Glückssache. Eine amüsante Fibel sprachlicher Pannen. Dudenverlag, Mannheim

Apel HJ (2002) Präsentation – die gute Darstellung. Schneider-Verlag, Baltmannsweiler

Ascherson C (2007) Die Kunst des wissenschaftlichen Präsentierens und Publizierens. Spektrum Akademischer Verlag, Heidelberg

Augst G (2021) Der Bildungswortschatz. Olms, Hildesheim

Bannwarth H, Kremer BP, Schulz, A (2018) Basiswissen Physik, Chemie und Biochemie. 4. Aufl., Springer Spektrum, Heidelberg

Baines P, Haslam A (2002) Lust auf Schrift! Basiswissen Typografie. Hermann Schmidt, Mainz

Bertschi-Kaufmann A (Hrsg.) Lesekompetenz, Leseleistung, Leseförderung. Grundlagen, Modele und Materialien. Klett, Stuttgart 2008

Brennicke A (2011) Wollen Sie wirklich Wissenschaftler werden? Spektrum Akademischer Verlag, Heidelberg

Brinkmann B (Hrsg.) (1999) Einheiten und Begriffe für physikalische Größen. DIN-Taschenbücher Nr. 22, Beuth, Berlin

Berners-Lee T, Fischetti M, Dertouzos ML (1999): Weaving the Web: The Original Design and Ultimate Destiny of the World Wide Web by its Inventor. Harper, San Francisco

Brendel D (1995) Akronyme für Naturwissenschaftler. Spektrum Akademischer Verlag, Heidelberg

Christmann U, Groeben N (1999) Psychologie des Lesens. In: Franzmann B et al. (Hrsg.), Handbuch Lesen. Saur, München

Collatz KG et al. (1996) Lexikon der Naturwissenschaftler. Astronomen, Biologen, Chemiker, Geologen, Mediziner, Physiker. Spektrum Akademischer Verlag, Heidelberg

Dansereau D (1979) Development and evaluation of a learning strategy training program. J. Educ. Psychol. 71, 64–73

David R (2006) Foliengestaltung mit Know-how. Wiley-VCH, Weinheim

[DIN] Deutsches Institut für Normung (Hrsg.) (1992) Normen für Verlage, Bibliotheken, Dokumentationsstellen, Archive. DIN-Taschenbuch 153, Beuth, Berlin

[DIN] Deutsches Institut für Normung (Hrsg.) (1994) Formelzeichen, Formelsatz, Mathematische Zeichen und Begriffe. DIN-Taschenbuch 202, Beuth, Berlin

[DIN] Deutsches Institut für Normung (Hrsg.) (1997) Normen für Büro und Verwaltung. DIN-Taschenbuch 102, Beuth, Berlin

[DIN] Deutsches Institut für Normung (Hrsg.) (1998) Zeichenvorräte und Codierung für den Text- und Datenaustausch. DIN-Taschenbuch 210, Beuth, Berlin

© Springer-Verlag GmbH Deutschland, ein Teil von Springer Nature 2023   291
B.P. Kremer *Vom Referat bis zur Abschlussarbeit*, https://doi.org/10.1007/978-3-662-65972-4

[DIN] Deutsches Institut für Normung (Hrsg.) (1999) Einheiten und Begriffe für physikalische Größen. DIN-Taschenbuch 22, Beuth, Berlin

[DIN] Deutsches Institut für Normung (Hrsg.) (2000) Technische Produktdokumentation. Erstellung von Zeichnungen für optische Elemente und Systeme. DIN-Taschenbuch 304, Beuth, Berlin

[DIN] Deutsches Institut für Normung (Hrsg.) (2003) Dokumentationswesen. DIN-Taschenbuch 351, Beuth, Berlin

[DIN] Deutsches Institut für Normung (Hrsg.) (2002) Bibliotheks- und Dokumentationswesen. Gestaltung und Erschließung von Dokumenten, Bibliotheksmanagement, Codierungs- und Nummerungssysteme, Bestandserhaltung in Archiven und Bibliotheken. DIN-Taschenbuch 343, Beuth, Berlin

Duden (2003) Satz und Korrektur. Texte bearbeiten, verarbeiten und gestalten. Bibliographisches Institut, Mannheim

Duden (2013) Wortfriedhof. Wörter, die uns fehlen werden. Bibliographisches Institut, Berlin

Duden (2020) Die deutsche Rechtschreibung. 28. Aufl., Bibliographisches Institut, Berlin

Djerassi C (2002) Stammesgeheimnisse. Haymon, Innsbruck

Dretzke B, Nester N (2020) False Friends. A Short Dictionary. Reclam, Ditzingen

Ebel HF, Bliefert C (1990) Schreiben und Publizieren in den Naturwissenschaften. VCH, Weinheim

Ebel HF, Bliefert C (2003) Anleitungen für den naturwissenschaftlich-technischen Nachwuchs. Wiley-VCH, Weinheim

Ebel HF, Bliefert C, Russey WE (2004) The Art of Scientific Writing. Wiley-VCH, Weinheim

Ecco U (2002) Wie man eine wissenschaftliche Abschlußarbeit schreibt. UTB 1512, C. F. Müller, Heidelberg

Esselborn-Krumbiegel H (2016) Richtig wissenschaftlich schreiben. Regeln und Übungen. Schöningh

Fischer EP (2001) Die andere Bildung. Was man von den Naturwissenschaften wissen sollte. Ullstein, München

Fischer R, Vogelsang K (1993) Größen und Einheiten in Physik und Technik. Verlag Technik, Berlin

Fisher D, Harrison T (2006) Citing References. A Guide for Students. Blackwell, London

Franck N (2002) Fit fürs Studium. Erfolgreich reden, lesen, schreiben. dtv, München

Franck N (2012) Die Technik des wissenschaftlichen Arbeitens. Eine praktische Anleitung. Schöningh, Paderborn

Friedrich C (1997) Schriftliche Arbeiten im technisch-naturwissenschaftlichen Studium. Duden-Taschenbücher 27, Dudenverlag, Mannheim

Frutiger A (2000) Der Mensch und seine Zeichen. Schriften, Symbole, Signete, Signale. Fourier, Wiesbaden

Gustavi B (2003) How to Write and Illustrate a Scientific Paper. Cambridge University Press, Cambridge

Hausmann R (1995) ... und wollten versuchen, das Leben zu verstehen. Betrachtungen zur Geschichte der Molekularbiologie. Wissenschaftliche Buchgesellschaft, Darmstadt

Heringer HJ (2022) Richtig gegendert? Ironischer Sprachtrainer. mykum Verlag, Brey

Hiller H, Füssel S (2006) Wörterbuch des Buches. Klostermann, Frankfurt a. M.

Honomichl K, Risler H, Rupprecht R (2013) Wissenschaftliches Zeichnen in der Biologie und verwandten Disziplinen. Springer Spektrum, Heidelberg

Hrdina C, Hrdina R (2009) Scientific English für Mediziner und Naturwissenschaftler. Langenscheid, München

Ilvessalo-Pfäffli MS (1995) Fiber Atlas. Identification of Papermaking Fibers. Springer, Berlin, Heidelberg

Janzin M, Güntner J (2006) Das Buch vom Buch. 5000 Jahre Buchgeschichte. Schlütersche, Hannover

Jones A, Reed R, Weyers J (2003) Practical Skills in Biology. Pearson Education Ltd., Harlow

Karow P (1992) Schrifttechnologie. Methoden und Werkzeuge. Springer, Heidelberg

Kasperek G (2008) Literaturbezogene Arbeitsweisen von Wissenschaftlern in der Biologie. Berliner Handreichungen zur Bibliotheks- und Informationswissenschaft 223; www.ib.hu-berlin.de/-kum lau/handreichungen/h223

Kasperek G (2009) Recherchieren – auch mal mit dem Mut zur Lücke. BuB 61, 258–264

Kornmeier M (2012) Wissenschaftlich schreiben leicht gemacht. Haupt, Bern

Krämer W (1999) Wie schreibe ich eine Seminar- oder Examensarbeit? Campus, Frankfurt

Krämer W, Kaehlbrandt R (2009) Plastikdeutsch. Piper, München

Kremer BP (2020) Das große Kosmos-Buch der Mikroskopie. 4. Aufl., Franckh-Kosmos, Stuttgart

Kremer BP (2021) Vom Strandkorb aus betrachtet. Faszinierende, Überraschendes und Unvermutetes von der Meeresküste. Springer, Heidelberg

Kremer BP, Gosselck F (2012) Erlebnis Nord- und Ostseeküste. Quelle & Meyer, Wiebelsheim

Krüger D, Vogt H (2007) Theorien in der biologiedidaktischen Forschung. Springer, Heidelberg

Kurzweil P (2000) Das Vieweg Einheiten-Lexikon. Friedrich Vieweg & Sohn, Wiesbaden

Lamprecht J (1999) Biologische Forschung. Von der Planung bis zur Publikation. Filander, Fürth

Lang S (2018) Wissenschaftliche Poster. Vom Kongressabstract bis zur Postersession. tredition, Hamburg

Latscha HP, Kazmaier U, Klein HA (2002) Chemie für Biologen. Springer, Berlin, Heidelberg

Launert E (1998): Biologisches Wörterbuch. Deutsch-Englisch, Englisch-Deutsch. Eugen Ulmer, Stuttgart

Machowiak K (2020) Die 101 häufigsten Fehler im Deutschen und wie man sie vermeidet. 4. Aufl., C. H. Beck, München

Manekeller F (2007) DIN 5008 von A bis Z: Perfekt schreiben mit Word 2007. Bildungsverlag Eins, Troisdorf

Manekeller W (2006) In keinster Weise vergleichbar. Hoch-Deutsch – zum Lachen und zum Heulen. Books on Demand GmbH, Norderstedt

Massing B, Huber KP (2004) Die Doktorarbeit. Vom Start zum Ziel. Leitfaden für Promotionswillige. Springer, Heidelberg

McNeill J et al. (2013) International Code of Nomenclature for Algae, Fungi, and Plants. Regnum Vegetabile 154, Koeltz, Königstein 2012

Meier-Brook C (2008) Latein für Biologen und Mediziner. Quelle & Meyer, Wiebelsheim

Meyer W (1982) Geologisches Zeichnen und Konstruieren. Clausthaler Tektonische Hefte 12. Pilger Verlag, Clausthal-Zellerfeld

Narr WD, Stary J (Hrsg.) (2000) Lust und Last des wissenschaftlichen Schreibens. Suhrkamp, Frankfurt

Nüßlein-Volhard C (2004) Das Werden des Lebens. C. H. Beck, München

Peterßen WH (1999) Wissenschaftliche(s) Arbeiten. Eine Einführung für Schule und Studium. Oldenbourg, München

Quadbeck-Seeger HJ (1988) Zwischen den Zeichen. Aphorismen über und aus Natur und Wissenschaft. Wiley-VCH, Weinheim

Quadbeck-Seeger HJ (2013) Aphorismen und Zitate über Natur und Wissenschaft. Wiley-VCH, Weinheim

Payr F (2021) Von Menschen und Mensch*innen. 20 gute Gründe, mit dem Gendern aufzuhören. Springer, Heidelberg

Pollmann C, Wolk U (2010) Wörterbuch der verwechselten Wörter. Pons, Stuttgart

Rautenberg, U (2003) Reclams Sachlexikon des Buches. Reclam, Stuttgart

Ravens T (2004a) Wissenschaftlich mit Excel arbeiten. Pearson Studium, München

Ravens T (2004b) Wissenschaftlich mit PowerPoint arbeiten. Pearson Studium, München

Ravens T (2004c) Wissenschaftlich mit Word arbeiten. Pearson Studium, München

Reichert HG (o. J.) Unvergängliche lateinische Spruchweisheit. Urban und human. Panorama, Wiesbaden

Ritter RM (2002) The Oxford Guide to Style. Oxford University Press, Oxford

Röhrig HH (2003) Wie ein Buch entsteht. Einführung in den modernen Buchverlag. Primus, Darmstadt

Rossig WE, Prätsch J (2002) Wissenschaftliche Arbeiten. Wolfdruck, Bremen

Roth G (1997) Das Gehirn und seine Wirklichkeit. Kognitive Neurobiologie und ihre philosophischen Konsequenzen. Suhrkamp, Frankfurt

Roth G (2010) Wie einzigartig ist der Mensch? Die lange Evolution der Gehirne und des Geistes. Spektrum Akademischer Verlag, Heidelberg

Sauer C (2007) Souverän schreiben. Klassetexte ohne Stress. Wie Medienprofis kreativ und effizient arbeiten. FAZ Buch, Frankfurt

Schneider W (1991a) Deutsch für Profis. Wege zu gutem Stil. Goldmann, München

Schneider W (1991b) Deutsch für Kenner. Die neue Stilkunde. Gruner & Jahr, Hamburg

Schneider W (2001) Deutsch für Profis. Goldmann, München

Schneider W (2002) Deutsch fürs Leben. Was die Schule zu lehren vergaß. Rowohlt, Reinbek

Schneider W (2005) Deutsch für Kenner. Die neue Stilkunde. Piper, München

Schneider W (2009a) Speak German. Warum Deutsch manchmal besser ist. Rowohlt, Reinbek

Schneider W (2009b) Gewönne doch der Konjunktiv. Sprachwitz in 66 Lektionen. Rowohlt, Reinbek

Schneider W (2011) Deutsch für junge Profis. Rowohlt, Hamburg

Schneider W (2011) Wörter machen Leute. Magie und Macht der Sprache. Piper, München

Schön C (2016) Die Sprache der Zeichen, J. B. Metzler, Stuttgart

Schreiner K (2002) Von Servicepoint bis unkaputtbar. Streifzüge durch die deutsche Sprache. C. H. Beck, München

Schröder H, Steinhaus I (2003) Mit dem PC durchs Studium. Eine praxisorientierte Einführung. Primus, Darmstadt

Schwab F (1999) Computergestützte Präsentation. Manz, Stuttgart

Seifert JW (2001) Visualisieren, Präsentieren, Moderieren. Gabal, Offenbach

Seimert W (2004) Wissenschaftliche Arbeiten mit Word. Franzis Verlag, Poing

Seimert W (2005) PowerPoint für Büro, Schule &. Studium. Franzis Verlag, Poing

Selzer PM., Marhöfer RJ, Rohwer A (2003) Angewandte Bioinformatik. Eine Einführung. Springer, Berlin, Heidelberg

Sick B (2004) Der Dativ ist dem Genitiv sein Tod. Kiepenheuer & Witsch, Köln

Sick B (2005) Der Dativ ist dem Genitiv sein Tod. Folge 2. Neues aus dem Irrgarten der deutschen Sprache. Kiepenheuer & Witsch, Köln

Sick B (2007) Der Dativ ist dem Genitiv sein Tod. Folge 3. Noch mehr Neues aus dem Irrgarten der deutschen Sprache. Kiepenheuer & Witsch, Köln

Sick B (2011) Wie gut ist Ihr Deutsch? Bd. 1 Kiepenheuer & Witsch, Köln

Sick B (2019) Wie gut ist Ihr Deutsch? Bd. 2 Kiepenheuer & Witsch, Köln

Sick B (2021) Wie gut ist Ihr Deutsch? Bd. 3 Kiepenheuer & Witsch, Köln

Siepmann D (2020) Wörterbuch der allgemeinen Wissenschaftssprache. Wörter, Wendungen und Mustertexte. Deutscher Hochschulverband, Bonn

Skern T (2000) Writing Scientific English: A Workbook. UTB, Stuttgart

Steiner G (1986) Zeichnen – des Menschen andere Sprache. Paul Parey, Hamburg

Steinfeld T (2010) Der Sprachverführer. Die deutsche Sprache: was sie ist, was sie kann. Hanser, München

Strunk WI (1999) The Elements of Style. Longman, New York

Stümpke H (1961): Bau und Leben der Rhinogradentia. Gustav Fischer Verlag, Stuttgart

Trapp W, Wallerus H (2012) Kleines Handbuch der Maße, Zahlen, Gewichte und der Zeitrechnung. Reclam, Stuttgart

Turabian KL, Booth WC (2013) A Manual for Writers of Research Papers, Theses, and Dissertations. Chicago Style for Students and Researchers. University of Chicago Press, Chicago

Turland NH (2013) The Code Decoded. Regnum Vegetabile 155, Koeltz, Königstein

Tschichold, J (2001) Erfreuliche Drucksachen durch gute Typographie. MaroVerlag, Augsburg

Twain M (2021) The Awful German Language/Die schreckliche deutsche Sprache. Nikol, Hamburg

Volkmann P (1998) Größen und Einheiten in Technik und fachbezogenen Naturwissenschaften. Festlegungen, Formelzeichen, Indizes. VDE, Berlin

Vossmerbäumer H.: Geologische Karten. Schweizerbart, Stuttgart

Wahrig (2012) Deutsches Wörterbuch Brockhaus/Wissenmedia, Gütersloh

Wahrig (2018) Wörterbuch der deutschen Sprache. dtv, München

Werder L von (1993) Lehrbuch des wissenschaftlichen Schreibens. Schibri, Berlin

Werder L von (2002) Kreatives Schreiben von wissenschaftlichen Hausarbeiten und Referaten. Schibri, Berlin

Wickert U (1996) Der Ehrliche ist der Dumme. Heyne, München

Willberg HP (2003) Wegweiser Schrift. Hermann Schmidt, Mainz

Willberg HP, Forssmann W (2001) Erste Hilfe in Typografie. Ratgeber für Gestaltung mit Schrift. Hermann Schmidt, Mainz

Wirth W (2002) Das Ende des wissenschaftlichen Manuskriptes. Forschung und Lehre 1, 19–22

Witzer B (Hrsg.) (2003) Satz und Korrektur. Texte bearbeiten, verarbeiten und gestalten. Dudenverlag, Mannheim

Zeiger M (1999) Essentials of Writing Biomedical Research Papers. McGraw-Hill, New York

Stichwortverzeichnis

© Springer-Verlag GmbH Deutschland, ein Teil von Springer Nature 2023
B.P. Kremer *Vom Referat bis zur Abschlussarbeit*, https://doi.org/10.1007/978-3-662-65972-4

Printed in the United States
by Baker & Taylor Publisher Services